U0631951

500kV
SUBMARINE
POWER CABLE
PROJECT
CONSTRUCTION
& MANAGEMENT

500kV
海底电缆工程
建设与管理

中国南方电网公司超高压输电公司　组编

中国电力出版社
CHINA ELECTRIC POWER PRESS

内 容 提 要

《500kV海底电缆工程建设与管理》是我国第一部关于海底电缆工程建设的书籍，记载和传播工程建设实践经验，介绍工程实践创新成果，对发展海洋电力输送工程建设具有指导意义。

全书共分11章，内容由浅入深，既介绍了目前世界各国海底电缆工程发展概况，又系统地阐述了500kV海底电缆工程的施工、设计和管理，以及工程建设中的重要科技创新，还从技术攻关的角度，对超高压海底电缆工程建设的工程施工技术、海洋输电工程装备技术、超高压海底电缆制造技术等，提出了建设性意见。其中涉及500kV海底电缆工程关键技术研究、海底电缆工程规范化管理实践、海底电缆保护埋设（BPI）工程应用研究、海底电缆后续保护数值模拟研究、海底电缆工程建设综合风险分析等一批工程实践科技成果。这些通过工程建设实践检验，并转化为实际应用的科技成果，必然对今后的同类工程建设产生巨大影响。

本书可满足不同层次的技术人员需求，既有助于建设管理、施工、监理、调试、运行人员掌握海底电缆工程建设的特性，也可供关心海底电缆工程建设的相关人员查阅和参考。

图书在版编目（CIP）数据

500kV海底电缆工程建设与管理/中国南方电网公司超高压输电公司组编. —北京：中国电力出版社，2015.9
ISBN 978-7-5123-8266-4

Ⅰ.①5… Ⅱ.①中… Ⅲ.①海底电缆-电缆敷设-工程施工 Ⅳ.①TM757.4

中国版本图书馆CIP数据核字（2015）第213697号
审图号：GS（2015）2111号

中国电力出版社出版、发行
（北京市东城区北京站西街19号　100005　http://www.cepp.sgcc.com.cn）
三河市航远印刷有限公司印刷
各地新华书店经售

*

2015年9月第一版　2015年9月北京第一次印刷
787毫米×1092毫米　16开本　24.75印张　546千字
定价70.00元

敬 告 读 者

本书封底贴有防伪标签，刮开涂层可查询真伪
本书如有印装质量问题，我社发行部负责退换

版权专有　翻印必究

本书编委会

主　任　邓庆健

副主任　王裕霜　陈向东

委　员　张正祥　张胜慧　黄贤球　蚁泽沛　尚　涛

　　　　郑　伟　张海凤　肖　勇　郑望其　吴泽辉

　　　　陆　岩　蔡　上　肖　遥

编　写　组

主　编　王裕霜

副主编　陈向东

成　员　黄贤球　郑　伟　章耿勇　Michael Chang（挪威）

　　　　周　京　李廉益　王咏莉　张怿宁　韩　瑞

　　　　谢正都　刘　建　王小志　吴海凤　汪　洋

　　　　曹小拐　梅小卫　张　蔓　曾昭磊

序

　　近年来，随着国家基础设施投资规模的重点增长，我国输变电工程建设取得了举世瞩目的成就。一批规模宏大、技术先进、工艺复杂的输变电建设工程，成为推动电网建设和电力发展的重要动力，不仅促进了国民经济的发展，而且为电网技术创新、科技进步，以及超高压输变电设备实现国产化进程，提供了良好的机遇与平台。输变电工程建设技术创新是推动电力科技发展的基础，对技术创新的特点、现状和问题进行分析和总结，建立面向工程建设的技术创新、策划，实现跨行业科技创新课题研究，探讨输变电工程建设技术创新的机制，都具有特别重要的意义。

　　500kV 海底电缆工程，存在投资规模大、建设周期长、不确定因素多、经济风险和技术风险并存、国外施工管理模式融入等因素。同时，海底电缆工程具有公益性强、关注程度高、海洋工程施工技术复杂等特点。从目前公开发布的世界各国海底电缆工程建设文献来看，我国 500kV 海南联网海底电缆工程是在海床地质极其复杂状况下进行的工程地质建设条件最难、海底电缆敷设和保护工程项目种类最多、保护措施最完善的海底电缆输电工程建设项目。基于工程建设的这些特点，促使工程建设必须规范化管理，实现工程技术创新。本书在全面总结 500kV 海南联网海底电缆工程的基础上，依照国家、行业的相关工程建设管理法规、标准归纳并整理出 500kV 海底电缆建设的工程特点，为海底电缆工程规范化建设、技术创新积累经验，探索新的思路和方法，以实现工程建设管理的执行能力的不断提升。

　　记载和传播工程建设实践经验，介绍工程实践创新成果，努力促进工程科技成果转化为生产力，正是本书的目的所在。

宫　宇

中国南方电网公司超高压输电公司

2015 年 7 月

前 言

　　1890 年，英国敷设了世界上第一条天然橡胶绝缘海底电力电缆，这项工程的建设标志着电力输送工程技术，开始挑战跨越海洋输送电力。1954 年，世界上第一根直流电缆成功在瑞典本土与哥特兰岛（Gotland）之间敷设，其长度为 100km，电压等级为±100kV。随着世界各国高压电力领域的海底电缆制造技术发展，1973 年瑞典本土与哥特兰岛（Gotland）又成功敷设了 145kV 交联聚乙烯电缆。当时，高压电力领域的海底电缆技术还是项新科技，工程具有里程碑意义的突破是使用 XLPE 交联聚乙烯材料生产制造海底电缆。1977 年，挪威的克里斯蒂安桑（Kristiansand）与丹麦的特杰勒岛（Tjele）连接，长度为 127km，电压等级为交流 300kV。这项工程的建设，使得海底电缆成功跨越斯卡格拉克海峡，实现了两个国家之间的超高压区域电网互联。

　　21 世纪伊始，在海底电缆输电工程项目建设中，一项项纪录被不断刷新。2008 年投入商业运行的挪威—荷兰海底电缆输电工程，创造了目前世界上跨海输电距离最长的纪录，跨越海域的海底电缆长度为 580km。目前正在建设中的挪威—德国斯比特尔海底电缆输电工程、挪威—德国下萨克森海底电缆输电工程，将在 2015 年投入商业运行，其跨越海域海底电缆长度为 600km。美国新泽西州塞尔威尔—长岛莱维顿海底电缆输电工程，创造了海底电缆敷设于水深 2600m 的纪录。2002 年 7 月，美国纽约长岛—新英格兰海底电缆工程实现了本土区域电网非同步互联。该项目采用 ABB 公司海底电缆柔性直流输电技术，其海底电缆长度为 2×42km，设计输送容量 330MW，直流电压±150kV。工程的商业化运行，使得在海底电缆柔性直流输电技术上具有了突破性的意义。2014 年 12 月，挪威 Statnett 电网公司和丹麦 Energinet. dk 电网公司，新建海底电缆输电工程投入运行，工程采用±500kV 超高压轻型直流（HVDC Light）输电，这项工程创造了海底电缆输电工程直流电压等级的新纪录。

　　无疑，这些目前世界之最的海底电缆输电工程，将载入世界海底电缆输电工程发展辉煌的史册。据不完全统计，迄今为止世界各国 110kV 及以上海底电缆输电工程，已建设 100 余条，跨越全球 21 个海峡。

　　海底电缆输电工程建设是实现电网国际化互联，区域电网互联进程中跨海域联网重要的组成部分。近年来，随着国内外输变电技术的发展，在经济一体化、能源优化配置、减少环境影响等因素的推动下，跨海域输电技术、海底电缆制造技术、海底电缆工程建设技术不断向前发展。我国是一个拥有 300 多万平方公里海域的海洋大国，沿海域约有 18000km 的海岸线。广阔的海域海底蕴藏着丰富的石油和石油天然气资源，有着众多可供开发的近海岛屿。我国将实施的海洋经济战略，以开发近海石油、建设海上风电项目等能源产业链，将进一步带动沿海经济的发展。沿海经济的开发将促进我国长距离、超高压海底电缆的工程建设。

我国超高压海底电缆输电工程，目前尚属一个新的输电工程建设领域。国内在浙江舟山群岛、广东南澳岛、万山群岛等一些沿海地区，近大陆岛屿与大陆之间，陆续建设了 10kV、35kV、110kV、220kV 各电压等级的海底电缆工程。使得近海岛屿供电状况得到良好的改善，同时也为发展超高压海底电缆输电工程积累了经验。但是，目前我国超高压海底电缆工程建设的设备、施工、管理，还处于初级水平。超高压海底电缆输电工程建设涉及的技术领域十分广泛，以输变电专业扩展涉及的专业有：超高压海底电缆制造及技术标准；海底电缆导体选择与绝缘防护制造；海底电缆散热、机械性能与敷设；海底电缆涡流振动与介电强度；海洋勘察与路由选择、海洋生物与气象、海床地质与土壤学；海洋工程管理与施工装备；工程检测与调试仪器；海洋环境与安全；海底电缆工程标准与运行维护；海底电缆的故障与修复；海事活动与监视等。因此，海底电缆输电工程的建设，是一个多专业领域的集合。这就需要在工程建设实践中，认真总结经验及教训，加快各领域的课题研究，提高国内电力工程技术、设备制造人员，对海底电缆工程建设的了解，使我国海底电缆输电工程建设提高到一个新的水平。

500kV 海南联网海底电缆输电工程，是我国第一个 500kV 超高压、大容量的跨海区域联网工程，输送容量 600MW。工程为世界上电压等级最高、单根电缆最长、输电容量居世界第二的交流海底电缆工程项目，也是迄今我国电压等级最高、输送距离最远、输电容量最大、建设难度最大的跨海域电网互联海底电缆输电工程。本书的参编人员，作为 500kV 海南联网海底电缆工程的建设者，将工程建设的技术创新和管理过程，以及建设中解决问题的一些具体措施，总结汇集，形成《500kV 海底电缆工程建设与管理》的初稿。

在汇集工程建设资料过程中，得到了 Nexsans 公司（挪威）、Tidway 公司（荷兰）、武汉大学、海军工程大学、中国海洋大学、中南电力设计院等，大力的支持和帮助。没有各参建单位和科研院校的支持和帮助，《500kV 海底电缆工程建设与管理》一书就不可能形成。

由于水平有限，本书的全体参编人员真诚希望读者批判吸取，希望书中内容对后续海底电缆工程建设、海底电缆制造、海洋工程装备的进步有所启迪。

编　者

2015 年 7 月

目 录

第一章
海底电缆工程综述

电网互联是实现能源优化配置，提高电网运营经济安全和供电可靠性的必然结果。海底电缆工程建设是实现跨海域电网互联的重要措施。

我国是海洋大国，沿海大陆架海底蕴藏着丰富的海底油田和石油天然气，具有经济开发价值的岛屿有 5000 多个，将海岛电网与大陆电网连接，无疑是走向海洋经济的基础。海岛间以及与大陆电网连接的建设，不可回避地涉及海洋电力输送工程技术、海底电缆工程技术、海洋工程装备技术、海底电缆制造技术的水平。

世界各国公认海底电缆工程是最复杂、最艰难的大型工程。从海洋工程地质勘查、环境探测、海洋物理调查的设计，以及制造、安装，都涉及复杂的海洋工程技术。几十年来，我国电网建设在海底电缆工程与海岛电网联网建设中，近距离小型规模供电已取得一些可喜的发展。近大陆的一些海岛初步实现与大陆电网的互联。随着远距离的海上风电开发建设、海洋石油开发、对远离大陆的主权海岛的建设，超长距离、超高压、大容量输电的海底电缆工程建设将更趋重要。2009 年，南方电网主网与海南电网联网工程投入运行，这项工程的建设是我国目前建设的最长距离、最高电压等级的海底电缆输电工程，标志着海南电网与南方电网的互联，同时结束了海南电网大机小网的孤网历史，其建设意义重大。

目前，我国在超高压海底电缆制造、敷设、海缆保护等领域技术尚未成熟。因此，我国的超高压长距离海底电缆工程建设，以及超高压海底电缆制造，仍然需要依靠国外承包工程建设。

第一节　世界海底电缆工程概况

一、世界海底电缆工程综述

世界各地区海底电缆地理位置及相关说明见附录 A。

(一) 欧洲电网

欧洲电网主要由欧洲大陆电网及欧洲输电联盟（UCTE）、北欧电网及北欧输电协会（NORDEL）组成。欧洲电网所覆盖的国家国土面积普遍较小，工业高度发达，用电负荷密度大，电网结构密集。因而，欧洲各国电网迫切需要实施电能结构的优化配置，以实现电源结构的互补和电量交换。截至 2012 年底，欧洲地区是世界上，海底电缆工程建设项目发展最多、建设规模最大的区域，海缆总长度约为 10183km，设计交换容量约为

22 116MW。

（二）北欧地区

北欧电网发电量结构组成不均衡，例如：挪威总装机容量中，水电占 95.73％，而丹麦则是以火电为主。北欧各国电网通过海底电缆工程联网，基本实现了能源优化配置、降低发电成本、减少备用容量目的，获得了联网运行的经济效益。20 世纪 90 年代以来，北欧电网互联的海底电缆工程项目主要有：挪威—丹麦、丹麦—瑞典、丹麦—德国、芬兰—瑞典 1、2 期，瑞典—波兰、挪威—荷兰等。工程均采用直流±400～±500kV 联网，海缆总长度约 2140km，设计容量 5670MW。海底电缆跨越的海域有：波罗的海、斯卡克拉克海峡、卡特加特海峡、波的尼亚湾和北海。2008 年 9 月，挪威—荷兰直流±450kV 海底电缆工程投入商业运行，该工程海底电缆跨越北海长度 580km，海底电缆路由最大水深410m。

（三）波罗的海沿岸地区

波罗的海沿岸地区电网，由北欧输电协会成员国组成。发电量构成：水电 54％、核电21.8％、火电 21.7％、风电 7.4％。各国已实现通过海底电缆输电进行电量交换。海底电缆输电工程项目主要有：瑞典—德国、芬兰—爱沙尼亚 1、2 期、丹麦本土—西兰岛、瑞典—立陶宛。工程均采用直流±300～±450kV 联网，海底电缆总长度约为 958km，设计容量 2900MW。海底电缆跨越波罗的海、芬兰湾、大贝尔特海峡。正在建设中的瑞典—立陶宛海底电缆输电工程，设计输送容量 700MW，采用直流电压±500kV 联网，海底电缆跨越波罗的海长度为 400km，工程将于 2015 年投入商业运行。

（四）欧洲大陆地区

欧洲大陆电网及欧洲输电联盟，包括 24 个国家和地区的 29 个电网运营商，供电人口约 5 亿。各成员国交换电量约 3041 亿 kWh。欧洲大陆电网的海底电缆输电工程，主要由VCTE 成员国之间跨海联网，并跨越北海与北欧电网互联。其中主要海底电缆工程项目有：英国—法国（通过 8 回直流±270kV 互联）、英国—荷兰、爱尔兰—英国、挪威—德国等联网工程。海底电缆跨越英吉利海峡、北海、爱尔兰海。挪威至德国下萨克森的海底电缆输电工程，已完成可行性研究和设计，进入工程实质性的海底电缆制造阶段，工程将于 2015 年投入运行。挪威至德国斯比尔特的海底电缆输电工程，采用高压直流输电（HVDC）联网，计划将于 2016～2018 年投入运行。这两项工程设计容量均为 1400MW。海底电缆均跨越北海 600km，海底电缆路由最大水深 410m。

（五）地中海沿岸地区

欧洲大陆地中海沿岸地区，海底电缆输电工程建设项目有：意大利—法国、意大利—希腊、意大利本土—撒丁岛、西班牙本土—马略卡岛的电网互联。工程均采用直流

±250～±500kV 联网，设计输送容量 2100MW，海底电缆跨越伊特鲁利亚海、亚得里亚海、巴利阿里海峡。意大利本土—撒丁岛海底电缆工程为 2 回直流电压±500kV，采用背靠背型式互联，输送容量 1000MW，海底电缆跨越伊特鲁利亚海长度为 420km，海底电缆路由最大水深 1600m。

（六）欧洲与北非地区

欧洲与北非地区，海底电缆工程建设项目有：西班牙—摩洛哥 1、2 期，埃及—约旦 1 期，西班牙—阿尔及利亚，意大利—阿尔及利亚，意大利—突尼斯电网互联。其中，西班牙—阿尔及利亚联网工程，采用直流电压±400kV 联网，其他工程均采用交流电压 400～500kV 联网。海底电缆跨越直布罗陀海峡、红海阿尔斯湾、地中海。2011 年投入运行的意大利—突尼斯联网工程，采用交流电压 500kV，设计输送容量 600MW。海底电缆跨越地中海长度为 200km，海底电缆路由最大水深 670m。

（七）海湾阿拉伯地区

海湾阿拉伯地区的电网互联，以海湾合作委员会（GCC）成员国组成。海湾合作委员会互联电网管理局（GCCIA），由 7 个国家电网互联。海底电缆工程建设项目有：正在建设的沙特阿拉伯—埃及海底电缆输电工程 1 期。该工程将于 2012 年投入运行，2 期工程已进入实质性的海缆制造阶段，预计 2015 年投入运行。工程均采用直流电压±400～±500kV 联网。设计容量 1500MW。海缆跨越红海曼德海峡，海底电缆路由最大水深 230m。

（八）亚洲地区

亚洲地区电网，未形成各国之间以海底电缆输电工程互联。但各国本土向岛屿供电、本土电网区域互联、陆地向石油钻探平台供电等海底电缆输电工程发展趋势较快。海底电缆工程建设项目有：日本本土北海道—本州，韩国本土南海郡—济州岛、菲律宾本土华特岛—吕宋岛、日本本州—四国、中国本土广东—海南、中国台湾陆地—澎湖列岛。亚洲地区各国海底电缆工程设计输送容量为 4640MW。海缆跨越津轻海峡、济洲海峡、圣贝纳迪诺海峡、纪伊海峡、琼州海峡、台湾海峡。日本本州—四国联网工程，以 4 回直流电压±500kV 背靠背方式联网，设计输送容量 2800MW。中国本土广东—海南联网工程采用交流 500kV 联网，设计输送容量 600MW，均属亚洲海底电缆输电工程首创项目。

（九）北美地区

北美联合电网，由美国东部、西部电网和德克萨斯电网、加拿大魁北克电网组成。北美联合电网与墨西哥电网互联。美国本土东部、西部电网通过直流背靠背联网运行。美国东部电网与加拿大魁北克电网互联。北美联合电网各区域，跨海域联网工程均为国家本土区域电网的互联。其中，加拿大本土与温哥华岛，以 2 回交流电压 525kV 联网。美国本土纽黑文—长岛、美国本土塞尔维尔—莱维顿（美国海王星工程）、美国本土弗朗西斯科至匹兹堡。正在建设中的加拿大温哥华维多利亚岛至美国安吉利斯、加拿大蒙特利尔至美国纽约岛，均采用电压±230～±550kV 联网。北美联合电网海底电缆输电工程共有 14 个，分别跨越佐治亚海峡、马拉斯皮纳海峡、长岛海峡、大西洋、胡安·德富卡海峡、张伯伦湖与哈德孙河。设计输送容量 5762MW。海缆长度 1718km。其中美国海王星工程采用直流电压±500kV 联网，海缆路由最大水深 2600m。

（十）澳洲地区

澳洲地区海底电缆输电工程，均为国家本土区域电网互联。其中，新西兰本土南岛与北岛电网互联工程、澳大利亚本土与塔斯马尼亚岛联网工程，均采用直流电压±250kV～±400kV 联网，设计输送容量 1700MW。海底电缆跨越库克海峡、巴斯海峡。新西兰本土北岛黑瓦兹与南岛班摩尔联网工程，采用直流输电技术联网，输送容量 500MW。

二、海底电缆工程建设的特性

（一）海底电缆工程建设的环境特性

海底电缆工程建设，要面对海洋环境的复杂多变。如工程要承受台风（飓风）、波浪、潮汐、海流、冰凌等的强烈作用，在浅海水域还要承受复杂地形以及岸滩演变、泥沙运动的影响。温度、地震、辐射、电磁、腐蚀、生物，以及附着生物等海洋环境因素，可能对海底电缆工程建设产生颠覆性影响。因此，工程建设者进行海底电缆敷设和保护外力分析时，要考虑各种动力因素的随机特性及变化规律。在海底电缆保护计算中考虑动态问题；在基础设计中考虑周期性的荷载作用和土壤的不定性；在海底电缆制造材料选择上考虑经济耐用等都是十分必要的。同时对工程建设安全程度的严格论证和检验是必不可少的。

（二）海底电缆工程建设水文影响

海底电缆工程建设有关的水文影响，包括海水运动（波浪、潮汐、海流、海啸、风暴潮等）、海水物理性质（温度、盐度、密度等）以及其他水文现象（泥沙运动、冰凌等）。它们的变化规律和计算模型方法等，都是工程建设的影响因素，为规划与设计工程本体、研究工程运行后条件的影响提供基础数据。

海底电缆工程水文研究的范围，目前主要在海岸带和近海。浅海区域的海洋水文条件十分复杂，工程建设困难很大。其中海底电缆浅滩保护、防浪掩护、泥沙淤积等，成为建设中需要解决的技术问题。例如，潮汐引起的海面周期性升降幅度一般为几米，最大达十几米；风暴引起的海浪最高可达 5～6m；海啸引起的异常增水值可达 10m 以上，甚至几十米。在确定海底电缆终端站设计高程时必须予以考虑。通过现场观测和理论分析，研究潮汐、风暴潮、海啸的变化规律，可获取平均海平面与深度基准面的最高潮位、平均大潮高潮位、平均大潮低潮位、最低潮位等各种特征潮位，风暴增减水值以及海啸的壅水高度和周期等积累资料。这些资料将对海底电缆工程建设产生影响，也是工程设计的基本参数。

目前，我国对潮汐理论和计算方法的研究已较完善，能根据一年的潮汐观测记录，用调和分析法确定工程设计所需的潮汐要素。但是关于风暴潮，特别是海啸的理论研究，目前还不成熟，风暴增减水值和海啸要素值需根据长期实测资料，用经验统计方法来确定。

（三）海底电缆工程施工的海浪影响

波浪环境影响是海底电缆工程建设突出的动力因素，造成海底电缆工程施工很大荷载影响。因此，施工期必须首先确定波浪要素及其尺度。通过波浪理论研究建立波要素（波高、波长、波速、波周期）和水深之间的内在联系，揭示波浪质点运动、压力变化、能量传递等基本规律。通过风浪资料的统计分析，建立波要素与风要素（风速、风时、风区）之间的关系，揭示风浪的统计特征，研究风浪的推算方法。研究波浪传入近岸浅水区内的变化，波浪折射、破碎、绕射、反射的机制，探求波浪变形后波要素变化的计算方法。在进行科学研究和海底电缆工程设计时，采用某种特征波要素，如有效波高、平均波周期或其他特征波要素作为依据。

（四）海底电缆制造的技术水平

2012 年，中国电缆制造规模超过美国成为全球第一电缆制造大国，海底光缆的制造能力居世界第一。通常，同时具备海底光缆和电力电缆生产能力的制造企业通过技术改造和整合，制造海底电力电缆是不困难的。但是，对于高电压等级，如 220kV、500kV，单根长度较长（如数十千米长度）的海底电力电缆制造，受到工厂接头制造技术以及真空干燥、浸油等设备规模限制，至使我国高电压、超长距离的海底电缆的制造能力和我国走向海洋的经济战略发展需求存在较大差距。由于海底电缆制造设备投入大、风险高、资金回收周期较长，加之海底电缆生产上游绝缘材料仍依赖进口，产业政策缺乏扶持和导向等因素，国内电缆制造企业对超高电压、长距离海底电缆生产能力未见突破。相当一部分高端产品，如 500kV 超高压电力电缆、超高压大长度海底交流（AC）、直流（DC）电力电缆从设备的安全可靠方面考量，仍然依赖进口。

1. 国内外海底电缆生产现状

海底电缆的绝缘种类主要分为浸渍纸包绝缘电缆、充油式电缆、挤压式电缆（XLPE——交联聚乙烯绝缘与 EPR——乙丙橡胶绝缘）。海底电缆绝缘种类式样，如图 1-1 所示。浸渍纸包绝缘电缆受水深与敷设落差及使用电压等级限制，仅仅用于 10kV 等级的电能输送，较高电压等级的海底电缆基本采用自溶式充油电缆，如浙江的舟山群岛间的电力联网，广东的南澳 35kV、110kV、220kV 等交流电力联网工程，珠海的许多 110kV 等级的都采用国产的充油电缆。20 世纪 80 年代广州珠江口敷设的 220kV 海底电缆也是采用自容式充油电缆这种形式。XLPE 绝缘的海底电缆近年来也有一些跨海域联网工程中被采用。

（a） （b） （c）

图 1-1　三种绝缘材料的海底电缆式样

（a）XLPE 绝缘海底电缆；（b）浸渍纸包绝缘海底电缆；（c）充油式海底电缆

海底电缆按电能输送方式可分为：交流输送与直流输送，国外一些大型的电缆企业，如意大利普瑞斯曼、日本滕仓电缆、日本古河株式会社、日本住友电工、法国耐克森、韩国 LS、美国通用电缆等，都具有连续生产超高压、大截面 DC 海底电缆的能力，并拥有海底电缆软接头技术，同时可提供安装敷设一体化的成套解决工程方案。我国的海底电缆目前处于起步阶段，国内具有超高压海底电缆生产能力的企业有：（新）远东电缆有限公司、中天科技电缆集团、宁波东方电缆有限公司、青岛汉缆有限公司、沈阳古河电缆厂（日本古河实际控股）、上海滕仓电缆厂（日本滕仓控股）、宝胜普瑞斯曼超高压电缆有限公司（宝胜控股）等企业。

2. 关于海底电缆输送形式的选择

关于海底电缆输送，采用交流与直流的选择，普遍认为采用直流损耗小，可传输更多的电力。AC、DC 海底电缆与敷设距离的关系，具体研究国内未见报道。意大利电缆公司普瑞斯曼于 2011 年 10 月，在纽约召开的北欧化工能源基础设施研讨会上，给出了 AC、DC 海底电缆与敷设距离的关系，如图 1-2 所示。

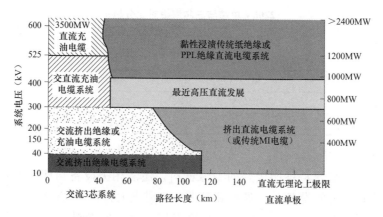

图 1-2　AC、DC 海底电缆与敷设长度之间的关系

当海底电缆敷设长度超过 120km 时，普瑞斯曼的选择是采用 DC 电缆，而当海底电缆敷设长度不足 110km 时，普瑞斯曼认为采用 AC 电缆则是较好的选择。

DC 与 AC 电缆最本质的差别是绝缘材料性能（机械与电气性能，如抑制空间电荷积聚等），相对于 AC 电缆来说，DC 电缆的制造长度更长，具有脱气时间更长的性能。XLPE 绝缘电缆洁净度要求更高，具有更好的焦烧性能，可连续生产制造更长的时间。以 XLPE 绝缘 500kV 海底电缆为例，AC 与 DC 电缆载流量比较，如图 1-3 所示。

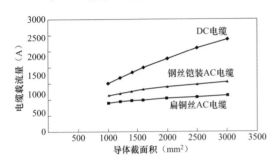

图 1-3　XLPE 绝缘 500kV 海底电缆载流量比较

如图 1-3 所示，横坐标是导体的标称截面积，纵坐标是导体载流量。象限内三条线自上而下，分别是 DC 电缆、钢丝铠装 AC 电缆、扁铜丝 AC 电缆，由图可见，500kV 电缆的截面超过 1000mm² 时，DC 电缆在载流量上的优势很明显。

目前国际上所有的电缆制造商所生产的高压、超高压 XLPE 绝缘海底电缆的电缆料（包括导体屏蔽、绝缘屏蔽、绝缘料）几乎均来自北欧化工和陶氏化学两家公司。

3. 单芯与三芯光纤复合海底电缆简介

目前，单芯与三芯光纤复合海底电缆，应用最广的是 800mm² 及以下采用圆形紧压绞合铜导体，1000mm² 及以上采用分割导体结构（5 分割或 6 分割）XLPE 屏蔽、绝缘等，光纤分布一般放置于填充层或钢丝铠装中。

目前海底电缆制造业公认，单芯与三芯海底电缆优先采用钢丝铠装，原因有多种，比如海底电缆敷设时会施加较强的机械作用力，需要很好的抗拉性能等。至于同一工程中单芯与三芯电缆选择问题，国内电缆企业结合导体、金属屏蔽、铠装等损耗，做了比较分析，详见表 1-1。

表 1-1　　　　　　　　　　　　**220kV 单芯与三芯海缆对比分析**

型号	单　　位	三　相	单　相
参数	220kV	3×800mm²	1×800mm²
每相导体损耗	W/mA	804	866
每相载流量	220kV	20.5	23.1
每相护套和铠装损耗	W/m	14.1	7.3

4. 海底电缆的生产与敷设

海底电缆的生产需选取性能极好的绝缘材料，还需相关设备与便捷的运输渠道，如图 1-4 所示。生产海缆的设备有：双头或多头在线退火大拉机、120 盘（或更多）630 钢丝铠装机、150 压铅机、3×4500 或 3×10000 及以上立式成缆机、200kV 或 500kV 悬链或立塔交联机等；一般生产海底电缆必须靠近江河航道，以便运输方便。其所需运输设备有现场流转主动转盘、堆场转盘、运输船等。

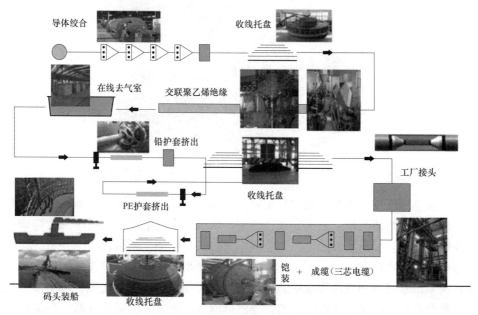

图 1-4　海底电缆生产基本流程

海底电缆的敷设是一项巨大的、复杂的工程，主要包括电缆路由勘查清理、海底电缆敷设与冲埋保护等三个阶段。我国目前电缆制造商生产的海底电缆几乎全部寻求第三方敷设，国内的广州电缆技术服务公司、舟山电力工程公司等已开展过小规模海底电缆工程敷设。但目前海底电缆的生产、制造、敷设和施工的先进技术都被国外大公司所垄断，国外能开展大型海洋电缆作业的国外生产、敷设联合体企业有普瑞斯曼、耐克森、LS 等。

海底电缆敷设所需敷设船、海底勘探器、监视器等，部分国外企业已研发海底电缆敷设机器人（ROV）进行实际操作，图 1-5、图 1-6 是 500kV 海南联网海底电缆工程敷设船及敷设现场。

（a）　　　　　　　　　　　　　　　　　　（b）

图 1-5　海底电缆敷设船及敷设现场

（a）敷设现场一；（b）敷设现场二

图 1-6　海底电缆敷设船斯卡格拉卡号施工作业现场

　　国外海底电缆研发、生产、敷设与维护已形成标准化作业，海底电缆关键技术是大长度海缆内外屏蔽及绝缘无缺陷挤压、联合成缆、软接头及光电复合光纤单元结构研究。国内电缆及配套企业，目前在海底电缆产业链中只占有设计加工制造这一个环节。而上游的电缆绝缘材料、生产设备、加工工艺技术，下游的安装敷设、海底电缆保护施工、海洋工程技术，基本都被国外制造商形成垄断化海底电缆产业链。如北欧化工、特雷斯特、普瑞斯曼等少数企业，从技术到装备的垄断，导致目前海底电缆工程造价高昂。我国的海底电缆产业链，发展国产化之路还有很长一段路要走，但当前的国内外形式也给国内企业追赶世界先进水平提供了难得契机。

第二节　典型海底电缆工程简介

一、摩洛哥—西班牙电力联网工程

　　摩洛哥—西班牙电力联网工程经过海底电缆敷设线路、交直流选择、电缆尺寸、电压选择以及环境保护等方面的研究，工程于 1993 年 12 月开工，1997 年 7 月末竣工，1997 年 8 月经调试后投入运行。摩洛哥—西班牙电力联网工程实现了马格里布电网与欧洲电网的连接，是欧洲、非洲两大陆第一个电力联网工程。该工程包括：4 条 23km、双向、400kV 海底电缆（其中 1 条备用），出海两头改为 3km 长地下电缆；2 条海底通信光缆；2 个连接点，其中 1 个在摩洛哥的 Fardioua，另 1 个在西班牙的 Tarifa；在 Melloussa 修建一座 400/225kV 变电站，装备 2 台 375MVA 单卷变压器和 3 台 400kV、125Mvar 电抗器。摩洛哥方面共出资 25 亿地拉姆，其中 7 亿地拉姆为海底电缆、光缆联网工程的分摊费用。海底电缆线路的选择，预选了三条敷线方案。通过与挪威的 Norpower 公司和丹麦的 Danish Power 公司进行技术经济咨询，确定了西班牙的 Tarifa 至摩洛哥的 Fardioua 海底电缆路由，长 26km，宽 2km，最深处为 615m。挪威 Stolt-Nielsen Seaway 公司进行了水底勘查。

选择的海底电缆导体材质为铜，圆管型，截面积为 $800mm^2$，中空部分直径 24mm，用于注油；其绝缘体厚 25.4mm，由一种电缆专用纸做成，交、直流电均适用；绝缘体外包铅套，厚 4mm，铅套外包一层薄青铜保护带及聚乙烯保护套。

在电力输送方式上，选择交流形式实现电力输送。选择交流主要是考虑造价的因素，同时考虑到马格里布电网和欧洲电网的稳定。

正常运行状态下，摩洛哥—西班牙电力联网的输电能力为 700MW，特别情况下，输电能力可提高至 900MW，可持续 20min 时间。输电使用的电压为 400kV。地理接线图，见附录 C。

二、摩洛哥—西班牙二次联网工程

摩洛哥与西班牙的第一期联网工程竣工后，双方开始实施第二个海底电力联网工程。摩洛哥与西班牙二次联网工程工期年限为 2003~2006 年，工程耗资 1.15 亿欧元，海底电缆有 3 根，另有一根备用电缆；每根交流海底电缆 400kV，42kg/m，海底电缆总长 31.3km。西班牙着陆段长为 2km；摩洛哥着陆段为 0.25km。路径跨越直布罗陀海峡，连接摩洛哥与西班牙。地理接线图，见附录 C。

海底电缆路由：平行敷设，每根间距 10m；冲埋沟渠：2.5m 宽，2m 深；海底电缆接头：12 个，每 410m 一个；最大水深：620m。通信电缆：附有两根通信电缆，每根有 48 根光纤，用作信息和数据传输。

油泵房：由一个可编程逻辑控制器（PLC）进行监控，以免海底电缆温度超过极限温度。

海底电缆温度监控系统：分布式温度测量系统（DTS）通过附带在海底电缆上的光纤电缆作为温度感应器，DTS 测量到海底电缆的表面温度，PLC 根据 IEC 60287 计算导体温度，则测算出的导体温度将在 DTS 电脑屏幕上显示出来。

海底电缆制作及敷设商：两根由意大利的普瑞斯曼电缆公司（Prysmian）制造，另一根由挪威的耐克森公司制造。海底电缆的敷设工程，由专业敷设施工船 Giulio 号完成，而耐克森公司生产的海底电缆的敷设工作，则由斯卡格拉克号船完成。两艘船都是动态定位系统船。

着陆方法：摩洛哥着陆段为岩石地质，海底电缆着陆的方法为将其拉入一个预先设好的钢管套，约 100m 长；而西班牙着陆段为沙质，海底电缆可直接拉往沙滩上。

海底电缆敷设：水下机器人实时监控海底电缆敷设，能使海底电缆免于敷设在突起的点上，也避免海底电缆敷设产生长距离的悬空段。除了监控敷设过程，在敷设完成后，ROV 还对海底电缆敷设结果进行检测。

工程规定：假如海底电缆敷设悬空段长于某个限度值（水深的函数），则需在海底电缆底部抛小碎石，且使用落石管进行抛石工作。由于水下机器人 ROV 在海底电缆敷设过程进行监控，则悬空段不会超过限度。

海底电缆的保护：方法一，在西班牙着陆段，选择的是高压水枪冲沟法。由海上施工船进行作业。80m 深处的海底电缆埋深 1m，靠近西班牙岸边的则埋深 3m。此外，西班牙的过渡接头至 10m 水深处保护措施，采用铸铁套管。方法二，靠近摩洛哥着陆段的 1600m 范围内，海床多为岩石，且不平坦，海底电缆需要受套管保护，例如铸铁套管，混凝土沙包。值得注意的是，工程中海底电缆的铠装是由两层铜绞线，沿相反方向排列组成的，这样可以降低在敷设过程中的扭转力。

联网工程使得摩洛哥、西班牙两国均受益。在技术方面，与欧洲电网的连接使得摩洛哥电网的电力供应得到了保证，电压更稳定，服务也就更优质；在经济方面，联网工程的设计能力为年输送 2.5TWh 电力，相当于一个 300MW 的热电厂的年发电能力，占摩洛哥国家电力办公室年生产能力的 20%，与欧洲电网连接后，摩洛哥可以在价格便宜或急需时从欧洲进口电力。

三、NorNed 挪威—荷兰海底输电工程

挪威—荷兰海底电缆长 580km，2007 年 12 月投入运行；是目前世界上最长的水下电力电缆。海底电缆向两国提供更加有效而且更有保证的能源供应，同时大幅度地减少二氧化碳的排放。这项基础建设项目称为挪荷输电项目，现已形成主要是挪威和荷兰两国电力供应系统中的一个重要环节。

挪威 99% 发电方式为水力发电，而荷兰主要是靠燃烧化石燃料发电，挪威—荷兰海底电缆建成后，荷兰可以使用挪威环保的水能资源。荷兰白天用电量比夜晚大，而挪威则相反，夜间的电需求量较大，挪威可以从荷兰那里得到便宜的电，帮助挪威节省水能资源。挪威—荷兰海底输电工程基本情况，见表 1-2 和图 1-7。

表 1-2　　　　　　　　挪威—荷兰海底输电工程基本情况

序号	项目	基本情况
1	业主（双方各占 50%）	挪威国家输电系统运营商和荷兰国家输电系统运营公司
2	工期	2005～2008 年
3	始终点	挪威的飞达至荷兰的埃姆斯哈文
4	海底电缆规格	见附录 C
5	海底电缆类型	直流海底电缆
6	电压等级	±450kV
7	输送容量	700MW
8	海底电缆长度	580km
9	单芯海底电缆截面积	700mm²
10	双芯海底电缆截面积	790mm²
11	单芯海底电缆每米重	37.5kg/m
12	双芯海底电缆每米重	85kg/m

续表

序号	项目	基本情况
13	单双芯海底电缆长度	从荷兰起始点至 270km 处是双芯海底电缆，剩下是双芯海底电缆
14	海底电缆总质量	47000t
15	最大水深	410m
16	挪威水域海底电缆制造商	耐克森
17	输电线路方	ABB
18	工程总耗资	6 亿欧元
19	敷设方式	埋在 50m 深以内的海底电缆长度达 420km；剩下 160km 长的海底电缆的敷设最大水深达 410m
20	保护方式	将海底电缆埋设在海床或抛石。如：靠近荷兰口岸的埋深达 3m，剩余海底电缆均埋深 1m。对于某些河床无法冲埋的部分，采用抛石进行保护

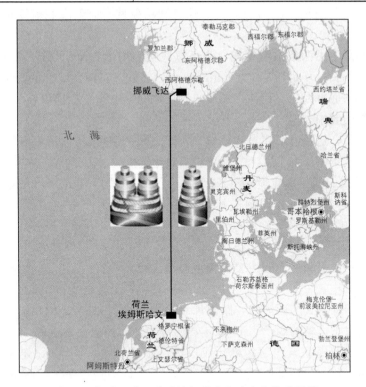

图 1-7　挪威飞达—荷兰埃姆斯哈文海底电缆路径图

　　海底电缆制造商 ABB 集团高压直流部门挪荷项目负责人 Svante G. Svensson 曾经说过：多年来，挪威与荷兰一直商讨把两国的电力供应系统连接起来。开展这个项目，两国有着完全不同的先决条件，但两国可通过把电力系统连接起来而获得巨大的好处。

荷兰电力系统主要依赖燃煤电站，但从法国输入的核电也起了重要作用。挪威电力系统则完全依赖水电电力。荷兰因为电力用量一日数变，所以其燃煤电站必须以不同的输出水平发电，与电厂正常水平发电相比，这种不稳定的工作情况，效率低下，而且排放更多的污染物。正如 Svensson 说的："简单地说，可以把这种情况与驾驶汽车相比较，如果汽车常常加速和减速，消耗的燃料会比正常速度行驶多。"因此从荷兰的观点角度来看，有必要通过输入能源实现更加有效的供电作业以便拉平电力需求上的波峰和波谷。他们也想增加所用可再生能源的比例。

在电力方面，挪威通常供应充足。挪威建设有一个十分发达的水坝和水电站组成的系统。但偶然会出现缺水年，电力需求可能出现严峻的局面。虽然挪威与其他北欧国家的电力系统可以连接起来，但互相提供的资源不足以应付将来可能出现的需求，所以开始改向南面欧洲大陆寻求电力支援。

挪威与荷兰双方都面临一种需要：在两国之间铺设一条电力电缆来解决有关问题。现在荷兰就能从挪威输入水电来减少二氧化碳的排放，更加有效地经营其燃煤电厂。而挪威则获得保证可在需要时输入电力供应。另外可利用挪威—荷兰海底电缆把电力输出到西欧去。

海底电缆实际上由两条电缆组成，两条海底电缆均为直流±45kV；敷设在挪威南部的飞达（Feda）与荷兰埃姆斯哈文（Eemshaven）之间。在荷兰北部的海中，海床的沙丘不断移动，使得海底电缆悬空在几百米长的沙丘之间，电缆集中铺设在 200m 左右大规模浸渍处理的电缆装置中。

根据特定数值，这条电缆在−40℃与+40℃之间的温度下使用 40 年。项目成本 4 亿美元左右，电缆成本占了一半以上。预测的二氧化碳排放量每年将减少近 170 万 t。

ABB 设在瑞典的卡里斯克罗纳（Karlskrona）的电缆厂制造 380km 电缆，而挪威霍尔顿（Hallden）的 Nexans 公司制造其余 200km 电缆。生产电缆需要 8000t 左右的铜、10000t 的铅、23000t 的钢和 4000t 的绝缘纸。

四、加拿大本土—温哥华岛 500kV 交流海底电缆工程

温哥华岛位于加拿大的西海岸，距离加拿大本土约 40km，岛内负荷较大，每年林木产业的用电量超过了全岛的 50%。1956 年，温哥华岛与加拿大本土的 138kV 交流联络线路及±300kV 直流双极联络线路相继建成投运；20 世纪 80 年代初，建成世界上第 1 个 500kV 交流联网工程，包括 2 回额定电压 525kV，每回输送容量 1200MW 的交流海底电缆和架空线路的混合联络线。地理接线图见附录 C。

为解决温哥华岛内负荷需求，考虑过采用 500kV 交流架空线、230kV 交流海底电缆、400kV 直流海底电缆等联网方案，通过技术经济比较，选择了最合适的 500kV 交流海底电缆联网方案（海底电缆的额定运行电压为 525kV）。跨海联网路径选择在海峡北部通道上，所选路径的缺点是海床较深，最深处约 400m，其优势是在该路由上的 Texada 岛可以

将海底电缆分成 9km 和 30km 两段。所拟联网方案的联络线全长 148km，其中 109km 为架空线路，海底电缆 2 回 6 根电缆，远期拟增建 1 根备用电缆。

工程在每回线路上装设了总容量为 1080MVar 的并联电抗器，补偿度约为 92％，分别安装在 3 个地点（以 1 回线路为例）：

（1）距送端电缆终端站（位于加拿大本土 Nelson 岛）18.6km，1×135MVar 三相电抗器，不可带负荷投切。

（2）Texada 岛中部，3×3×45MVA 单相电抗器，不可带负荷投切。

（3）距受端电缆终端站（温哥华岛 Nile Creek 终端站）4km 处，3×135MVar 三相电抗器，可带负荷投切。

从安装费用考虑，三相高压电抗器较单相便宜，Texada 岛上采用单相高压电抗器，使得 7 根海底电缆中的任意 3 根，都可以组成 1 回输电线路运行。

海底电缆工程由两家电缆厂商供货，1983 年底第 1 回线路及 1 根备用电缆投运，1984 年底又建成第 5 根和第 6 根电缆，形成 2 回 500kV 联网线路。两种电缆使用不同的浸渍油及独立的供油系统，在需要时两种油可以混合使用。电缆及其终端套管的内部油压保持在大约 1300kPa，以防止电缆在深海处破裂时水浸入，终端套管的最大油压设计为 1800kPa。

电缆路由的最大海洋深度达到了 400m，经计算，敷设和打捞电缆的最大拉力达到了 30t，因此海底电缆设计时要求具有足够的抗拉强度。

电缆的长期允许载流量与运行环境有较大的关系。对一段 1.4km 长的电缆试样进行试验，包括 2 个工厂接头和 1 个修理接头，以测试其介电强度及在操作、敷设等过程中的抗弯性能。电缆的机械试验在最大海洋深度 400m 处进行，试验包括张力弯曲试验、雷电冲击耐压试验、电介质安全试验、高压试验及海上试验等。再回实验室接受直流试验、交流试验等电气型式试验。试验完成后，检查加强带是否断裂，绝缘纸是否撕破，导体和铠装是否变形。

电缆户外终端站的作用是将电缆与架空线路相连接，包括电缆终端套管、供油系统、备用电源、电缆冷却装置等。

为方便在海底对电缆维修，电缆的相间距为 500m，终端站则缩减为 11m，电缆铠装锚固在终端套管的底座上，与其他电缆的铠装相连接地。由于两家电缆厂商生产的电缆采用不同的浸渍油，故在终端站安装了两套油泵系统和储油设备，油泵站可以自动调节以满足油压。正常情况下，油泵站工作在加压模式下，当电缆故障时，油泵站切换为按流量控制的模式运行，位于终端站的传感器可以将任何非正常的温度、油流或油压的变化传递到温哥华的控制中心。2 回电缆线路的油泵、储油罐及控制阀等均布置没有高压电气设备的运行间，浸渍油的燃点较高（120℃），火灾危险较小，故没有特别的防火措施。

为在终端站应该装设氧化锌避雷器，运行经验表明系统的过电压及雷击问题并不严重。

海底段电缆可以通过海水散热，但是在负荷较重的夏季，低潮水位至终端套管段的电缆较难散热。解决方法是在临近电缆处平行放置一段 110m 长的塑料管，在管中循环冷却剂，热量由氟利昂冷却器中散发，冷却系统需要保证导体的温度不超过 80℃，一般只有在线路潮流较重时，冷却器才投入使用。

海底勘察需要根据海底的地形及底质，确定可行的海底电缆路由。确定每根电缆的确切长度；确定海流速度及波形；确定海底土壤的热性质及化学性质；明确详细地形，以便在电缆铺设中避开海底脊状、裂口及陡坡等地形；建立最终的路径参考坐标；通过回声测深器、地震勘测装置及可控敏感设备，可以绘出海底电缆路径的海深图和断面图，在深水处，采用低频气枪穿透海底，浅水处则多用潜艇。

在春夏季海风活动不频繁，海底电缆敷设工作较为容易。该工程的电缆运输及敷设工作采用挪威 C/S Skagerrak 号电缆敷设船，其载重能力为 7000t，可一次运输两根 30km 和两根 9km 的电缆，敷设施工约需 30 天。

电缆的敷设速度约为 1km/h，会受到船速、航线、电缆张力、海深及风速的影响，这些影响因素均会被自动记录下来。敷设船采用自动航海设备精确定位，并校正由于风速和海流等因素而引起的误差，敷设船的航行偏差一般控制在 10m 以内。

在海底地貌起伏较大的地形中敷设电缆时，采用了无人遥控潜艇，在潜艇上装备了强力照明设备和摄像机，可以将海底的地形影像发回敷设船上，在确定合适的敷设路线后，先放置一根与主缆相同弯曲特性的黄色引导缆，再将主缆沿着引导缆放下，这样可以大大降低电缆在两个高地之间形成悬空的概率。

海底电缆所在海域的远洋船舶较少，捕鱼船带来的危险性也较小，但有很多运送木头的巨大拖船，海底电缆可能遭受到的主要危险是航船抛锚。为保护电缆不受抛锚损害及腐蚀，从终端套管至水深 20m 处（低潮水位时）的一段电缆在岩质地形处的埋深为 1.5m，在沙土地形处的埋深为 2m。在海底的岩质地形上挖沟时，采用了特殊的爆破和挖掘技术。有可能露出水面的电缆（低潮水位时）与冷却管道一起放置在增强的混凝土管道中，管道中填充的是沙与水泥的混合物，再使用邻近的沙土、岩石覆盖，岩石也可以用来保护电缆。

电缆的运行初期，由于保护设备过于灵敏，使控制中心频繁告警，调整后运行良好。当电缆发生故障时，对于无法就地维修的故障，可使用海底电缆厂商提供的专用初步维修工具，进行维修前的处理工作。如果电缆破裂或浸渍油外漏，先将电缆切断，封住断口，再放回海底。若故障发生在深海区，则需求助于电缆厂商更换电缆。为替换故障电缆，每个厂商均备了一根 3km 长的备用电缆，与电缆敷设完后的余缆一起盘绕在终端站的转盘上。

五、意大利本土—厄尔巴岛海底电缆工程

厄尔巴岛是托斯卡纳群岛最主要的岛屿，它距离意大利本土约 12km，在该工程之前由两条 30kV 的海底电缆为岛上供电，由于在夏季用电的需求不断增加，因此意大利国家

电力公司决定增加敷设一条 132kV 的海底电缆。在决定电缆路由前，为了选择一条能够避免珊瑚礁等障碍同时地质为沙地的路径，对海底地质条件进行了调查，调查海域的宽度为 1km 左右，最终确立了从意大利本土的皮翁比诺港（Piombinog）到厄尔巴岛（Elba）这条路径。在路径确定后对五条电缆路由又进行了进一步的调查，没有发现沉船残骸和可能影响电缆敷设保护的痕迹。在选择电缆终端位置时非常谨慎，主要是考虑到不破坏当地的自然景观，最终将电缆终端设置在沿海的一片小树林里，并把暴露在外的部分喷成了绿色。

该海底电缆工程于 1987 年 7 月运行，包括了四个独立的充油电缆，132kV，输运能力为 100MVA，海底的电缆长度约为 13km，海洋路由区域最大水深为 45m。海底电缆跨越的宽度为 500m 左右（共五条，其中包括了一条通信电缆），电缆轴向距离为：在岸线附近时为 1m，海上时为 100m。

海底电缆埋设和保护情况如下：

海水中部分自然埋深：0.3m。满足 20m 海深时的埋深（Embedment depth line up to 20 m sea depth）：厄尔巴岛一侧是沙地和碎石地，埋深为 1.5m，皮翁比诺港一侧是岩石地，埋深 1m。

电缆两端部分进行挖沟填埋保护，挖沟深度为 1～1.5m。由于电缆登陆地点水草丛生，水草的根长年累月的在海床上形成了很多高低起伏的坡，因此在沙地上挖沟的深度是 1.5m，而在水草覆盖的地方，壕沟深度为 1m 左右。在海岸登陆区域，电缆先用铸铁的保护，然后再用水泥包和回填土覆盖上。对于水深为 5～20m 的地方，沙地部分回填 1m，对于管接头部分再用铸铁保护层和水泥包覆盖。

六、丹麦—挪威海底电缆工程

该工程连接了丹麦的热电厂和挪威的水电厂，两条海底电缆分别于 1976 年 10 月和 1977 年 7 月开始使用，海底电缆跨越斯卡格拉克海峡（Skagerrak）海峡，长度大概有 125km。挪威海沟的海水深度达到了 550m，这给电缆敷设带来了极大的困难。斯卡格拉克海峡海底电缆的路由的水深示意图，如图 1-8 所示。该工程电缆电压 250kV，额定功率为 500MW，地理接线图。

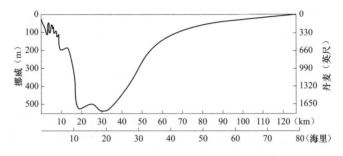

图 1-8　斯卡格拉克海峡海底电缆的路由的水深示意图

工程在两条电缆上均使用了厚重的十字线铠装（heavy cross-wire armour）保护。海缆的盔甲为两层，采用的是低碳钢镀锌材料。在铠装设计时进行了大量的试验，包括在实验室和海上试航中进行试验。通过用 1t 的拖网渔船对电缆的冲击试验，最终发现上述类型的铠装保护效果最佳，并且在深海中便于敷设和修复。在丹麦端的浅水区共有 65km 的海缆路线进行了埋设保护。当时用于深海区冲埋的机械并不完善，经过大量试验和改装后的机器能够完成水深 160m 以内的作业，于 1978～1979 年进行施工。埋深大约为 1m，这足够保证电缆不被桁拖网损坏。但是在离岸 10～35km 的地方有大的卵石覆盖，由于设备在卵石过大时无法使用，因此海缆只是部分埋设，到目前为止三次事故（均是机械损伤，其中两次是因为桁拖网损伤，另外一次是由于暴风雨天气）均是在这个区域发生。丹麦一侧离岸超过 65km 的区域的电缆没有进行埋设保护，因为这些区域的地质过软，而且水深超过了 160m，没有带桁拖网的渔船在这种区域作业。在挪威这一端的海岸侧没有对海缆进行埋设保护，因为这边的地质主要是石头而不适合冲埋施工，且几乎没有渔业活动。由于该工程使用的是带厚重铠装的电缆，要至少能够运载 6500t 电缆的电缆船才可以，但是在当时的条件下没有合适的船，于是业主决定制造一艘新的船——C/S Skagerrak。这艘船在后来的其他海底电缆工程中也发挥了重要的作用。

这项工程给双方都带来了利益，在少雨的季节，丹麦电厂可以为挪威方提供电能；在雨水丰富的季节，挪威水电过剩的电可以输送给丹麦以节约能源（煤或石油），双方均可以推迟兴建新发电厂的计划。

七、不列颠哥伦比亚—温哥华岛海底电缆工程

随着温哥华岛上的用电负荷量逐渐增大，岛上原有的供电量已不能满足需求，为了解决用电问题，不列颠哥伦比亚电力公司提出了几条方案，包括在岛上兴建新的火电厂、核电站，或者通过敷设海底电缆从本土输送电能。经过调研发现敷设海底电缆是最经济的方法，而且水电厂的发电量受河流径流特性的影响，通过本土与温哥华岛电力系统的互联，便于在对不同的水电厂的统筹。

该工程于 1956 年施工并投入使用，一共有 7 根电缆，每三根构成一条回路，还有一条作为备用，两回路的输运能力是 240kW。该工程被 Galiano island（加利安诺岛）分为两部分，一部分为 23.657km（14.7 英里），由不列颠哥伦比亚通过了乔治亚海峡到达 Galiano island，最大深度达到了 182.88m（600 英尺）；另外一部分长度为 4.667km（2.9 英里），通过 Trincomali 海峡连接 Galiano island 和 Saltspring 岛，最大的深度为 54.864m（180 英尺）。

在选择电缆着陆点时对海水和底部条件进行了调查，查看了一段时间的风暴情况记录并确定在着陆点区域内波浪的作用效果能够得到抑制。三个岛上的海底电缆的终端部分大体相似，在入口部分均采用之字形的通道。经过对这些入口点清理和分级，建立起保护电缆的钢筋混凝土渠道，这些渠道从平均低潮面下 1.5m 的地方到封闭端的高水位线上的

15m，距离为 90～140m。这些地方随后盖上混凝土板。退潮时暴露出来的电缆用额外的铸铁分裂铰接式保护器套管，用于短距离保护。

在选择电缆的登陆地点和路线时，选择了不便于落锚的地点，这样能减少锚害对电缆的损害。乔治亚海峡是该区域的主要航道，在 1955 年有超过 32000 艘船经过这里到达温哥华港。此外，还有大量拖船，平底船和运输驳船在岸线附近活动，在鲑鱼捕捞季节有多达 5000 艘的加拿大和美国的捕鱼船只。通过与渔业署的运作，在 Trincomali 海峡禁止拖网，以防止损坏电缆，但在乔治亚海峡没有限制拖网捕鱼。该工程投入使用后，运行稳定且高效，只出现过几次短暂的由于测试和架空线路维护造成的运行中断。

八、日本 Kii 海峡±500kV 直流海底电缆工程

该工程将位于四国岛立花湾的热电厂的电能传输到本州岛的输电系统中。该工程的海底电缆由关西电力，电力开发公司以及日本的四大电缆制造商（以古河电工为首）共同开发。海底电缆于 1998 年 4 月到 10 月之间敷设，在 1999 年 10 月进行了高压测试，2000 年开始投入使用。

日本 Kii 海峡±500kV 直流海底电缆工程长度为 49km，最大海深为 75m。装机容量是 2800MW（±500kV，2800A），共有 4 根电缆，其中两根作为替换。总长 48.9km，（46.5km 在海下，2.4km 在陆地上），海底电缆路由情况，如图 1-9 所示。在敷设过程中通过 GPS 和声纳进行实时监控。

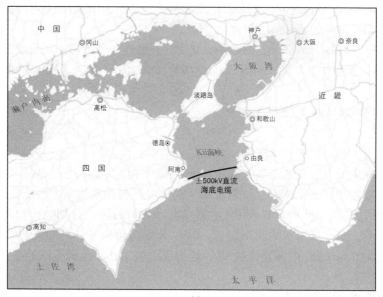

(a)

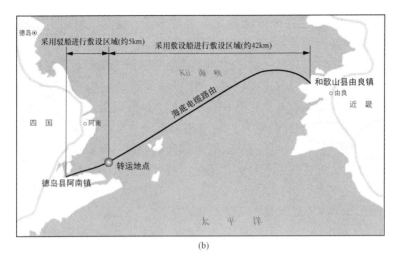

图 1-9　日本 Kii 海峡±500kV 直流海底电缆工程路由情况
(a) 路由情况示意图一；(b) 路由情况示意图二

　　电缆保护采用的是全程掩埋敷设的保护方式。关于海底电缆的埋设深度，日本进行了详细的试验研究。每天通过 Kii 海峡的海船有 600 艘，最大的货船为 270000t，全年都有拖网渔船作业，其中最大的锚重为 16t。为了确定抛锚及拖锚的特性，进行了现场试验和模拟试验。现场试验是在沿海缆路径的 3 个典型区域进行，2 个在硬土上，1 个在软土上。抛锚贯穿海床深度为 1.6m，同时还考虑了拖锚的贯入深度，经模拟试验确定拖锚的贯入深度为 2.5m（考虑了锚的长度）。因此，为防止锚害，海底电缆应埋入海床 4.1m 以下（1.6＋2.5）。海缆深埋虽能很好地保护海缆，但施工及维修的费用将变很高。经综合比较，最终确定海缆埋深为 2～3m（硬土为 2m）。

　　在 Tokushima（德岛）一侧附近敷设船无法到达，大概有 5km 的距离需要挖沟填埋，挖掘深度为 0～2.2m，挖掘宽度为 0.65m。该海底电缆自 2000 年投运以来未发生海底电缆损坏事故。

九、香港博寮海峡 275kV 海底电缆工程

　　博寮州（南丫岛）位于香港岛的南面，是香港第三大岛屿，港灯公司通过对岛上设立风力监测站，收集风力数据证实岛上有丰富的风能，并建立了风力发电站。香港博寮海峡 275kV 海底电缆工程实现了博寮州（南丫岛）的风电厂与香港的电力系统联网。

　　该工程单回路输运能力为 500MVA，海底电缆分为两段，分别为榕树湾—北角新村、北角嘴—数码港。全程采用水力喷射覆盖，埋深分别为榕树湾—北角新村段为 5m，北角嘴—数码港段为 3.5m。香港博寮海峡 275kV 海底电缆工程路由情况，如图 1-10 所示。

十、渤海及南海海底电缆工程

　　在开发海底石油资源，进行海上油气田的生产过程中，使用海底动力电缆，可将动力

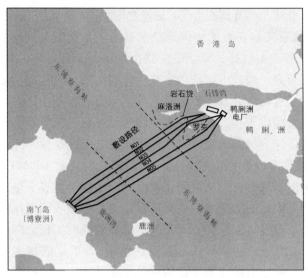

图 1-10 香港博寮海峡 275kV 海底
电缆工程路由情况

底电缆工程路由情况如图 1-11 所示。

在深海海域海洋油气田工程中，海底电缆大多数情况下都是采用直铺于海底的形式进行铺设，一般不挖沟，靠自然水流的冲刷作用自然填埋。目前这种铺设形式在我国海南文昌油田应用较为广泛，油田各平台间的电力网络也比较复杂。但这些动力电缆一般的电压等级为 35kV 左右，相比超高压输电线路来说要低。

对于近岸段，海洋石油工程中

平台或者单点储油轮上电站的电力输送至其他生产平台和生活平台，这样做不仅能够满足这些平台的生产或生活需要，而且节省了投资。1989 年渤海石油公司首次在渤海海湾 BZ34-2/4 油田铺设了两条海底动力电缆，两条海底动力电缆分别连接两座生产平台和单点系泊平台，传输电力。两条海底电缆的设计长度分别是 1300m 和 900m，电缆铺设后进行挖沟埋设，埋设深度是 1.5m。埕岛油田在海上建成了平台发电站一座，35kV 变电站 3 座，敷设了海底电缆 89 条，总长达到 180km，大部分电缆均采取埋设保护，埋深为 2m 左右。渤海海

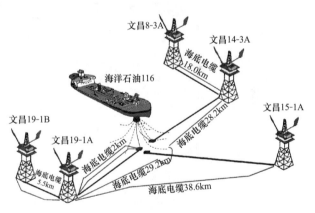

图 1-11 渤海海底电缆工程路由情况

近岸段一般采取的挖沟埋设加护管保护的方式进行保护，在南海涠洲岛的 WZ12-1PAP 至 WZIT 终端的 35kV 海底电缆的近岸段从水深 10m 处开始采用 QH 哈夫球铰减震高强度电缆保护管进行保护，从潮差带开始，对海底电缆进行挖沟埋设，并首先在上面铺设沙袋，然后在沙袋上浇筑混凝土保护。

第三节　500kV 海底电缆工程建设概况

500kV 海南联网海底电缆工程是我国第一个 500kV 超高压、长距离、大容量的海底电缆工

程，本节及后面各章均以此工程为案例，介绍 500kV 海底电缆工程建设与管理的各个方面。

在确定 500kV 海底电缆工程建设的意义和在系统中的地位前提下，工程建设期间分为两个阶段，施工前期主要有：海底电缆路由选择、海底电缆路由勘察、工程本体设计、海底电缆制造及运输。工程施工期间主要有：海底电缆路由定位、海底电缆敷设、海底电缆保护、陆地设备安装、检测与调试、工程验收。其工程建设管理主要有：工程前期技术管理、海底电缆建设工程管理、海底电缆建设工程监理、海底电缆建设工程施工管理、海底电缆工程系统调试、海底电缆工程建设综合风险管理、海底电缆建设工程验收与评价。

500kV 海南联网海底电缆工程（简称海南联网工程）设计单回输送容量为 600MW，它连接海南电网和广东电网，使南方电网实现真正意义上的互联电网。工程为世界上电压等级最高、单根电缆最长、输电容量世界第二的交流海底电缆项目，也是迄今我国电压等级最高、输送距离最远、输电容量最大、建设难度最大的海底电缆工程。联网工程分两期建设，一期工程建设规模包括新建一回 500kV 输电线路（含海底电缆），扩建港城变电站，新建徐闻高抗站，新建福山变电站，新建南岭终端站和林诗岛终端站。工程北起广东徐闻 500kV 港城变电站，途经徐闻高抗站，通过海底电缆穿越琼州海峡，南止于海南省澄迈县 500kV 福山变电站。海南联网工程地理位置示意图，如图 1-12 所示。

图 1-12　海南联网工程海底电缆地理位置接线图

工程采用挪威耐克森（Nexans）公司生产的500kV自容式单芯充油海底电缆，导体为800mm²的铜导体，绝缘为浸十二烷甲基苯绝缘油的牛皮纸，注入低黏度合成油，海底电缆护层采用铅护套和单层铜铠装。海底电缆结构如图1-13所示。额定载流量为815A，满足输送600MW容量的要求。海底电缆的机械特性能，保证在敷设和运行条件下，均不超过电缆的机械强度。12芯光缆与电力电缆捆绑在一起敷设，电缆试验按照IEC60141-1和ELECTRA171标准执行。海底电缆的保护施工方案是先敷后埋，采用全程冲埋和抛石保护的方法，埋深1.5～2m。海底电缆敷设方式，采用三根电缆一次从制造厂启运，依顺序一次敷设。敷设工作由广东徐闻侧向海南侧进行。海底电缆工程的埋设保护，主要采用Nexans的CAPJET挖沟冲埋机，利用水力喷射进行挖沟冲埋，对于海床较硬，不能挖沟冲埋的部分采取抛石保护的方式掩埋。

陆地部分包括500kV海南侧福山变电站，建设1组750MVA主变压器，500kV出线一回及2组180MVA高压并联电抗器。500kV徐闻高抗站，建设500kV出线2回，高压并联电抗器2×180MVA。海峡两侧500kV等级，装设的并联高压电抗器用于消耗海底电缆，作为容性负载在运行时产生的容性无功。500kV港城变电站间隔扩建工程，在原有围墙内扩建500kV出线1回，1组90Mvar并联电抗器。架空线路全长138.9km，其中港城站至南岭终端站单回路125.5km，林诗岛终端站至福山站13.5km。

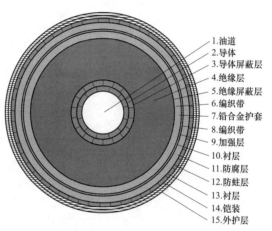

1.油道
2.导体
3.导体屏蔽层
4.绝缘层
5.绝缘屏蔽层
6.编织带
7.铅合金护套
8.编织带
9.加强层
10.衬层
11.防腐层
12.防蛀层
13.衬层
14.铠装
15.外护层

图1-13　海底电缆结构图

海底部分包括500kV海底电缆敷设与保护，在琼州海峡新建3×31.0km海底电缆3根，海底电缆由Nexans公司负责生产和敷设，海缆直径约14cm，海缆路由最深处97m，海缆保护采用冲埋、挖沟和抛石保护等方式进行。广东侧南岭终端站和海南侧林诗岛终端站，均建设500kV出线1回，3个独立电缆终端。

海底电缆施工阶段完成保护：登陆段预挖沟保护2700m；铸铁套管保护3053m；冲埋保护68978m（一次冲埋和部分二次冲埋采用），冲埋埋深未达标或无法冲埋的海缆采用抛石保护，共271段，22 625m，抛石量26万t。

500kV
SUBMARINE
POWER CABLE
PROJECT
CONSTRUCTION
& MANAGEMENT

500kV
海底电缆工程
建设与管理

第二章
工程技术规范

　　500kV 海底电缆工程技术规范，是工程建设前期编制的重要的工程建设技术依据文件。工程技术规范的编制，通过工程建设前期大量的技术调研、论证、评审，形成的适应工程建设特点、经济可行的工程建设纲领性技术文件。为了做好工程项目建设的技术管理，合理地计划、组织、协调、控制和管理好工程项目建设中的方方面面，就需要依据技术规范确定的原则，处理工程建设技术管理流程中存在的问题。

　　500kV 海底电缆工程技术规范，原则上在可行性研究阶段提出工程设计技术规范书，以用于工程建设各阶段的工作开展。其中包括工程招标文件、工程初步设计、设备制造的监督等。

第一节　海底电缆工程设计标准

　　以 500kV 海南联网海底电缆工程技术规范为例，重点内容包含国际规范化标准、规范化引用标准、规范性引用文件等。

一、国际规范化标准

　　500kV 海南联网海底电缆工程引用了以下国际组织的有关标准：

ANSI	美国国家标准协会
ASME	美国机械工程师协会
ASTM	美国材料试验协会
BS	英国标准
CIGRE	国际大电网会议（法国）
CSA	加拿大标准联合会
IAEE	国际工程抗震协会（日本）
IEC	国际电工委员会（日内瓦）
IEEE	电气和电子工程师协会，（美国）
ISO	国际标准化组织（日内瓦）
NACE	国家防腐工程协会（美国）
NFPA	国家防火协会（美国）

二、规范性引用标准

　　500kV 海底电缆工程规范性引用文件，包括所有材料和设备均应符合 IEC 或 ISO 标准的规定。当没有相关 IEC 或 ISO 标准可引用时，制造原材料应满足设备制造商所在国家的国家标准或其他国际组织所制定的标准。

如投标方提供的材料、设备、设计或测试不符合规范性引用文件，投标方必须提供其与相关引用文件的详细区别，以及该区别对设计或运行所产生影响的书面说明，由建设方确定是否采用。

三、规范化引用文件

以下引用文件适用于 500kV 海底电缆工程：

- IEC 60071 绝缘配合
- IEC 60034 旋转电机
- IEC 60060 高电压试验技术
- IEC 60072 旋转电机的尺寸及功率等级
- IEC 60073 指示灯和按钮颜色
- IEC 60099-4 交流电系统用无间隙金属氧化物避雷器
- IEC 60141-1 充油和充压电缆及其附件试验
- IEC 60183 高压电缆的选择指南
- IEC 60228 电缆的导体
- IEC 60229 带特殊保护功能电缆挤出外套的试验
- IEC 60230 电缆及附件冲击试验方法和要求
- IEC 60270 高电压试验技术—局部放电测量
- IEC 60287 电缆额定电流的计算（100％负载因数）
- IEC 60465 充油电缆用的未使用过的绝缘矿物油规范
- IEC 60479-1 通过人体的电流的效应
- IEC 60853-2 电缆周期性和事故电流定额的计算
- IEC 60793-1-1 光纤 第 1-1 部分：总则
- IEC 60815 污秽地区使用高压绝缘子选择和尺寸
- ASME B31.1 电力管线
- ASME 锅炉和压力容器规范 第八节"压力容器施工细则"第 1 部分
- ASTM 202 未经处理的电气绝缘纸的取样和试验
- ASTM 4059 气相色谱法分析无机绝缘油中多氯联苯含量的试验方法
- ANSI/IEEE 土壤热阻测量指南
- ANSI/IEEE 交流变电站接地安装指南
- BS698 电气用纸
- BS3631 纸灰分测量方法
- NEMA ICS-1 工业控制和系统通用标准

- NFPA 13 喷淋灭火系统标准
- ITU-T G.652 单模光缆的特征
- ITU-T G.655 非零色散单模光缆特性
- ELECTRA 171 海底电缆机械性能试验推荐方法
- IEEE 48-2009 应用在层叠绝缘额定电压 2.5kV 至 765kV 或挤包绝缘额定电压 2.5kV 至 500kV 的屏蔽电缆上的交流电缆终端用要求及试验规程标准
- CIGRE Electra 189 系统电压 30（36）以上至 500（550）kV 的大长度挤出绝缘交流海底电缆的试验推荐要求
- IEC 60793-2-50 光学纤维　第 2-50 部分：产品规范

第二节　海底电缆终端站技术要求

海底电缆终端站的建设涉及充油电缆终端和氧化锌避雷器等。500kV 海底电缆终端站的建设，包括 500kV 户外电缆终端、氧化锌避雷器及其间设备连线和线夹。承包商应提供相应的计算书、设计安装详图、设备制造、试验、供货、安装和调试服务等。

一、电缆终端站的接地系统

承包商应对所供全部设备和支架的接地提供计算书、设计安装详图、设备制造、试验、供货、和调试服务等，并提供现场安装及现场安装指导。

电缆终端站的接地系统包括：500kV 户外电缆终端的接地；所有电气设备外壳的接地；所有低压电缆金属屏蔽层末端的接地；其他所供设备的钢构架和设备外壳的接地。

二、油泵站 380/220V 低压配电系统

承包商负责校核油泵站，如扩建前后其低压配电系统是否可靠接入前期站用电系统备用回路。承包商还应提供其计算书、设计安装详图、设备制造、试验、供货、和调试服务等，并提供现场安装指导。

关于油泵站电缆及电缆通道，承包商应负责对与油泵站供电系统相关的电缆及电缆通道进行设计。

关于监控系统，承包商的工作范围应包括海缆温度监视系统、海底电缆损伤探测系统、供油控制系统、站用电系统、控制保护系统的制造、供货、施工图设计、现场安装及调试等。

关于通信系统，当海底电缆复合或捆绑光缆时，海底光缆接入海底电缆终端站后，将

与架空线路复合地线光缆（OPGW）相连接，海底光缆、OPGW 光缆均经光缆接头盒、引入光缆至光纤配线架（ODF），ODF 布置于终端站内二次设备间。

关于海底电缆供油系统，承包商应负责供油系统，包括泵站、油罐及其控制系统等所有设备和组件的全部设计及所有设备、组件和备品备件的供货，并应提供相应的设计计算书、图纸和试验报告和安装调试。

第三节　海底电缆制造技术参数

一、500kV 海底电缆的技术要求

（一）海底电缆结构

以 500kV 海南联网海底电缆工程为例：海底电缆为自容式充油电缆，采用牛皮纸或者 PPLP 纸绝缘，注入低黏度合成油，电缆外层捆绑或复合光纤。

海底电缆敷设过程中在最严重的静态和动态条件下，导体的位移、最大侧压力、电缆上部张力和剩余张力，须同时考虑敷设时的环境温度和辐射温度。

PPLP 绝缘电缆受损时，纵向渗水特性、预期的漏油率、进水污染的长度，与同等性能的牛皮纸绝缘电缆的性能形成对比。

（二）导体

导体材料须使用纯电解铜，采用弓线型线或改进的分割结构，并装有油流限制器。应采用非磁性金属带把各个被分割的扇形股块捆绑在一起。

扇形股块或股线的接头应根据厂家的质量保证（QA）计划交错排列在适当的长度内。

承包商在投标时应说明导体的类型和结构，以及在 20℃时，每千米的最大直流和交流电阻。

（三）绝缘材料

绝缘纸卷的厚度、渗透性、分层和纸包张力，应设计成能在交流条件下具有最佳性能。牛皮纸带和纸卷采用脱离子水洗的高品质牛皮纸，牛皮纸应网纹结构均匀、纤维长，不含不完全的浆化材料、木质材料、石灰点、金属微粒或其他有害物质。牛皮纸不得含有机械木纸浆或针茅纤维。制浆、漂白或其他制造过程中使用的任何化学原料都必须清除。牛皮纸不得含有填充剂和明胶、蛋白质、树脂胶，并且应符合电缆绝缘纸的质量等级验收标准。

牛皮纸应满足以下最低技术要求：

规范或 ASTM D-202 测试时，在浸渍前纸中的化学杂质、酸性物质、碱性物质和盐类

在水中溶解的重量不得超过干重的 0.6%。

按照 BS 698 测试时，水萃取物的电导率不得超过 1.6mS/m。

按照 BS 698 测试时，水浸液的 pH 值不得低于 5.5，并不得高于 8.0。

按照 BS 3631 测试时，灰分含量不得超过 0.5%。

按照 ASTM D-202 测试时，含水量不得超过 5.0%。

按照 ASTM D-202 测试 100℃ 时，50Hz 时牛皮纸的介质损耗因数（$\tan\delta$）符合标准要求。

纸带的各种物理特性应按照 ASTM 或相应标准测试。

（四）导体屏蔽

使用的导体屏蔽应由金属纸、碳黑纸、金属化碳黑纸，或者组合组成。包在绝缘层上的屏蔽，应由敷金属纸、碳黑纸、金属化碳黑纸，或者组合组成，承包商应说明在压铅过程中，如何保护这些绝缘屏蔽不受机械损伤。

（五）浸渍剂

电缆浸渍剂应为合成烷基苯以满足电缆在耐热、电气和黏度方面的设计要求。不允许使用多氯联苯（PCB）或含多氯联苯的油。所有的电缆浸渍剂，应根据 ASTM 4059 或相应的标准，对是否含 PCB 进行测试。不允许存在 PCB 的痕迹。

（六）铅套

电缆金属套应采用连续压铅机挤包成良好的无缝铅合金套，在投标时应给出其成分及杂质最大含量。铅套不能有层状接缝、夹渣及明显的缺陷，并能防止水分渗透。承包商应确定 PPLP 型电缆压铅工艺的变化和温度限制。铅套应该有足够的截面，满足传导时间的故障电流，并在完成规定的重合闸后，铅套温度不超过 150℃。

（七）加强带和衬垫

铅套应有加强带，以使铅合金套能满足所经受的各种装载和内部压力条件。加强带的设计应承受电缆内产生的最大油压，其中包括暂态油压。加强带应具有不小于 2 的安全系数。在铅套与加强带之间，应有衬垫以保护铅套免受加强带的损伤。加强带的设计应考虑电缆的热机械运动。铅套、加强带和衬垫应相互兼容。如在电缆敷设时或使用寿命期间，当铅套外的防腐层破裂而使铅套、加强带和衬垫接触到高腐蚀环境或海水时，这些材料不应促进和助长腐蚀变形。

（八）防腐层

防腐层应提供对金属护套和加强层免受化学腐蚀、电解腐蚀和电化学腐蚀的全面保护。在敷设施工和运行期间，以上各层应保持完整性并满足有关规定的试验要求。

（九）防蛀带

绕包防蛀带保护电缆免受海洋蛀虫伤害，防蛀带电性能应与防蛀系统的设计相一致。

（十）铠装

电缆铠装应采用扁铜丝、扁（圆）钢丝或两者的组合，可由单层或多层组成。电缆可采用单层或多层铠装。对于多层铠装的绞制，每层之间绞向相反，设计成无扭转力矩。

PPLP 电缆铠装应是无扭转力矩。铠装丝需要连接时，必须采用铜焊或熔焊，焊接表面应打磨光滑。对于连接处的铠装钢丝，应用经认可的方法重新涂以防腐涂料。

（十一）回流导体

采用钢丝铠装时应设回流导体。回流导体可设计在电缆铠装层中。回流导体应由纯电解铜制成。

（十二）外护层

铠装层外面应用合适材料组成的保护层，具有防腐性能或经防腐处理，并且在电缆运输、敷设和保护施工过程中能对铠装层进行保护。

二、海底光缆光纤芯参数

每根海底电缆均需复合或捆绑光纤，每根电缆复合或捆绑光纤的数量为 36 芯。用于通信和海缆监测的纤芯均采用 G.652D 纤芯。

（一）光纤尺寸参数

工作波长：1310nm，1550nm；
1310nm 模场直径：9.2mm±0.4mm；
包层直径：125mm±0.7mm；
芯/包层同心度偏差：≤0.5mm；
包层不圆度：≤1%；
涂覆层直径：245±5mm；
包层/涂覆层同心度偏差：≤12mm。

（二）光缆截止波长

cc≤1260nm（在 22m 光缆上测得）。

（三）宏弯损耗

光纤以 30mm 的弯曲半径松绕 100 圈后在 1625nm 波长上的宏弯损耗应不超过 0.1dB。

（四）传输特性

光纤衰减系数：$\alpha < 0.35\text{dB/km}$　　1310nm　　（成缆后）；

　　　　　　　$\alpha < 0.20\text{dB/km}$　　1550nm　　（成缆后）。

色散特性：零色散波长范围：　　1302～1322nm；

　　　　　零色散斜率最大值：　0.090ps/（nm^2·km）；

　　　　　在 1550nm 波长：　　色散系数最大值≤17ps/（nm^2·km）；

　　　　　偏振模色散（PDM）系数最大值≤0.2ps/$\sqrt{\text{km}}$。

（五）机械特性

光纤的筛选应力不低于：0.69GPa。

抗拉强度：光纤老化前的最低抗拉强度，见表 2-1。

光纤动态疲劳参数应不小于 20。

光纤翘曲特性半径应不小于 4m。

涂覆层剥离力平均值宜在 1.0～5.0N 范围之内，涂覆层剥离力峰值宜在 1.0～8.9N 范围之内。

表 2-1　光纤老化前的最低抗拉强度要求

光纤标注长度（m）	微布尔（Weibull）概率水平	
	15%	50%
0.5	3.14	3.80
1	3.05	3.72
10	2.76	3.45
20	2.67	3.37

（六）环境性能

环境试验光衰减变化要求，见表 2-2。

表 2-2　　　　　　　　　环境试验光衰减变化要求

试验项目	试验条件	波长（nm）	允许的衰减变化（dB/km）
恒定湿热	温度为 85℃±2℃，相对湿度不低于 85%，放置 30 天	1550	≤0.05
干热	温度为 85℃±2℃，放置 30 天	1550	≤0.05
温度特性	温度范围为－60～＋85℃，两个循环周期	1550	≤0.05
浸水	浸泡在温度为 23℃±5℃水中 30 天	1550	≤0.05

环境试验后机械性能要求，见表 2-3。

表 2-3　　　　　　　　　环境试验后机械性能要求

试验项目	剥离力平均值（N）	剥离力峰值（N）	50%抗拉强度（GPa）	15%抗拉强度（GPa）	动态疲劳参数（nd）
恒定湿热	1.0～5.0	≤8.9	≥3.03	≥2.76	≥20
浸水	1.0～5.0	≤8.9	—	—	—

注　表中抗拉强度值是对光纤标距长度为 0.5m 而言。

其余性能满足 ITU-T G.652 和 IEC 60793-2-50 的要求。

三、海底电缆敷设及保护安装要求

投标人在投标时应提供海底电缆敷设方案说明，说明中应包括以下内容：
(1) 电缆敷设船的型号，导航设备的性能；
(2) 电缆埋设机、牵引机、水下 ROV、张力控制等设备的型号和性能；
(3) 敷设海底电缆的总体布置图和敷设方案；
(4) 始端和终端海底电缆登陆的敷设方案；
(5) 海底电缆在施工各种条件下的受力计算及其安全性分析报告；
(6) 余缆及备缆的处理方法；
(7) 电缆敷设时的施工人员、岗位职责及其资格证书；
(8) 电缆敷设的工程进度计划；
(9) 电缆敷设过程中的安全措施；
(10) 工地电气试验的方法；
(11) 海底电缆埋设的检测方法；
(12) 紧急情况下的各项预案（包括天气状况、施工故障、施工误差、安全事故等）。

第四节　图纸及说明书要求

一、买方提供图纸的要求

以 500kV 海南联网海底电缆工程为例，所需图纸包括：
(1) 海底电缆系统图。
(2) 海底电缆路由图。
(3) 海底电缆截面图：应标明型号、额定电压、额定电流（空气中、土壤中）、标称截面、各层结构材质、尺寸、质量等。
(4) 海底电缆工厂软接头图：应标明型号、额定电压、标称截面、各层结构材质、尺寸、质量等，并提供全套安装图和零部件图。
(5) 海底电缆修理接头图：应标明型号、额定电压、标称截面、各层结构材质、尺寸、质量等，并提供全套安装图和零部件图。
(6) 海底电缆油压沿电缆长度的分布图（稳态及暂态）。
(7) 海底电缆铠装锚固装置图。

二、买方提供说明书的要求

（1）电缆敷设时的说明书：详细步骤、安装要求、安装时所用工具和所需材料、安装时所需人力（工人级别的要求）和时间以及注意事项等。

（2）电缆修理接头安装时的说明书：详细步骤、安装要求、安装时所用工具和所需材料、安装时所需人力（工人级别的要求）和时间以及注意事项等。

（3）海底电缆载流量计算说明书：提供海底电缆载流量（正常运行和过载）的详细计算报告（陆上及海底），以及保证陆地部分电缆载流量所建议的方法。

（4）海底电缆短路热稳定计算书。

（5）主绝缘选择计算书。

（6）海底电缆截面各层张力分布计算书。

（7）电缆额定热载流量与土壤（海底）热阻率、电缆埋深、土壤（水）温度的关系曲线。

（8）低黏度合成电缆油的特性指标、含水量、含气量、黏度—温度曲线。

（9）海底电缆铠装锚固装置安装说明。

（10）海底电缆中间部分金属护套和钢丝铠装之间的感应电势和电位差计算说明。

（11）海底电缆运行维护手册及竣工图。

三、卖方提供图纸和说明书的要求

海底电缆部分：一般情况卖方向买方提供海底电缆部分的资料和图纸，见表 2-4。

表 2-4　　　　　　　　　　海底电缆部分卖方向买方提供的资料和图纸

内　容	份数	交付时间	交付单位
1　海底电缆系统图			
2　海底电缆路由图及说明书			
3　海底电缆截面图			
4　海底电缆工厂软接头图纸			
5　海底电缆修理接头图及安装使用说明书			
6　海底电缆供油系统图及说明书			
7　海底电缆油压稳态和暂态分布图及说明书			
8　海底电缆铠装锚固装置图及安装使用说明书			
9　电缆热载流量与土壤（海底）热阻率、电缆埋深、土壤（水）温度的关系曲线			
10　海底电缆施工敷设说明书			
11　海底电缆额定载流量计算			

续表

内　　容	份数	交付时间	交付单位
12　海底电缆短路热稳定计算			
13　海底电缆主绝缘计算书			
14　海底电缆截面各层张力分布计算			
15　低黏度合成电缆油的特性指标、含水量、含气量、黏度-温度曲线			
16　海底电缆中间部分金属护套和钢丝铠装层之间的感应电势和电位差计算及说明			
17　海底电缆运行维护手册及竣工图			

　　海底电缆终端站部分：承包商应提供其工作范围内的图纸和施工工艺的详细说明，所需图纸见表 2-5。

表 2-5　　　　　　　海底电缆终端站部分卖方向买方提供的资料和图纸

内　　容	份数	交付时间	交付单位
1. 总的部分 　(1) 承包商应提供终端站（含备用电缆存放等）区域的总平面图，包括电缆通道及油管道的总体规划。 　2. 电气部分 　(1) 海底电缆终端图：应标明型号、额定电压、标称截面、各层结构材质、尺寸、质量等，并提供全套安装图和零部件图。 　(2) 电缆终端安装时的说明书：详细步骤、安装要求、安装时所用工具和所需材料、安装时所需人力（工人级别的要求）和时间以及注意事项等。 　(3) 电缆终端接地材料截面选择和其他设备和构架接地引线截面选择计算书。 　(4) 接地连接箱安装详图及安装使用说明书。 　(5) 避雷器的安装详图及安装使用说明书。 　(6) 避雷器的参数选择计算书。 　(7) 380/220V 油泵房低压配电盘的布置图和接线图。 　(8) 380/220V 油泵房低压配电盘负荷统计和容量选择计算书。 　(9) 电缆通道布置图和电缆通道结构设计的技术要求。 　(10) 提供详细的电缆清册供业主安装电缆用。 　3. 供油系统 　(1) 海底电缆供油系统图及说明书。 　(2) 海底电缆油压分布图（稳态及暂态）及说明书。 　(3) 油泵和油罐技术参数及设备布置图与安装使用说明。 　(4) 油压系统计算书，油加压及压力控制，监测系统图及安装使用说明书。 　(5) 油罐储油量计算书。 　(6) 海底电缆应急油流模式程序图及使用说明书。			

续表

内　容	份数	交付时间	交付单位
（7）油加压及压力控制，监测系统图（应包括压力、电缆及土壤温度等信号远传的接口和信息量）。 （8）低黏度电缆油的特性及其指标、含水量、含气量、黏度—温度曲线。 　4. 监控系统 （1）海缆温度监测系统图、海缆损伤探测系统图、海缆供油控制系统图（应包括系统框图、温度/压力探测器布置、监测信号内容、信号远传接口）、负荷要求、工厂试验报告及安装使用说明书。 　5. 土建 （1）海缆终端头支架结构图及计算书，基础设计接口资料，提供户外钢结构抗盐雾腐蚀设计依据、措施资料和已应用的工程实例等相关资料。 （2）避雷器支架结构图及计算书，基础设计接口资料			

注　1. 海底电缆终端图：应标明型号、额定电压、标称截面、各层结构材质、尺寸、质量等，并提供全套安装图和零部件图；安装详细步骤、安装要求、安装时所用工具和所需材料、安装时所需人力（工人级别的要求）和时间以及注意事项等。

2. 固定 500kV 电缆终端的安装详图、以及其他由承包商供货的电气设备（如柴油发电机组、380/230V）的基础安装详图。

四、海底电缆敷设的试验要求

电缆系统及附属设备应进行相应的工厂试验、型式试验、特殊试验和电缆线路安装后的工地试验。

电缆及其附属设备的试验应按标准 IEC 60141-1、ELECTRA 171。

试验电压应加在电缆导线和铅护套之间。交流试验电压的频率为 50Hz。

（一）工厂试验

海底电缆的工厂例行试验。应对存放在制造厂的每根电缆进行工厂例行试验，附加试验应对从每根制造长度上截取的试样在试验室进行。电气试验时，被试电缆的油压应调节至最低允许油压。在全部交货长度上的例行试验项目，如表 2-6 所示。

表 2-6　　　　　　　　　　　在全部交货长度上的例行试验

试　验　项　目	标准/条款	方法
在环境温度下用直流测量后再换算到20℃的导线直流电阻试验	IEC 60141-1/2.2	直流电流
（绝缘的）电容试验	IEC 60141-1/2.3	低压交流

续表

试 验 项 目	标准/条款	方法
高压直流试验	IEC 60141-1/2.5	负极性直流电流
防腐蚀 PE 护套试验	IEC 60141-1/2.6	在挤包和铠装过程中，在 PE 护套与接地的铅套之间作交流高压火花试验

（二）整缆取样试验

在全部制造长度上取下的试样所做的附加试验项目，如表 2-7 所示。

表 2-7   在整缆取样试样上进行的附加试验

试验项目	标准/条款	方法
在环境温度下用直流测量后再换算到 20℃ 的导线直流电阻试验	IEC 60141-1/2.2 IEC 60228-1/表 2	直流电流
（绝缘的）电容试验	IEC 60141-1/2.4	交流高压
在环境温度下测量后再换算到 20℃ 的介质损失角与电压关系的试验	IEC 60141-1/2.4	交流高压
在环境温度下的高压试验	IEC 60141-1/2.5	交流高压

（三）终端和附属设备

对承包商提供的所有终端和附属设备应进行以下试验。

终端：终端瓷套管及其有关密封件，应按 IEEE std 48-2009 中 7.2 和 8.5（1C 级）规定进行例行试验。

压力容器的压力试验：对所有压力容器在环境温度下，加以 1.1 倍容器的最大静态设计压力，并且应在容器油漆以前进行。在压力作用 8h 以后无泄漏。

压力表：如果有压力表制造商的试验合格证，可以省略这个试验。每个压力表安装在一垂直面上，在温度 20℃ ±5℃ 进行试验，在满刻度的范围内作增加或降低压力的试验。在刻度的 10％ 和 90％ 之间的任何点，压力指示的误差应不超过最大刻度的 1％，其余部分不超过最大刻度的 1.5％。在以上试验后，应将压力升到最大刻度以上 25％ 的值，然后立即降到零。接着再重复上述的升压和降压核对其误差仍应符合上述规定。

报警压力表：如果有压力表制造商的试验合格证，可以省略这个试验。对电气接点压力表的动作压力应进行校验，其偏离整定值的变化应不大于满刻度值的 ±2％。

电缆金属套的隔离绝缘：电缆金属套的隔离绝缘应能耐受负极性直流电压 15kV，时间 1min 的试验。

（四）型式试验

制造商在供货前应按标准对已完成的产品进行型式试验，以证明产品有良好的性能和参数并符合规定的要求。如果与本合同所用的海底电缆相类似的电缆以前曾经做过任何一个或全部的试验，并有有效的产品合格证和试验报告，则可以省掉任何一个或全部的试验。类似电缆的定义见 IEC 60141 4.1.2 的相关规定。

机械试验：海底电缆应按 ELECTRA 171"海底电缆机械试验的建议"进行机械试验，见表 2-8。

表 2-8 　　　　　　　　　海缆机械试验项目

试验项目	标准/条款	试验项目	标准/条款
张力弯曲试验	ELECTRA 171/2.2	内部压力耐压试验	ELECTRA 171/2.5
拉力试验	ELECTRA 171/2.3	接地连接的不透水试验	ELECTRA 171/2.6
外部水压耐压试验	ELECTRA 171/2.4		

在电缆及其附件上的电气型式试验：组合试样包括先前作过张力弯曲试验的电缆，工厂软接头和修理接头及一工厂终端，承受表 2-9 所示电气试验。

表 2-9 　　　　　　海缆在机械试验后进行的电气型式试验项目

试验	标准/条款	试验	标准/条款
电介质安全试验	IEC 60141-1/4.4	环境温度下的高压试验	IEC 60141-1/2.5
操作冲击耐受试验	IEC 62067/12.4.8	电介质损失角/温度试验	IEC 60141-1/4.3
雷电冲击耐受试验	IEC 60141-1/4.5		

终端：对电缆终端应按 IEEE std 48-2009 中的 7.1 和 8.4（1C 级）规定进行型式试验。

电缆金属套的隔离绝缘：直流电压试验时，隔离绝缘一端接地，在另一端上施加直流负极性电压 20kV，时间 1min，不应发生闪络或击穿。冲击电压试验时，冲击电压试验应在完成直流电压试验的试样上进行，试样一端接地，在另一端加冲击试验电压 72.5kV，正、负极性各 10 次，试样不应闪络或击穿。

特殊试验：应按照 ELECTRA-171 中对"海底电缆特殊试验的规定"进行海上试验，见表 2-10。

表 2-10 　　　　　　　　　特 殊 试 验 项 目

试验项目	标准/条款	试验项目	标准/条款
绝缘层厚度测量	IEC 60141-1/3.1.1.1	聚乙烯护套厚度测量	IEC 60141-1/3.1.3
铅套厚度测量	IEC 60141-1/3.1.2.1.2		

（五）海上试验

应按照 ELECTRA-171 中对"海上试验的规定"进行海上试验。如果投标人按照 E-LECTRA-171 规定曾经做过类似的海上试验，应提供有关试验的报告。

（六）安装后的工地试验

高压试验（按 IEC 60141-1/8.4）：在整个电缆系统铺设安装完毕并使之达到在规定的

运行油压后，将直流电压 BIL 值的一半，负极，加在导体和金属套之间 15min。

油样试验：电缆系统安装完毕后，充油达到设计油压，静置 72h 后，从电缆终端出线杆放取油样进行试验，其性能应符合下述规定：室温下工频电压击穿强度应大于 50kV/2.5mm；油温 100℃±1℃，电场梯度 1kV/mm 时，在系统额定电压下，tgδ 应小于 0.004。

油流试验：由承包商确定试验方法，试验得出的流量应不低于理论计算值的 8%。

缆系统浸渍系数试验：由承包商确定试验方法。当压力以 MPa 计时浸渍系数应不大于 60×10⁻⁴。

（七）试验报告

电缆应按照 IEC-60141-1，终端应按照 IEEE std 48-1996，提供电缆及终端例行试验报告、电缆特殊试验报告（与买方一起进行）、电缆及终端型式试验报告、电缆长期老化试验报告、海上试验报告、电缆线路竣工试验报告（与买方一起进行）等。卖方应向买方提供的试验、测试报告见表 2-11。

表 2-11 卖方应向买方提供的试验、测试报告

内　容	份数	交付时间	交付单位
1　例行试验报告 2　特殊试验报告（与买方一起进行） 3　型式试验报告 4　长期老化试验报告 5　海上试验报告 6　电缆线路竣工试验报告（与买方一起进行）			

第五节　海底电缆试验要求

电缆系统及附属设备应进行相应的工厂试验、型式试验、特殊试验和电缆线路安装后的工地试验。电缆及其附属设备的试验应按标准 IEC 60141-1、ELECTRA 171。

试验电压应加在电缆导线和铅护套之间。交流试验电压的频率为 50Hz。

一、工厂试验

（一）海底电缆的工厂例行试验

应对存放在制造厂的每根电缆进行工厂例行试验，附加试验应对从每根制造长度上截取的试样在试验室进行。电气试验时，被试电缆的油压应调节至最低允许油压。在全部交

货长度上的例行试验项目，见表 2-12。

表 2-12 在全部交货长度上的例行试验

试验项目	标准/条款	方法
在环境温度下用直流测量后再换算到 20℃ 的导线直流电阻试验	IEC 60141-1/2.2	直流电流
（绝缘的）电容试验	IEC 60141-1/2.3	低压交流
高压直流试验	IEC 60141-1/2.5	负极性直流电流
防腐蚀 PE 护套试验	IEC 60141-1/2.6	在挤包和装铠过程中，在 PE 护套与接地的铅套之间作交流高压火花试验

（二）整缆取样试验

在全部制造长度上取下的试样所做的附加试验项目，见表 2-13。

表 2-13 在整缆取样试样上进行的附加试验

试验项目	标准/条款	方法
在环境温度下用直流测量后再换算到 20℃ 的导线直流电阻试验	IEC 60141-1/2.2 IEC 60228-1/表 2	直流电流
（绝缘的）电容试验	IEC 60141-1/2.4	交流高压
在环境温度下测量后再换算到 20℃ 的介质损失角与电压关系的试验	IEC 60141-1/2.4	交流高压
在环境温度下的高压试验	IEC 60141-1/2.5	交流高压

（三）终端和附属设备

对承包商提供的所有终端和附属设备应进行以下试验。

1. 终端

终端瓷套管及其有关密封件，应按 IEEE std 48-2009 中 7.2 和 8.5 （1C 级）规定进行例行试验。

2. 压力容器的压力试验

对所有压力容器在环境温度下，加以 1.1 倍容器的最大静态设计压力，并且应在容器油漆以前进行。在压力作用 8h 以后无泄漏。

3. 压力表

如果有压力表制造商的试验合格证，可以省略这个试验。每个压力表安装在一垂直面上，在温度 20℃±5℃ 进行试验，在满刻度的范围内作增加或降低压力的试验。在刻度的 10%～90% 的任何点，压力指示的误差应不超过最大刻度的 1%，其余部分不超过最大刻度的 1.5%。在以上试验后，应将压力升到最大刻度以上 25% 的值，然后立即降到零。接着再重复上述的升压和降压核对其误差仍应符合上述规定。

---

4. 报警压力表

如果有压力表制造商的试验合格证，可以省略这个试验。对电气接点压力表的动作压力应进行校验，其偏离整定值的变化应不大于满刻度值的±2%。

5. 电缆金属套的隔离绝缘

电缆金属套的隔离绝缘应能耐受负极性直流电压 15kV、时间 1min 的试验。

二、型式试验

制造商在供货前应按标准对已完成的产品进行型式试验，以证明产品有良好的性能和参数并符合规定的要求。如果与本合同所用的海底电缆相类似的电缆以前曾经做过任何一个或全部的试验，并有有效的产品合格证和试验报告，则可以省掉任何一个或全部的试验。类似电缆的定义见 IEC 60141 4.1.2 的相关规定。

（一）机械试验

海底电缆应按 ELECTRA 171 "海底电缆机械试验的建议" 进行机械试验，见表 2-14。

表 2-14　　　　　　　　　　海底电缆机械试验项目

试验项目	标准/条款	试验项目	标准/条款
张力弯曲试验	ELECTRA 171/2.2	内部压力耐压试验	ELECTRA 171/2.5
拉力试验	ELECTRA 171/2.3	接地连接的不透水试验	ELECTRA 171/2.6
外部水压耐压试验	ELECTRA 171/2.4		

（二）在电缆及其附件上的电气型式试验

组合试样包括先前作过张力弯曲试验的电缆，工厂软接头和修理接头及一工厂终端，承受表 2-15 所示电气试验。

表 2-15　　　　　　海底电缆在机械试验后进行的电气型式试验项目

试验	标准/条款	试验	标准/条款
电介质安全试验	IEC 60141-1/4.4	环境温度下的高压试验	IEC 60141-1/2.5
操作冲击耐受试验	IEC 62067/12.4.8	电介质损失角/温度试验	IEC 60141-1/4.3
雷电冲击耐受试验	IEC 60141-1/4.5		

（三）终端

对电缆终端应按 IEEE std 48-2009 中的 7.1 和 8.4（1C 级）规定进行型式试验。

（四）电缆金属套的隔离绝缘

（1）直流电压试验，隔离绝缘一端接地，在另一端上施加直流负极性电压 20kV，时间 1min，不应发生闪络或击穿。

（2）冲击电压试验，冲击电压试验应在完成直流电压试验的试样上进行，试样一端接地，在另一端加冲击试验电压 72.5kV，正、负极性各 10 次，试样不应闪络或击穿。

三、特殊试验

应按照 ELECTRA-171 中对"海底电缆特殊试验的规定"进行海上试验，见表 2-16。

表 2-16 特殊试验项目

试验项目	标准/条款	试验项目	标准/条款
绝缘层厚度测量	IEC 60141-1/3.1.1.1	聚乙烯护套厚度测量	IEC 60141-1/3.1.3
铅套厚度测量	IEC 60141-1/3.1.2.1.2		

四、海上试验

应按照 ELECTRA-171 中对"海上试验的规定"进行海上试验。如果投标人按照 ELECTRA-171 规定曾经做过类似的海上试验，应提供有关试验的报告。

五、安装后的工地试验

1. 高压试验（按 IEC 60141-1/8.4）

在整个电缆系统铺设安装完毕并使之达到在规定的运行油压后，将直流电压 BIL 值的一半，负极，加在导体和金属套之间 15min。

2. 油样试验

电缆系统安装完毕后，充油达到设计油压，静置 72h 后，从电缆终端出线杆放取油样进行试验，其性能应符合下述规定：

室温下工频电压击穿强度应大于 50kV/2.5mm；

油温 100℃±1℃，电场梯度 1kV/mm 时，在系统额定电压下，tgδ 应小于 0.004。

3. 油流试验

由承包商确定试验方法，试验得出的流量应不低于理论计算值的 8%。

4. 缆系统浸渍系数试验

由承包商确定试验方法。当压力以 MPa 计时浸渍系数应不大于 60×10^{-4}。

六、试验报告

电缆应按照 IEC-160141-1，终端应按照 IEEE std 48-1996，提供下列试验报告：

（1）电缆及终端例行试验报告；

（2）电缆特殊试验报告（与买方一起进行）；

（3）电缆及终端型式试验报告；

（4）电缆长期老化试验报告；

（5）海上试验报告；

（6）电缆线路竣工试验报告（与买方一起进行）。

卖方应向买方提供的试验、测试报告见表2-17。

表 2-17 卖方应向买方提供的试验、测试报告

内 容	份数	交付时间	交付单位
1 例行试验报告			
2 特殊试验报告（与买方一起进行）			
3 型式试验报告			
4 长期老化试验报告			
5 海上试验报告			
6 电缆线路竣工试验报告（与买方一起进行）			

第六节 直流运行技术要求

一、海底电缆技术参数和性能要求

（一）一般要求

±500kV海底电缆直流运行时，单根海底电缆的直流输送容量建议值在500MW以上。承包商应根据CIGRE 189标准，提供极性反转、直流叠加暂态过电压等工况电压耐受值和绝缘层场强。

承包商应提供建议的直流运行方式。

承包商应提供直流运行时电缆的场强分布曲线。

承包商应提供交流运行对绝缘寿命老化的影响说明。

承包商应提供直流运行时绝缘油和油系统的技术要求。

承包商应提供直流运行时电缆外部的磁场分布及消除电磁干扰的分析报告。

（二）海底电缆的试验

电缆应按照CIGRE Electra 189 "Recommendations for tests of power transmission DC cables for a rated voltage up to 800kV"的相关规定对电缆开展试验，试验内容如下。

例行试验：例行试验应包括导体电阻试验、电容试验、功率因数试验、工厂验收试验，可增加出厂高压试验。

型式试验：型式试验应包括机械试验、加载循环试验、极性反转试验、叠加冲击电压试验，且应按此先后顺序进行。

敷设后的试验：应对安装后的电缆系统施加负极性直流电压，该电压等于极性反转试验期间的电压 UTP 极性变换试验和铺设后试验时的电压。对于额定电压高达 800kV 的电缆，试验电压应是 $1.4U_0$。试验持续时间为 15min。

±500kV 电缆的技术特性见表 2-18。

表 2-18 　　　　　　　　　 ±500kV 电缆的技术特性

项目	内容	单位	方案 A（牛皮纸）	方案 B（PPLP）
	载流量和温度梯度			
1	在 100% 负荷因子和电压为 ±500kV 时的持续热载流量	A		
2	在额定持续载流量和规定环境时的导体温度	℃		
3	在 100% 负荷因子和 U_0 时的额定载流量	A		
4	在额定电压满负荷状态下导体最高温度	℃		
5	不明显缩短寿命时最大允许导体温度	℃		
6	在 U_0 满负荷状态下导体达到最大温度的时间	min		
7	在额定载流量时整个绝缘层的温度梯度	℃		
8	在额定载流量时导体与周围环境之间的温度梯度	℃		
9	极限载流量系数			
10	载流量梯度的数据是否基于表格中所述环境和提供的条件	是/否		
	电压额定值			
11	额定电压，U_0	kV		
12	最大持续运行电压，U_m	kV		
13	极性反转电压，U_r	kV		
14	1s 动态过电压	kV		
15	电缆雷电冲击耐受电压	kV		
16	电缆操作冲击耐受电压	kV		
17	电缆自动重合闸冲击/波形序列			
	电场强度			
18	在 U_m 时导体屏蔽层的最大场强	MV/m		
19	在 U_m 时外屏蔽层的最大场强	MV/m		
20	在雷电冲击电压时导体屏蔽层的最大场强	MV/m		
21	在雷电冲击电压时外屏蔽层的最大场强	MV/m		
22	在操作冲击电压时导体屏蔽层的最大场强	MV/m		
23	在操作冲击电压时外屏蔽层的最大场强	MV/m		

续表

项目	内容	单位	方案 A（牛皮纸）	方案 B（PPLP）
	电缆全长上的试验电压			
24	在每一整个工厂电缆制造长度上的直流试验电压	kV		
25	试验后电缆放电方式和时间			
26	在进口港船上的直流试验电压	kV		
27	试验后电缆放电方式和时间			
28	在安装后的直流试验电压	kV		
29	试验后电缆放电方式和时间			
	设计寿命，寿命试验和型式试验			
30	在额定设计电压和载流量下的最短设计寿命	年		
31	对类似电缆、终端和接头是否作过鉴定型式试验	是/否		
32	何时，何地（附详细资料）			
33	对类似电缆、终端和接头是否作过全尺寸寿命试验	是/否		
34	何时，何地（附详细资料）			
35	对类似电缆和电缆接头是否作过全尺寸海上试敷设试验	是/否		
36	何时，何地（附详细资料）			
	短路额定值			
37	最大不对称短路电流耐受值	kA		
38	持续时间	s		
39	最大对称短路电流耐受值	kA		
40	短路电流持续时间	s		
	电缆电阻			
41	20℃导体最大直流电阻	Ω/km		
42	在最大运行温度 20℃时的导体最大直流电阻	Ω/km		
	电缆电容和充电电流			
43	导体对缆芯屏蔽层的标称电容	μF/km		
44	在±500kV 时额定充电电流	A/km		
	电缆损耗			
45	额定载流量时的导体损耗	W/m		
46	额定载流量时的铅护套损耗	W/m		
47	额定载流量时的加强带损耗	W/m		
48	额定载流量时的其他带损耗	W/m		
49	额定载流量时的铠装损耗	W/m		
50	在±500kV 及额定载流量时的总损耗	W/m		
	线路总损耗（以 31km 为基准）			
51	电缆总损耗（一回直流）	kW		
52	油泵站平均负载	kW		
53	额定载流量时的冷却器负载	kW		

续表

项目	内容	单位	方案 A（牛皮纸）	方案 B（PPLP）
	设备功耗			
54	备用检修电缆的储存设备所需的电源	kW		
55	每个站点油压系统所需的电源	kW		
56	每个站点电缆冷却设备所需的电源	kW		

第三章
工程路由勘察

500kV 海底电缆工程路由勘察是海底电缆工程建设前期的重要环节，工程路由的海洋勘察承担着海底扫描、海底取样、海床地质和地貌的浅层物探、浅层钻孔、海况调查等工作。由于海底电缆要跨越复杂的海床地形、地貌，为了确保海底电缆安全运行，进行海底电缆工程的本体设计，都必须依赖工程建设前期的海洋勘察数据。海洋勘察工作具有重要性和复杂性，海底电缆工程路由勘察在开展海洋物勘探的同时，要综合考虑与海洋特性、海事管理、海洋环境、海洋法律等紧密结合。

海底电缆工程海洋勘察，一般情况配置动力定位系统勘察船，附带升沉补偿的吊机和侧门架或 A 字架等，勘察船也通常作为潜水员支持船和检测船等。海洋勘察物探装备，包括用于勘探的仪器、可控源、测量仪器、测深仪器、计算机处理设备、海洋电缆设备、物探钻机设备、运载设备、磁力仪器、电法仪器、重力仪器、化探仪器以及用于工程探测的雷达和 GPS 定位仪等。

第一节　海缆路由方案选择原则

海底电缆路由的选择以安全可靠、技术可行、经济合理（路线短，拐点少）、对海洋环境影响少，并能保持海洋环境可持续发展为原则。

一、登陆点选择原则

登陆点选择尽量避开现有及规划中的开发活动热点区、港口开发区、自然保护区、旅游区、养殖区、填海造地区等，尽量远离地震多发带、断裂构造带及工程地质不稳定区，避开对海底电缆造成腐蚀损害的化工厂区及严重污染区。选择工程船只易靠近，陆上交通好，便于施工的地点。尽量避开岩石裸露地段，选择不少于 1.5m 的覆盖土层和便于施工的稳定海岸。尽量选择便于电缆连接和易于维护的地段，选择在风化侵蚀较小的地质段。

二、海洋海底电缆路由选择

海洋海底电缆路由选择沉积物类型比较单一及含砂量高的海床区；避开强海流大浪区，选择水动力条件较弱的海域；避开在海底地形急剧起伏的地区铺设海底电缆，宜选水下地形平坦的海域；尽量避免隆起的岛礁、礁盘、海底山丘及深槽、海沟；尽量避免海上的开发活跃区（含养殖区、捕捞区、航道、抛锚区、保护区、旅游区、浴场等）；尽量避开强排他性海洋功能区；避开易使电缆遭受腐蚀的严重污染海域；尽量不穿越现有的海底电缆和海底设施，避开海底自然障碍物（基岩、砾石、沙坡、沙脊、浅气层）和人工障碍物（沉船、废弃建筑物、抛弃贝壳堆）；有足够的空间（约2km宽），施工时与其他海上活动相互影响最小的海域；海底电缆路由长度相对较短，路由拐点尽量减少。

三、500kV 海底电缆路由方案

（一）跨海路由方案选择

以 500kV 海南联网海底电缆工程为例；工程海底电缆部分，起点为广东徐闻南岭终端站，终点为海南澄迈林诗岛终端站。海底电缆跨越琼州海峡，一期工程敷设 3 根海底电缆，路由通道远期留有再增加 4 根的可能性。一期工程可行性研究阶段，按照海缆路由方案选择原则，根据琼州海峡两岸地形及海洋功能区划，共选择了四个海底电缆路由方案，依次为海底电缆路由方案 1（广东徐闻县南岭—海南澄迈县林诗岛）、海底电缆路由方案 2（广东徐闻县鲤鱼港村—海南澄迈县文大村）、海底电缆路由方案 3（广东徐闻县鲤鱼港村—海南海口市容山寮）、海底电缆路由方案 4（广东徐闻县四塘—海南海口市天尾）。海底电缆路由方案示意图如图 3-1 所示。

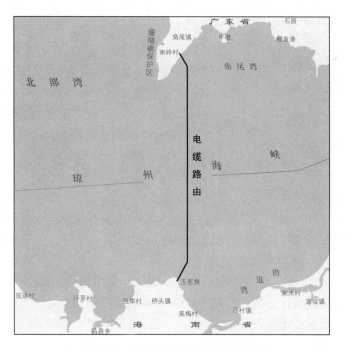

图 3-1　海底电缆路由方案示意图

海南联网工程设计阶段，海底电缆登陆点和海底路由选择，在海底电缆路由方案 1 基础上开展。

（二）推荐海底电缆路由方案简介

海底电缆路由选择以海底路由勘测单位提供的勘测资料为设计依据。琼州海峡海底电缆路由北起广东省徐闻县的南岭村，穿越琼州海峡，到达海南省玉苞角，勘查路由走廊中轴线的位置坐标见表 3-1，勘查范围是勘查路由中轴线两侧各 1000m 的海域。

表 3-1   勘查路由走廊中轴线拐点位置坐标

路由拐点	大地坐标		UTM（111°）WGS84 坐标	
	纬度	经度	纬度	经度
北端点	20°15′34″	109°56′42″E	2241350.054	389778.973
拐点 1	20°13′39″	109°57′56.9″E	2237799.545	391930.722
拐点 2	20°05′00″	109°57′56.9″E	2221838.038	391831.439
南端点	19°58′48″	109°56′39″E	2210411.693	389495.764

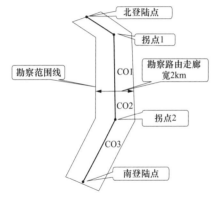

图 3-2 路由勘查线路

海底电缆路由通道宽约 2km，长约 30km。考虑到 2km 宽的海底电缆通道一共要敷设 7 根海底电缆，须预留远期 4 根海底电缆的路由通道，一期工程选择最西侧 3 根电缆路由。两侧终端站距海边约 100～200m，岸上和潮间带海底电缆水平间距只需要 15m，走廊宽度 100m 可满足岸上海底电缆间距要求（考虑 7 根海底电缆）。如图 3-2 所示。

海底电缆路由若有海床岩石，须凿岩或采取其他保护措施，施工难度很大，海底电缆施工机械在大于 15°的陡坡上无法施工。因此海底电缆路由选择应该尽量避开海床岩石、陡坡以及有滑坡、冲刷等不良地质现象的地形。

海底电缆单相间距按大于 1.5～2 倍海深考虑，一期工程 3 根海底电缆从广东侧终端站出发，垂直海岸线伸入海中。广东侧近海有大量的渔网作业区，3 根海底电缆路由无法拉开相间距，只能保持 1.5～2 倍海深以上间距从渔网区中穿过，然后转向南沿路由通道西侧平行布线，随着海深的增加逐渐增大电缆间距。电缆通道东侧垂直路由有一排长达 1km 的陡坡，坡度大于 15°，该处海深约 70～80m。考虑电缆间距 160m，从其西侧约 1km 宽的通道布置 7 根电缆通过。因此一期工程 3 根电缆须严格按 160m 间距紧贴电缆通道西侧布线，然后再随海深的增加逐渐增大间距，到达海域中间段是断续的陡坡和深沟，最深处海深达 106m。3 根电缆在此间距增大，不再平行走线，分别选择坡度较缓和海深较小的地方曲折通过。继续向南则随着海深的减小逐渐减小间距。到达海南侧近海时转向西南，从林诗岛东边海岸上岸。

一期工程电缆路由拐点坐标（WGS84 坐标系）见表 3-2。

表 3-2 　　　　　　　　　　　海底电缆路由拐点坐标（WGS84 坐标系）

位置	A		B		C	
	X	Y	X	Y	X	Y
广东侧	40 045.61	90 129.27	40 051.83	90 133.46	40 058.05	90 137.65
	40 010.37	90 181.71	40 014.37	90 189.73	40 018.63	90 196.32
	39 532.36	90 604.9	39 540.12	90 622.74	39 550.95	90 644.16
	35 848.8	91 350.77	35 844.04	91 380.6	35 855.28	91 411.6
	27 499.82	91 068.38	27 420.3	91 228.04	27 400.79	91 401.72
	25 476.83	90 999.63	25 485.5	91 162.5	25 526.63	91 322.53
	23 467.69	90 971.32	23 651.38	91 120.64	23 413.26	91 576.76
	23 186.44	91 006.81	23 224.42	91 201.43	—	—
	21 121.24	90 999.54	21 111.19	91 088.81	—	—
	20 273.94	90 804.67	20 260.24	90 906.1	20 264.81	90 999.66
	—	—	11 555.86	89 916.39	11 561.62	89 987.65
	11 168.37	80 809	11 184.61	89 856.2	11 135.98	89 895.25
	10 437.46	89 780.25	10 430.45	89 788.91	10 422.53	89 798.31
海南侧	10 438.05	89 739.4	10 430.55	89 739.4	10 423.05	89 739.4

（三）路由区海床断面情况

海南联网工程一期工程海底电缆 L1、L2、L3 路由方案断面，如图 3-3 所示。从断面图上可看出，3 根海底电缆的路由从广东侧徐闻海底电缆终端站出发，大约有 10km 海床比较平缓，海水较浅，海深由 0m 逐渐增加到 20m。海床土壤覆盖层比较厚，绝大部分在3m 以上，只有路由区 2km 处约 200m 的局部地段覆盖层只有 1~1.5m。路由海底电缆埋设条件比较好，可全程埋深 1.5m 以上，局部小于 1.5m 覆盖层地段可凿岩。海底电缆路由 10km 以后，进入琼州海峡中央深槽区，海床起伏较大，最大海深接近 100m。从断面图上可看出，海底电缆 L1 路由最大海深为 98.5m，L2 最大海深为 99.4m，L3 最大海深为 98.5m。中央深槽长度大约 10km。路由 13.7~17.4km 部分，海床土壤覆盖层比较薄，在 0~3m，底层为玄武岩层。大部分海床覆盖层小于 1m，其中 14.6~17km 约 2.4km 长区段，基本没有土壤覆盖层。海底电缆埋设条件较差，大部分区段达不到埋深 1.5m 的条件，且无法凿岩，只能采取抛石等其他保护措施。

海底电缆经过中央深槽后，到达南岸澄迈海底电缆终端站的路由长约 10km，海床表面凹凸不平，路由略有起伏，海深一直保持 40m 左右，到近岸逐渐减少到 0m。海床土壤覆盖层较厚，大部分在 3m 以上。由于路由 19.7~20.2km 有一段狭长的珊瑚礁区宽约500m，横穿路由通道，高出周围海床约 14m，海底电缆路由无法避开，只能跨过该区域，该珊瑚礁区域海深约 28m。此外在路由 21.5km 和 23.1km 处各有约 100m 区段土壤覆盖层小于 1m，海南侧登陆部分约 150m 区段基本没有土壤覆盖层。海底电缆埋设条件较好，大部分区域可埋深 1.5m 以上，海南侧登陆部分可以凿岩，中间 500m 的珊瑚礁区及土壤覆盖层小于 1m 的两个 100m 区段可采用凿岩或加盖保护件等措施。三根海底电缆路由所经海底陡坡最大约为 10°左右，全线没有超过 15°的陡坡。

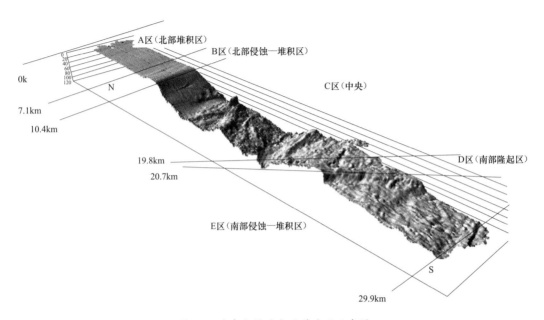

图 3-3　海底电缆路由通道地形示意图

（四）路由区工程地质情况

地震情况说明：地震是海底电缆重要的自然风险源，地震活动是新构造运动的重要表现。自 1508 年以来，路由区及附近发生大于 4.7 级地震 12 次（包括大地震及其强余震）。两岸终端站区域的抗震防烈强度为 7 度，地震动峰值加速度为 0.15g，地震动反应谱特征周期为 0.35s。近百年地震记录表明路由附近没有 5 度及其以上的地震震源，最近的震中位置距离超过 50km。地震情况对海底电缆路由基本没有影响。

路由的地质地貌条件：根据地形和动力地貌特征，设计路由从北向南，分别通过琼州海峡西段的北部堆积区、北部侵蚀—堆积区、中央深槽、南部隆起带和南部近岸侵蚀—堆积区共 5 个一级地貌单元，二级地貌单元包括小沙波、沙波、沙地沙丘、冲刷槽、冲刷脊和球状突起等，人工地貌包括桩网、锚沟等。

路由海底的表面覆盖层沉积物主要有粉质黏土、含黏性土粉砂、粉细砂、砾石等，下伏地层有粉质黏土、黏土质粉砂、粉土、砂石等，以砂石为主。局部有黏土质砂夹层；在两岸浅水海底和隆起区域中度风化玄武岩埋深小，局部露出海底；在中央深槽以南的水深 50～60m 的隆起地形的海底，存在珊瑚礁。

根据地层形成的年代和特征，将路由海底探测到的地层分为 6 层，根据海底的地质地貌条件及海面海事情况分为 5 个区。

1. A区：北部堆积区（0~7.1km）

北起徐闻终端站，向南至水深16m，路由长7.64km，海底平缓，等深线东西走向，平均坡降1.7‰，沉积物以粉砂黏土为主，北段有大量珊瑚和碎贝壳堆积，粉砂黏土的厚度一般不超过5m，北段的厚度变小，局部厚度小于2m。海底电缆工程条件较好。

2. B区：北部侵蚀—堆积区（7.1~10.4km）

路由长度3km，海底地形平缓，两头高，中间底，内缘水深16m，中间水深20.5m，外缘是中央深槽北坡的顶部，水深为16.5m。等深线呈东西走向，北段平均坡降为2‰，南段平均坡降为5‰。表层沉积物以细沙砾为主，海底分布小沙坡，小沙坡走向165°~180°，波长6~8m，波高小于0.5m。路由表层粉细沙的厚度较大，大多在4~6m，海底电缆工程条件较好。

3. C区：中央深槽（10.4~19.5km）

路由长约9.1km，最大水深97m，路由海底冲刷槽冲刷脊呈东西向展布，地形剖面呈锯齿状。更具其地形地貌特征，由北向南将中央深槽分为中央深槽北坡、中央深槽北槽、中央深槽中脊、中央深槽南脊、中央深槽南坡五个单元。路由区覆盖层较薄，海底电缆工程条件较差。

4. D区：南部隆起带（19.8~20.7km）

路由长0.9km，水深28~42m。隆起带呈现SE-NW延展，隆起的高差超过20m，西窄东宽，北坡比南坡陡，西陡东缓，西部北坡的坡降在7°~15°，边坡曾有滑坡出现。路由水深剖面显示，隆起带北段比南坡陡，北坡的路由水深破面的坡面的坡度为6.5°左右，南坡为4.9°左右。隆起带凹凸不平，有小型冲蚀沟和丘状突起发育。表层松散沉积物主要为粗沙砾，含大量珊瑚和贝壳屑，厚度小于30cm，有珊瑚礁分布，下部为可塑、硬塑等，具有沉积层理的黏性土和玄武岩。海底电缆工程条件较差。

5. E区：南部近岸侵蚀堆积区（20.7~29.9km）

路由长度9.2km，水深0~47m。表层凹凸不平，有小型冲蚀沟和丘状突起发育，海底有沙坡和小沙坡分布，沙坡走向165°~180°，波长12~18m，波高0.6~0.8m，局部的沙坡高度0.8~1.3m。海底电缆工程条件较好。

（五）不良地质现象

路由海底存在的不良地质现象包括沙波、沙堤沙丘、冲刷槽、冲刷脊和丘状突起、陡坡、滑坡、珊瑚礁、浅埋岩石、软弱地层等。

1. 沙波、沙堤沙丘

从北侧水深15m左右至海南沿岸，路由海底都有沙波分布，深槽以北分布小沙波，深槽及以南的海底分布小沙波和沙波。海底沙波走向基本垂直流向，总体走向165°~190°，小沙波的波长6~8m，波高0.5~0.8m，沙波的波长15~18m，波高0.8~1.0m。沙堤为马村港湾口沙堤，该沙堤有堆长的趋势。水文观测到的底层最大流速达134cm/s，深槽和南部侵蚀堆积区粗粒松散沉积物可以形成4m以上的沙丘，但由于该区域的松散沉积物的厚度普遍小于 30cm，海底以冲刷地貌为主，难以形成大型沙丘。在这样的底层流速下，沙波是活动的，在沙波区内，电缆的埋深需超过 1m。由于一期工程海底电缆埋深基本为 1.5m，沙坡区对海底电缆影响不大。

2. 冲刷槽、冲刷脊和丘状突起

由于琼州海峡的地形狭窄，过水面积小，海流急，深槽和南部近岸侵蚀—堆积区内沉积物来源少，冲刷槽、冲刷脊和丘状突起等侵蚀地形发育。冲刷槽、冲刷脊大致呈东西向延伸，大型冲刷槽的深度 20~30m，小型的一般在 4~6m。丘状突起呈半椭球状，长轴大致东西走向，与流向一致。这些冲刷地形使海底起伏加大，地形复杂，而冲刷脊和丘状突起的组成物质的强度较大，都给海底电缆施工维护造成困难，铺设海底电缆需要足够的富余度。

3. 陡坡与滑坡

主要分布在中央深槽南坡，中央深槽南坡呈阶梯状下降，陡坡发育。路由通过 4 条陡坡，陡坡的落差在 8~25m，坡度 8°~15°。陡坡的地层为可塑、硬塑的黏性土，局部为玄武岩。在外力作用下，有发生块体滑坡的潜在威胁。浅地层剖面显示，在路由 25.5km 附近，发现块体滑坡的痕迹，该滑动面大致东西走向，向北倾斜，倾角小于 5°，在 2km 的路由走廊内的部分浅地层剖面上有反映。由于所处区域海底的地形较为平缓，滑坡复活的可能性很小，对海底电缆影响不大。

4. 珊瑚礁和浅埋岩石

分布在南部隆起带、中央深槽南坡的冲刷脊和丘状突起带上。重力取样的样品中有新鲜的珊瑚岩块和生长的珊瑚丛。浅埋岩石为玄武岩。珊瑚礁和玄武岩给海底电缆施工造成较大的困难。

5. 软弱地层

分布在路由 3~7km 段，该段海底的黏土层的厚度较大。并有粉细砂和软黏土夹层，但厚度较小，对海底电缆影响不大。

第二节　路由区海洋功能区划及其他海事活动

一、路由海洋功能区划分

路由北岸主导功能为海水养殖、滨海旅游、盐场等，南岸以港口开发功能和旅游开发功能占主导地位，路由区附近海域涉及了港口运输、海洋渔业、海上油气区、滨海旅游、海底电缆管道工程等。一期工程由南侧是开发控制区，海岸尚未规划。北侧规划为角尾旅游区，北边相邻有其他海洋设施，徐闻半岛西边规划为珊瑚保护区，东边为红树保护区。海底电缆穿过红树林保护区，由于海底电缆埋深 1.5m，对红树林生长影响不大。

（一）港口

路由最近的港口是马村港（含东水港、老城港）位于澄迈湾沿岸，水深条件较好，岸线绵长，长期可发展为年吞吐能力达 1400 万 t 以上的港口，主要设置煤、石油、建材等，深水工业专用码头和商业码头。澄迈湾及沿岸向陆地 1000m 应作为港口预留区。马村港距海底电缆路由区较远，对路由影响不大。

（二）海上交通及船舶抛锚地

琼州海峡东西方向有多条国际航线，见图 3-4。海口港区有多条到大陆各个港口的航线，如厦门、上海、广东广州和湛江，也有到广西北海，防城、龙门乃至东南亚各国的航线。海上交通频繁，从该港到广西、泰国、柬埔寨的航线均要从路由区通过，如遇到大型商船在路由区紧急抛锚可能会伤及电缆，因而在路由区划出禁止抛锚区，这种危险的程度将大大地降低。

对海南联网海底电缆路由，产生一定威胁的是马村港附近的抛锚区，该区有 4 个主要的抛锚区，它们分别是 1 号停泊作业锚地、2 号停泊作业锚地、3 号停泊作业锚地和 4 号小船锚地，这些锚地距离海底电缆路由 6～7km，所以对路由威胁不大。海峡北面的港口规模较小，仅在海安港区和粤海铁路北港口码头设有锚地，距离海底电缆路由较远，威胁不大。

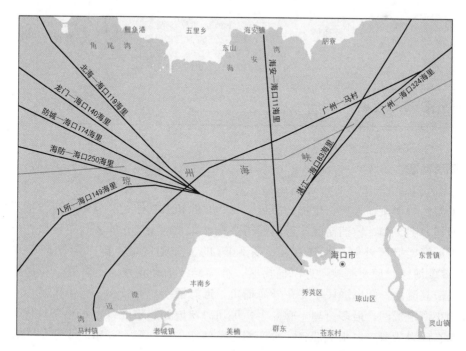

图 3-4　琼州海峡航线图

（三）其他海底电缆影响

在琼州海峡北岸，广东徐闻县海安湾西侧，三塘角附近海域至海南侧海口市镇海村附近的海域，是雷州半岛和海南岛之间相距最近的地段。因而这里有多条海底光缆敷设。这一区段已划为海底电缆区，电缆密布，光缆有关情况和位置如表3-3所示。这些已建海底电缆及光缆，距一期工程海底电缆路由区较远，不存在与海南联网工程海底电缆路由的相互影响。

表 3-3   琼州海峡海底光缆敷设情况

电缆编号	电缆名称	用途	起止点及拐点位置坐标	总长度	敷设方式	启用时间
G-4-1	琼州海峡线	通信	110°10′36″ 20°14′21″ 110°09′46″ 20°03′51″	24km	敷设	1979 年 4 月
G-4-2	琼州海峡线	通信	110°10′26″ 20°14′32″ 110°10′38″ 20°03′36″	21.6km	敷设	1983 年 8 月
G-4-3	琼州海峡线	通信	110°10′26″ 20°14′32″ 110°10′38″ 20°03′36″	23.2km	敷设	1980 年 9 月
G-4-4	海口—广州	通信	110°10′21″ 20°13′57″ 110°10′10″ 20°04′31″	22.5km	敷设	1993 年 5 月
	粤海铁路琼州海峡海底光缆	通信	110°7.588′E20°13.685′N 至 110°7.118′E20°11.961′N 和 110°7.901′E20°03.377′N 至 110°9.035′E20°02.963′N 为埋设段 110°7.118′E20°11.961′N 至 110°7.901′E20°03.377′N 为敷设段	22.64km	埋设和敷设	2002 年 12 月
	徐闻—海口海底光缆	通信	110°10.865′E20°14.462′N 110°12.038′E20°03.791′N	约 20km	敷设	已批准，未施工

二、渔业活动区

依据海区的水文、气象、生物资源量、自然属性和渔捞作业类型等，海洋捕捞区区划为：近海拖、围、刺、钓捕捞区，近海捕捞区是水深 40～100m 的大陆架区域；外海捕捞区，位于近海捕捞区外侧，水深在 100～200m 的大陆架区域；深水捕捞区于水深超过200m 的广阔海域。琼州海峡属近海捕捞区，社会经济活动频繁，有多处禁止抛锚及捕捞区。该区浪高流急，两岸渔民主要在外海捕鱼，近海捕捞作业较少。路由区近岸有大量渔民布放的小型定置网，最多可超 10000 个。琼州海峡地处热带北缘，水热条件优越，北岸岸线系为玄武岩所覆盖，水流湍急，水产养殖条件差，南岸海水养殖区主要分布在花场湾和东水港，养殖种类为虾、蟹和贝类，两岸养殖的规模均较小。

广东侧近海存在大量的渔网作业区，对海底电缆路由影响较大，路由区近海的捕捞作业也影响到海底电缆的安全运行。因此海底电缆的埋深须考虑渔业养殖与捕捞的影响。

第三节　海底电缆登陆点及环境

一、广东侧登陆点

广东徐闻半岛最南端灯楼角一带已规划为角尾旅游区，半岛西边规划为珊瑚礁保护区，东边规划为红树林保护区。海底电缆登陆点选择在许家僚村以东海岸，避开了西边现有的养虾池，对红树林保护区的规划也没有严重影响；登陆点附近的海岸为沙滩，登陆后的陆地为废弃多年的养虾池，现已成为荒地，该处地形平坦开阔，可以布置海底电缆终端站。

二、海底电缆长度

海南联网工程海底电缆及预留 4 根海底电缆路径，一期工程 3 根海底电缆直线长度约 30km，由于海床起伏的影响，海底电缆敷设时施工船只有一定的航行偏差，以及海底地形的变化需作必要的调整等因素，同时每根电缆还增加用于事故检修的备用电缆。一期工程 3 条电缆制造长度见表 3-4。

表 3-4　　　　　　　　　　　　　　　海底电缆长度

项目	电缆 1（m）	电缆 2（m）	电缆 3（m）
实际路径长度	29 997	30 042	30 129
备缆长度	600	600	600
合同供货长度	31 474	31 520	31 620

三、电缆敷设条件布置方式

回路数：	双回；
电缆根数：	3＋4；
路由长度：	约 31km；
金属护套接地方式：	金属护套和铠装两端互联接地；
排列方式：	水平排列；
陆上部分电缆间距：	7m；
潮间带电缆间距：	7m；
最低潮位到 10m 水深处电缆间距：	＞10m；

10m 水深以下电缆间距：	＞10m;
电缆埋设深度：	1～2m。

四、环境条件

电缆设备可以在任何季节、不同的大气、海洋及气候条件下持续运行。除非有不同规定，机械、电气及热性能的各种额定值，应作为指定条件并应用于所有运行条件中。

最低气温：	2℃;
最高气温：	39℃;
平均气温：	24℃;
陆地部分土壤温度（1m 深）：	30℃;
潮间带土壤温度：	30℃;
海床温度：	20℃～28℃;
当地土壤热阻：	1.2K·m/W;
松软混合土壤热阻：	1.0K·m/W;
海床土壤热阻：	0.8K·m/W;
陆点等值盐密 ESSD：	0.35mg/cm²;
登陆点终端瓷套泄漏比距：	3.1cm/kV。

第四节　海底电缆工程地质勘察作业

一、勘察站位设置

（一）地质钻探站位设置

为了对浅地层剖面数据进行验证，并为海底电缆敷设提供更为详尽的地质资料，需对路由进行地质钻探。海底电缆钻探站位布设是沿每条海缆路由中心线进行设置。其间距在近岸段一般为 100～500m、浅海段为 2～10km，钻孔深度一般为 5m。根据工程要求和地球物理勘察解译结果，应对站位布设作适当调整。海图水深 20m 以浅布设钻探站位数量，可根据规程要求布位。海图水深 20～100m 布设钻探站位，根据海床地质变化情况布位。

（二）CPT 站位设置

为了获得原位土的物理力学参数数据，并使钻探样品的土工测试数据与 CPT 所获数据形成一一对应关系，CPT 测试孔位与钻探取样站位重合（总量的 1/3），但两者间的间距不小于勘探点孔径的 20 倍，且不小于 2m，穿透沉积物厚度不小于 5m。

二、勘察作业过程

（一）钻孔取样

通过 DGPS 系统导航进入预设的孔位，当钻探船进入钻孔位置抛锚固定后，对钻杆进行实时定位，并记录。实际钻探孔位与设计孔位的偏差距离小于 10m，否则重新就位。钻探采用液压回转钻进，跟管与泥浆护壁相结合，全断面取芯。钻孔开孔口径不小于 ϕ110mm，采用合金钻头，钻具长度一般 2.0m 左右。钻进采用无泵或小泵量，取芯则无泵干钻。严格按照技术要求进行钻探，标贯与取样相结合，以保证各地层测试数据的准确可靠和可对比性。钻孔的孔深为 5m，要求所有土样的样品均为原状土，样品直径不小于 65mm，取样间隔为 1.5m，所取每个土样长度不应小于 0.4m。保证样品取样数量和质量，在钻孔垂直方向提供尽可能多的土工测试数据，尤其是三轴不排水剪切试验数据。

所有勘察孔取样前清孔，并防止孔底土层的扰动。遇砂土层时，每采取 1 次原状砂后紧随进行 1 次标贯试验。对于黏土，应采取薄壁取芯器液压方法取芯。对于硬土和砂性土，可采取锤击法取芯。岩芯取样率保证在黏性土不低于 75%，基岩不低于 70%（用金刚石钻头），砂性土不低于 50%，风化破碎带与卵石层不低于 50%（用生物胶取样）。原状土样现场蜡封，妥善保管，防止含水量变化，标明深度，上、下编号，垂直存放在箱中妥善保管。在运输过程中，应尽量避免振动，采取防晒和防振等措施。在实验室内保存时间不宜过长，如果需要长期保存原状样，则应在低温和高湿度环境中存放。取样孔的水深测量，在开钻前测量一次，并用钻杆读数校正。取得第一个样品后再测量一次水深，作进一步校对。

（二）沉积物现场描述

现场分析描述包括样品的颜色、气味、土的分类名称、粒度组成、土的状态及扰动程度、土层结构与构造、生物含量等。

（三）土工测试

钻探孔标准贯入试验，主要用于土层的状态、基岩风化层划分、砂土的密实度和砂土液化的判别。试验前进行清孔钻进，清孔钻进时应避免对土层的扰动，保持孔内水位等于或高于地下水水位，防止塌孔、涌砂。下贯入器时不得冲击孔底，孔底的废土厚度不超过5cm，标贯试验间距暂定为 1.5m。标准贯入试验采用 63.5kg 落锤，落距为 76cm 自由脱钩下落，先击入 15cm 不计击数，再记录后 30cm 中的每 10cm 的锤击数。

试验方法执行国标 GB/T 50123—1999《土工试验方法标准》，测试项目如下：样品测试内容为粒度、天然密度、天然含水率、比重、界限含水率、三轴不排水剪切试验、固结试验、沉积物热阻率、小型十字板剪切试验等。

（四）CPT 原位测试

使用英国的 DATAM NAPTUNE 3000 型海底静力触探系统（MCPTs），站位沿每条超高压海底电缆拟敷设中心线布设，测试深度为 5m。在路由全程进行 CPT 不扰动土的物理力学参数原位测试，海底静力触探系统最大工作水深为 3000m，采用先进的数位资料获取技术，可以连续准确地测定海底土层的土工物理力学参数。CPT 孔压触探器具有 10t 的压力，并有标准的带孔压装置的摩擦锥。原位测试可提供海底沉积物的剪切强度、密度、弹性模量和固结系数等参数。

（五）抛锚保护方案

由于海底电缆路由勘察，勘察船需要在深海处抛锚。因此，必要时应制定抛锚保护方案。以免勘察船在海底涌流作用下发生走锚，碰伤其他海底建筑物。

第四章
工程建设本体设计

　　海底电缆工程被公认为最复杂困难的大型工程。其中，海底电缆工程的设计是工程基本建设的重要阶段。电力勘测设计文件是海底电缆工程建设立项、施工和海底电缆制造的主要依据。为了使 500kV 海底电缆工程各阶段勘测设计工作遵循科学程序，确保勘测设计满足施工、制造的要求，海底电缆工程设计的全过程可划分为初步可行性研究、可行性研究、初步设计、施工图设计、施工配合、工地服务、回访总结七个阶段。目前我国还尚未发布海底电缆工程设计规程，这就使得工程设计需参照世界上已运行的同类型海底电缆工程设计参数。500kV 海底电缆工程设计的难度主要是海底电缆路由选择设计、海底电缆的选型设计、海底电缆敷设及保护设计。

　　海底电缆路由选择设计与海洋环境有着密切的联系。海洋环境的研究在近年取得显著的进展。随着海洋环境研究的不断深入，海底电缆的敷设设计将能够更好地应用海洋环境中的有利条件、避开不利条件，提高海底电缆工程设计的科学性、经济性及可靠性，延长海底电缆的使用寿命。500kV 海南联网工程海底电缆选型设计，是基于海底电缆选择的特殊性，以初期联网规模 600MW 联网方案设计。跨海海底电缆的型式选择在此基础上，结合工程的电力系统条件，设计研究及校核计算了不同绝缘材料海底电缆的截面选择、电缆载流量、高抗配置方案及它们的技术经济比较。为此，海底电缆选用截面时，其海底电缆的绝缘应满足长期容许电流要求。选择充油海底电缆设计，其性能是用补充浸渍剂消除绝缘材料中形成的气隙，提高海底电缆工作场强，使得电气性能更加可靠，机械性能更加良好。它的一个重要特点是：当海底电缆受到外力破坏而发生少量漏油时，不必马上进行停电处理，而只需从补油设备加入一些油，使检测故障点和修理工作的时间可以适当延长，从而提高联网工程运行的可靠性。

第一节　海底电缆截面与型式

一、电缆截面选择原则

　　海底电缆在运行时，当通过长期负载电流达到稳态后，电缆各结构部分中产生的损耗热量向周围媒质散发，由于热阻的存在，热流将使这些部分的温度升高。当温度升高至使导体的温度等于电缆最高允许长期工作温度时，该负荷电流称为电缆的长期容许电流。电缆的长期容许电流是选择电缆截面的依据，如果电缆的长期容许电流大于或等于电缆的长期工作电流，则所选电缆截面满足系统输送容量的要求。由于电缆对地电容很大，其对地充电电流远大于一般架空输电线路，因此电缆两端必须装设高压并联电抗器对电缆电容电流进行补偿，同时改善电容电流的分布。假设流入电缆电流的功率因数为 0.98（滞后），在电缆两端有无高抗补偿时，理论上电缆中流过的无功电流分布示意图，如图 4-1 所示。

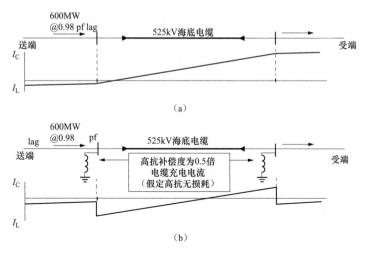

图 4-1 海底电缆充电电流分布示意图
（a）海底电缆两端无高抗补偿；（b）海底电缆两端各 50％高抗补偿

可见若采取合适的高抗补偿，可以在一定程度上改善电缆无功电流的分布，减小对电缆载流量的要求，从而相应减小电缆截面。由于通过电缆输送的电流为有功电流与无功电流矢量和，因此具体设计时应根据输送的有功功率、电缆长度和高压并联电抗器补偿的实际情况，计算出电缆控制段（通常是电缆两端的其中一端）长期通过工作电流。

电缆长期容许电流应满足持续工作电流的要求，对所选择的电缆应进行载流量的计算校核。电缆长期容许电流的校核计算采用 IEC 60287 的公式。需要考虑的因素有介质、内衬层、金属套、铠装层等损耗和电缆外周围介质、环境温度等方面的影响。海南联网工程采用西安交通大学编制的电缆载流量计算程序（采用 IEC 60287 中推荐的公式，进行了计算，并用武汉大学编制的软件进行了校核）；所选电缆满足持续工作电流 815A 的要求。

根据计算结果，海南联网工程所选海底电缆（导体截面为 800mm^2），在路由控制段（陆上部分）的长期容许电流为 815.3A，路由其他部分的电缆长期容许电流计算结果均大于 815A，满足系统输送容量的要求。

海底电缆如发生短路故障，线芯中通过的电流可能为其额定值的几十倍。不过短路电流作用的时间很短，在 500kV 超高压电网中，线路继电保护的后备保护时间均只有零点几秒。因电缆短路容量的计算是一暂态发热问题，用严格的数学分析非常复杂，根据目前各电缆厂家的制造能力，电缆 1s 承受的短路电流值均可大于 50kA，最高的超过 100kA。

海南联网工程系统提供的短路电流和短路时间为 50kA/0.5s，工程所选电缆的技术参数最大不对称短路电流耐受值为 50kA，短路电流持续时间为 0.5s，电缆最大对称短路电流耐受值为 50kA，短路电流持续时间为 0.5s，满足系统短路热稳定的要求。

一般来说，海底电缆的阻抗很小，对于不太长的电缆，电压损失不会构成电缆截面选择的制约条件。对工程而言，所选电缆导体截面积为 800mm^2，正序阻抗约为 0.037＋

j0.081Ω/km，电缆长度约 31km，当输送容量为 600MW 时，电缆段的电压降小于 1‰，也不构成电缆截面选择的制约条件。

海南联网工程所选电缆导体截面积为 800mm²，经计算，电缆载流量大于 815A，满足系统额定输送容量的要求，短路热容量也满足系统要求，电压降小于 1‰。因此，工程推荐电缆导体截面积为 800mm²。

海底电缆的选择是跨海联网（送电）工程设计中研究的重点。超高压海底电缆截面选择的原则是：

(1) 电缆长期容许电流应满足持续工作电流的要求；

(2) 短路时应满足短路热稳定的要求；

(3) 根据电缆长度，如有必要应进行电压降校核；

(4) 根据电缆长期通过工作电流的确定；

(5) 根据电缆最大载流量的计算；

(6) 根据短路电流的计算；

(7) 根据电压损耗的校核；

(8) 根据电缆截面选择结论。

二、电缆型式选择

超高压电力电缆发展的初期主要以充油电缆为主，20 世纪 60 年代以后，交联聚乙烯电缆逐渐开始应用并得到推广。这两种类型电缆的结构特性差别较大。

(1) 充油电缆。

充油电缆是利用补充浸渍剂原理，来消除绝缘中形成的气隙，以提高电缆工作场强的一种电缆类型。根据充油通道不同充油电缆分为自容式充油电缆和钢管式充油电缆，其中自容式充油电缆根据线芯结构又可分为单芯充油电缆和三芯充油电缆，单芯电压等级为 60～750kV，三芯的电压等级为 35～132kV。其电气性能可靠，机械性能良好。它有一个重要的特点，即当电缆受到外力破坏而发生少量漏油时，不必马上停下进行停电处理，而只需从补油设备加入一些油，使检测故障点和修理的工作可以适当延长。因此，目前世界上已建和正准备建设的超高压交流海底电缆工程，均采用自容式充油电缆。钢管式充油电缆由于机械性能中其允许弯曲半径、弯曲方法和施工要求均较为严格，运输受到一定限制，故目前尚未见 500kV 交流长距离、海底钢管式充油电缆产品和工程实例的报导。

(2) 交联聚乙烯电缆。

交联聚乙烯电缆具有诸多突出的优点，如结构轻便、易于弯曲、电气性能优良、耐热性能好、传输容量大、安装方便、附件制作简单等，因此被广泛地使用在超高压电网上。但将交联聚乙烯电缆用在 110kV 及以上电压等级时，绝缘纯度要求更高，因为绝缘厚度随着电压的升高而增加，而绝缘越厚，由于输送容量变化引起电缆导体温度的变化，电缆在运行中大负荷时绝缘层的膨胀和小负荷时的收缩将造成绝缘层内部气隙的产生，这些空隙在电场作用下会引起局部放电，从而导致绝缘的击穿（自容式充油电缆也有类似问题，但这些空隙总是被电缆中的压力油所充满，故其电气绝缘强度较好，不易产生游离放电）。因此，要使交联聚乙烯电缆运行可靠和运用到更高的电压等级上，尤其是应用于长距离跨海送电时，其制造工艺和质量都必须提高，且 150kV 以上交联聚乙烯电缆工厂接头问题尚未解决，还不能用于 500kV 电压等级的海缆线路。

综上所述，虽然目前交联聚乙烯电缆逐渐向更高电压等级领域发展，但由于自容式充油电缆在安全性和使用寿命方面占有优势，而且目前世界上 500kV 交流超高压海底电缆只能生产自容式充油电缆一种型式，故海南联网工程海底电缆选择了超高压自容式单芯充油电缆。

三、电缆线芯选择

高压电力电缆一般采用铜导体，且含量不小于 99.9% 的高纯度铜才能作电缆的导体材料。

电力电缆必须有足够大的线芯截面，才能满足输送容量的要求。为了增加电缆的柔软性，线芯由多股单线绞制而成，这样在弯曲时，每股单线变形很小。一般将多股线芯分为若干层绞制，并且相邻层绞制方向相反。导体结构有圆形、紧压、扇形等，自容式充油电缆一般为中空导体结构。当线芯导体截面过大时，趋肤效应和邻近效应对其电阻的影响很严重。例如 $1000mm^2$ 的导体，由于这些效应会使电阻增加 23%。因此，对大截面（如 $1000mm^2$）导体，一般采用分裂导体结构。本工程额定输送容量为 600MW，电缆的导体截面仅需 $800mm^2$，不须采用分裂导体结构，由两层弓形铜线绞合成有直径 30mm 中心油道的圆柱形导体。为了改善电缆的介电性能，电缆线芯表面还包有半导体屏蔽纸带。

四、电缆绝缘选择

1. 绝缘材料选择

海底电缆绝缘材料的选择直接影响电缆的对地电容值和电能损耗，对电缆长期运行的经济性影响很大。根据目前国外电缆制造技术，海底充油电缆绝缘材料基本上采用两种类型：一种是低损耗牛皮纸；另一种是聚丙烯复合纸（PPLP），亦有称半合成纸、复合纸。

（1）低损耗牛皮纸绝缘材料。超高压自容式单芯充油电缆系采用低损耗牛皮纸作绝缘材料，同时采用低黏度矿物油来浸渍电缆纸绝缘，并在电缆内部设置油道与供油箱相连以保持电缆中油的压力，从而抑制了电缆绝缘内部气隙的产生，使电缆的工作耐压得到大大地提高。

油浸纸绝缘的充油电缆技术成熟，其电气性能可靠、机械性能良好、安装简便、维护容易，能适应于各种不同的敷设条件。1924 年在意大利米兰安装的第一条 130kV 海底电缆工程和 1927 年美国纽约和芝加哥安装的 132kV 海底电缆工程中使用的油浸纸绝缘充油电缆均成功地运行了 50 年以上。

目前，世界上已投运的交流 500kV 海底电缆工程，只有加拿大温哥华跨海电缆一个工程，该工程系采用低损耗牛皮纸作绝缘材料的自容式充油电缆，至今已安全运行了 20 余年。因此，海南联网工程中海底电缆绝缘材料的选择，必然首先考虑采用低损耗牛皮纸作绝缘材料的自容式充油电缆。

（2）PPLP 绝缘材料。PPLP 是一种低损耗的新型绝缘材料，20 世纪 80 年代已运用在超高压电缆制造中。由于其具有充电电流小、传输损耗小的优点，同时有着良好的弯曲和盘园性能，其制造长度和运输方面有一定优点，在电缆导体截面相同的情况下，与低损耗牛皮纸绝缘电缆相比，其载流量较高，技术上具有突出的优势。在超高压、大容量交流充油电缆的开发研究中，PPLP 占有重要的地位。目前，直流 500kV 工程中采用 PPLP 绝缘材料的大截面海底电缆的做法，已在日本的跨 Kill 海峡海底电缆工程中使用。

（3）不同绝缘材料电缆的经济性分析。牛皮纸和 PPLP 两种不同绝缘材料的电缆从造价方面比较，PPLP 高于牛皮纸绝缘的电缆，但是由于 PPLP 电缆的充电电流小于牛皮纸绝缘的电缆，因而线路的损耗小，补偿电缆充电电流所需要的高压并联电抗器也较小。因此，应结合初投资和年运行费对两种不同绝缘型式电缆的经济性进行比较，以确定从电缆经济寿命期内分析，选用何种绝缘材料的电缆较为经济。

总的来说，低损耗牛皮纸和 PPLP 均能满足 500kV 交流海底电缆绝缘要求。但 PPLP 尚无在交流 500kV 的海底电缆工程中使用的记录，且仅有 Pirelli 公司和日本两家公司有生产 PPLP 交流海底电缆的能力。

考虑到以往工程海底电缆的设计制造和运行经验以及目前海底电缆的生产情况，本工程采用低损耗牛皮纸作为电缆的绝缘材料。

2. 绝缘厚度确定

电缆绝缘厚度的确定，是电力电缆设计的核心。设计绝缘厚度，首先要分析电缆绝缘内的电场分布，一般以最大场强作为设计的依据，然后要考虑电力电缆在运行中所承受的各种电压及绝缘材料击穿的统计规律，还要考虑绝缘的机械强度和工艺性能等。对于高压单芯不分阶绝缘电缆，绝缘厚度按下式计算

$$\frac{E}{m} = \frac{U}{r_c \ln\left(\frac{R}{r_c}\right)}$$

式中　r_c——线芯半径；

　　　R——绝缘层外半径（绝缘厚度 Δi 即为 $R - r_c$）；

　　　E——长期工频击穿场强或冲击击穿场强，与绝缘纸带厚度有关；

　　　m——绝缘安全系数，一般取 1.2～1.3；

　　　U——试验电压，为工频试验电压时，为 2～3 倍相电压；为脉冲试验电压时，按冲击放电电压和大气过电压时避雷器的残压确定的基本绝缘水平 BIL 进行选取。

五、电缆外护层选择

1. 金属护套

电缆的金属护套除了作为不透水和不透气的保护层，并对防止绝缘受到机械损伤有一定的作用外，还必须承受由于电缆内部油压变化所引起的附加作用。金属护套主要有铝护套和铅护套两种。铅护套的优点是：密封性能好，可以防止水分或者潮气进入电缆绝缘；熔点低，可以在较低温度下挤压到电缆绝缘外层；耐腐蚀性较好；弯曲性能较好。其缺点是：比重较大；机械强度较小，在一定内压力作用下会产生变形以致断裂；耐震性能不高；价格较为昂贵。为了改善铅护套的机械强度，往往采用铅合金来代替纯铅作为电缆的金属护套。海南联网工程海底电缆采用铅合金作为金属护套。

2. 加强层

由于铅护套只起密封作用，而不能承受电缆内部较大的压力，因此只能在铅护套外面加绕径向加强带以抑制铅包的变形。对于单芯交流电缆，为了减小加强层中的损耗，一般采用小包绕节距的非磁性材料如黄铜带或铝青铜带作为电缆的径向加强层。海南联网工程海底电缆的加强层由 4 层青铜带组成。

3. 铠装

铠装保护电缆免受外界机械性损伤。镀锌钢丝铠装可以承受较高的机械负荷，对于带铅护套的浸渍纸电缆往往采用钢带铠装。对采用钢丝铠装的单芯交流电缆，由于磁滞损耗和涡流损耗（主要是前者），造成铠装损耗很大，从而降低了电缆的载流量，试验表明，采用镀锌钢丝铠装的电缆比采用非磁性材料铠装的电缆载流量小 30％～40％。因此，IEC55-2（1981）标准关于铠装建议：除具有特殊结构（如在铠装层增加铜丝或者增加回流导体层）外，用于交流线路的单芯电缆铠装应由非磁性材料组成。温哥华 500kV 交流海底电缆工程采用的是铜铠装。海南联网工程海底电缆采用铜铠装，根据电缆路由情况、海深以及敷设条件，经计算，采用单层铜铠装即可满足电缆机械强度要求。

第二节　海底电缆结构及特性

一、电缆结构

海底电缆结构包括导体、导体屏蔽层、绝缘层、绝缘屏蔽层、铅合金护套、横向加强层、衬层、内防腐层、贯穿内防腐层的接地连接、防蛀层、铠装、防腐保护层、光缆等。海南联网工程海底电缆为自容式充油海底电缆，采用牛皮纸绝缘，注入低黏度合成油。电缆结构尺寸如表 4-1 所示。

表 4-1 电缆结构尺寸

序号	项 目	标称厚度 (mm)	标称直径 (mm)	电阻系数 ρ_{20} ($\Omega \cdot mm^2 / km$)	相对介电常数 ε	相对渗透度 μ
1	油道	—	30.0			
2	导体，铜	7.3	44.6	17.241	—	1.0
3	导体屏蔽层，碳黑纸	0.5	45.6			
4	绝缘层，浸渍纸带	28.55	102.7		3.5	
5	绝缘屏蔽层，黑炭纸＋敷金属纸	0.5	103.7			
6	铜导电胶带	0.4	104.5			
7	铅合金套	4.4	113.3	214		1.0
8	铜导电胶带	0.25	113.8			
9	加强层，青铜带	0.6	115.0	21.55		1.0
10	衬层	0.2	115.4			
11	防腐层，聚乙烯护套	4.8	125.0		2.3	
12	防蛀层，铜带	0.2	125.4	17.241		1.0
13	衬层	0.25	125.9			
14	铠装，扁铜线	2.4	130.7	17.241		1.0
15	外护层，聚丙烯纱和沥青	4.0	138.7			

铜导体横截面积为 $800mm^2$，由两层弓形铜线绞合。第一层为自撑式，并构成了直径 30mm 的中心油道。为了减少电缆切断时的油流量，在油道中每隔 500m 设有一个限流装置。海南联网工程电缆导体最高温度为 90℃。近十年来业界已经接受 90℃ 为最高导体温度，导体温度从 85℃ 升高到 93℃ 时，虽然绝缘寿命从 240 年降到 120 年，远远高于 40 年的设计寿命。因此电缆导体最高允许温度为 90℃。如果是矿物油，热老化性能无法满足 90℃ 的要求，因此浸渍剂采用低黏度合成油，热老化性能满足 90℃ 的要求。导体屏蔽层由碳黑纸和一层双层纸组成（双色纸，一面为碳黑纸，另一面为牛皮纸）。绝缘层采用去离子水洗木浆超高压电缆纸，并用低黏性电缆油浸渍。绝缘由一层双层纸、碳黑纸和一层金属化纸组成。绝缘屏弊层由一层铜丝棉布编织带组成，用于下一道工序电缆的绝缘保护。铅合金护套由连续挤出的 1/2C 型低合金铅，加 44mg/kg 碲制成。横向加强层由 4 层青铜带组成。加强带和 PE 护套之间采用半导体层，使铅套和加强带表面等电势。衬层由半导体尼龙带组成，该半导体层使铅护套和加强带表面等电势。内防腐层是由铅护套和加强层通过挤出聚乙烯护套进行防腐。贯穿内防腐层的接地连接，为了限制铅套和加强层中的纵向电流以及 PE 护套上的暂态感应过电压，每隔大约 8km，在横向加强层和铠装层之间短接一次。防蛀层一期工程海底电缆设有一层防蛀层。铠装由一层成形铜线组成。防腐层、铠装的防腐保护由沥青化合物覆盖而成。由于沥青层机械性能不好，所以加了一层聚丙烯纱加强。内层由沥青化合物填充而成，构成防腐保护，但外层不含沥青化合物，

这样在敷设时有稳定的摩擦性能。光缆利用聚丙烯纱带将光缆与电力电缆捆绑在一起敷设。为 12 芯 ITU-T G.652B 光纤，其中 8 芯用于通信，4 芯用于海底电缆温度监测、事故监测。

空气中海底电缆的近似总重量为 470N/m，水中电缆的近似总重量为 320N/m。电缆详细结构尺寸见表 4-1。

二、电缆特性

（一）电缆电气特性

电缆电气特性见表 4-2。

表 4-2 电 缆 电 气 特 性

类别	项目	参数
额定电流	土壤中额定电流	815A
导体温度	允许导体最高温度	90℃
周围环境	土壤中周围最高温度	30℃
	土壤中最大敷设深度	2m
	电缆数量	3
	电缆平行敷设，并采用松软混合土回填	
	电缆间最小轴向距离	7m
	海底中最小轴向距离	10m
	松软混合土壤热阻率	1.0K·m/W
	陆地土壤热阻	1.2K·m/W
	海床土壤热阻	0.8K·m/W
	负载因数	100%
	金属护套和铠装互联，且两端接地	
频率	频率	50Hz
短路电流	持续时间 0.5s，热短路电流允许值： 导体中 铅套中	 50kA 50kA
额定电压	系统额定电压有效值（U）	525kV
	电缆芯与屏蔽层之间额定电压有效值（U_0）	303kV
最高电压	最高系统持续电压有效值（U_m）	550kV
基准绝缘水平	雷电冲击耐受电压（1.2/50μs）	1550kV
操作冲击电压	操作冲击耐受电压（250/2500μs）	1175kV
电场强度	在额定电压 U_0 下，绝缘中的最大电场强度	16.4kV/mm
导体电阻	20℃下直流最大电阻	0.0221Ω/km
	90℃下交流电阻	0.0286Ω/km

续表

类别	项目	参数
电缆阻抗	815A 下平均阻抗（600MW，海底部分）	$0.043+j0.081\Omega/km$
电容	电缆芯与绝缘层之间的电容	$0.24\mu F/km$
充电电流	50Hz，525kV 时单相电流	22.8A/km
损耗角	在环境温度和额定电压下的最大值	0.0028
损耗	525kV，815A（600MW）下的损耗： 导体损耗 介质损耗 护套和加强层损耗 防蛀层和铠装损耗 单根电缆总损耗	 18.1W/m 16.6W/m 1.8W/m 8.8W/m 45.3W/m
压降	在 600MW，525kV，815A，31km，并且两端都补偿充电电流条件下	0.4%

电缆电气参数还包括电场强度、磁场、护套感应电压等。计算结果如下：

1. 电场

电缆中电场强度见表 4-3。

表 4-3　　　　　　　　　　　　**电缆中电场强度**

类别	参数
导体中最大电场强度： 在 550kV 情况下 在 1550kV 情况下 在 1175kV 情况下	 17.2MV/m 83.8MV/m 63.6MV/m
绝缘屏蔽层中的最大电场强度： 在 550kV 情况下 在 1550kV 情况下 在 1175kV 情况下	 7.7MV/m 37.3MV/m 28.3MV/m
PE 护套最大暂态电压，避雷器限制电压为 80%BIL	19.2kV
正常运行下 PE 护套的最大电压	0.49kV

2. 磁场

在单芯交流电缆中，当电缆之间的距离超过 10m 的时候，由于缆芯导体的电流，在铠装中将感应出电流。铠装中的感应电流与导体电流幅值相同，相位相差 180°。因此，两个同轴且反向的磁场会相互抵消，从而外部磁场几乎消失。

3. 护套感应电压

当电缆遭受短路，动态过电压，操作和雷击过电压时，海底电缆的防腐蚀层应能耐受在铠装和铅套中所产生的纵向和径向感应电压。

在操作过电压情况下，电缆 PE 护套上过电压按下式计算

$$\frac{U_{23\max}}{U_0} = \frac{C_{12}}{C_{12} + C_{23}}(1 - \mathrm{e}^{-\beta x})$$

式中　U_0——导体和铠装间电压；

　　　U_{23}——护套和铠装间电压；

　　　C_{12}——导体和护套间电容；

　　　C_{23}——护套和铠装间电容；

　　　β——传播速率；

　　　x——传播距离。

根据上式可计算出最大允许的长度为 11.139km，大于本工程的每隔 8km 短接设计。每隔 8km，在横向加强层和铠装层短接一次，护套上电压最大值小于 PE 护套的耐受电压，因此可以将 PE 护套的过电压水平限制在允许范围内。

（二）电缆机械特性

设计电缆的机械特性时，应当保证在敷设和运行条件下，均不超过电缆的机械强度。机械特性主要包括敷设时的牵引力、侧压力、允许弯曲半径，以及运行时承受的内部油压、外部冲击力、振动等。

电缆机械特性见表 4-4。

1. 最大允许张力

由于自容式充油海底电缆重量较大，在敷设时需要较大的牵引力，因此在设计时必须计算电缆的牵引力，以免敷设时损坏电缆。

根据 Electra 171 中 CIGRE 的推荐，对最大水深为 100m 情况下，对敷设与打捞时的机械测试张力进行计算，结果见表 4-5。

表 4-4　　　　　电缆机械特性

项目	参数
敷设最小允许弯曲半径	5m
两个平面之间弯曲的最小间隔	1.5m
最大允许牵引力	87.5kN

表 4-5　　　　　电缆允许张力

项目	参数
动态张力（海浪周期：8s　浪高：4m）	±5.9kN
水平张力	12.7kN
测试张力	60.8kN
最大允许张力	87.5kN

在机械测试张力下，铠装和导体的最大机械应力为 34.7MPa，小于退火铜导体和冷拔丝铜铠装的通常允许强度（50MPa）。

海底电缆最大允许张力为 87.5kN，经计算，导体上的应力为 49.2N/mm²，海底电缆最大允许张力情况下铜导体弹性形变小于 0.1%，不会造成电缆油道的变形和绝缘层的破坏。

2. 电缆受力要求

由于机械强度影响电缆绝缘,因此电缆受力有如下要求:

1) 电缆必须盘绕,不能扭转。

2) 电缆不能卷绕。

3) 电缆不能同时往两个方向弯曲。

卷绕电缆会导致所有部分都增加或减少一个绞距,从而导致铠装以及绝缘纸带的直径发生变化,从而影响电缆的机械强度,以及可能减小耐受电压。

往两个方向弯曲电缆,比如垂直和水平方向的弯曲,同时是电缆扭转/弯曲的一种形式。因此,在安装电缆时,要避免这样的两向的弯曲,通常在两个弯曲之间有至少 1.5m 的直线距离。

3. 横向加强层的环压

加强带的设计应可以承受电缆内产生的最大油压,包括暂态油压。加强带安全系数应不小于 2。在最大的暂态电缆压力下,由于内部油压在加强带上产生的最大压强为 113.2MPa。青铜带的屈服强度为 430MPa。因此安全系数接近于 4。

4. 抗侧压力、抗冲击力

有拐弯的电缆线路,当牵引力作用在电缆上时,在弯曲部分的内侧,电缆受到牵引力的分力和反作用力而受到压力,这种压力称为侧压力。侧压力定位为牵引力和弯曲半径之比,如果侧压力过大将会压扁电缆。根据计算,电缆在敷设时最大允许侧压力为17.5kN/m,在敷设时最大侧压力计算值为12kN/m。

电缆的抗冲击力主要受电缆绝缘层的强度控制。大约 100kPa/s 的冲击力可能会造成绝缘层破坏。但实际上,对于敷设在海床上而没有埋设的电缆,破坏的主要原因是被钩住,以几厘米的半径弯曲而导致绝缘破坏。对于埋设超过 0.5m 的电缆,只有船抛锚才有可能损坏电缆,但实际上锚害几率很小。

5. 允许悬空长度

由于海底电缆张力较大、弯曲刚度较低、自阻尼较小,当水流从某个角度以较高的速率轴向冲击电缆,如果涡流的频率接近于电缆的自然频率,电缆会产生振动。这种振动振幅略小于电缆直径,振动周期大约 1～1.5s。如果海流速率超过 1m/s(根据路由勘测,发现表面海流速率最高达到 1.55m/s,海底流速达到 1.44m/s),悬空部分长度超过 5m,悬空高度超过 100mm,则可能引起振动。长期振动会使电缆产生疲劳,尤其是影响到铅护套的强度,从而影响电缆使用寿命。因此当发现悬空部分长度大于 5m,需要采取中间抛石或采用其他构件支撑电缆等相应措施来避免悬空。

三、海底电缆技术参数

海底电缆技术参数表,见附录 C。

第三节　电　缆　载　流　量

一、载流量计算方法

电缆长期允许载流量是电缆的重要运行参数，是指当电缆中通过电流时，达到热稳定后，电缆导体的温度恰好达到长期允许工作温度时的电流值。电缆载流量与电缆的材料、结构形式、敷设方式、环境条件以及运行工况等因素有关。电缆长期允许最高工作温度是根据绝缘材料的种类和运行经验规定的，海南联网工程取 90℃。电缆载流量计算一般分为三步：

（一）损耗计算

电缆的损耗主要包括导体的电阻损耗（其中包括趋肤效应及邻近效应的计算）、绝缘的介质损耗、金属套及屏蔽的环流及涡流损耗、铠装或加强层的损耗。各损耗的计算方法与电缆本体结构及敷设方式有关。

（二）热阻的计算

分为电缆本体各部分的热阻和外部热阻计算，而计算方法由电缆本体结构及敷设方式决定。

（三）载流量的计算

根据前两步计算结果，将参数值代入基本计算公式，即可计算出在给定基准条件下的载流量，也称为额定载流量、安全载流量、基准载流量或者在最高允许工作温度下的连续载流量。

根据 IEC 60287-1-1 中"载流量计算"的规定，交流电缆的允许连续载流量可以由以下公式得到。

$$\Delta\theta = \theta_c - \theta_a$$
$$= (I^2R + 0.5W_d)T_1 + [I^2R(1+\lambda_1) + W_d]nT_2 + [I^2R(1+\lambda_1+\lambda_2) + W_d]n(T_3+T_4)$$

$$I = \left[\frac{\theta_c - \theta_a - W_d \cdot \left[\dfrac{T_1}{2} + n(T_2 + T_3 + T_4) \right]}{RT_1 + nR(1+\lambda_1) \cdot T_2 + nR(1+\lambda_1+\lambda_2)(T_3+T_4)} \right]^{\frac{1}{2}}$$

式中　I——导体电流，A；

　　　θ_c——导体温度，℃；

θ_a——电缆所在环境温度，℃；

W_d——根据 IEC 60287-1-1，条款 2.2 计算，导体绝缘单位长的介电损耗，W/m；

T_1——根据 IEC 60287-2-1，条款 2.1.1 计算，导体与护套之间的热阻，K·m/W；

T_2——根据 IEC 60287-2-1，条款 2.1.2 计算，护套与铠装之间衬层的热阻，K·m/W；

T_3——根据 IEC 60287-2-1，条款 2.1.3 计算，电缆外护层的热阻，K·m/W；

T_4——根据 IEC 60287-2-1，条款 2.2 计算，电缆表面与周围介质之间的热阻率，K·m/W；

R——根据 IEC 60287-1-1，条款 2.1 计算，运行温度下，导体交流电阻，根据 IEC 60228 可得 20℃时导体的电阻，Ω/km；

λ_1——根据 IEC 60287-1-1，条款 2.3 计算，金属护套损耗与导体损耗之比；

λ_2——根据 IEC 60287-1-1，条款 2.4 计算，铠装损耗与导体损耗之比。

二、载流量计算结果

对不同环境条件下电缆载流量进行计算，环境条件见表 4-6，载流量计算结果见表 4-7。应注意：

（1）电缆须避免阳光直射。

（2）陆上部分电缆周围采用热阻为 1.0K·m/W 的松软混合土回填，该回填土由电缆供货方施工，不需维护。

表 4-6   环 境 条 件

项目	陆上部分	潮间带	海床 $d<10m$	海床 $d>10m$	空气中
周围环境温度（℃）	30	30	28	28	39
最大敷设深度（m）	2.0	2.0	2.0	2.0	—
土壤/海床热阻率（K·m/W）	1.2	0.8	0.8	0.8	—
电缆数量	3	3	3	3	3
电缆间的轴向间距（m）	7	7	>10	>10	7.5

表 4-7   载 流 量 计 算 结 果

项目	陆上部分	潮间带	海床 $d>10m$	海床 $d>10m$	空气中
θ_c（℃）	90	90	90	90	90
θ_a（℃）	30	30	28	28	39
W_d（W/m）	16.6	16.6	16.6	16.6	16.6
T_1（K·m/W）	0.679	0.679	0.679	0.679	0.679
T_2（K·m/W）	0.056	0.056	0.056	0.056	0.056
T_3（K·m/W）	0.057	0.057	0.057	0.057	0.057
T_4（K·m/W）	0.778	0.552	0.535	0.535	0.245

续表

项目	陆上部分	潮间带	海床 $d<10m$	海床 $d>10m$	空气中
R （Ω/km）	0.0286	0.0286	0.0286	0.0286	0.0286
n	1	1	1	1	1
λ_1	0.104	0.102	0.102	0.102	0.100
λ_2	0.506	0.499	0.497	0.497	0.491
I （A）	815	940	970	970	1060

从表 4-7 中可以看出，电缆载流量的受陆上部分环境条件限制，载流量为 815A，可以满足输送 600MW 有功功率的要求。

815A 情况下的导体温度和损耗见表 4-8。

表 4-8　　　　　　　　在 815A 情况下的导体温度和损耗

项目	地面部分	潮间带	海床 $d<10m$	海床 $d>10m$	空气中
导体温度 （℃）	90.0	77.9	74.7	74.7	73.5
导体损耗 （W/m）	19.0	18.3	18.1	18.1	18.1
介电损耗 （W/m）	16.6	16.6	16.6	16.6	16.6
铅套与加强层损耗 （W/m）	2.0	1.8	1.8	1.8	1.8
防蛀层与铠装损耗 （W/m）	9.6	8.9	8.8	8.8	8.7
每根电缆总损耗 （W/m）	47.2	45.6	45.3	45.3	45.2

短时热载流量和电缆达到设计温度的时间见表 4-9、表 4-10。

表 4-9　　　　　　　　短 时 热 载 流 量

持续载流量（100%负载，A）	时间（h）	短时热载流量					
		前后 50%负载		前后 75%负载		前后 100%负载	
		载流量（A）	最高温度（℃）	载流量（A）	最高温度（℃）	载流量（A）	最高温度（℃）
815	1	1530	90	1290	90	815	90
815	2	1310	90	1130	90	815	90
815	4	1160	90	1030	90	815	90
815	6	1110	90	1000	90	815	90
815	8	1080	90	980	90	815	90

表 4-10　　　　　　　　电缆达到设计温度的时间

预加负荷百分率％*	施加阶跃电流占额定载流量的百分比（％）	达到 98%设计温度的时间	限制温度的位置**
0	100	＞1 周	陆地部分
25	75	＞1 周	陆地部分
50	50	＞1 周	陆地部分
75	25	＞1 周	陆地部分

*　假定带电电缆温度在施加阶跃电流之前已达到稳定。

**　如陆地部分电缆、接头、终端头等。

第四节 电 缆 接 地

　　海缆在两端铅套和铠装接地，三根电缆接地连在一起，再通过铜线连接到终端站接地网。根据 NEK 440 标准进行短路热稳定计算，电缆铠装接地采用 240mm² 截面的铜线，电缆连接到终端站采用 70mm² 截面的铜线。电缆终端铠装短接接地示意图如图 4-2 所示，电缆系统接地示意图如图 4-3 所示。

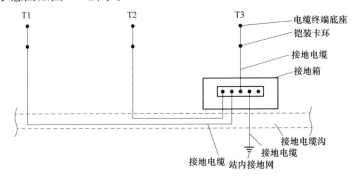

图 4-2 电缆终端铠装短接接地示意图

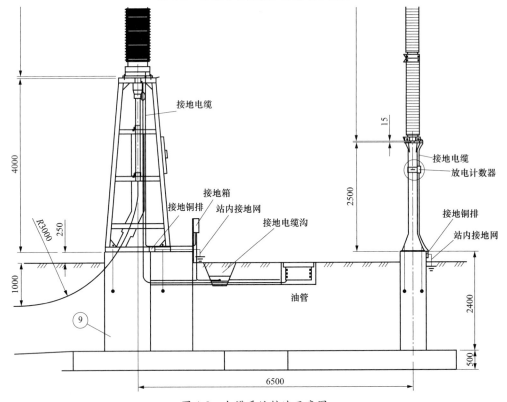

图 4-3 电缆系统接地示意图

第五节　电缆附件选择与配置

一、电缆终端

电缆是通过终端头与架空线相连接的。它用密封瓷套作为外绝缘，以防止潮气侵入和浸渍剂溢出。高压电缆终端一般由内绝缘、外绝缘、密封结构、出线杆和屏蔽罩等部分组成。终端接头盒的设计，主要是外绝缘和内绝缘的设计及其配合。上下屏蔽罩、紧固件，底板和尾管等只要求有足够的机械强度即可。

电缆终端的套管必须能承受 2kN 的水平拉力。

根据终端站所处位置和环境条件，等值盐密 ESDD 为 $0.35\text{mg}/\text{cm}^2$，按 GB/T 16434—1996 中规定，取泄漏比距为 31mm/kV，依最高运行电压和泄漏比距选择设备的外绝缘爬距，要求设备的爬电距离大于 17050mm，根据 Nexans 公司提供的参数，电缆终端的爬电距离为 19800mm，满足要求。

二、电缆接头

电缆接头包括工厂接头和修理接头等。海缆工厂接头是指生产商在生产和制造过程中在电缆上制作的接头。海底电缆应该是在一连续的过程中生产制造、注油、铠装的，并在导体、绝缘、金属套及铠装层都不能有接头。仅在浸渍和压铅工艺不能满足要求的电缆长度时才允许有工厂接头。工厂接头应与现场修理接头有相同的机械和电气性能。海南联网工程规定一根电缆只容许有一个工厂接头，电缆供货商 Nexans 公司承诺可以做到没有工厂接头。海底电缆在敷设时，不允许有施工接头。

现场修理接头是一种与工厂接头一样的软接头，只有修理在运输或安装过程中受到损伤的电缆时才允许使用，其接头设计应使电缆的接头在电气和机械方面都尽可能一致。为了实现该原理，就要在电缆中使用相同的材料，所有的接头材料采用和电缆材料相同的测试标准和质量要求。所有的接头应设计成可以经过在电缆敷设船上的放线滑轮进行敷设和打捞回收。接头应设计成能耐受与电缆相同的内部油压和相同外部水压。接头应不能减少整根电缆的抗张和电气强度。接头中导体和铠装中单根股线的接头应交错排列。铠装丝应经过预应力处理后再绞合在接头上。修理接头必须在有一定专用设备的修理船上进行。

交流 500kV 自容式充油电缆的工厂软接头（FFJ）和修理软接头（FRJ）已经应用于温哥华电缆工程（1979～1981 年）中，经过型式试验、长期试验和运行，没有出现过故障。

本工程接头尺寸及描述见表 4-11。

表 4-11　　　　　　　　　　接头尺寸及描述

结　构	尺寸及描述
导体	导体接头直径 44.6mm；接头包括自撑式中心油道和一层弓形铜线
导体屏蔽层	导体接头屏蔽采用碳黑纸
绝缘层	标称厚度 28.65mm；绝缘采用离子水洗木浆超高压电缆纸，用电缆油浸渍
绝缘屏蔽层	绝缘层用绉纱碳黑纸和软铜管屏蔽
铅护套	标称厚度 4.4mm；铅套材料用 1/2C 铅合金＋44ppm 碲
环氧加强层	
横向加强层	标称厚度 2.1～2.5mm；铜带
内防腐层	标称厚度 3.0～4.0mm；交联聚乙烯热缩护套铜带和衬层
铠装	铠装线尺寸 2.53×7.40mm；铠装线数量 52 根；一层扁铜线
外护层	三层安全带和沥青

三、供油系统

本工程海底电缆为自容式充油电缆，供油系统是其中重要组成部分，供油系统的作用主要有以下两方面：

（1）供油系统通过压力作用下油的流动来消除温度变化引起的电缆绝缘层胀缩形成的间隙，大大提高电缆工作电场强度。在电缆发热膨胀时，电缆中的油通过油道回流到储油装置；当电缆冷却时，供油系统将油送入电缆，这保证了任何情况下电缆内部都不会形成空隙，所以充油电缆可以运行在比普通黏性浸渍电缆高得多的场强下。对于 330kV 及以下充油电缆最大的场强为 9～13kV/mm，500kV 充油电缆为 14～15kV/mm。

（2）在海底电缆损坏发生漏油的事故状态下，供油系统继续保持海底电缆内部一个适当的油压，阻止海水浸入，以免造成海底电缆大范围损坏。且充油海底电缆故障点较易发现，便于及时补救。

充油电缆的油压是通过与之相连的供油设备来保持的。当电缆因负荷电流的变化和环境温度的变化引起电缆线路内部油体积的膨胀或收缩时，供油设备吸收或补偿这一部分油体积的变化量，从而使电缆线路上的油压保持在允许范围之内。因此，需要正确计算充油电缆在温度变化时的需油率、需油量、暂态压力以及供油设备的容量和供油长度等。

通过计算及结合国内外相关工程经验，确定本工程供油系统采用在海底电缆两端设油泵站，集中对海底电缆进行供油的方式，其供压等级为中压。海底电缆油压分布如图 4-4 所示。本工程供油系统的主要参数如下：

储油量：本期三根海底电缆所需储油量为 70m³，每个终端站内设卧式油罐（40m³）一座。储油量设计原则为满足正常状态下海底电缆温度变化引起的涨缩需油量和满足 3 根海底电缆同时发生最严重的破坏时 45 天的事故漏油量。

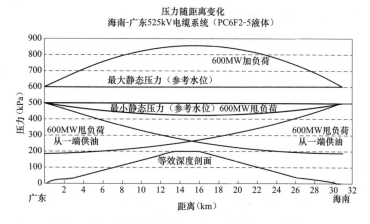

图 4-4　海底电缆油压分布图

设计油压：海平面处海底电缆油压设计范围：500~600kPa。林诗岛终端站场坪标高处海底电缆油压设计范围：700~800kPa。南岭终端站场坪标高处海底电缆油压设计范围：556~656kPa。

油流量：正常运行时油流量范围：0~805lr/h。事故漏油分两阶段控制，第一阶段0~12h：漏油流量逐渐减小；第二阶段12h~45天：漏油流量为5lr/h。

第六节　海底电缆的试验

电缆系统及附属设备应经受相应的例行试验、工厂验收试验、特殊试验、型式试验。

对于海底电缆的试验，目前尚无明确的国际标准，但可参照标准 IEC 60141-1、ELEC-TRA 171。

除非另有说明，试验电压应加在电缆导线和铅护套之间。交流试验电压的频率为50Hz。

一、例行试验

例行试验要对三根电缆中的每一根进行。试验项目见表4-12~表4-14。

表 4-12　　　　　　　　导体绞合操作中从两端截取的样品上的例行试验

试验项目	标准/条款	验收条件
导体电阻测量	IEC 60141-1/2.2 IEC 60228	从两端截取样品，放置到恒温环境24h后，用四点法测量直流电阻，换算到20℃≤0.0221Ω/km 此外，样品要称重以确认铜的含量

电阻测量结果将用于计算传输容量和损耗。

表 4-13　　　　　　　铅包后在 25m 样品上的例行试验

试验项目	标准/条款	验收条件
电容测量	IEC 60141-1/2.3	$\leqslant 0.24\mu F/km$
损失角测量	IEC 60141-1/2.4	U_0 下，损失角$\leqslant 0.0028$；$1.67U_0$ 下，损失角$\leqslant 0.0034$；损失角误差$\leqslant 0.0007$

表 4-14　　　　挤包和铠装过程中每一根制造长度上的例行试验

试验项目	标准/条款	验收条件
防腐蚀 PE 护套试验	IEC 60141-1/2.6	在挤包和装铠过程中，在 PE 护套与接地的铅套之间作交流高压火花试验

二、工厂验收试验

工厂验收试验应在每一根电缆全部制造长度上进行。试验项目见表 4-15。

表 4-15　　　　　　　　工厂验收试验项目

试验项目	标准/条款	验收条件
高压直流试验*	IEC 60141-1/2.5	15min 1030kV 直流测试电压下，不发生绝缘破坏
导体电阻测量		
电容测量		

* 对于高压出厂试验，Nexans 公司认为对于纸绝缘充油电缆，直流试验已经足够，交流高压试验设备需要单独采购，费用太高。

三、特殊试验

特殊试验从每一根完整电缆上取 1m 样品做试验。试验项目见表 4-16。

表 4-16　　　　　　　　特　殊　试　验　项　目

试验项目	标准/条款	验收条件
铅护套厚度测量	IEC 60141-1/3.1	标称厚度＝4.4mm；最小厚度$\geqslant 4.08mm$
绝缘层厚度测量	IEC 60141-1/3.1	标称厚度＝28.65mm；最小厚度$\geqslant 28.5mm$
PE 护套厚度测量	IEC 60141-1/3.1	标称厚度＝4.4mm；最小厚度$\geqslant 3.32mm$

四、型式试验

（一）试验抽样

型式试验从最初制造的电缆中抽取约 100m 作为样品。

由于工厂试验条件限制，试验电缆不能同时包含一个工厂接头和一个现场修理接头，考虑到工厂接头和现场修理接头除铠装外结构相同，因此型式试验只包括现场修理接头。

（二）机械试验

机械试验主要包括：

（1）张力弯曲试验，对本工程，试验张力为 54.4kN。

（2）张力试验，试验张力为 54.4kN。

（3）外部水压耐受试验。该试验根据 Electra 171 进行，基准为水深 100m。试验压强为内、外部压强差，经计算，实验压强为 324kPa。

（4）内部压力耐受试验。该试验根据 Electra 171 进行，基于铅护套和加强层承受的最大压强差 P_0 为 4.2bar（420kPa），则实验张力 $P = 1.5 \times P_0 + 500 = 1130$（kPa）$= 11.3$（bar）

（5）接地连接防水试验，该试验作为外部水压力耐受试验的一部分。

（三）电气试验

在进行电气试验之前，试验对象应该进行了机械试验。电气试验主要包括：

（1）介质损耗—温度关系测量。介质损失角的测量应在额定电压 U_0 下，根据 IEC60141-1，4.3 条款进行。

试验对象应用电流变压器加热。应测量以下导体温度下的损失角：

1）环境温度；

2）90~95℃；

3）60℃；

4）40℃；

5）环境温度，直接冷却后。

介质损失角不应超过 IEC 60141-1 中的值。

（2）介质安全试验。试验对象应根据 IEC-60141-1，4.4 的规定，在工频试验电压下 24h。试验电压：625kV。

在试验中，铅套、加强层和铠装应在试验对象的一端互联接地。试验应在环境温度下无中断的进行。

（3）雷电冲击电压试验。与电介质安全试验类似，根据 IEC-60141-1 条款 4.5，试验对象应承受雷电冲击电压。在试验中，铅套、加强层和铠装应在试验对象的一端互联接地。在对试验对象施加试验电压之前，应保持试验温度至少 1h。然后在导体和护套/地之间进行 10 次正极性和 10 次负极性的雷电冲击电压试验。

（4）雷电冲击后交流电压试验。根据 IEC60141-1，条款 4.5.4/2.5，在完成雷电冲击试验后，试验对象应在环境温度或冷却过程中的任意温度下施加工频高压。

试验电压：515kV；

持续时间：15min。

五、安装后工地试验

（一）高压试验（按 IEC 60141-1/8.4 进行）

在整个电缆系统铺设安装完毕并使之达到在规定的运行油压后，将直流电压 BIL 值的一半，负极，加在导体和金属套之间 15min。

（二）工频交流试验

在工频电压下运行 24h。

（三）油流试验

由承包商确定试验方法，试验得出的流量应不低于理论计算值的 8%。

电缆系统浸渍系数试验，由承包商确定试验方法。当压力以 MPa 计时浸渍系数应不大于 60×10^{-4}。

第七节 海 底 光 缆

一、概况

根据南方主网与海南电网联网配套光纤通信工程初步设计以及评审意见，将建设以下光缆及光缆电路：

湛江变—徐闻高抗站利用新建 500kV 线路架设 1 根 24 芯 OPGW 光缆；徐闻高抗站—南岭海缆终端站以及林诗岛海缆终端站—福山变电在 500kV 线路上各架设 2 根 16 芯 OPGW 光缆；南岭海缆终端站—林诗岛海缆终端站 3 根海底电缆各复合 12 芯光纤。

利用以上新建光缆以及罗洞变—茂名变—湛江变、福山变—海南中调现有和在建光缆，新建茂名变—湛江变—徐闻高抗站—福山变—海南中调 SDH2.5Gb/s 光缆电路、罗洞变—江门变—阳江变—茂名变 SDH2.5Gb/s 光缆电路、徐闻高抗站—福山变第二条 SDH2.5Gb/s 光缆电路。

二、光缆建设必要性

本工程随海底电缆捆绑敷设海底光缆，利用海底光缆的专用光纤芯实现对海底电缆进行实时的温度监测，从而根据海底电缆运行状况进行负荷控制，确保海底电缆安全可靠运行，并使得本工程经济效益最大化；在海底电缆故障时还可以利用光纤专用芯实现事故监测，快速、准确地查找故障点，减少故障查找时间、检修时间，从而缩短海底电缆停电运行时间。

只有新建海底光缆，才能新建茂名变—湛江变—徐闻高抗站—福山变—海南中调光缆电路、徐闻高抗站—福山变第二条光缆电路，才能将海底电缆、海缆终端站、高抗站的相关运行、监视信息传输至福山变电站；将相关变电站、高抗站、海缆终端站的调度自动化信息传输至调度端，传输相关线路的主保护信号、远方跳闸命令、安全自动装置信息，为南方主网与海南电网联网安全、稳定运行，以及海南电网安全、稳定运行提供了必要的手段，从而保障联网工程发挥最大的政治、社会、经济效益。

新建海底光缆，新建茂名变—湛江变—徐闻高抗站—福山变—海南中调光缆电路，是南方主网光纤传输网与海南电网光纤传输第一次相互联系的通道，届时也是唯一的传输通道，将增加南方主网与海南电网的信息传输、交换，提高办公自动化水平，提高生产、管理效率。

三、光缆敷设方式

根据本工程可研及评审意见：南岭海缆终端站—林诗岛海缆终端站 3 根海底电缆各复合 12 芯光纤，即在电力电缆的铠装层空隙中埋入一根或多根不锈钢管，在不锈钢管中装入光纤及填充材料形成光单元，与电力电缆构成一个整体。该电缆既具有输送电能的作用，又具有光通信的作用。某厂家的电缆复合光纤的结构示意图如图 4-5 所示。

在海底电缆及其附属设备的招标文件中也是按电缆复合光纤要求的。在海底电缆采购

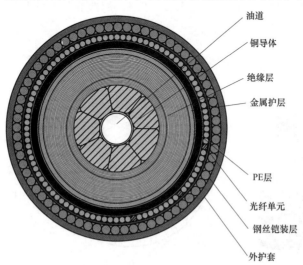

图 4-5　电缆复合光纤的结构示意图

过程中，"Nexans 公司提供的海底电缆不是采用均匀分布光纤层的方法，而是采用在挤出的 PE 护套内设置一根钢管，所有的光纤均在此钢管内，或者是采用在海底电缆外捆绑海底光缆的方法。Nexans 认为复合光纤在海缆内，制造上的困难和风险较大（光纤容易折断），而建议采用外部捆绑的方式。西班牙—摩洛哥的 2006 年的海底电缆工程采用的就是外部捆绑的方式。"（注：引号内文字摘自 2007 年 1 月 17 日海南联网工程电缆商务技术澄清会技术部分会议纪要；西班牙—摩洛哥海底电缆为交流 400kV，电缆长 26km，最大海水深度为 615m。）因此，在鉴定合同时改为随 3 根海底电缆各捆绑敷设 1 根 12 芯海底光缆，共 3 根海底光缆。3 根海底电缆长度分别为 31532m、31581m、31690m（均含 600m 备用电缆），考虑到海底光缆单价相对电力电缆来说便宜，Nexans 提供的每根海底光缆长度均为 32km（−0，＋3％）（备用海底光缆单独提供，没有计列在 32km 之内），工作寿命为 30 年。

海底电缆外部捆绑海底光缆是指在敷设电力电缆的同时，在敷设船上有特殊的设备（捆绑机）利用聚丙烯带将海底光缆与电力电缆捆绑在一起，然后在敷设电力电缆的同时，在同路由、同沟道中将海底光缆敷设在海底的方式。在船上海底电缆、海底光缆是并列的，但在敷设到海底后，由于受海水流动、施工的影响，会出现扭动，会出现海底电缆压在海底光缆上。

在两海缆终端站的电缆头支架处安装光缆接头盒，海底光缆连接到光缆接头盒后经进站光缆至海缆终端站二次设备间 ODF 机架。海底光缆在光缆接头盒处随接头盒一起接地。

四、光缆结构

本工程海底光缆型号为 URC-1 DA R1.9/2.4，海底光缆结构如图 4-6 所示，其结构材料见表 4-17。

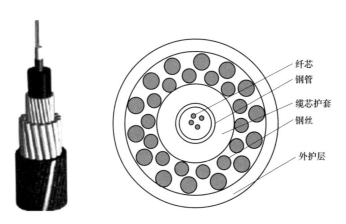

纤芯
钢管
缆芯护套
钢丝
外护层

图 4-6　海底光缆结构示意图

表 4-17　　　　　　　　　　海底光缆结构材料

材　　料	厚度（mm）	外部直径（mm）
缆芯		
不锈钢管（内含 12 芯 G.652D 光纤）	0.25	3.7
聚乙烯内护套		10
铠装层		
18 芯镀锌钢丝（间隙处填充沥青）	1.9	14
20 芯镀锌钢丝（间隙处填充沥青）	2.4	19
外保护层		
聚乙烯护套		23.5

根据电磁学理论，铠装中的感应电流与导体电流幅值相同，相位相差 180°，从而外部磁场消失，即海底电缆没有电磁泄漏。海底光缆在不锈钢管与钢丝铠装层之间可以采用绝缘材料（聚乙烯），电力电缆上捆绑海底光缆时不会对海底光缆产生不良影响，不会损坏海底光缆。"Nexans 确认由于电力电缆没有电磁泄漏，因此光缆的缆芯护套采用标准聚乙烯不会有任何不良影响，更不会受到损害；在西班牙—摩洛哥工程中使用的就是标准聚乙烯。"（摘自 2007 年 7 月 6 日设计联络会会议纪要）。

五、纤芯分配及光纤参数

（一）纤芯分配

3 根海底光缆均内含 12 芯 ITU-T G.652D 光纤（在招标中要求为 G.652B 光纤，Nexans 公司提供的光纤为 G.652D 型），其中 8 芯用于通信，4 芯用于海底电缆温度监测、事故监测（1 芯用于南岭终端站侧温度监测，1 芯用于林诗岛终端站侧温度监测，2 芯备用，备用芯可用于海底电缆事故监测）。其中海底电缆温度监测为实时地不间断监测，主设备置于两海缆终端站；海底电缆事故监测为事故后监测，需要操作人员手动操作，主设备置于福山变电站（需利用林诗岛海缆终端站—福山变 OPGW 光缆备用纤芯与海底光缆备用纤芯在林诗岛海缆终端站跳接）。

（二）光纤参数

光纤的主要技术参数为：

（1）工作波长：1550nm、1310nm。

（2）1310nm 模场直径：（8.6-9.5）0.7m。

（3）包层直径：1250.5m。

（4）芯/包层同心度偏差：≤0.8m。

（5）包层不圆度：≤1%。

（6）涂覆层直径：25010m。

（7）光缆截止波长 cc：≤1260nm。

（8）光纤衰减系数：

≤0.34dB/km   1310nm；

≤0.21dB/km   1550nm。

（9）色散系数：

1288~1339nm，色散系数最大绝对值≤3.5ps/(nm·km)；

1550nm，色散系数最大绝对值≤18ps/(nm·km)；

偏振模色散（PDM）≤0.2ps/$\sqrt{\text{km}}$。

（10）光纤筛选应变不小于 1%。

（11）在进行短暂拉伸负荷试验时，光纤的伸长量不大于 0.35%。

（12）其余性能满足 ITU-T G.652D 的要求。

六、光缆性能参数

（一）光缆性能参数（见表 4-18）

表 4-18   光 缆 性 能 参 数

序 号	物理学性能项目	单 位	最小值
1	缆芯直径	mm	10
2	光缆直径	mm	23.5
3	空气中质量	kg/m	1.4
4	海水中质量	kg/m	1
5	最小断裂拉伸负荷	kN	205
6	标称短暂拉伸负荷（NTTS）	kN	165
7	标称工作拉伸负荷（NOTS）	kN	125
8	标称永久拉伸负荷（NPTS）	kN	85
9	最大海底敷设深度	m	3000
10	最小弯曲半径（无张力时）	m	0.5
11	最小弯曲半径（>NPTS）	m	0.75
12	可承受水压	bar	300
13	运行温度范围	℃	-40~70
14	储存温度范围	℃	-40~70
15	操作温度范围	℃	-15~60
16	压扁，0.1m（IEC 794-1-E3）	kN	20
17	冲击，0.05m（IEC 794-1-E4）	Nm	400

海底光缆水密性能：海底光缆在 10MPa 水压下持续 14 天，缆芯纵向渗水长度小于 225m。

海底光缆电气性能：不锈钢管对地绝缘电阻≥500MΩ·km；不锈钢管对地试验电压：

直流 10kV，10min 不击穿。

（二）拉伸负荷参数的考虑

1. 拉伸负荷参数的定义、解释

在 ITU-T G.972、G.976 标准中对以下参数作了定义、解释：

标称短暂拉伸负荷（NTTS）：是指在海上回收作业的累计时段内（约 1h），不明显降低系统性能、寿命和可靠性的最大光缆短期张力。NTTS 表征的是光缆的可维护性能，可以理解为海底光缆在打捞时可以承受的瞬时张力，该力带有一定的破坏性，多次打捞会影响工作寿命。

标称工作拉伸负荷（NOTS）：是指在海上作业所需的时间段内（典型值为 48h），不明显降低系统性能、寿命和可靠性的最大平均光缆工作张力。NOTS 表征的是光缆的可施工性能，可理解为海底光缆在海上接续作业内可以承受并能恢复且不影响工作寿命的短期张力。

标称永久拉伸负荷（NPTS）：是指光缆敷设到海底后可以持久施加到缆上的最大残余张力。NPTS 表征的是光缆本体在水下的基本参数，放映了光缆的设计和工艺水平，是光缆在"设计寿命"内正常工作应该承受的永久张力负荷。

2. 有关标准的要求及比较

在 ITU-T G.978（2006 年 12 月）标准中列出了光缆机械性能参数建议值表格，但所有参数均没有给出具体的要求值，而是留待今后研究确定。

我国国家标准 GB/T 18480—2001《海底光缆规范》、GJB 4489—2002《海底光缆通用规范》中对部分参数的要求作了规定，对永久拉伸负荷没有相应的规定。国家标准与本工程海底光缆的相关参数比较见表 4-19。

表 4-19　　　　　　　　　国家标准与本工程海底光缆的相关参数比较

项目			断裂拉伸负荷（kN）	短暂拉伸负荷（kN）	工作拉伸负荷（kN）
国标	深海光缆	外径≤20mm	50	30	20
	浅海光缆	单层铠装（外径≤25mm）	100	70	40
		单层铠装（外径≤35mm）	180	110	60
		双层铠装（外径≤50mm）	400	240	120
本工程海底光缆（双层铠装，外径23.5mm）			205	165	125

本工程海底光缆敷设海水深度小于 100m，属于浅海区（海水深度小于 500m 的海域）。一期工程光缆的断裂拉伸负荷、短暂拉伸负荷相比国家标准中双层铠装光缆要小，但工作拉伸负荷要大（一期工程海底光缆外径更小）；所有力学参数比国家标准中单层铠装光缆均大一些。

3. 单独敷设、打捞时光缆受到的张力

在 Nexans 的资料中有三种光缆的海上试验张力的数据，三种光缆分别为 SAH 型光缆（外径 34mm，空气中质量为 2.4kg/m，海水中质量为 1.7kg/m）、HA 型光缆（外径

42mm，空气中重 5kg/m，海水中重 3.7kg/m）、G12-10/125-QERE R3.2 型光缆（外径 22mm，空气中重 1.1kg/m，海水中重 0.7kg/m）。HA 型光缆在水深 0~88m，船速 1 节时敷设、打捞；SAH 型光缆在水深 88~164m，船速 1.5 节时敷设、打捞；G12-10/125-QERE R3.2 型光缆在水深 0~500m 时敷设、打捞，其平均敷设张力、平均打捞张力均小于、等于 10kN，最大打捞张力为 20kN（最大敷设张力小于最大打捞张力）。在 Nexans 的资料中，按照 Zajac "Dynamics and kinematics of the laying and recovery of submarine cable" 文章的理论公式计算 URC-1 系列光缆在不同情况下的敷设、打捞张力，对于本工程光缆，在水深小于 500m，船速小于 2knots（节），入水角大于 45°（亦选择大于 60°），垂直速度小于 4m/s 时，最大张力小于 40kN。因此基本可以肯定本工程海底光缆单独敷设、打捞时最大张力不超过 40kN，远小于光缆 NOTS、NPTS。

据了解：国家标准主要是从光缆结构、制造工艺、采用的材料出发，考虑到能够生产的光缆的参数，而不是从敷设、打捞光缆的情况出发（如海深、光缆敷设角度、速度、光缆重量等）来确定光缆必须达到的张力参数。目前还没有一个国际或我国国家标准中给出在单独敷设、打捞海底光缆的情况下计算出光缆受到的最大张力，而实际上海底光缆单独敷设、打捞时所受到的张力远小于光缆可以承受的张力（NOTS）；而自然灾害（如地震）和人为破坏（如船抛锚、渔业等）才是浅海区光缆受损的主要原因；在浅海，主要靠选者合适的路由、加大埋设深度才是减少故障的有效办法，没有必要只靠提高光缆强度。

4. 捆绑敷设、打捞时光缆受到的张力

本工程海底光缆于海底电缆捆绑在一起敷设。海底电缆相关参数见表 4-20。

表 4-20   海底电缆相关参数

项目	参数	项目	参数
直径	139mm	最小弯曲半径	3m
空气中重量	470N/m	最大允许张力	87.5kN
海水中重量	320N/m	导体最高工作温度	+90℃

海底光缆可承受永久拉伸负荷为 85kN，在敷设、打捞时海底光缆还可承受标称工作拉伸负荷（NOTS）125kN（48h 内），甚至标称短暂拉伸负荷（NTTS）165kN（1h 内），而海底电缆最大允许静态拉力为 87kN，在参数比较上光缆优于电缆。在敷设时，电缆与光缆利用聚丙烯带捆绑在一起（是一种松捆绑，不是紧密捆绑），电缆承受大部分张力，而电缆的放线张力必须控制在 87kN 之内，以保证电力电缆不受到损坏，此时受力均在光缆所能承受范围内，因此海底光缆力学参数是可以满足本工程需要的。

（三）抗压参数的考虑

在海底，会出现电力电缆压在光缆上，而海水中电力电缆重量（32kg/m≈32N/0.1m）小于光缆的抗压能力（20kN/0.1m），不会损害光缆。

（四）温度参数的考虑

海底电缆正常工作时表面最高温度为 60℃，海底光缆正常工作温度范围为－40℃～＋70℃，因此不会影响海底光缆正常工作。

七、备用光缆及修理接头盒

备用海底光缆的长度、海底光缆修理接头盒的数量均按与电力电缆一样考虑，本工程每根电缆有 600m 备缆，配有电缆修理接头盒 6 只（考虑每根电缆修理一次所需要的数量），因此海底光缆备缆长 600×3＝1800m，海底光缆修理接头盒配有 6 只。每根电力电缆与 600m 备缆一起作为一根电缆提供，而海底光缆由于供货长度大于电力电缆，有很充足的余量，故备缆长度没有计列到每根海底光缆内，届时备用海底光缆与一根海底光缆一起作为一根海底光缆供货。由于海底光缆在一个工厂生产，均同一个工艺，其结构、性能参数均相同。

海底光缆修理接头盒（型号为 URC-1 Q1 JB）参见图 4-7，相关参数如下：

图 4-7　修理接头盒形状示意图

空气中质量：30kg；
海水中质量：10kg；
最小弯曲直径：3m；
直径为 3m 时最大承受张力：125kN；
最小断裂拉伸负荷：162kN；
工作温度：－10～＋60℃；
可承受水压：300bar。

八、海底光缆的试验

对于海底光缆的试验，可参照以下国际标准：
ITU-T G.976 可用于海底光缆系统的测试方法
IEC 60793-1-1：1995，光纤　第 1 部分　总规范　总则
IEC 60793-1-2：1995，光纤　第 1 部分　总规范　尺寸参数试验方法
IEC 60793-1-3：1995，光纤　第 1 部分　总规范　机械性能试验方法
IEC 60793-1-4：1995，光纤　第 1 部分　总规范　传输特性和光学特性试验方法
IEC 60793-1-5：1995，光纤　第 1 部分　总规范　环境性能试验方法

（一）传输特性试验

1. 衰减常数试验

参见国际标准：ITU-T 7.2.1.1/G.976 IEC 793-1-4：1995。

衰减常数试验是：检验海底光缆纤芯的传输衰减特性是否满足光纤电路的富余度要求。

测试方法：采用后向散射法或截断法测试纤芯的衰耗特性。

标准要求：1310nm≤0.34dB/km，1550nm≤0.21dB/km。

2. 筛选应力试验

参见国际标准：ITU 7.2.1.2/G.976 IEC 793-1-3：1995。

筛选应力试验是对一根光纤的全长作筛选试验，去除机械强度低于或等于筛选试验水平的点。

测试方法：具有足够弹性模量和厚度的保护预涂毅层和缓冲层的光纤，只要能经受施加的轴向和径向力，并能保护光纤表面不受有害的径向应力的影响，可以采用恒定应力筛选试验和恒定轴向应变筛选试验。预涂覆层和缓冲层不足以经受这些力的光纤，可以采用恒定弯曲应变筛选试验。

标准要求：应变为1%时筛选，光纤不断。

3. 温度循环试验

参见国际标准：ITU-T 7.2.1.3/G.976。

温度循环试验主要是：检验海底在温度变化的情况下传输衰减的变化。

测试方法：海底光缆采用不锈钢松套进行温度循环试验，在−20℃和＋50℃各恒温4h，循环2次。

标准要求：二次循环光纤附加衰减≤0.05dB/km。

（二）机械特性试验

1. 工作拉伸负荷试验

参见国际标准：ITU-T 7.2.2.2/G.976。

工作拉伸负荷试验是：测定海底光缆在工作拉伸负荷范围内的拉伸性能，即测定海底光缆的衰减变化、光纤应变和海底光缆的延伸率。试验后，试样应无裂纹、开裂或断裂，光纤应无残余附加衰减。

测试方法：

1）测试装置见图4-8。

2）测试要求如下：

海底光缆夹持装置应能保证试样在同一截面上各元件均匀受力，并不损伤其本身机械性能。

牵引装置应可提供规定负荷2倍的拉伸负荷。

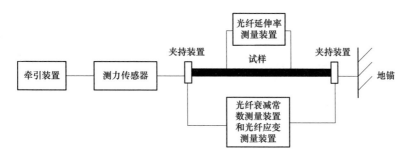

图 4-8　拉伸负荷试验装置

施加的拉伸负荷应由测量准确度至少为±3％的拉伸负荷传感器或测力来测量。用机械方法或等效试验方法测量试样的延伸率。

3）测试程序如下：

试样应在标准大气条件下预处理 24h。按图 4-9 所示，将试样安装到拉伸装置上，安装时应注意经受拉伸负荷的试样两端固紧在夹持装置上，以保证施加拉伸负荷时试样不被拉脱，试样端头的光纤不产生纵向移动。试样两端应留出适当长度，以便注入测量衰减变化的光功率。

在施加拉伸负荷前测量试样的输出光功率。对深海或浅海光缆应分别用 10kN 或 20kN 的力对试样预加载，或用合适的预加载力使试样处于拉直状态。

测量拉伸装置两个夹具试样上两个标记间的长度 L_1。以 5～6mm/min 的拉伸速率对试样施加规定的拉伸负荷，按规定的时间维持规定的负荷，试验期间测量试样输出光功率和光纤应变。

试验结束时，在张力下测量两个标记间的距离 L_2，计算试样延伸率 $(L_2-L_1)/L_1×100\%$。上述步骤完成后，将负荷降至零，5min 后测量试样的输出光功率和光纤应变并计算相对于加负荷的附加衰减和光纤应变。（注：工作拉伸负荷为 125kN）。试样长度不应小于 50m；工作拉伸负荷应连续增加至规定值，保持时间至少为 1min；如有要求，在最终卸去负荷 5min 后，测量衰减变化。

标准要求：测量结果无附加衰减。

2. 短暂拉伸负荷试验

参见国际标准：ITU-T 7.2.2.1/G.976。

短暂拉伸负荷试验是：测定海底光缆在短暂拉伸负荷范围内的拉伸性能，即测定海底光缆的衰减变化、光纤应变和海底光缆的延伸率。试验后，试样应无裂纹、开裂或断裂，光纤应无残余附加衰减。

测试方法：参见 8.2.1 测试方法［注：短暂拉伸负荷（NTTS）为 165kN］。试样长度不应小于 50m；短暂拉伸负荷下保持 1min，光纤应变不应大于规定值。

标准要求：在承受 NTTS 时，光纤应变≤0.35％，光纤附加衰减≤0.05dB；该拉力取消后，光纤无明显残余附加衰减。

3. 断裂拉伸试验

参见国际标准：ITU-T 7.2.2.3/G.976，海底光缆的断裂拉伸负荷下，光缆应不断。

测试方法：参见 8.2.1 测试方法。试样长度不应小于 50m（注：断裂拉伸负荷为 205kN）。

标准要求：光缆不断。

（三）操作特性试验

1. 抗压试验

参见国际标准：ITU-T 7.2.3.1/G.976。

抗压试验是：海底光缆进行压扁试验后，试样应无裂纹、开裂或断裂，外表变形不作为损坏或失效，光纤应无残余附加衰减。

测试方法：试样长度不应小于 10m；在 20kN/100mm，的压力负荷下保持 3min，试验在试样三个不同点上进行，其间隔至少为 0.5m；负荷施加速率不应小于 2kN/min；试验后测量衰减变化。

标准要求：压力 20kN/100mm，保持 1min，光纤附加衰减应≤0.05dB，在此压力去除后光纤无明显残余附加衰减。

2. 抗冲击试验

参见国际标准：ITU-T 7.2.3.2/G.976。

抗冲击试验是：海底光缆进行冲击试验后，护套应无裂纹、开裂或其他可能造成护套穿透的损坏，光纤应无残余附加衰减。

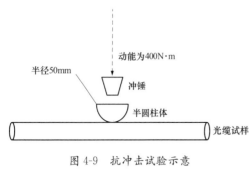

图 4-9　抗冲击试验示意

测试方法：参见图 4-9。

试样长度不应小于 10m；冲击块球面曲率半径不小于 50mm；在试样表面上冲击三个点，三个点不应在同一平面上，每个点各冲击一次；试验后测量衰减变化。

标准要求：冲锤动能为 400N·m，落高不小于 500mm，至少冲击 5 次，光纤附加衰减≤0.05dB；冲击后光纤应无明显残余附加衰减。

3. 反复弯曲试验

参见国际标准：ITU-T 7.2.3.3/G.976。

反复弯曲试验是：海底光缆在进行反复弯曲试验后，护套应无裂纹、开裂，光纤应无残余附加衰减。

测试方法：最小弯曲半径不应小于 0.5m，试样长度不应小于 25m，弯曲速率为 3 次/min，试验后测量衰减变化。

标准要求：半径 0.5m，光缆反复弯曲 30 次，光纤附加衰减≤0.05dB，试验后光纤应无明显残余附加衰减。

（四）可靠特性试验

1. 水密特性试验
参见国际标准：ITU-T 7.2.4.1/G.976。
水密特性试验是：检测海底光缆的水密性。
测试方法：
1）测试装置如图 4-10 所示。

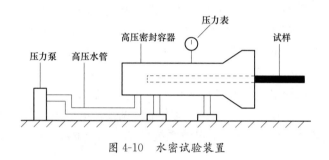

图 4-10　水密试验装置

2）测试程序如下：
试样一端端面进行处理后充分暴露缆芯，然后将该端置于压力容器的端接装置中，伸入长度不应小于 1.0m。
压力容器的端接装置与海底光缆缆芯之间应采取有效的密封措施，使水压直接施加在其暴露的横截面上。
水中应添加水溶性荧光染料，以便检查水渗漏。逐渐施加至规定的压力，保持规定时间后释放，采用紫外光进行水渗漏检查（注：水压 5MPa、时间 14 天）。
标准要求：单向渗水长度不应大于 200m。
2. 直流电压试验
参见国际标准：ITU-T 7.2.4.3/G.976。
直流电压试验是：检测海底光缆中不锈钢松套管的抗直流电压特性。
测试方法：不锈钢松套管对地试验电压为 10kV，持续时间 10min。
标准要求：不击穿。
3. 绝缘电阻试验
参见国际标准：ITU-T 7.2.4.4/G.976。
绝缘电阻试验是：检测海底光缆中不锈钢松套管对地的绝缘电阻。
测试方法：采用在不锈钢松套管和水之间施加电压的方法进行测试。
标准要求：≥500MΩ/km。

第八节　海底电缆的施工和保护

一、海底电缆的施工

（一）海底电缆施工的特殊要求

（1）由于海底电缆不允许在海中有接头，因此制造海底电缆的过程，应该是连续进行的。本工程一根海底电缆的长度约为 32km，只允许在工厂制造时有一个工厂接头，因此出厂的电缆应该是整根 32km 连续的。工厂制造完成后，存放在工厂码头的转盘上。本工程电缆直径约为 138.7mm，单位重量 48kg/m，三根电缆总重约在 5000t 以上。由于海底电缆制造的特殊性，运输电缆的船只必须有足够的装载能力。

（2）由于海底电缆工程是水下施工，具有不可见性，电缆敷设船为了保证按设计确定的路由施工，必须装有 GPS 动态卫星定位系统和四个方向的推动装置才能保证敷设船的航向。

（3）敷设船上必须有一定直径的旋转滑轮和牵引及制动设备，以保证海底电缆敷设时不小于其最小弯曲半径和控制敷设时的海底电缆的张力。

（4）海底电缆的水下敷设一般采用高压水枪冲沟和掩埋，通过 MOV 水下监视器进行定位和监测。

综上所述，由于海底电缆敷设的特殊要求，海底电缆的施工敷设船必须具有满足以上特殊功能的设备。国内海底电缆施工船只的最大运输和装载施工能力不超过 3500t，因而还没有施工过 500kV 交流充油海底电缆的经验。

目前 Nexans 公司用于工程施工的大吨位海底电缆施工船如图 4-11 所示。

图 4-11　挪威的海底电缆施工船（C/S BOURBON SKAGERRAK）

该船具体数据如下：

船长 99.75m；船宽 32.15m；转盘直径 29m；敷设轮直径 10m；载质量 7000t；吃水深度 5.9m。

另外，海南联网工程施工还要注意以下几个方面的问题：

a. 自然气候条件对海上施工的影响较大。由于施工船舶的抗风能力有限，必须选择符合施工要求的天气进行施工，同时应制定相应的应急预案。

b. 对于电缆本体的保护。目前海底电缆的施工工艺和施工技术均已相当成熟。在具体操作过程中，应严格遵守工艺要求，特别是对电缆张力和水下电缆余量的控制。

c. 由于海底地形比较复杂，施工过程中，应充分了解和掌握海底地形和地质情况，并针对不同的情况采取不同的措施，确保海底电缆本体安全。

（二）海底电缆施工流程

海底电缆的施工流程如图 4-12 所示。

海南联网工程三根电缆一次运输，同时敷设。敷设由广东向海南方向进行，如果天气较好，敷设一根电缆需要 5～10 天。Nexans 公司通过合理安排制造工期，以避开琼州海峡每年的台风、东北季候风等季节。Nexans 公司确认敷设工期大约为 3 周。

敷设施工作业的限制条件见表 4-21，超过该条件，则施工暂停。

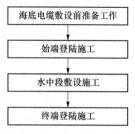

图 4-12 海底电缆施工流程图

表 4-21　　　　　　　　　　　　　敷设施工作业的限制条件

条　件 ＼ 施工项目	敷　设	登陆段电缆牵引
风速	15m/s（29 节）	8m/s（16 节）
最大浪高	5m	1m
海面最大海流速率	1.3m/s（2.5 节）	0.5m/s（1 节）
海底最大海流速率	1.3m/s（2.5 节）	—
海面可见度	100m	800m
水下 ROV 可见度	2m	—

1. 海底电缆敷设前准备工作

海底电缆敷设前的准备工作包括路由扫海、施工船接缆（采用整体吊装或盘缆方式，从电缆制作厂家指定的地点将制作完毕的电缆接装至电缆施工船上）、始端和终端浅滩部分的预挖沟、近岸岩石海床的凿岩以及办理施工所需的各种手续等。

2. 始端登陆施工

海底电缆始端登陆施工示意图，如图 4-13～图 4-15 所示。

海底电缆始端登陆施工分三个步骤：放缆、牵引登陆、掩埋。

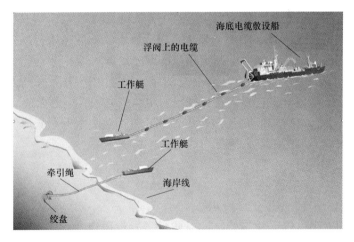

图 4-13　海底电缆始端登陆施工步骤 1——放缆

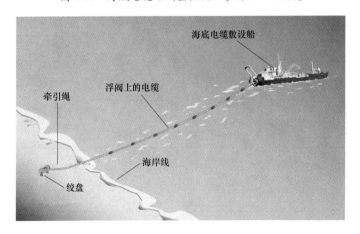

图 4-14　海底电缆始端登陆施工步骤 2——牵引登陆

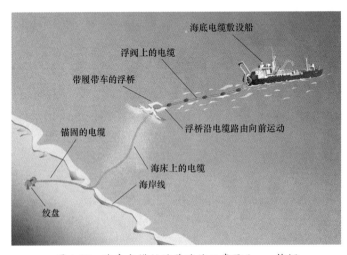

图 4-15　海底电缆始端登陆施工步骤 3——掩埋

首先通过工作艇将电缆从船上引导电缆浮阀上，向海岸方向牵引。同时利用另一条工作艇引出一条牵引线，当电缆牵引头到达水深 1.5～2m 时与牵引线连接如图 4-13 所示。

岸上的绞盘与敷设船同步进行收、放缆。海滩上电缆由牵引绳牵引，浮阀跟随移动，陆地上电缆在导轮上牵引，如图 4-14 所示。

当陆地上的电缆足够长时，撤掉电缆绞盘，用自张紧式牵引锁固定电缆。潜水员从海岸开始放掉浮阀中的空气使电缆沉入水中。

到达水深约 2.5m 时，电缆利用一台装有履带牵引机的浮桥进行敷设，履带牵引机用来控制电缆下沉到海底。浮桥向敷设船移动的同时，撤掉其前面的浮阀，如图 4-15 所示。最后用电缆掩埋机械将铺设在海床上的电缆掩埋起来。

3. 水中段敷设施工

水中段施工主要是使用敷设船来完成的。在预知没有障碍物的地方，敷设船在海底铺设电缆的速度约为 25m/min。

电缆在海床着地可以采用遥控车（ROV）进行控制。该 ROV 在高出海床几米的电缆上移动，配备 HPR 相应器、高度计、海深度计、电视照相机、照明等设备。

对于电缆在水下的定位、监控，国外厂家普遍采用的是动态 GPS 卫星定位系统（见图 4-16）和 ROV 水下监视器（见图 4-17），可实时监控电缆在水下的情况。施工方 Nexans 将使用摄像机和监视器对敷设来监控操作；使用双长度计量仪测量电缆长度；使用分离角度传感器来监控张力；使用 ROV 来监控电缆敷设的路由和海床情况，在发现电缆悬空后会采用抛石填充。

在敷设过程中如遇到风速变化，应有恰当措施以保证敷设船保持精确定位。对于天气过于恶劣（如 15～20m/s 持续大风，同时伴有 3～5 节的海流）的情况，应有应急应对措施预案，以保证敷设船的定位以及施工安全。

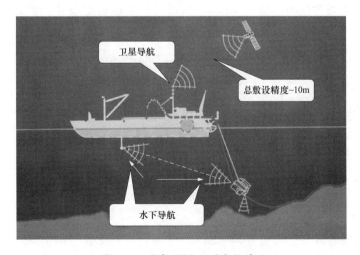

图 4-16　动态 GPS 卫星定位系统

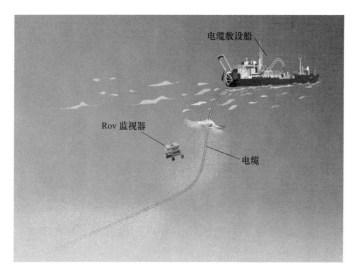

图 4-17　水下监视设备 ROV

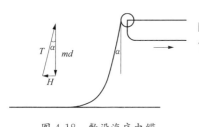

图 4-18　敷设海底电缆
保持张力示意图

敷设海底电缆要持续保持一定张力，也就是要按不同的水深、船速，改变其入水角，一般在 50°～80°。牵引张力 T、敷设角 α、海深 d、电缆净重 m 关系，如图 5-18 所示。

牵引张力 T 计算式如下

$$T = \frac{md}{1 - \sin s\,\alpha}$$

则水平残余张力 H 为

$$H = T\sin\alpha = \frac{md\sin\alpha}{1 - \sin\alpha}$$

水平残余张力通常很小，为 1～5kN。敷设时需要进行敷设角调整，敷设角计算公式如下

$$\sin\alpha = \frac{H}{T} = \frac{H}{md + H} \text{ 或 } \alpha = \arcsin\left(\frac{H}{md + H}\right)$$

4. 终端登陆施工

海底电缆的终端登陆施工也分放缆、牵引登陆和掩埋三个步骤。

电缆在终端登陆前，在船上测出需要的长度，确定切断点，由电缆接头工人将备用电缆和余缆切断，并密封电缆端头。然后将电缆头放到浮阀上，浮阀通过一根固定的绳索与陆地相连。电缆端头通过放线轮后，工作艇开始将电缆牵向陆地，电缆拖拽时形成一个大圈。到达水深 2m 时，通过牵引线将电缆头与陆地上的绞盘相连，由绞盘牵引进入电缆沟，如图 4-19 和图 4-20 所示。

电缆终端登陆完成后，还有电缆沟回填、余缆储存等工作。海南联网工程余缆仓库布置在海南林诗岛海缆终端站内，电缆在海南侧登陆后备用电缆和余缆可直接送入余缆仓库中存放。

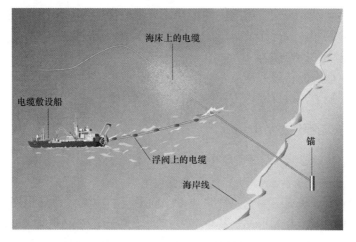

图 4-19　终端登陆放缆示意图

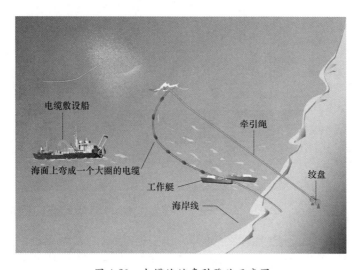

图 4-20　电缆终端牵引登陆示意图

二、海底电缆的保护

跨越琼州海峡 500kV 海底电缆线路是我国第一条超高压、长距离、跨海峡的 500kV 海底电缆线路。交流 500kV 充油海底电缆及附件全部进口，造价昂贵，且一旦电缆损坏，必须在国外供应商的技术支持下进行维修，维修费用昂贵，停电时间长。因此，海底电缆的安全保护是联网工程设计的重要环节。

海底电缆的保护有海底电缆自身的保护及在敷设时掩埋在海床中防止锚害等事故的保护。

海底电缆自身的保护是在海底电缆制造时所采取的保护措施。在海底电缆的外层有防腐层、防蛀层及钢丝铠装、使得海底电缆能防止海水侵蚀、海上微生物蛀蚀、及具有一定的强度抵抗外力的破坏。除此而外，为防止锚害等事故，在铺设时将海底电缆掩埋在海床中，以确保海床电缆的安全运行。

对于海底电缆埋设的长度和深度，应综合考虑海底电缆铺设区域的风险程度，海底地质情况海深、施工能力、造价等各方面的因素来决定。

(一) 国外同类工程保护措施

与海南联网工程建设规模相类似的国内外海缆工程所采取的保护措施如下：

1. 加拿大本土—温哥华岛 525kV 海底电缆工程

加拿大本土—温哥华岛的输电系统是建设二回平行的输电线路。每回额定输送容量为 1200MW。每回线路长度为 148km，其中架空线路 109km，海底电缆 39km。海底电缆被 Texada 岛分为两个部分，一部分海底电缆长度为 9km，另一部分海底电缆长度为 30km。如图 4-21 所示。

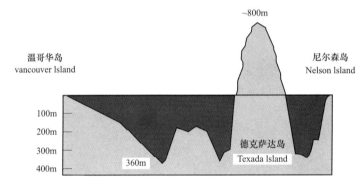

图 4-21　加拿大本土—温哥华岛 525kV 海底电缆工程海底断面示意图

从图 4-21 中可以看出，最大海深接近 400m，该工程仅对最低潮水位下 20m 海深的海底电缆进行了埋设、在该地段海床为岩石地质时埋深 1.5m。在海床为砂土地质时埋深为 2m，其他的部分是在海中直铺的。据介绍，在 1983 年投入运行后，在运行过程中，海底直铺的海底电缆由于海水往复流动造成海底电缆的外层铠装长期与岩石海床磨损而破坏，为此更换了部分被损坏的电缆。

2. 西班牙—摩洛哥联络线跨越直布罗陀海峡 400kV 充油海底电缆工程

该项目的设计工作从 1990 年开始。为满足联网传输容量的需要（建设初期输送容量为 300MW，2000 年输送容量提高到 600MW），采用 400kV 交流输电方案，但跨海的海底电缆必须能适应交流和直流两种运行方式，以这个双重目的进行海底电缆设计。为今后转变为直流运行方式，从而使联网工程的输送容量提高到 2000MW 的运行留有发展空间。

该工程设计初期在直布罗陀海峡选择了 3 条走廊，并在 2km 宽海域的走廊内综合考虑了各种条件选择了海缆路由，最终确定的海底电缆路由位于西班牙的塔里法与摩洛哥的费迪奥之间。海底电缆路径长约 26km，最大海深 615m，参见图 4-22。

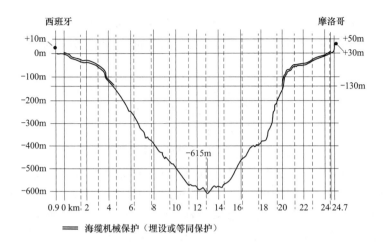

图 4-22 西班牙—摩洛哥联络线跨越直布罗陀海峡 400kV 充油海底电缆工程海底断面示意图

从图 4-22 中可看到，直布罗陀海峡的最大海深为 615m，直布罗陀海峡是大西洋与地中海的重要水上通道，海上交通比较频繁，来往船只较多，海船的吨位也较大。

该工程海底电缆的埋设方法如下：

在西班牙侧海岸（总保护长度 3.5km）。

海深 10m 时，埋深 3m 并采用铁护套保护。

海深 10~26m 时，埋深 2m。

海深 26~80m 时，埋深 1m。

在摩洛哥侧海岸（总保护长度 1.5km）。

海深 5m 时，采用预埋钢管深 1m（长 100m）。

海深 5~12m 时，开挖电缆沟，深 1m，并加铁护套（长 400m）。

海深到 30m 时，海底电缆直铺在海床上，在海底电缆上加盖水泥沙袋和碎石保护。

其他部分均直铺在海床上、运行以来未发生过海底电缆损坏事故。

3. 日本阿南—纪北跨越 Kill 海峡 ±500kV 直流海底电缆工程

日本阿南—纪北跨越 Kill 海峡 ±500kV 直流线路工程是从日本四国德岛县阿南市的换流站跨越 Kill 海峡到关西地区和歌县的纪北换流站的 ±500kV 直流输电线路工程。建设该工程的目的是将位于四国德岛县的桔湾火力发电厂的电力输送到本州关西地区。

跨越 Kill 海峡直流海底电缆的路径及海床断面如图 4-23 所示。

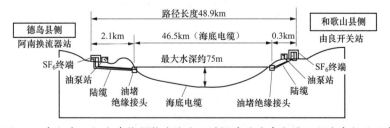

图 4-23 日本阿南—纪北跨越 Kill 海峡 ±500kV 直流海底电缆工程海底断面示意图

跨越 Kill 海峡直流充油海底电缆的输送容量为 2800MW，海底电缆的导线截面为 3000mm²，采用 PPLP 聚丙烯复合纸绝缘，海底电缆内有 12 根复合光纤，这在世界上都是先进的。

从图 4-23 可以看到，Kill 海峡的最大海深为 75m，海底电缆长度 48.9km。对于海底电缆的埋设深度，日本方面进行了详细的试验研究。经调查每天通过 Kill 海峡的海船有 600 艘，最大的货船为 270000t，全年都有拖网渔船作业，其中最大的锚重为 16t。为了确定抛锚及拖锚的特性，工程建设者进行了现场试验和模拟试验。现场试验是在沿海缆路径的 3 个典型区域进行，2 个在硬土上，1 个在软土上。抛锚贯穿海床深度为 1.6m，同时还考虑了拖锚的贯入深度，经模拟试验确定拖锚的贯入深度为 2.5m（考虑了锚的长度）。因此，为防止锚害，海底电缆应埋入海床 4.1m 以下（1.6＋2.5）。海缆深埋虽能很好地保护海缆，但安装及维修的费用将变高，经综合比较，最终确定海缆埋深为 2～3m（硬土为 2m）。

2000 年投入运行以来未发生过海底电缆损坏的事故。

4. 国内交流 220kV 厦门李安线跨海电缆工程

220kV 厦门李安线跨海电缆是目前我国最高电压等级的跨海送电工程。该跨海电缆系统是向厦门岛内送电的 220kV 送电线路工程的一部分。该电缆系统始建于 1987 年，1989 年正式投入运行。电缆线路总长 7.1km，其中海底电缆 4.4km，陆地电缆 2.7km。海陆缆供油系统各自独立，通过塞止接头联结。

该工程跨海段最大海水深度为 15～20m，据了解，工程地质情况为：陆上部分为红壤、亚黏土，海底电缆路径部分基本为淤泥和海沙，海底电缆埋在淤泥和海沙下 2m 左右，电缆上面无专门的保护层。从投产至今，该工程已安全运行了 15 年。

(二) 海南联网工程保护方案

1. 路由情况

经过对海南联网工程跨越琼州海峡海底电缆路由的海底勘测，工程的海底断面，见图 4-24。

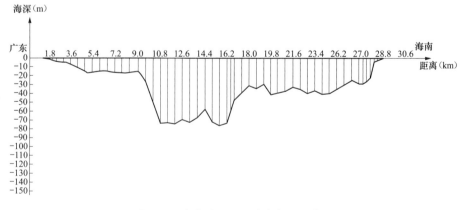

图 4-24　海南联网工程海底断面示意图

海南联网工程海底电缆路由最大海深为97m。海床的坡度比较平缓，一般坡度均在10°以下，大部分海床为粉细砂和粗砂砾，只有在中央深槽区有2～3km左右岩石上部覆盖层厚度较薄，南部隆起区有约500m长的珊瑚礁分布，海南侧登陆点附近的海床有局部岩石海床。

经调查，每年通过琼州海峡的海轮近11万艘，平均日通行量约300艘，但通过海峡的海轮的排水量较小，除少数远洋海轮达到10 000t以上，其他均在10 000t以下；最大锚重约1.5t，远洋海轮主要在中央深槽区通过，海缆路由为非抛锚区，一般不会抛锚，只有在紧急情况下，才有可能临时抛锚。两岸近海为渔船主要活动地带，渔船的排水量较小，仅100t左右，锚重不超过300kg。路区附近没有大型港口码头，没有影响海缆安全运行的大型海洋工程和海洋疏浚活动，没有电缆，通信光缆和输油气管道交叉和沉船。

此外，根据调查，琼州海峡路由没有采用底拖捕鱼作业方式，但有采用定置网捕鱼活动，定置网的锚固装置（用石头装在网中）有可能对海缆造成损害，建议在海缆路由区设置禁渔区。

由于广东侧近海地区，海床比较平缓，渔业活动比较频繁，采用定置网捕鱼的方式较多，为了固定定置网所打的桩较深，对海床电缆的安全运行有一定的影响，除在选择海底电缆路由时尽量避开设置定置网的地区，为确保海底电缆安全运行，在这一地区海底电缆的埋深设为2m，这一地区的海床为粗细砂，比较容易施工。

对中央深槽局部地区海床覆盖层较薄和南部隆起区有珊瑚礁分布的地方，可采取掩埋及增加其他保护措施，如加套管保护，加盖碎石，砼预制件保护等方法，这些保护方法在国外的工程中也使用过。

2. 保护方案

经与海南联网工程施工方Nexans商议，基本确定的施工方案是：先敷后埋，采用全程埋设和抛石保护的方法，采用Nexans的CAPJET挖沟冲埋机，利用水力进行挖沟冲埋，埋深1.5～2m。对于海床较硬、不能挖沟冲埋的部分采取抛石掩埋保护。

海南联网工程埋设保护施工作业限制条件见表4-22。超过该条件，埋设保护施工将暂停。

海南联网工程海中部分埋设主要采用Nexans的CAPJET挖沟冲埋机，利用水力进行挖沟冲埋，对于海床较硬、不能挖沟冲埋的部分采取抛石保护。由于费用太高，盖板的方式基本上不被采用。加装套管价格昂贵，施工困难，而且导管和海缆的间隙会进入海水，难以流动，会直接影

表 4-22　　埋设保护施工作业限制条件

条件 施工项目	埋设施工	开始/恢复作业
风速	15m/s（29节）	8m/s（16节）
最大浪高	4m	2m
海面最大海流速率	1.3m/s（2.5节）	1m/s（2节）
海底最大海流速率	1.3m/s（2.5节）	0.5m/s（1节）
水下ROV可见度	2m	—

响到海缆的载流量。如果采取合成橡胶或者塑料护套绕包的套管，起不到保护海缆的作用。因此，本工程也不采用加套管保护的方式。对登陆部分，在海南岛登陆部分有岩石，需要预挖沟；在广东侧浅滩部分，可采用Nexans公司尺寸较小的挖沟冲埋机。

工程采用的挖沟冲埋机CAPJET如图4-25所示。

图 4-25　CAPJET 挖沟冲埋机

　　根据对海南联网工程海床勘测的结果，初步认为可以采用冲埋机挖沟埋设的长度约为 45km（3×15）。不能冲埋的部分约 48km（3×16）采用抛石保护。Nexans 公司将根据对海床地质情况进一步研究，扩大冲埋保护的范围，预计冲埋部分将会达到 60％以上。Nexans 公司用于抛石的船只最大装载量为 12 000t，可以通过在抛石船上加装托架固定抛石导管的方法，将导管延伸到海缆上面 1～2m 处抛石，因此完全可以胜任琼州海峡的深海抛石作业。抛石全过程采用 ROV 监控，如发现悬空部分则补充抛石。因为抛石管道是延伸到电缆上方 1～2m 处才开始抛石，因此对电缆的冲击力很小，并且能够比较准确的定位。另外，经计算，电缆能够承受抛石掩埋对电缆侧压力的增加，对安全运行没有影响。抛石保护示意图如图 4-26 所示。

图 4-26　抛石保护示意图

抛石形状如图 4-27 所示。堆石坡度根据抛石大小和保护要求，电缆保护层延长段宽度系数为 3~5。

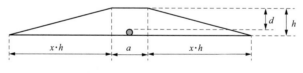

图 4-27　典型堆石形状示意图

a—保护层宽度；*h*—保护层高度；

d—电缆以上保护层高度；*x*—保护层延长段宽度系数

综上所述，通过采取"冲埋＋抛石保护"的方案，海南联网工程所采取的保护方法是合适的，能够保证海底电缆的安全运行。

500kV
SUBMARINE
POWER CABLE
PROJECT
CONSTRUCTION
& MANAGEMENT

500kV
海底电缆工程
建设与管理

第五章
工程管理

500kV 海底电缆工程建设过程，由路由选择、勘察设计、系统设计、海底电缆结构选择、本体设计、设备采购、海底电缆运输、安装敷设、海底电缆保护施工、接入系统调试、工程验收等组成。其管理系统十分复杂、庞大，具有先进技术密集、施工工艺复杂、建设周期长、投资规模大、海洋施工及作业状态危险程度高、水下作业隐蔽、作业过程不可直观等特性。工程特性决定了其建设管理与决策难度高，目标实现过程风险大。因此，有效地提高工程建设过程控制和管理水平，对于充分发挥综合效益具有十分重要的意义。500kV 海底电缆工程建设，全过程多目标的综合集成控制与优化，是工程建设管理必须要解决的关键技术难题。工程技术人员必须将科学技术和实践经验，应用于构思、设计、实施的项目建设实践活动中，才能实现工程管理周期理论的项目建设控制与管理。尤其在国内首次建设的 500kV 海底电缆工程中，融入了国际先进的海洋输电工程管理要素，因此建设中必须根据具体工程建设情况，实现应用型、实践型、综合型于一体的创新工程管理。

第一节　工程建设集成控制管理

500kV 海底电缆工程建设对质量、进度、投资和安全四大要素的控制是工程项目管理的核心，直接决定了 500kV 海底电缆工程建设能否按期达标投产，以及在投产后能否做到安全、稳定、经济运行，直接影响工程建设全周期的综合效益。工程全周期内对四大要素的控制过程：安全是基础，质量是生命，进度是执行力，投资是控制力。安全控制过程要充分考虑海洋工程特性和设备的长周期安全。因此，在设计阶段就要调整设计裕度、优化系统、采取功能性强的设计措施，保障运行期的设备维护、检修安全。质量控制过程要特别关注影响 500kV 海底电缆工程建设质量的关键点。根据实际运行维护状况，结合不同海域的环境要求和不同类型运行的特点，按重要程度对设备、单位工程，确定不同的质量等级要求、质量验收标准、质量控制目标。

国内海底电缆工程建设的工程管理研究成果很少，工程建设管理具有复杂性和特殊性，必须将工程管理全周期理论，应用于 500kV 海底电缆工程建设的控制和管理，建立集工程建设的质量、进度、投资和安全为一体的集成控制概念模型。这对后续同类工程建设具有启迪意义。

一、工程管理依据文件

《中华人民共和国建筑法》（1997 年中华人民共和国主席令第 91 号）

《中华人民共和国招标投标法》（1999 年中华人民共和国主席令第 21 号）

《中华人民共和国合同法》（1999 年中华人民共和国主席令第 15 号）

《联合国海洋法公约》（1987 年）、《国家海洋事业发展规划纲要》

《中华人民共和国安全生产法》（2002 年中华人民共和国主席令第 70 号）

《建设工程安全生产管理条例》（2003 年国务院令第 393 号）

《建筑安全生产监督管理规定》（1991 年 9 月 9 日建设部令第 3 号）

《特种设备安全监察条例》（2003 年中华人民共和国国务院令第 373 号）

《电业安全工作规程》（变电和线路部分）

《工程建设标准强制性条文》（电力工程部分）

《建设工程质量管理条例》（2000 年国务院令第 297 号）

《实施工程建设强制性标准监督规定》（2000 年建设部令第 81 号）

《重大事故隐患管理规定》（劳动部〔1995〕332 号发布）

《施工现场安全防护用具及机械设备使用监督管理规定》〔建设部、国家工商局、国家质量技术监督局（1998）16 号发布〕

《建筑业企业资质管理规定》（2001 年 4 月 18 日建设部令第 87 号）

《建筑工程施工许可管理办法》（1999 年 10 月 15 日建设部令第 71 号）

《建设工程施工现场管理规定》（1991 年 12 月 5 日建设部令第 15 号）

《安全生产许可证条例》（2004 年中华人民共和国国务院令第 397 号）

《国务院关于进一步加强安全生产工作的决定》（国务院国发〔2004〕2 号）

JGJ 59—2011《建筑施工安全检查标准》

GB/T 50326—2006《建设工程项目管理规范》

GB/T 6722—2014《爆破安全规范》

GB/T 50319—2013《建设工程监理规范》

《工程质量监督工作导则》（建设部建质〔2003〕162 号）

GB/T 50328—2014《建设工程文件归档规范》

DL/T 5210.1—2012《电力建设施工质量验收及评价规程　第 1 部分：土建部分》

GB 50026—2007《工程测量规范（附条文说明）》

GB 50202—2002《建筑地基基础工程施工质量验收规范》

DL/T 596—1996《电力设备预防性试验规程》

GB 50204—2002《混凝土结构工程施工质量验收规范（2010 版）》

GB 50203—2011《砌体结构工程施工质量验收规范》

GB 50209—2010《建筑地面工程施工质量验收规范》

GB 50205—2001《钢结构工程施工质量验收规范》

GB 50168—2006《电气装置安装工程电缆线路施工及验收规范》

GB 50303—2002《建筑电气工程施工质量验收规范》

GB 50169—2006《电气装置安装工程接地装置施工及验收规范》

DL/T 5161.1～5161.17—2002《电气装置安装工程　质量检验及评定规程〔合订本〕》

GB 50150—2006《电气装置安装工程　电气设备交接试验标准》

ISO 系列国际管理标准

IEC 国际电气委员会系列标准

IEE 美国电气与电子工程师协会系列标准

中国南方电网有限责任公司及超高压输电公司颁发的有关工程建设安全管理文件，如《安全生产监督规定》、《安全生产工作奖惩规定》及《安全生产工作规定》等

《电力工程达标投产管理办法》（2006 年版）、CSG/MS0903—2005《电网建设工程达标投产考核评定管理办法》

《中国电力行业优质工程评选办法》（2008 年版）

《国家优质工程审定与管理办法》（2007 年修订版）

《交流 500kV 海底电缆及附属设备工程施工招标文件》，以及有关的工程勘察设计文件和资料。

国家其他有关工程建设及海洋环境保护的法律、法规、条例、标准、规范、规程，以及与工程建设监理有关规定。

中国南方电网有限责任公司颁发的其他有关工程质量验收评定条例和规定，如：Q/CSG 10017.1～Q/CSG 10017.3—2007《110kV～500kV 送变电工程质量检验及评定标准》

二、组织管理

海底电缆工程建设的组织管理由业主按国家标准，委托建设管理单位对工程建设项目进行直接建设管理，是从建设到运行的过程管理。

海南联网工程是国家重点工程项目，按照国有资产投资管理建设要求，全面实行项目法人制、招投标制、建设项目监理制和合同管理制度。工程质量、安全、投资，建立了"项目法人负责、监理单位控制、施工单位保证、政府职能部门监督"的管理体制，针对项目特点开展了环保、水保、消防等专项管理工作。严格执行《建筑法》、《合同法》、《招投标法》、《建设工程质量管理条例》、《建设工程勘察设计管理条例》和《工程建设标准强制性条文》等有关法律、法规。形成了统一指挥的创新工程管理模式，成立了专门工程建设项目部。

第一阶段，主体工程部分管理模式为归口工程主管部门管理，授权工程项目现场管理部，代表工程主管部门，实施海南联网工程总体协调管理工作和工程建设现场的安全、质量和进度管理工作。监理公司、设计院和施工单位，在各自的合同范围内，对建设项目监督管理和各自的工作负责。项目部设项目经理，项目副经理，项目总工程师，下设线路、土建、电气和综合管理专责。

第二阶段，海底电缆后续保护工程部分管理模式为在建设单位直接指挥下，成立海南联网工程专项工作组，负责工程的总体协调和谈判工作。成立海南联网工程业主项目部，负责现场的安全、质量和进度控制管理工作。授权由项目部、监理公司、设计院和运行单

位组成的四方代表小组，驻船开展工程质量、进度监督和验收工作。业主项目部设项目经理，项目副经理，下设协调工程师、安全质量工程师、技术工程师和综合管理员。

（一）参建单位管理

工程建设指挥部、设计、施工和监理等参建各方的安全、质量负责人，成立了安全管理网络和质量控制网络。项目安委会由各参建单位安全负责人组成。各施工单位成立现场施工项目部，安全委员会和质量管理小组，以及专业档案资料管理员，建立起强有力的安全管理体系、质量管理体系和环境管理体系。各监理单位成立海南联网工程监理项目部，以及设计院驻工地代表（简称工代）现场进行监督管理工作和技术服务工作，运行单位是验收组主要成员之一。

实行安全一票否决制，全面实行安全例行检查、抽查考核和评比，周安全例会和月度安全会议就安全问题进行教育和处理。推进质量宣传活动和质量评比活动。细化建立了工程质量责任制、现场监理负责制、设计技术交底制、质量缺陷报告制、安全质量例会制和质量奖惩制度，对参建各方质量体系进行检查和评比。

（二）档案管理

业主项目部和各参建单位，按照档案资料管理规定和电子化移交要求，配置专业的档案资料管理人员和计算机设备。及时收集、整理和归类档案资料。建设单位档案专责，各层面档案人员提前介入工程档案资料的管理工作。工程开工前便组织施工、监理单位资料员档案管理收集、归档和移交要求。主体工程项目竣工后，按要求组织参建单位，集中开展档案资料的整理、完善和移交工作，并给出详细的指导意见，使得工程在竣工投产、达标投产工作能够高质量地完成。

（三）政府监督管理

海南联网地区政府有关国土、规划、建设、消防、环保水保以及海事、海洋、海监、渔业等，职能部门在有关规章制度要求下，依法对海南联网工程进行监督管理，使工程建设能够合法、合规地开展各项工作。

第二节　工程建设控制管理

一、工程质量控制

（一）设计阶段和施工准备阶段质量控制

运用科学、合理、有效的质量方法对施工准备阶段影响质量的因素进行分析，制定有效的质量控制措施，见表 5-1。

表 5-1　　设计阶段和施工准备阶段影响质量的主要因素及管理控制对策

阶段	影响质量主要因素	管理控制对策
设计阶段	1. 设计深度达不到规范标准要求。 2. 各专业接口不能相互吻合	（1）审查施工图设计质量，督促贯彻初步设计审批意见以及有关法规、规程、规范、定额和专业标准，对设备选型和各专业间配合的综合性技术问题进行复查，并按工程优化的要求提出监理意见。 （2）复查设计原始数据、设备资料、协议文件、计算方法及设计文件编目
施工准备阶段	1. 质量管理制度不健全，质保体系不完善，质保措施不落实。	（1）严格执行单位工程、分部工程开工条件审查制度和施工技术交底制度。 （2）审查承包商编写的施工组织设计，对其质量保证体系和质量保证措施提出管理意见
	2. 分包单位资质或技术力量不符合要求	
	3. 承包单位不把分包商纳入自己的质量管理范围，以包代管	监督承包商把分包商纳入自己的质量管理范围，严格控制分包商的工程质量
	4. 设备、材料检验控制不严	（1）督促承包商选择具有合格资质的试验单位，并审查确认。 （2）督促检查承包商制定材料、设备管理制度，审查并认可原材料及构配件的选择、采样、检验及采购控制程序。 （3）审核原材料、半成品、预制件、加工件和外购件的产品合格证和检（试）验资料，对质量有疑问或资料不全的按规定进行抽样复试。 （4）工程中使用的新材料、新技术、新结构、新工艺，需具备完整的技术鉴定书和试验报告，经设计同意，监理审查方可应用
	5. 检测仪器不能满足工程需要	检查承包商用于工程的检测仪器、工具的精度、配备数量和计量校验证件，要求能满足质量检测需要
	6. 人员资质不符合要求	（1）制定设备开箱、资料保管及缺陷处理的规定，委派专人负责业主供应的材料、设备的现场交接。 （2）审查承包商的试验室、特殊工种、试验测量人员的资质证件，不符合要求者不得上岗。 （3）检查施工人员和质量管理人员上岗前的技术培训情况
	7. 质量控制措施不力	（1）审查重要的技术方案和施工措施，并参加技术交底和监督实施。 （2）审查承包商编制的"施工质量检验项目划分表"，明确 W、R、H、S 点
	8. 无根治质量通病的措施	（1）督促承包商制定消除质量通病、创优质工程的各项措施。 （2）实行监理交底制，以《监理规划》、《监理实施细则》为依据，就监理的工作内容、方法、程序及技术标准等向施工单位进行交底

（二）施工阶段质量控制

施工阶段质量控制见表5-2。

表5-2　　　　　　　　　施工阶段影响质量主要因素及监理控制对策

阶段	影响质量主要因素	管理控制对策
施工阶段	1. 承包商质量监检人员不到位，未严格执行监检制度	制定 W、H、S 点现场监控细则，对重要、关键工序进行全过程跟踪，委托监理和旁站监理实施
	2. 施工人员未按图纸及规范施工	督促承包商质保体系有效运转，检查其三级质量检查制贯彻情况，质量责任制是否贯彻，质量记录是否齐全、及时
	3. 施工人员违反规定的操作程序，不贯彻质保措施，而影响工程质量	贯彻工序检查与交接制度，主要工序完成后，必须经检查合格，方能转入下道工序施工
	4. 违反工序交接制度和隐蔽工程签证制度	（1）对隐蔽工程设立停工待检点，委托监理实施，经现场管理人员检查、确认、签证后，方能隐蔽。 （2）组织由项目法人供应的材料、设备的现场检查交接，做好开箱记录，对设备保管提出意见并监督；检查设备、材料的入库、保管、领用情况，不完善者督促其改进。 （3）检查施工现场使用的原材料、预制件、加工件、外购件以及安装设备是否与设计相符，发现问题督促整改，情节严重者下达停工通知
	5. 为抢进度而忽视质量	（1）发生质量事故督促承包商及时填报《工程质量事故报告单》，并按规定进行分析、处理，填报《工程质量事故处理方案报审表》，进行调查、核实后上报项目法人，按"四不放过"原则进行事故处理。 （2）对已完的单位工程、分部工程，按国家或行业标准进行质量验评。验评前编制验评办法或细则，经项目法人批准后实施；验评后提交验评报告。对质量缺陷或不完善的地方，列出清单，督促整改
	6. 分包单位实际投入的技术力量不足	对分包单位进行动态管理，发现实际能力与资质不符，责令承包商更换分包队伍，并及时通报参建单位
	7. 承包商对分包商未履行好管理职责	督承包商把分包商纳入自己的质量管理体系范围，严格管理；定期召开质量分析会，由总监主持，项目法人、承包商及有关单位参加。会议内容是通报和分析工程质量状况，研究质量问题的解决办法，预测质量发展趋势，制定预控措施。会后提交质量分析报告
	8. 对制度措施不够完善	检查承包商质量管理制度、质保措施执行情况，核查其是否按经批准的技术方案、措施施工，发现影响质量的操作程序或方法时，以《工程联系单》的方式通知承包商。对未能整改或处理不力的问题，下发整改通知单，限期整改
	9. 对设计变更的要求及竣工资料的整理重视不够	（1）审核施工过程中的设计变更和图纸修改，并签证认可，重大设计变更报项目法人审批后再实施；经审批的设计变更督促和协调承包商实施。 （2）督促、检查承包商原始记录的管理，确保其及时、真实、齐全，并整理归档，为竣工移交创造条件

二、工程投资控制

（一）影响投资主要因素及控制对策

工程管理对建设投资控制，充分考虑各种因素的影响，使工程建设投资控制在合理范围内。制定具体影响投资主要因素及控制对策，见表 5-3。

表 5-3 　　　　　　　　　　　　　　影响投资主要因素及控制对策

阶段	影响投资主要因素	监理控制对策
设计	1. 设计规模超标。 2. 设计变更费用大	（1）协调和督促设计单位在施工图阶段贯彻初设原则和审批意见，进行限额设计，施工图预算不突破概算。 （2）严格设计变更程序，核查变更费用，由总监签署变更文件。重大变更需组织充分讨论，报项目法人审批后方能实施。 （3）认真进行施工图会审，对设计成果进行技术经济比较，提出修正意见
招标服务	1. 施工招标文件不严谨，标底欠合理。 2. 材料、设备费用超标	（1）协助编制招标标底： 1）选派专业人员审核施工招标工程量，对施工招标的项目划分提出修正意见； 2）收集现行的计价信息、地方差价及各项取费、税金等，用于计、核标底价格； 3）标底价格控制在概算或投资包干的限额内。 （2）编制招标文件时尽量不留"活口"，防止索赔事件发生。 （3）根据业主授权参加施工合同谈判，向项目法人提出建设性意见。 （4）受业主委托参加主要材料、设备的招标、评标和合同谈判，对材料、设备的价格和运杂费等提出修正意见
施工阶段	1. 工程款支付控制不严。 2. 不可预见费用增加太大。 3. 索赔处理不当。 4. 工程款支付控制不严。 5. 不可预见费用增加太大。 6. 索赔处理不当	（1）制定投资控制程序，分解投资目标，协助项目法人编制资金使用计划。 （2）按照网络计划控制单位工程和分部工程开工。工程开工实行报批制度，防止提前占有资金。 （3）核查和确认承包商完成实物工程量，按合同进行工程计量和工程款支付，签署付款凭证。 （4）及时协调影响施工的外部条件，认真审核地方补偿费用，防止不必要的费用发生。 （5）协助项目法人召开资金使用情况分析会，向项目法人提出建设性意见。 （6）索赔事情发生后，认真分析，做好记录，及时处理，并为项目法人提供充分证据进行反索赔

（二）投资控制措施

工程投资控制措施见表 5-4。

表 5-4   工程投资控制措施

类别	措　　施
技术 措施	1. 合理确定施工、材料、设备标底和合同价，根据价格、质量、信誉确定承包商和供货厂家。 2. 对施工组织、计划进行技术经济分析，合理开支施工措施费等其他费用。 3. 督促设计单位进行限额设计，充分利用价值工程的技术分析，优化设计。 4. 对设计变更进行技术经济比较，严格控制增加投资的变更。 5. 对单位工程进行投资分解，将预、结算与合同价进行比较，严格控制单位工程投资
组织 措施	1. 项目设置投资控制专责管理工程师，安排专人负责投资控制工作。 2. 投资控制专责工程师负责投资目标的跟踪管理和情况反馈，为投资目标的实现和费用调整提出建设性意见，提供原始资料
合同和经 济措施	1. 及时复核现场施工工程量，按合同进行验收计价并建立相应台账。 2. 审核承包商月度（或阶段）结算单和支付申请，按验收合格的工程量签署支付证书。 3. 现场跟踪管理，将实际开支与计划费用进行比较，实施静态控制，动态管理

三、进度控制措施

海底电缆工程建设进度控制，通过有效的和具体的进度控制措施，在满足投资和质量要求的前提下，力求使工程实际工期不超过计划工期。工程的所有内容的进度和影响进度的各种因素都要进行全方位系统的控制见表 5-5。

表 5-5   影响进度控制措施及对策

阶段	影响进度主要因素	控制对策
设计 阶段	1. 设计图纸交付不及时。 2. 设计和设备制造厂家相互提供、确认相关技术资料拖延时间。 3. 设计工代不按时到位	（1）督促设计单位按一级网络图的要求制定图纸交付计划，并督促计划实施。 （2）协调设计单位与设备制造、材料供应单位之间关系，相互间及时提交和确认技术资料，相互提供保证进度的条件。 （3）督促设计工代按时到位，并协调其工作的开展。 （4）及时领取、发放、回收图纸。 （5）及时组织设计交底和施工图会审；及时审签设计修改文件
招标 服务	1. 招标、评标、定标工作拖延时间。 2. 施工项目划分不合理	（1）参加招标各项工作，提出保证工期的修正意见。 （2）进行工程项目调研，与项目参建单位商讨招标项目划分方案，制订项目施工及订货招标工作计划
施工 准备 阶段	1. 进度计划安排不科学、不完善。 2. 开工准备不充分	（1）制订一级网络计划，督促承包商编制施工进度计划，经审核后督促实施。 （2）按时领、发设计图纸，组织施工图会审，并编发纪要。 （3）督促承包商抓紧准备开工所需的机具和材料。 （4）协调建设筹备和支付开工的启动资金。 （5）确定专人办理（或协助办理）开工所需的一切手续。 （6）督促承包商做好开工的各项准备，创造开工条件，确保工程按时开工

续表

阶段	影响进度主要因素	控制对策
施工阶段	1. 人、机、料不到位或投入不足。 2. 甲方供应材料、设备等不能按时到货，或到货后经检验不合格。 3. 地方纠纷阻碍施工进展	(1) 督促承包商执行批准的施工计划，并制订月度计划。 (2) 跟踪工程进度，收集相关资料（图纸、设备材料供应、施工技术力量、施工机具投入、天气状况等），及时分析进度滞后原因，督促承包商采取相应措施。 (3) 定期召开现场协调会，检查各自合同执行情况，协调并督促设计、供货等单位配合施工，解决其中问题，保证施工顺利进行。 (4) 主动协调地方关系，处理好地方纠纷，防止阻止施工现象发生。 (5) 一旦发生非施工原因导致工期拖延，及时报告项目法人，并提出相应措施和意见，协助解决问题
验收阶段	竣工验收	(1) 提前编制好各分部工程验评办法，做好验评准备。 (2) 对已完工程项目（单位、分部工程）及时验收。 (3) 工程竣工后及时组织竣工初验收，初验收合格后及时向项目法人申请竣工验收

四、安全文明控制措施

安全、文明施工是保障项目顺利实施的重要条件，在工程管理工作中要强调注重安全、文明施工控制的重要作用，实施安全、文明施工及环境保护的管理措施和方法，提出工程施工过程中的安全薄弱环节及其针对性预防的方法和措施，以确保工程安全目标的实现。

（一）影响安全主要因素及管理控制

影响安全主要因素及管理控制见表 5-6。

表 5-6 影响安全主要因素及管理控制

阶段	影响安全主要因素	控制对策
施工准备阶段	1. 施工人员安全意识不强。 2. 安全管理制度不健全或未执行。 3. 承包商未把分包商纳入自己的安全管理体系。 4. 承包商未把民工的安全、健康和环境教育和管理纳入安全管理范围。 5. 安全措施不力	(1) 编制出版本工程《安全大检查办法》，并组织学习。 (2) 检查承包商安全及文明施工组织落实情况，督促完善安监网络。 (3) 审查承包商施工组织设计中的安全保证体系和安全措施，提出修正意见。 (4) 督促承包商建立、健全安全管理制度，并付诸实施。 (5) 检查承包商投入本工程的安全设备，检查施工机械安全状况。 (6) 督促承包商制定"六防"措施（防火、防爆、防坍塌、防高空坠落、防电害、防交通事故）和紧急情况的应急处理措施，并监督实施。 (7) 审查分包的安全资质、安全设施和历年安全状况，不合要求者不许施工。 (8) 监督承包商把分包商纳入自己的安全管理范围，加强对分包商的安全管理。 (9) 督促承包商建立、健全安全生产教育培训制度，督促其对施工人员（包括民工）进行岗前培训和考试

续表

阶段	影响安全主要因素	控制对策
施工阶段	1. 安全责任制不落实，安全措施不力，监督检查不严。 2. 对安全隐患检查不及时，处理不力。 3. 习惯性违章（违章指挥、违章操作等） 4. 安全管理人员不到位，管理体系未正常运转。 5. 防电害、防雷击措施不力。 6. 危险品（易燃易爆破品）管理不善	（1）组建现场安全监督检查机构，定期进行安全大检查，评比奖惩。 （2）管理人员对施工现场跟踪监督检查。 1）日常现场监督，检查安全规程和文明施工办法落实、执行情况，并督促整改； 2）关键部位实行现场监控或旁站监理； 3）检查施工机具的安全性能和操作安全状况； 4）督促承包商安全管理人员到位，安全管理体系良好运转； 5）对违章指挥、违章操作及时制止，做好记录，督促整改； 6）检查施工单位安全活动日和安全例会是否定期进行，内容是否具体并有针对性； 7）监督施工单位严格执行"两票三制"的安全施工作业制度。 （3）对特殊施工方案严格审批（如大件运输、停电或带电施工、重要起重或跨越施工等），并现场监督实施，检查和消除实施过程中的安全隐患。 （4）在施工中，现场管理人员应督促施工单位做好防电害、防雷击安全接地（包括带电设备接地）。 （5）监督和检查施工单位危险品管理制度执行情况，做到专人管理，专库储存（雷管、炸药分开储存、运输），领用登记，账目清楚；使用受监督，余品及时退库，爆破物品的领用、退库必须由领用、退库人亲笔签字；工地油品储备、电火焊器具使用、住地冬天取暖设备等都必须有安全措施作保证。 （6）在施工中发现重大不安全因素而危及人身安全时，及时责令停工，整改达到要求后方可复工。 （7）一旦发生事故，按原则及时处理，做好下列工作： 1）组织事故调查分析； 2）提出事故处理意见和整改要求； 3）在授权范围内批准事故处理方案； 4）检查事故处理结果，签证处理记录； 5）向项目法人汇报事故情况和处理结果。 （8）监督、检查承包商文明建设及文明施工情况； 1）现场文明施工设施（场地围栏、警示牌等）； 2）劳动纪律和规章制度执行情况； 3）施工现场、材料站和驻地的文明气氛； 4）环保措施的执行情况
调试及试运行阶段	1. 调试安全措施不完善、不落实。 2. 调试中不严格执行安全操作票制度。 3. 对操作指令领会不明，盲目操作	（1）审查调试方案中的安全措施，提出修正意见。 （2）组织调试、施工等单位对工程进行调试前的检查，监督调试安全措施的落实。 （3）严格实行安全操作票制度，防止误操作。 （4）检查试运行准备情况及人员培训情况，检查试运行人员的上岗资质。 （5）规范指令传达用语和传递途径，接受指令人按要求进行复诵、应答

（二）海底电缆线路工程安全过程控制

海底电缆线路工程安全过程控制见表 5-7。

表 5-7 海底电缆线路工程安全过程控制

分部工程或主要工序	安全过程控制内容
一般安全措施	1. 外方施工劳务分包，必须具备相应的资质和从事类似工程的经验。工程开工前，外方承包单位应对所有施工人员进行培训，并组织安全考试，凡考试成绩不满 90 分以上或不具备与其作业相关安全知识者，有不得参与本工程相应施工活动。 2. 工程开工前，外方承包公司应编制各种应急方案（如出现恶劣天气、路由障碍或施工设备故障等）；制定各种危险点、危险源的应对措施。 3. "三级"安全生产责任书要求：外方承包公司于工程开工前应与项目经理、施工项目经理应与项目部所有施工管理人员、施工项目部应与各劳务分包单位，都要签订安全生产责任书。 4. 工程开工前，外方承包公司应与所有外租车辆及船只签订安全协议书。 5. 电缆铺设船（如挪威 Naxens 公司斯卡格拉卡号船）上的谐波不能妨碍施工区域外的正常航行。 6. 施工现场要做好围栏，并有明显的警示。 7. 施工人员要经过安全考试合格后才能进场施工。 8. 进入现场施工人员一律要佩戴安全帽。 9. 海上作业必须严格遵守水上交通安全管理条例。 10. 各施工人员对安全施工都负有责任，有责任报告意外事故和过失。 11. 特殊工种要持证上岗，严格按操作规程施工，现场人员必须正确佩戴各种劳保防护用品，登高作业或人体重心超过海上作业船只围栏时必须系安全带，并严禁上下抛物。 12. 施工临时用电应符合安全规范要求。调校仪表及现场机电设备、工具等用电设施必须安装漏电保护器，垂直运输设备应设避雷接地。施工现场用电严格执行三相五线制和三级控制二级保护的有效措施，接线时穿好绝缘鞋，戴好绝缘手套，并有专人监护。 13. 起重工、司索工持证上岗，指挥吊车作业要看清周围环境人员情况，正确指挥，先试吊，慢吊轻放，互相配合，确保安全。 14. 使用梯子应有防滑措施，二人不得合用一梯，A 字梯开角不大于 45 度。 15. 夜间施工要有足够的照明。 16. 安全用电，每天有值班电工巡查。临时线路要符合安规要求，所有铁皮工具房、电焊机房应有接地线。手持电动工具及直流电焊机应有漏电保护器，电气开关应装在防雨的配电箱内。配电箱高度不低于 1.2m，隔离开头、断路器、保险丝匹配合理，无残缺。 17. 对设备送电试运要设警示标志，检查接线有无潜在安全隐患，经协作人员同意方可进行调试，调试时有专职安全员在场，严格操作顺序，现场应有防火措施。 18. 准确掌握天气变化，大风、大雨的应采取相应措施，雨天施工应有防滑、防触电等事故措施。五级以上大风不宜进行海上作业，相关人员应撤回陆地。 19. 施工现场有安全标语，危险区设安全警示标志，严禁无关人员随便出入，严格坚持定期检查制度。 20. 施工现场不得存放易燃物，下班前应认真检查防火措施。 21. 严禁酒后上岗。 22. 作业人员应掌握本岗位的安全操作规程和应急预案，会使用灭火器。 23. 准确穿戴和使用各种劳保用品和防护用品。 24. 对违反安全措施、规程的指令有权拒绝。 25. 及时向上级反映发现的安全隐患。 26. 施工中确保不伤害他人，不伤害自己和不被他人伤害

续表

分部工程或主要工序	安全过程控制内容
消防安全措施	1. 施工现场要按总平面图的要求设置配备足够的消防器材。 2. 健全消防管理机构，项目经理为防火第一负责人。 3. 建立防火安全制度和防火预案，落实防火责任制。 4. 要经常对员工进行防火安全教育，并保留相应记录。 5. 施工现场严禁吸烟，违者给予经济处罚。 6. 明火作业现场要清除易燃物，要有专人负责，配消防巡视员，施工结束时，现场负责人要和消防巡视员一起进行认真检查，确认无火灾隐患，方可离开现场。在改造原容器作业时，首先要进行监测，合格后方能进入，清理时要用专用绝缘工具，作业人员穿防护服。 7. 进行明火作业，按当地或安监部门要求办理动火审批手续，动火作业设现场监护人
路由清理	1. 本爆破施工必须严格遵守《中华人民共和国民用爆炸物品管理条例》、GB 6722—2005《爆破安全规范》、JTJ 286—1990《水运工程爆破技术规范》的有关规定。 2. 所有爆破作业人员必须持有公安部颁发的《中华人民共和国爆破技术人员作业证》和省市级公安部门的"爆破员作业证"，严禁无证上岗作业。 3. 爆破方案设计必须由中级或高级爆破人员承担，爆破施工必须由中级或高级爆破技术人员主持。 4. 爆破前，施工方成立由爆破工作领导人、爆破技术人员、爆破员、爆破器材仓库管理员、安全员等组成的爆破小组。并有施工方提交开工申请报告，请求公安、海事、建设单位等有关部门负责人勘察现场，举行联系会议，审核水下爆破施工方案。 5. 水下爆破方案通过后，在公安爆破部门和交通海事部门分别办理爆破作业许可证和水上作业许可证，并到公安部门指定的爆破器材生产或经销单位购买爆破器材。 6. 爆破前成立由公安、海事、建设单位等部门及本公司爆破小组组成的爆破施工安全维护机构，落实各项安全事宜，联合发布爆破施工通告。 7. 施工所需爆破器材水上仓库或陆上仓库按指定位置独立设置，并安排专人 24h 值班看守，负责入库验收、发放、造册登记和保管爆破器材，务必将炸药、雷管分开储存。 8. 炸药用量由爆破技术人员按爆破方案严格控制。爆破施工时其他任何人不得随意增减药量以免影响爆破效果或产生不良的爆破危害效应。 9. 设立水上陆上警戒区，钻探船上悬挂减速旗，加强警戒和安全宣传。起爆前陆上警戒点派专人警戒，水上派机动艇封锁警戒，禁止船舶设备及无关人员进入警戒区内，确保各项安全符合规范要求后方能起爆。起爆后，由爆破员检查，确定全部炮孔准确爆破后，才能撤除警戒。 10. 按规定时间放炮。夜间、大雾天不得进行爆破，在夜间确需进行爆破，必须有可靠的安全措施和足够的照明设备，并经主管部门批准同意后才能进行。 11. 风力超过 5 级时，不得进行水下钻孔、装药作业。 12. 不得穿戴化纤衣物、铁钉鞋从事爆破作业和进入爆破器材库房加工房、堆场。 13. 遇雷雨时应立即停止爆破作业，施工人员迅速撤离至安全地点。 14. 注意高温严寒天气，以免塑料导爆管软化或硬化而影响导爆管的传爆性能． 15. 严禁将爆破器材丢失或非法转让或私自寄存，严禁将爆破器材私自销毁．爆破器材确需销毁，必须登记选册编书面报告，报告中应说明被销毁爆破器材的名称、数量、销毁原因、销毁方法、销毁地点和时间以及销毁人，报上级主管部门批准。报告一式五份，自留一份，其余分别送上级主管部门、单位总工程师或爆破工作领导人、单位安全保卫科、爆破器材库和各地县（市）公安局。销毁工作应根据单位工程师或爆破工作领导人的书面批示进行。 16. 在爆破前，对各个防护对象做好观察；特别是危险部位的观测记录，严禁爆破地震波安全距离内有人置于危害之中。

续表

分部工程或主要工序	安全过程控制内容
路由清理	17. 爆破清渣后，对施工区域附近主航道60～90m宽、上下游各200m范围进行硬式扫床清障。 18. 水下钻孔爆破宜采用孔内毫秒延期分段控制爆破，以减少冲击波、地震波和个别飞溅物危及施工人员、施工设备安全，以及破坏已建周边设施。 19. 水下钻孔爆破其钻孔偏差不得大于20mm，钻探船移位时，船体不得越过已装炸药的炮孔，钻孔顺序：从深水向浅水，从下游向上游。装药前，必须将孔内的泥沙和石屑清理干净；钻孔直径应大于药包直径10～20mm。 在现场制作点将药包制作成圆形的简节，制作加工时，不得随便改变其装药密度，以免影响烽药的爆破效果。切勿提拉塑料导管，以免其拉断或从药包中拉出。装药时不得使药包自由坠落；装药完毕后，用粗砂或粒径小于10mm的砾石充填堵塞，以免药包浮动，堵塞长度应大于300～500mm。 20. 爆破前，应使全体施工人员、附近居民及过往船舶事先知道警戒范围、警戒标志和警戒声响视觉信号意义，以及警戒的方式和时间。 21. 爆破网络的连接时，导爆管不得拉细、打结；本工程拟采用电力起爆网络和非电力起爆网络相结合的混合起爆网络，爆破网络连接好至起爆前，切记必须让导线相连短路，以免外来电流（诸如：由电爆引起的雷电和静电、因接地不良或接地不当引起的大地杂散电流、因发射机产生的高频射频电、因交变频电磁场引起的感应电、其他静电、化学电及生物电等）引起早爆；在准备进行爆破前，应对其强度进行检测并采取相应措施。起爆采用220V交流电，并设独立开关系统。爆破后，爆破人员必须按规定的等待时间（5min）之后才可进入爆破地点，检查若有瞎炮，则应立即向爆破负责人报告，并采取相应的安全措施。 22. 爆破引起的危害有爆破地震波、空气冲击波、水冲击波、飞溅物、有毒气体、噪声及波浪等。施工过程中，所有现场人员、设备及船只的爆破地震安全距离及水冲击波安全距离应符合 GB 6722—2005 要求
电缆敷设、电缆埋设、电缆保护、电缆附件、供油系统	1. 为获得准确的气象资料，保证海上作业人员安全和敷设船锚固可靠，每日天气预报应保证准确及时。 2. 装、卸船时，应由专人指挥吊装作业，吊具选用合理，严禁以小代大，严禁使用不合格的工器具，拉运时，放置平稳，绑扎牢固，防止在拉运过程中发生意外事故。 3. 装运船舶在允许范围内航行，按指定位置装卸，设备放置牢固、稳妥，防止滑落、倾翻。设备吊装就位必须由专业人员操作，配合施工人员必须在现场由专业人员进行安全交底，且应服从指挥。 4. 非专业电工人员，不准擅自安装电气设备和照明用具。 5. 电工检查线路作业前，必须停电，并在开关处挂设"有人作业，禁止合闸"的标牌，作业时必须有人监护，严防发生触电事故。 6. 现场所用电气设备、线路，都必须绝缘良好，各接触点都应坚实、牢固，各金属外壳必须设牢固的接零线和接地线，各电气设备（不论临时或正式）按一定的规格装设接地线，对接地电阻要进行检测。 7. 移动和手动式电动工具必须装有漏电保护器。 8. 变压器、配电盘、配电箱开关及电机等电气设备10m以内不准放置易燃、易爆、潮湿与腐蚀性物品。 9. 安装在室外的变压器，应加维护栏，并挂有"有电危险"警示牌。 线路上禁止带负荷接电或断电，并禁止带电操作。 10. 安装高压油开关、自动空气断路器等有返回弹簧的开关设备时，应将开关置于断开位置。管子穿带线时，不得对管口呼吸、吹气，防止带电弹力勾眼。穿导线时，应互相配合防止挤手。电缆盘上的电缆端头，应绑扎牢固，放线架、千斤顶应设置平稳，线盘应缓慢转动，防止脱杠或倾倒。

续表

分部工程或主要工序	安全过程控制内容
电缆敷设、 电缆埋设、 电缆保护、 电缆附件、 供油系统	11. 现场变配电设备，不论带电与否，不得单人超越围栏或在围栏内施工。 　　所有操作应通过便携式固定的 UHF 单位专用频道沟通传达。航行期间高频 24h 开机，夜间航行开启航行灯。信号放大器应确保超高频系统在有人作业区有足够的通信信号。 　　加强交通安全管理，认真贯彻交通"十八法"，保证器材运输和值班车辆、船只安全运行。 起重吊装过程中的安全控制： 1. 起重指挥和司索人员须经安全技术培训后，并取得上岗证后方可上岗。 2. 作业前，穿戴好安全帽和劳保服装。 3. 起吊重物，须对起吊现场和重物进行检查，进行载荷的重量计算，选用正确的吊具、索具和起吊方法。 4. 检查吊具和索具是否符合安全标准，作业中不得损坏吊件和吊具索具，必要时在吊件与吊索的接触处加保护衬垫。 5. 指挥人员选择指挥位置时，保证与起重司机和负载之间视线清楚， 6. 起重人员与被吊运物体，保持安全距离，吊臂下不得有人。 7. 经常清理作业现场，保持道路畅通。 8. 保养好吊具、索具，确保使用安全可靠。 9. 安装拆除导管架时，要注意观察重物是否平稳，确认不致倾倒时，方可松绑。 10. 起吊作业时，先经过试吊，可靠时方可进行作业。 11. 六级以上大风恶劣天气，不得进行起吊作业 潜水作业安全控制： 1. 潜水员都应有相关证书，且潜水员身体健康、主观感觉良好、持有符合要求的体检证明、具有一定工作经验且无易发减压病。 2. 潜水员下水前应检查空气压缩机，打开储气罐底部排液孔，把罐内沉积下来的液体排干净后关好，将罐内空气压缩至 0.6～0.8MPa。同时检查压缩机功能是否正常，检查供气管道、接头是否有漏气，发现异常情况要及时处理。检查相关通讯设备，供气皮管是否通畅。 3. 潜水员水下工作时船上留守人员要经常检查压缩机供气情况，也要密切注视潜水人员的活动位置，并时时保持通讯畅通。 4. 潜水员下水工作时应选择流速较小或则平潮时候进行，潜水工作结束时，应根据不同的水深情况进行减压

第三节　海底电缆工程管理进程

　　海南联网工程建设为我国超高压海底电缆建设管理开辟了先例，回顾和总结工程建设的管理过程，有助于后续海底电缆工程建设借鉴。

一、合同工期与实际工期

　　工期总体要求是 2009 年 6 月底具备投运条件，其中海缆部分：2007 年 4 月开始电缆设计生产，2008 年 8 月开始电缆运输，2008 年 10 月至 2009 年 1 月进行电缆敷设和安装试验，2008 年 12 月至 2009 年 6 月进行海缆埋设保护。

后续抛石保护计划 2011 年 8 月开工，10 月 25 日竣工。由于抛石施工船 Flintstone 号是新建造的专业抛石船，其专业抛石设备及抛石管控制系统调试花了大量时间。抛石施工延误至 2011 年 9 月开始，其后 10 月份，连续遇到台风"纳沙""尼格"等三个强台风，2011 年 12 月抛石保护最终完成，至此海南联网工程全部竣工投产。

二、进度控制措施

（1）积极协调工程地方政府和相关部门的关系，为工程施工创造和谐的外部环境，严格执行项目部的一级进度计划，发现滞后二级进度计划的施工单位，及时组织施工单位分析原因，并采取措施调整工期。

（2）针对甲方供货的材料供货问题，项目现场管理部积极与施工单位、物资部门联系，通过工程周报、月报了解各施工单位的施工进度情况及需要协调的问题，及时排查设计和供货质量问题，做到及时处理。

（3）当施工进度滞后时，由监理单位及时与施工沟单位沟通，说明情况，引起所在单位的重视，加大资源投入力度，把进度赶上。

（4）及时组织分项、分部工程质量验评工作，为顺利转入下道工序施工创造条件，杜绝工程工期的延误。

（5）加强对物资供应、设计、监理、施工等参建单位的协调工作，定期召开工程协调会，督促相关单位严格执行会议纪要，确保工程目标工期的实现。

三、工程质量控制管理

（一）明确质量目标

海南联网工程质量的总体目标是争取达到电力行业优质工程标准，工程合格率100％。工程设计要达到国家优秀设计标准。设计方案先进、合理、经济，图纸资料完整准确，设计服务及时、周到，工期配合满足施工要求。

国内外供应的全部设备、材料（包括原材料）等必须符合有关标准。厂家要具备完善、严密的检测手段，产品具有能代表该批产品的出厂质量合格证等，包装、运输、存储适合施工和运行要求。

施工安装质量必须达标，根据工程验收标准和评级办法进行验评，各单元工程、分项、分部工程及单位工程均达到全优工程标准。一次验收合格率90％以上，优良品率85％以上，竣工验收合格率100％，优良品率95％上。不出现重大质量事故，努力消除工程缺陷，满足生产运行要求。施工技术资料准确、真实、完整和清晰。

建设单位项目管理部成立工程质量管理领导小组，各参建单位成立质量管理小组。施工单位制定质量管理制度、建立质量保证体系并确保运转正常，编写质量预控措施并认真落实。

（二）严格开工管理

施工准备阶段，认真审查施工、监理单位文件资料，包括质量保证措施、各项目管理制度、特殊工种人员上岗证、检测计量器具检定证、线路复测记录、工程开工报告等文件资料。

通过对各标段资料审查，各施工项目部质量组织机构健全，专职质检师到位在岗，资质合格。特殊工种（测量、焊接、电工、高空作业人员、牵张机械、液压、爆破等）培训证、资格上岗证件有效，施工进度计划基本符合一级网络计划要求，施工布局合理、措施有针对性、适用，检测器具有效，施工设备试验、人员培训、体检资料齐全，以上条件具备后方批准开工。

（三）组织施工图会审

项目管理部接到施工图纸后，即组织施工、监理和现场管理部熟悉施工图，核查有无遗漏，不合理或差错、疑点之处书面整理为预审意见，对施工图的完整性、正确性、设计深度、套用图纸的有效性提出意见；设计汇总意见后进一步完善设计。

（四）严格把好设备材料进场检验

确保设备材料质量符合设计要求，是实现工程质量目标的关键，因此要求现场管理部和监理部，对设备材料进货现场检验列为质量重点控制项目。对设备进行开箱检查，对线路材料进行外观检查，严格审查设备材料质量证明文件、资料，要求资料齐全、完整、有效。对发现的问题及时进行处理，不合格设备材料严禁使用。对施工单位采购的材料都按规定批量进行抽样检验，监理见证合格。

（五）严格质量过程控制

海南联网工程后期抛石保护施工中，项目部、监理部按照基建质量控制 W、H、S 新标准，设立相应的 W、H、S 质量控制点，及时进行监理见证，跟踪检查和旁站监督。

（六）驻船四方代表管理

鉴于海缆的施工具有不确定性、不可预见性，工程建设者针对海底电缆的质量管理工作进行管理技术创新，例如抛石保护四方驻船代表全程 24h 监控管理模式与外方的 DPR 日报管理模式结合。根据海上作业的特点，工程建设者通过一系列表单的信息采集，对质量的分析确定质量的优劣，再通过复测等方式来进行评价其施工质量完成了海上施工的质量控制过程。

（七）严格验收检查

工程验收按分部工程中间验收和单位工程竣工验收进行，制定验评办法并严格执行。根据建设单位组织的检查验收，工程实体质量符合设计文件、施工规范要求，经电力建设质量监督中心站抽检所有检验批次合格率 100%，分部、分项工程合格率 100%，单位工程优良率 98%，综合评定为优良等级，达到预期的质量目标。

（八）总体工程质量

500kV 福山变电站和架空线路工程总体质量合格，无重大质量问题，按期竣工。海缆安装敷设及冲埋保护，根据施工单位 Nexans（挪威）自检，监理单位和设计单位复检，整改合格后，对海底电缆工程进行交接试验合格。投产验收组的验收结论是：工程建设过程的质量控制较好，执行工程质量三级检验和隐蔽工程验收签证制度；设备及原材料的出厂合格证、检验报告、施工质量记录及调试报告等基本齐全；工程的实物质量基本满足设计及规范要求，启动方案已编制，生产人员及相关培训已完成，海缆的冲埋正进行，相关试验调试合格，可以带电运行。

后续保护工程经抛石施工专业单位 Tideway（挪威）和总包单位 Nexans（挪威）自检验收合格后，驻船四方代表随船监督和验收签字确认，石坝设计符合海缆保护实际和海洋地质气候实际，石坝施工过程中外方控制极为严格，石坝完成实体质量符合设计要求和合同协议规定，石坝实体质量优秀，外方提供的 DPR 日报和最终的电子版竣工图，纸质版竣工图等竣工资料齐全，满足设计和规范要求，评定质量为优秀。

四、工程造价控制管理

工程造价控制的主要措施如下：

（1）项目部和现场管理部对各项设计变更严格审查把关，审查变更的必要性和技术、经济的合理性，严格控制造价。

（2）落实施工图会审制度，减少设计变更，严格实行分级审批制，按照规范执行工程变更流程。

（3）项目部将工程量签证作为施工阶段造价控制的重点，合理分配资金、控制承包商的施工行为、简化规范结算程序。

（4）定期统计投资完成及实物工程量完成情况，实行现场跟踪，静态控制，动态管理和分析预测、发现偏差督促承包商及时纠偏。

（5）严格审查承包商申报的月、季度工程计量表，核签合格工程量进度报表。

（6）严格执行预付款、进度款管理办法，严格按照预算分配项目资金，保证项目资金的合理使用。

通过上述措施的执行，工程造价得到控制，确保工程投资控制在批准的概算之内。

五、安全文明施工及环保控制管理

在工程建设中，坚决贯彻"安全第一，预防为主，综合治理"的安全生产方针和"一切事故都可以预防"的理念。成立工程安全委员会，组织现场各参建单位认真编制、印刷、颁发《海南联网工程安全管理办法》、《海洋作业安全管理办法》、《输变电工程达标投产考核评定标准》的要求，制定了本工程的安全目标是杜绝人身死亡事故、杜绝重大设备事故、杜绝重大交通事故，实现"零事故"。

工程的安全控制工作围绕目标全面展开，通过与监理、施工单位的密切配合，实现了"零事故"目标。经多次安全大检查，对发现的安全问题及时向施工项目部作出了书面通报，限期整改，促进安全管理工作，确保安全目标的实现。

安全文明施工和环保控制措施如下：

（1）认真审查监理、施工单位现场项目管理机构的安全文明施工责任制和安全管理体系、安全保证措施，安全教育培训及安全检查制度，执行安全生产的有关规定与措施，监督检查参建单位建立健全职业健康安全管理体系和环境管理体系，并督促落实执行。

（2）组织施工、监理单位编写符合现场实际的安全风险识别，针对风险等级为高级以上的风险点制定专门的安全施工专项预案。

（3）审查专职管理人员和特种作业人员的资格证、上岗证等，符合要求时予以签认。

（4）海上作业环节，特别是海上警戒服务船，对海缆施工、冲埋机抛石保护作业进行警戒，防止与渔船、航道船只碰撞，防止海上事故的发生。

（5）加强现场巡视检查，及时消除安全隐患。全面深入把握施工现场的安全状况，对检查中发现的安全问题督促施工单位及时进行整改。要求现场监理工程师把安全控制做为主要工作，检查督促施工单位的安全工作。

（6）督促施工单位控制施工人员的不安全行为（包括管理性违章和习惯性违章）；督促施工单位做好岗前安全教育培训工作，增强施工人员的安全意识。

（7）督促施工单位做好机具、设备装置的安全管理。工程的各类材料、工具、设施、设备保持良好的状态和技术功能，并且有各类防护和保险装置。

（8）做好作业环境防护控制，给施工人员创造良好的施工环境作业场所。同时要求施工单位认真落实本工程的环保水保要求，设计和施工过程实现了保护环境的目标。

六、海底电缆保护工程控制管理

琼州海峡海底地质情况复杂，船只来往频繁，海底电缆具体区段的保护方案在实施过程中进行了数次调整。海南联网工程的海缆保护历时较长，可分为两个大的阶段：第一阶段是海底电缆敷设施工期间进行的保护。第二阶段是海底电缆后续保护阶段实施的海缆保护工作。

（1）第一阶段工作完成了计划中混凝土沟、预挖沟、铸铁套管、冲埋和部分二次冲埋的保护工作。针对每个分段提出了建议的保护方式以及对应的施工设备和保护要求。Nexans在冲埋分析报告中提出使用冲埋和岩石切割方案来替代抛石。Nexans认为不同条件土壤应采用不同的目标埋深，并提出采用电缆掩埋指数 $BPI=1.5$ 作为本工程海底电缆的保护水平目标。$BPI=1.5$ 等同于砂土中埋深 2m。BPI 表示一定的保护水平，某一保护水平下对于不同的土壤硬度给出不同的埋深。针对不同硬度土壤采用不同埋深，随着土壤硬度大埋深减小。Nexans 提交的冲埋报告显示，KP0～KP10.6 区域目标埋深为 2m，KP10.6～KP12.85 区域目标埋深为 1.5m，KP20.3～KP24.9 及 KP25.1-KP27 区域目标埋深为 1～1.5m，其余区域目标埋深为 1m（冲埋）或 0.4m（岩石切割）。

500kV 海底电缆保护工程管理人员针对 Nexans 提交的海底电缆冲埋分析报告进行评议。根据对国内外同类工程的海底电缆保护方式调研，国外海底电缆工程大多采取的是浅海区埋设保护，深海区不保护的分段保护方式，且掩埋深度也对应不同的海深和不同的土壤硬度采取了不同的目标埋深。海南联网工程采用全程掩埋，按 $BPI=1.5$ 确定目标埋深的保护方式是科学、合理的，且对深海区海缆也进行了保护，与国内外同类工程相比，本工程海底电缆具有较高的保护水平。根据 Nexans 提交的冲埋报告，总计有 31.8km 区域埋深为 2m，6.75km 区域埋深为 1.5m，19.5km 区域埋深为 1～1.5m，基本满足合同规定的 45km 冲埋，埋深 1.5～2m 的要求。

电缆直埋入海床的保护方案在保护效果、施工工期和费用上都优于抛石方案，且合同也要求 Nexans 在海缆保护实施过程中尽量增加冲埋保护的范围，减少抛石保护的范围。评估专家及相关单位认可了 Nexans 提交的冲埋分析报告，同意原抛石区域采用冲埋及岩石切割方案，采用 $BPI=1.5$ 作为一期工程海底电缆掩埋保护水平目标并形成了会议纪要。

海底电缆敷设之前，已经完成了两侧登陆段的预挖沟工作，具体是南岭侧登陆段及近岸段开挖 3×400m=1200m，林诗侧近岸段开挖回 248+266+361=875m。

海缆冲埋工作于 2009 年 4 月份开始，已完成全部的一次冲埋和部分二次冲埋。南岭近岸段，在 KP0.4～KP3 间采用 Capjet50 冲埋 4747m。采用 Capjet650 进行冲埋的总范围为 80280m，已全部进行一次冲埋施工，但是部分区域埋深未达到设计要求。二次冲埋施工 15955m，共完成冲埋保护 68978m。南岭近岸段有 3km 左右的浅层岩石区域采用了铸铁套管保护，实际完成的铸铁套管保护长度为 3053m。

（2）第二阶段工作为工程后续保护，海缆共有 73.831km 完成保护，由于地质原因还有 10km 海缆未能实施保护，主要集中在琼州海峡的中央深槽段；另外 6.324km 保护完成后经检测未达标，主要集中在海南侧近岸段，如图 5-1 所示。

海南联网工程后续保护工程仍由 Nexans 总承包。后续保护施工分两个步骤，一是进行二次冲埋，将埋深不达标、距离较短的区域采用 CAPJET650 冲埋完成保护并对后续作业范围进行调查。二是完成二次冲埋后，深水区采用抛石作业，登陆段采用 CAPJET50 冲埋并调查验收，完成全部海缆保护作业。海南联网工程后续保护二次冲埋施工共完成 204 段，总冲埋作业长度 4348m，有效冲埋长度 2295m。

海南联网工程的抛石坝方案经过进行稳定性计算、防止直击锚计算等计算分析，并进行了物模试验，通过评审后确定的。方案重点考虑以下主要因素：

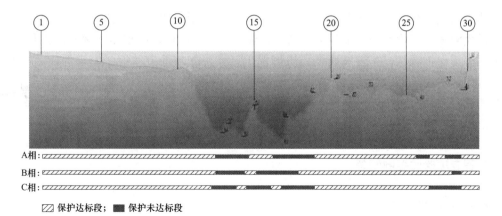

A相：

B相：

C相：

▨ 保护达标段； ■ 保护未达标段

图 5-1　海南联网工程海缆保护示意图

坝体长期稳定性；防止锚害水平和冲埋保护段保持一致，包括抗拖锚和直击锚、保证抛石施工本身的安全可靠性。抛石保护的技术方案为：采用石料的比重不小于 $2.5t/m^3$；采用双层抛石保护，内层石料尺寸范围 1～2 英寸，内层高度 0.1～0.5m；外层石块直径为 2～8 英寸，抛石坝顶宽 1m，底宽不小于 5m，高 1m。

海洋抛石作业是一项专业性非常强的特殊施工作业，特别是海深超过 40m 的深海抛石作业，此时已经无法采用人力下潜，只能采用水下机器人作业。需要特殊定制的船只、勘测设备、水下定位设备等。建设单位和 Nexans 签署《海南联网工程抛石施工补充协议》，由 Nexans 公司总承包，选择经建设单位认可的国际著名抛石施工分包方荷兰 Tideway 公司承担抛石作业，协议采用总价承包方式。进行近岸段冲埋施工，采用 Possh Venture 号施工船。首先完成了抛石保护协议规定的 KP28.9～KP29.75 的人工潜水冲埋作业共 2580m。抛石作业船 Flintstons 号，开始进行设备组装调试工作和试抛石工作。抛石施工作业长度 22 625m，共 271 段，抛石总量达到 26 万 t 之多，全部达到设计要求。

（3）海南联网海底电缆工程主要工程量：海底电缆供货长度 94.614km，实际敷设长度 90.155km。备用电缆 1800m，备用接头 6 个；海底电缆施工阶段完成保护，登陆段预挖沟保护 2700m；铸铁套管保护 3053m；冲埋保护 68 978m（一次冲埋和部分二次冲埋）；海底电缆后续保护阶段完成保护，二次冲埋保护完成有效冲埋 2295m，完成冲埋间隔 204 段；林诗岛近岸段 2580m 人工冲埋作业；抛石保护补充协议规定的 271 段、22 625m、26 万 t 石料的抛石保护工作。

海南联网工程初步设计和施工图设计均采用全程保护的方案，利用水力进行挖沟冲埋，对于海床较硬、不能挖沟冲埋的部分采取抛石掩埋保护。上述保护方案虽然能大大减少电缆受外力损害的几率，但国内外工程经验告诉我们，仅仅通过机械保护往往难以确保海底电缆的运行安全。而且由于海洋工程的特殊性，即使在保护施工完成后，仍然不可避免的会出现极少量的未达成保护目标的电缆。考虑到本工程的重要性、琼州海峡环境的复杂性以及海底电缆造价昂贵、维修困难等因素，必须做好海底电缆综合保护措施的优化工作。项目优化研究工作通过借鉴国内外相关工程经验，在做好海底电缆机械保护的同时，探索建立海底电缆综合保护机制。在对海底电缆实施机械保护的同时，加强主动预防工作，最大限度地消除海缆安全隐患，确保海缆安全稳定运行。即根据海南联网工程的具体情况和海缆保护现状，完善海底电缆机械保护工作，并与地方政府、海事部门、海监局、渔业部门等各相关部门合作，建立联动机制，通过船舶 VTS、AIS 系统对海缆保护范围内的船舶进行主动监测，进行预警，对禁渔区、禁锚区进行巡查，对违规抛锚、捕鱼活动进行防范。

七、工程专项验收控制管理

(一) 达标投产验收

（1）职业健康安全与环境管理福山站变电、徐闻高抗站、南岭终端站、林诗岛终端站部分无不符合项目，主控项目基本符合率 4％，一般项目基本符合率 5.5％。线路部分无不符合项目，主控项目基本符合率 3.2％，一般项目基本符合率 3.57％。

（2）福山站变电、徐闻高抗站、南岭终端站、林诗岛终端站建筑工程无不符合项目，主控项目基本符合率 2.56％，一般项目基本符合率 4.49％。

（3）福山站变电、徐闻高抗站、南岭终端站、林诗岛终端站电气安装工程无不符合项目，主控项目基本符合率 2.6％，一般项目基本符合率 3.5％。

（4）福山站变电、徐闻高抗站、南岭终端站、林诗岛终端站电气调试试验与技术指标无不符合项目，主控项目基本符合率 2.0％，一般项目基本符合率 4.35％。

（5）架空电力线路工程无不符合项目，主控项目基本符合率 5％，一般项目基本符合率 11％。

（6）电缆线路工程无不符合项目，主控项目基本符合率 6.67％，一般项目基本符合率 5.41％。

（7）工程综合管理与档案无不符合项目，主控项目基本符合率 6.8％，一般项目基本符合率 2％。

(二) 环保验收

2013 年 9 月，通过环境保护辐射源安全监管竣工环境保护验收。审查前，组织开展了现场检查，验收组听取了建设单位；关于该工程环境保护执行情况，调查单位；关于验收调查情况，环境保护部辐射环境监测技术中心；技术审评单位关于审评情况的汇报。

验收调查报告编制较规范，工程情况和环保措施实施情况介绍清楚，验收标准采用正确，调查与监测方法适宜，调查结论可信，经补充完善后可作为工程竣工环境保护验收的依据。

(三) 水保验收

根据《开发建设项目水土保持设施验收管理办法》的规定，水利部 2013 年 5 月主持召开了海底电缆工程水土保持设施竣工验收会议。政府相关部门以及参与工程建设的设计、监理、监测、施工单位的代表等组成验收组对海底电缆工程水土保持设施竣工验收。

(1) 2005 年 4 月，批复了项目水土保持方案。批复的水土流失防治责任范围 20.07 公顷。

(2) 在工程建设过程中，建设单位落实了水土保持方案确定的防治措施，实施了拦挡工程、斜坡防护工程、防洪排导工程、土地整治、植被恢复等措施。实际完成浆砌石挡土墙 0.98 万 m^3，浆砌石排水沟 0.07 万 m^3；植物措施面积 19.47 公顷，其中乔灌木 0.08 万株，植草 19.47 公顷。

(3) 批复的水土保持方案确定水土保持估算总投资。

(4) 工程水土保持措施设计及布局合理，工程质量达到了设计标准，各项水土流失防治指标达到了方案确定的目标值，其中扰动土地整治率 98.10%，水土流失总治理 97.62%，土壤流失控制比 1.02，拦渣率 98.00%，林划植被恢复率 96.86%，林草覆盖率 41.76%。各项水土保持设施运行正常，发挥了较好的水土保持功能。

建设单位编报了水土保持方案，组织开展了水土保持专项设计，优化了施工工艺。实施了水土保持方案确定的各项防治措施，完成了上级部门批复的防治任务。建成的水土保持设施质量总体合格，水土流失防治指标达到了水土保持效果监测工作。运行期间的管理维护责任落实，符合水土保持设施竣工验收的条件。

(四) 档案验收

(1) 形成了自上而下的工程档案管理体系。海南联网工程档案工作实行了有效的监督和指导。提出"创一流工程，立一流档案"的目标。同时，根据海南联网工程技术复杂、涉及单位多、线路跨度大等特点，确定了"统一领导、属地管理、分级负责"的档案管理体制，为项目档案工作的开展提供了指导依据。

项目参建单位实行了档案工作领导负责制，明确了分管档案工作的部门，设立了档案管理机构，配备了专兼职档案管理人员，形成了自上而下的多层次的项目档案管理网络。建设单位档案管理机构的职能得到充分发挥，为项目档案工作的开展提供了组织保证。

监理、设计、施工、调试等参建单位认真履行档案工作职责，严格执行建设单位制定的项目档案管理办法和要求，及时做好文件材料的形成、积累和归档，为项目档案的完整、准确和系统打下了基础。

根据项目档案工作需要，有计划地开展项目档案人员培训，线路工程档案档案技术交底，统一认识，统一标准，统一做法，提高了工程档案人员的业务素质。

(2) 形成了项目档案管理的制度体系并有效运作。工程档案管理制度体系作为工程建设管理体系的重要组成部分，为规范参建各方的档案管理行为、促进工程管理规范化发挥了积极作用。

(3) 实行各标段的竣工档案签证制。海南联网工程竣工档案首先由工程施工单位自查合格；然后由监理单位进行初检，整改完成后，再由公司现场管理部负责召集所辖范围内施工、监理、运行单位集中检查；最后由档案主管部门主持档案签证工作，对合格者发证并准予移交。竣工档案签证制有效地保证参建各方的档案管理质量，在实际工作中取得了良好效果。

（4）档案工作基本做到了与工程建设同步。建设单位各级档案人员加强项目前期文件收集，抓住了开工技术交底、中间过程检查、竣工验收抓住三个环节，使档案工作与工程建设基本做到同步布置、同步检查、同步验收。

（5）运用档案管理软件进行项目档案管理。建设单位组织开发了档案管理信息系统和单机版程序，实现了项目档案的全息文件管理，规范了项目档案数据移交工作。

（6）海南联网工程各参建单位在工程建设过程中，按照国家及电力行业有关设计、施工、试验等标准及规程规范，认真做好工程文件材料的形成、积累和整理移交工作。工程所使用的设备原材料的质量证明文件齐全完整。土建及安装工程的质量验收及评定记录签署基本完备。

（7）海南联网工程档案按照《科学技术档案案卷构成的一般要求》、《国家重大建设项目文件归档要求与档案整理规范》进行了组卷编目，档案分类合理，整理规范。

（8）海南联网工程竣工图的编制符合《国家重大建设项目文件归档要求与档案整理规范》和《电力工程竣工图编制规定》要求。竣工图图面整洁，字迹清晰，签字手续基本完备，能反映工程建设的实际状况。

（9）建设单位提供验收的项目档案共 1363 卷，电子文件 12386 件，光盘 50 张，照片 25 册。

（10）海南联网工程档案按照"分级负责"的原则，分别存放在建设和运行管理单位。各单位按照档案管理要求，配备了档案专用库房和档案装具，并采取了防火、防盗、防有害生物等安全防护措施。档案柜架、卷盒、卷皮等装具符合标准要求，能够保证档案实体安全。

（11）海南联网工程从开始建设到投入运行，档案在工程验收、财务审计、工程决算、达标投产、项目后评估等工程管理、建设、运行中发挥了重要作用。

八、工程建设管理创新点

（一）工作亮点

（1）抛石保护四方驻船代表管理模式。业主项目部、设计单位、监理、运行单位组成的四方驻船代表全程 24h 驻船监控的创新管理模式，与外方的 DPR 日报管理模式相结合，创造了中外结合的新型管控模式，为抛石保护的顺利进行和按期竣工奠定了基础。

（2）抛石施工段的合并。在技术商讨过程中，项目部发现，抛石段之间如果小于 20m，可以将两段合并为一段进行连续抛石，不仅避免提升、释放抛石管的频繁耽误，大幅提高施工效率和作业连续性，而且实际上也减少施工费用。

（3）抛石坝的过滤层和铠装层技术问题。驻船代表全程监控施工过程，发现很多复杂的海洋工程技术问题，与抛石施工方现场确定技术方案和措施，比如初始设计方案只规定了铠装层的梯形要求，施工前期确定了过滤层的高度要求为电缆或海床上方不小于 0.3m；施工后期发现部分段过滤层抛得过厚过偏，又确定铠装层在海缆上方至少 0.4m 厚，铠装层宽度覆盖住过滤层至少在设计梯形角外方 0.5m 等。

（4）开展进行系列专题研究确定设计方案和施工方案。如联网方案研究中，工程管理者委托加拿大泰德蒙咨询公司开展并联电抗器容量选择、海缆过电压计算、开展海缆保护方式研究，进行抛石坝堆石体稳定性物理模型试验和抛石坝动态稳定力学数值分析及抗锚害研究，开展海底电缆埋深检测研究等专题研究。

（二）工程主要成果

（1）进行国产油和进口电缆油的混油试验，确认可以由国产油代替进口油作为海缆油的备用。

（2）线路采用高跨设计，减少树木砍伐，线路施工采用飞艇放线，大大提高了放线效率。全方位高低腿铁塔 220 基，加高基础 137 基，全方位实现环保、水保及绿色施工。

（3）建立了海缆 AIS 系统、VTS 系统、CCTV 视频监控系统等，建立了海缆运行联动机制和定期应急演练机制，《海底电缆保护条例》立法。为海底电缆长期安全稳定运行奠定了综合保护的模式。

九、综合运行效果

（一）工程投入后的运行情况

2009 年，海南联网系统投入运行以来，抵御了 15 次 8 级以上台风及强热带风暴，成功处置 109 起船舶抛锚事件，168 起船速异常事件。在亚运会、大运会、博鳌论坛等多次重要活动的保供电中发挥了重要作用。截至目前，海底电缆总体运行情况良好，海底电缆未发生安全事故（事件）。

（二）综合效益

海底电缆的运行，结束了海南电网"孤岛"运行的历史，显著提高了海南电网运行的安全稳定性，有效解决了海南电网大机小网的突出矛盾，促进了海南电网与大陆电网之间的相互补给，同时有效促进节能减排，机组利用小时数提高 9％，单位煤耗降低 3.5％，备用燃料机组耗油减少 62％。工程的投运提高了海南电网的供电质量，电网频率合格率达到 100％。同时，海南联网工程也促进了海南电网与大陆电网之间资源优势互补，投运当年已通过该通道送出岛内富余电能 2 亿 kWh。

第四节　工程建设规范化管理

500kV 海底电缆建设工程规范化管理，主要通过在建设过程中实施；程序化管理、格式化管理，以及建立信息采集及沟通机制，以实现工程建设目标。在工程建设中，工程管理人员结合工程实际需要，逐步运用系统工程思维，以创新工程管理技术和改进适用工作标准体系，推进了工程规范化管理进程，完善了工程科技进步的转化。

500kV 海底电缆工程，在建设过程中存在投资规模大、建设周期长、不确定因素多、经济风险和技术风险并存、国外施工管理模式融入等因素。同时，海缆工程涉及公益性强、关注程度高、海洋工程技术复杂、对海南电网的发展产生优化地方电网改造、区域电网电量交换的作用。基于工程建设的特点，构成了符合重大工程建设规范化管理的要素。为此，在建设过程中贯彻国家、行业，工程建设管理的法规、规范、基建一体化信息系统建设等基础上，结合 500kV 海底电缆建设的工程特点，探索新的思路和新方法，以实现不断提升工程建设管理的执行能力。海缆工程规范化管理的实践，对于后续重大输变电工程涉外施工建设项目的管理，具有持续改进的借鉴意义和参考价值。

一、工程管理及应用模式概述

500kV 海底电缆的建设，是我国第一个 500kV 超高压、长距离、输送容量 600MW，跨越琼州海峡区域电网互联工程。施工方主体由国际海洋工程专业公司承担。施工过程主要阶段分为：海缆敷设、海缆两侧终端站建设、海缆埋设保护、近岸段水泥砂浆袋保护、海缆套管保护、海缆抛石保护等，以及各阶段附属工程建设。

海洋工程存在施工过程受海床地质、海流、气象等条件限制，施工过程不可直观等特性，使得工程施工难度大、建设周期长、施工设备自动化程度高、涉及技术领域广泛，同时也影响了工程管理的执行能力，显示了原有工程管理模式的薄弱环节。为此，在施工过程中必须熟悉、掌握外方施工各阶段，各分包专业公司的施工作业过程、施工管理模式，以便在施工中与业主贯彻标准化体系互融。以把握工程建设的质量、进度、投资、安全控制管理与监督管理。

（一）海底电缆施工外方管理模式

国外海洋工程专业工程公司，一般均具备较完善的工程施工管理体系，根据海洋工程的特性和施工合同的约定；对施工质量、进度、安全等的评价，往往委托独立第三方国际海洋工程专业机构，进行审定、验证。即国际船级社，对工程施工全过程监督。

500kV 联网工程海底电缆的施工，外方依据合同约定，前期提供了施工方案和施工计划。施工中则每日提出施工进度 DPR（Daily Pogress Report）日报，并提交驻船买方代表确认。DPR 日报是一份详尽的当日施工情况报告，其信息量涵盖了施工过程的详细资料。当驻船买方代表按规定时间签署后，即视为当日竣工项目验收关闭。外方 DPR 日报的模式中，体现了国外在施工中所进行的全面质量管理理念和 PDCA（Plan Do Check Action）循环的作业方式。

（二）业主工程管理模式

500kV 海底电缆建设的业主施工管理模式按业主传统的输变电工程管理模式实施。即业主成立工程项目部，统筹开展项目管理工作。施工阶段由监理单位深入现场实施工程进度、质量、安全等控制。其工程管理类属于 DBB（Design-Bid-Build）模式。但在施工前期的项目管理参照了 WDD-B（Working Drawing Design-Build）模式。即在工程招标中，将工程施工图和方案设计分开，设计单位只负责方案设计，而施工图设计由施工方承担。工程管理依据国家、行业所属层面的法律、规程、规范、办法、制度等施工管理文件开展工作。

由于海洋工程所存在的国际惯例，形成了中方项目管理在已确定的工程管理模式条件下，持续改进、创新，适用具体工程环境的管理模式研究，以实现工程规范化管理的目标。

二、工程规范化管理的内涵

500kV 海底电缆建设工程规范化管理的基础为：在执行相关依据文件、条例和延续工程建设前期工程管理文件的同时，对工程建设目标的具体分解和细化，以提升实现工程建设总目标的执行能力。其具体内容为：工作内容程序化、管理内容格式化、建立工程信息沟通机制。

（一）程序化管理的实施

在海底电缆施工过程中，工程程序化管理主要内容为：对具体工作运用工作流程管理；编制切实可行的工作程序和实施细则，以确定管理工作标准。程序化管理的主体为业主项目部和监理单位，实施主体为工程参建各方。

为推行国家强制性条例，业主项目部在施工前颁布了《海底电缆敷设基本流程》、《安全、环境保证措施》，其中的重点工作标准见表 5-8。

表 5-8 项目策划、安全、环境保护措施

编　号	目　　录	发布时间
A-01	项目 HSH 管理方针	2008.8
A-02	项目 HSH 管理目标	2008.8
A-03	项目 HSH 管理组织机构	2008.8
A-04	项目 HSH 管理责任制	2008.8
A-05	施工人员健康保证措施	2008.8
A-06	主要工种施工安全措施	2008.8
A-07	环境保护措施	2008.8
A-08	主要工序的 HSH 保障措施	2008.8
A-09	抛石保护项目策划	2011.5

以海底电缆工程项目，管理服务为职能的监理单位项目监理部，根据工程项目的特性，以工程建设前期（事前）、建设中（事中）、控制为阶段，先后颁布了监理规范性管理

文件 7 份，其中包括具体操作控制流程见表 5-9。

表 5-9 **工 作 管 理 文 件 目 录**

编　号	目　录	发布时间
B-01	工程监理大纲	2008.8
B-02	工程监理规划	2008.8
B-03	监理工作计划	2008.8
B-04	海底电缆监理细则	2008.9
B-05	项目监理手册	2009.4
B-06	工程管理人员守则	2009.4
B-07	海底电缆后续保护买方代表实施细则	2010.12

通过对海缆工程建设管理目标的细化，各项实施细则、工作流程的评审，在持续改进的基础上逐步在工作中得到固化，确保了分项工程建设目标的实现。在海缆工程建设中，所形成颁布的工作规范化标准 18 份，见表 5-10。

表 5-10 **项目管理工作标准目录**

编　号	目　录	发布时间
C-01	监理人员职责	2009.4
C-02	现场管理人员的管理办法	2009.4
C-03	工程管理对外行文的管理规定	2009.4
C-04	现场管理的管理制度	2009.4
C-05	管理人员岗位培训制度	2009.4
C-06	现场管理组例会制度	2009.4
C-07	工程开、竣工的规定	2009.4
C-08	施工组织设计及施工技术方案审核	2009.4
C-09	质量事故和质量管理事故报告办法	2009.4
C-10	一级施工进度计划控制网络编制与管理	2009.4
C-11	二级施工进度计划编制与管理	2009.4
C-12	旁站监理实施规定	2009.4
C-13	施工现场管理巡视实施细则	2009.4
C-14	管理工作联系单管理	2009.4
C-15	监理日志、月报的编写	2009.4
C-16	管理工作总结报告的编写	2009.4
C-17	竣工资料的整理与移交	2009.4
C-18	保修期监理跟踪及回访	2009.4

通过程序化管理的实施，工程管理人员在逐步完善、修正的基础上，形成了工程管理内容清晰、工作职责明确、控制文件可追溯，按各项工作流程可操作的程序化管理，同时也为完成工程建设目标奠定了基础。

（二）格式化管理的实施

500kV 海底电缆建设过程中，工程实施格式化管理，依据参建各方管理内容；采用统一形式，贯彻工程管理一体化要求，以尽可能采用标准化的表格，将各项工程管理工作细化和量化。

在工程建设前期，依据施工方提交的工程施工方案，先后制定单项工程网络计划图 7 份，根据排列计划内容，先后创新各项工程管理统一性表格 20 余种，对照程序化管理工作流程，在各单位管理内容中，分别以评审后的实施细则衔接，形成适用于工程特点的表格和工作流程。经工程实践，在施工过程中逐步被参建各方认同。

在海底电缆后续保护施工过程中，用于买方代表具体实施的表格，经在实践中优化、改进，形成了具有指导性、灵活性、操作性强的实用表格及工作流程。其中，海底电缆后续保护工程应用表格，见表 5-11。

表 5-11   海底电缆后续保护应用表格及工作流程目录

编号	表格名称及流程目录	发布时间
A-01	施工作业船/主要设备/安全用具报审表	2010.12
A-02	主要测量计量器具/试验设备检验报审表	2010.12
A-03	××××文件/方案报审表	2010.12
A-04	分包单位资质报审表	2010.12
A-05	项目管理体系报审表	2010.12
A-06	人员资质报审表	2010.12
A-07	专项/重要施工方案报审表	2010.12
A-08	施工进度计划报审表	2010.12
B-01	×××船海底电缆埋设施工质量监控量化信息表	2010.12
B-02	海底电缆后续保护工程项目监理旁站记录表	2010.12
B-03	海底电缆后续保护工程项目监理随船验收记录表	2010.12
B-04	海底电缆弃埋点质量控制记录表	2010.12
B-05	海底电缆弃抛点质量控制记录表	2010.12
B-06	×××船海底电缆抛石施工质量监控量化信息表	2010.12
B-07	海底电缆后续保护工程抛石施工监理旁站记录表	2010.12
B-08	海底电缆后续保护工程抛石施工监理随船验收记录表	2010.12
C-01	××号采石场监理检查记录表	2010.12
C-02	年月日码头石料计、储、运监理量化控制记录表	2010.12
D-01	海底电缆后续保护工程项目管理示意图	2010.12
D-02	买方代表工作流程图	2010.12
D-03	抛石施工买方代表工作流程图	2010.12
D-04	信息沟通流程图	2010.12
D-05	海底电缆后续保护施工阶段质量控制程序	2010.12
D-06	海底电缆后续保护施工阶段进度控制程序	2010.12

编号	表格名称及流程目录	发布时间
D-07	海底电缆后续保护施工阶段投资控制程序	2010.12
D-08	海底电缆后续保护施工阶段安全控制程序	2010.12
E-01	买方代表主要分项质量控制点	2010.12
F-01	项目管理监理组织机构图	2010.12

在工程管理表格的应用中，突出强调了目的性、灵活性和规范化。而格式化管理内容针对特殊工艺施工过程，则强调创新与应用。规范的表格化管理为现场工作简化了工作程序，提供了关键技术创新管理的迅速转化与应用。

（三）建立工程信息采集与沟通机制

海底电缆工程施工信息的采集与沟通，主要以通过现场工程管理人员在开展工程控制中，对施工方采用各项新技术、新设备、新工艺及施工关键点的控制与管理方法采集，对施工过程中不能在现场进行决策；每日工程进度的评价；发布指令的有效性；工程质量控制中的相关问题等，及时进行采集。同时按规定传送各方工程管理人员进行分析汇总。在确认解决方案后，反馈到现场执行。工程信息采集与沟通机制，包括信息采集、信息量化、解决方案、评定测量、判定性质、分析研究、沟通反馈等过程。在海底电缆工程实践中，通过工程量化信息的采集，建立了工程情况短信提示平台；特殊情况工程快报；每天工程日报；每周工程小结周报；每月工程汇总月报等，并当日发布施工情况报告。

500kV海底电缆埋设施工中，现场管理人员从工程量化信息的采集入手，通过和各管理层的信息沟通；实现了"酵母菌"式管理模式，即：针对外方施工过程的每个环节逐步渗透和参与，形成工程施工中相关管理控制预防措施。改变了仅仅依靠对外方DPR日报的检查、核对，而事后再进行管理控制和制定纠正措施的工作方法。

通过在工程中实施工程量化信息的采集和沟通，提高了现场工作效率，提升了项目管理水平，实现了创新管理的落实。同时通过现场管理人员与各层管理人员的直接参与，充分调动了每个管理人员的主观意识；以服从工程全局目标为统筹，认真研究问题、解决问题。从而促进了海缆工程科研成果的转化，以及管理模式、管理方法创新的应用。

三、海底电缆建设科研成果转化及工程管理创新案例

500kV海底电缆工程规范化管理实施，在建设过程中，促进了各项科研成果的转化。同时在工程管理中创新的工作方法和程管理模式的改进，均在工程实践中得到应用和检验。其中，工程前期较为典型科研课题有《海南联网工程海底电缆的选择》成果，在海底电缆制造和海底电缆结构设计过程中得以转化和应用。《海南联网海底电缆护套绝缘监测方法研究》成果，在海底电缆监测与护套接地方式、故障点测量，充实了实用计算依据。海底电缆后续保护施工过程中，针对设计论证结论开展的海底电缆抛石保护模拟试验、计

算研究；海底电缆埋设保护 BPI 指数的应用；海底电缆抛石保护工程管理模式创新等；均具备了由理论转化为实际应用的验证过程。

（一）海底电缆抛石保护应用研究成果的转化

500kV 海底电缆后续抛石保护建设过程中，为确保海底电缆安全和工程质量，在设计论证中同时开展了《海底电缆抛石保护数值模拟研究》、《琼州海峡海底电缆抛石稳定性研究》，分别针对堆石体设计参数，以及在各种海况条件下抛石作业模拟试验、石料堆积体稳固性试验、对海缆运行可能造成的危害研究、施工落石过程中对海缆的冲击力计算、石料堆积体对海缆的保护强度确认以及设计参数的可行性与安全性评价。研究成果在工程应用中，将碎石内层施工后不加块石外层，经 60 天考核及台风直接影响海流的工况下，碎石堆积体保持了完好的体积形状。充分证实了设计论证及科研成果的可靠性及工程实用价值。同时也使得科研成果在工程实践中得到转化，形成了理论在实践中验证的全过程。

（二）海底电缆冲埋保护工程控制方法的创新

在海底电缆冲埋保护施工中，按规程要求及设计参数，均未涉及海床地质条件。即；对海床硬质层与软质层海底电缆埋深值要求一致，仅区别深水区与浅水区不同。然而，实际工程中；海底电缆埋深值的确定，取决于在一定锚重及外力冲击影响下的海床地质不排水强度值。由于在设计中仅仅提供了设计勘察点的不排水抗剪强度值。针对如何确认设计勘察钻探点以外的每米长度不排水抗剪强度值，形成了已确定的工程控制方法不适用的问题。工程管理人员经反复研究、分析，通过冲埋臂压力值和冲埋点作业时长，对应海床地质不排水抗剪强度值的函数关系，绘制相应的曲线图，并通过应用统计分析法。对冲埋段每米的海底电缆埋深值进行分析、判定。通过工程实践和后期检测结果证实了，采用实用作图分析法和统计分析法，其正确率达到 80％以上，对于不能判定的冲埋段和无法进行冲埋作业段，则纳入后续抛石保护阶段完善。工程控制方法创新的成果，补充、完善了工程设计中的依据。对海底电缆运行、维护、修复时确认海床地质情况具有实用意义，并在后续工程中具有借鉴和参考价值。

（三）海底电缆抛石保护管理模式的创新

海底电缆工程建设中，通过程序化管理，调动了参建各方积极性。在海底电缆后续抛石保护施工中，由于海洋工程的特性；其施工作业、检查、评定、中间验收、竣工验收过程等必须一次性完成的特点。创建了"冷凝效应"管理模式，即确定由工程项目部、监理、设计、运行单位分别派出代表，组成买方代表组驻船开展全过程控制。主要工作程序、工作流程按《500kV 海底电缆后续保护买方代表实施细则》中要求进行。抛石作业中形成的重要控制文件有施工过程旁站记录、施工量化信息表、工程日报、中间验收表、竣工验收表、DPR 日报审核记录表、工程日例会纪要、施工安全（健康、环境）检查记录，施工待命统计表等 9 类工程控制成果。同时在实施中持续改进，避免了工程管理流程的僵化，提升了工程项目管理的执行能力，创新了工程控制模式。通过工程实践验证，创新的工程控制模式，提升了参建人员工程规范化管理的执行能力，提高了工程管理效率，实现了与外方工程管理的互融，确保了工程控制目标的实现。

500kV 海底电缆建设工程规范化管理的实施，是在特定的工程环境下，逐步形成的工程管理控制模式及成果。审视工程规范化管理的内涵，对照基建一体化信息系统建设业务规范的要求，既有工程规范化管理的创新，也存在差距和不足。

在工程建设过程中，工程管理措施，始终坚持创新管理手段和方法，不断在实践中修正，有效地实施了各项工程控制，实现了与国外工程管理的接轨，同时也积累了经验，推进了工程规范化管理的进程。

第五节　海底电缆抛石保护工程管理实践范例

500kV 海底电缆工程建设中，海底电缆实施抛石保护的工程意义是：在海底电缆已进行过埋深保护及其他保护措施的基础上，对不能满足设计防护要求或无法实施其他保护措施的海缆区段、海缆裸露海床部位及悬空段，实施后续抛石保护加固及工程完善化建设措施。

国内外海底电缆输电工程的建设中，实施海缆后续抛石保护措施，已在各国海缆工程建设中广泛应用。尤其是针对海底电缆在复杂的海床地质条件下形成的悬空段，通过实施抛石填充，所形成的石料堆积体，使海底电缆运行环境得到有效改善和稳固，避免了海底电缆在海流的作用下，长期疲劳运动或与海床产生摩擦，而造成海缆绝缘介质破坏。同时，海底电缆上部的石料堆积层也具备了一定抵御外力冲击破坏的强度。

500kV 联网工程海底电缆后续保护措施，在工程实施中主要有 2 个建设阶段。其中前期建设阶段包括海底电缆状态的精勘调查、设计论证、试验研究、采石场调研。施工阶段包括石料的制备及质量控制、抛石作业、滤层（碎石层）转序验收、铠装层（块石层）断面竣工验收、工程控制等。

一、海底电缆抛石保护建设前期技术论证

海缆抛石保护建设范围，是通过精确勘测路由海缆现状，确认海缆每米不满足设计要求的区段和相应的海床地质形态，以及各区段精确的坐标点。对不满足设计要求的海缆区段，进行抛石保护，以获得石料层的覆盖厚度、长度的计算数据，同时计算出抛石工程量，并以此作为抛石保护的主要技术指标和工程范围。

对于采石场的调研，主要针对石种的选择开采岩面储量、生产流程、各级石料筛网的配置、检测设备、石料的污染指标等。

（一）设计论证及技术要求

海缆抛石保护的设计，依据 GB 50217—2007《电力工程电缆设计规范》5.7.2 中要求：水下电缆不得悬空于水中，浅水区埋深不宜小于 0.5m，深水航道区不宜小于 2m。在对应规范要求的前提下，以海缆覆盖石料层做对应埋深值防护强度比较。为此，设计单位对海缆抛石设计，综合考虑海缆安全和堆石体稳定性；设计的堆石体采用两层结构，内层（滤层）为 1～2 英寸碎石，外层（铠装层）为 2～8 英寸组合块石。

1. 堆石层稳定重量计算

设计中针对堆石层设计相关计算，根据工程的海流条件和界入安全系数进行初步计算，设计中选用了伊兹巴什（Isbash）公式，其数学模型为

$$W_S = K\rho_s g \left[\frac{\rho_0}{g(\rho_s - \rho_0)} \right]^3 V_0^6$$

式中　W_S——块石重量；

　　　K——安全系数；

　　　ρ_s——块石密度；

　　　g——重力加速度；

　　　V_0——流速。

通过计算，设计推荐了 3 种海流状态下的块石密度稳定重量及安全系数，见表 5-12。

表 5-12　　　　　　　　　　　　石料密度稳定重量表

安全系数	流速（m/s）	石料密度（kg/m³）			
		$\rho=2400$	$\rho=2500$	$\rho=2600$	$\rho=2700$
1.0	1.0	0.16	0.13	0.12	0.10
	1.4	1.20	1.02	0.87	0.75
	2.0	10.23	8.63	7.37	6.36
1.5	1.0	0.24	0.20	0.17	0.15
	1.4	1.81	1.52	1.30	1.12
	2.0	15.34	12.94	11.06	9.55

2. 对设计论证结果的深化研究

经对海底电缆抛石保护工程设计论证结果分析，设计已基本具备了海底电缆抛石施工的主要技术参数。然而，由于海洋工程的特殊性，以及在各种海况条件下，石料堆积体对海底电缆可能造成的危害；施工落石过程中的危害；石料堆积体在海流作用下的稳定形态；石料堆积体对海缆保护的强度等，仍需进行深入量化研究。

（二）海底电缆抛石应用试验研究成果

500kV 海底电缆后续抛石保护，在设计论证中同时开展的《海底电缆抛石保护数值模拟研究》、《琼州海峡海底电缆抛石稳定性研究》，补充、完善了设计参数。海底电缆抛石

保护应用试验研究，丰富了现有海底电缆规程、规范的理论依据，为同类后续工程具有参考意义。

（三）数值模拟研究成果

（1）抛石作业及石料级配的组成。即抛石作业中块石对海底电缆的危害，在试验研究中，通过颗粒流相关理论及模型参数的确定：采用 PFC2D（Particle Flow Cade in 2 Dimensions）二维颗粒流程序进行计算，并在理论上进行分析。其结论证实了设计参数的可行性和安全性。

（2）石料堆积体抵御锚害的能力。选择 1000kg、1500kg、2000kg 的锚具，分别建立 9 种典型荷载工况，模拟在其作用下石料堆积体的力链分布及海底电缆的应力随时间变化的关系，并绘制相应的曲线图分析。其结论说明了抛石层与海底电缆埋深值的等同作用能力。

（3）模型参数敏感性分析。选择石料的强度、孔隙率、摩擦系数和级配参数进行计算分析，研究各参数间在模拟状态下的变化规律。其结论修正了工程设计的相关参数。

（四）抛石稳定性研究成果

（1）物理模型试验。分别对抛石堆积体稳定性临界重量、设计断面、分段间距、石料级配、施工石块偏移量 5 种类别；4 种海流情况，5 种不同水深，进行 60 组模拟试验。其结论证实了设计抛石堆积体在运行中的稳定性。

（2）石料堆积体计算分析。在物理模型试验的基础上，从关键控制要素与结果出发，通过拟合获得数学表达式。其中主要计算课题有石料堆积体稳定重量、稳定尺寸、块石对海底电缆的冲击力、块石沉降的动力速度、块石坚向运动微分方程推导、块石水平运动方程推导、块石冲击速度与入射角度。基于计算结果丰富了海底电缆抛石安全性的理论依据，同时对悬空段海底电缆抛石尺寸确定了主要技术指标。

二、海底电缆抛石保护石料的制备及质量控制

500kV 海底电缆联网工程后续抛石保护石料的制备，其技术指标依据设计论证提出的《石料技术要求》。石料的理化性能检测；通过国家授权检验单位；在采石场充分调研的基础上，在拟开采的岩石面取样，并进行石料密度、比重、机械强度、放射性物质、污染物质的检验。

最终确认开采的岩层为典型海山玄武岩结构，岩脉发育稳定、储藏量丰富。岩层的开采、生产、计量、抽样检测、储备、运输，均进行严格监控全过程，以确保储备的石料质量符合设计要求。

（一）石料生产的筛选

开采的原石经破碎后，进入五级筛网筛选，其中第一级过滤超过 8 英寸石块并将超径石

块，由输送带返回破碎机，第二级至第五级分别过滤 2、4、6、8 英寸石块，而后按设计级配比例掺合。石料连续级配曲线，如图 5-2 所示。

（二）石料质量的检测

石料质量是确保海底电缆安全的重要因素，成品石料颗粒径大，并占比例大易造成海底电缆损坏，颗粒径小比例大则造成石料堆积体不稳定。为此，石料生产过程，严格按设计级配比例进行检测。石料级配及允许误差，见表 5-13。

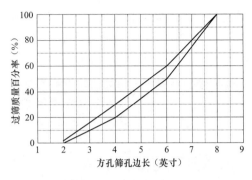

图 5-2 石料连续级配曲线

表 5-13 石料级配及允许误差

级配编号	通过筛孔（英寸）质量百分率（%）			
	8	6	4	2
标准级配	100	55	25	0
允许误差级配	100	50～60	20～30	0～1

成品石料的检测，按设计要求每生产 10000～20000t 进行一次抽检。抽样从成品石料生产中提取，并有间隔的取 4 个子样，每个子样 2000kg。经人力进行筛选比对，当有 2 个子样超过级配要求范围时，即可判定为不合格。则全部返回生产筛网重新筛选。

三、海缆抛石保护施工建设实践

海缆抛石保护的施工建设是一项复杂的海洋工程，由于抛石作业具有明确的受限条件和施工过程隐蔽性，使得施工设备自动化程度高，涉及技术领域广泛。随着国内外海洋工程技术的发展，抛石作业落石管技术、水下机器人技术已逐步应用于海缆抛石保护建设。

500kV 联网工程后续抛石保护工程建设，由 Tideway 公司施工，其抛石作业船 Flintstone 号为 2011 年最新制造的 20000t 级专用抛石动态定位施工船，并装备了目前世界最先进的落石管组装模块和 ROV 检测设备。

（一）抛石作业过程

施工船采用 2 套 DGPS 海上定位系统，依据前期精勘坐标在海缆路由定位作业点，同时启动超短基线（USBL）系统进行水下定位，并启动多普勒计程仪校准导航系统，以确认作业面的基本数据和确认安装抛石导管和 ROV 装置距海床的工作距离。在取得精确数据后，施工船离开作业点 500m 安全范围内，进行抛石导管和 ROV 设备安装。而后进入作业点，启动 ROV 系统对海缆状态、地质情况检测，根据获取的数据开始进行抛石作业。

Flintstone 号施工船具备 2 个石料舱，可分别装载 1～2、2～8 英寸石料各 10000t。抛石作业时；通过船上的装载机，将 1～2 英寸石料放入料斗口，经输送带转入至中央缓冲料斗口，通过已安装的抛石导管对海缆作业部位进行碎石层（过滤层）精确抛石。过滤层抛石结束后，同时 ROV 系统采集的数据经整理分析，确认消缺项。施工船返回消缺点整改，经再次检测后出图提交驻船买方代表确认，并在 24h 内进行块石层（铠装层）抛石作业，其作业过程与过滤层抛石相同。最终提交的每米抛石断面图，详细的描述了海缆位置、海床形态、过滤层形状、铠装层形态及设计控制形状等 5 条曲线组合数据图，经买方代表签署后即视为验收关闭。

Flintstone 号施工船抛石作业，如图 5-3 所示。

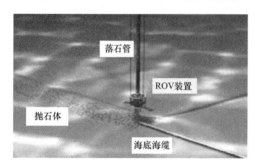

图 5-3　抛石作业示意图

（二）抛石作业检测

抛石作业的检测，主要通过落石管末端的专用 ROV 装置实现数据的采集，ROV 装置由多种先进设备组成，包括：导航仪、测深仪、声纳传感器、测高仪、旁扫声纳、扫描传感器、海缆跟踪器（TSS350）、水下摄像设备、水下照明设备。施工中 ROV 采集到的数据即时传回操作平台计算机处理，用于支持 DTM（Digital Terrain Measurement）数据模型检测模块。

1. 检测系统

检测系统主要由 3 类子系统组成，其中主要功能为海缆定位、数据采集、数据处理。而后通过 Terramodel 程序制图，包括原始状态、设计控制状态、抛石后状态等横剖面图和纵剖面图。

2. 抛石作业的工程控制

在抛石作业过程中，买方代表驻船开展全过程控制。主要工作程序按《500kV 海底电缆后续保护买方代表实施细则》中的要求进行。抛石作业中形成的主要工程控制文件有施工过程旁站记录、施工量化信息表、工程日报、过滤层中间验收表、铠装层竣工验收表、施工进度 DPR（Daily Progress Report）日报审核记录表、工程日例会纪要、施工安全（健康、环境）检查记录表、施工待命记录等 9 类有效工程文件。这些工程文件与地面工程管理控制形成的文件，构成了后续抛石保护建设的工程控制体系。

500kV 海底电缆联网工程后续抛石保护工程，为确保海底电缆安全运行、减少海底电缆故障几率所实施的工程完善化措施，在工程建设前期开展的设计论证，试验研究等，均具备后续同类工程借鉴的意义。

我国超高压海底电缆输电工程，长距离、多区段实施的海底电缆抛石保护施工尚属首次。施工过程中，海洋工程施工技术、落石管技术、ROV 检测技术的应用，显示了目前国际上海洋工程发展的水平。随着我国海洋工程的开发利用，进一步开展海洋工程技术、工程设备技术、工程检测技术开发研究，将具有广泛应用空间。

第六章
工程建设监理

500kV 海底电缆工程建设监理，作为业主方项目管理的范畴之一，参与海底电缆工程建设项目的施工管理主体技术服务全过程。在国际上通常把这类服务归为工程咨询（工程顾问）服务。按照国际惯例，海洋电力输送工程建设，对施工质量、进度、安全等的评价，往往委托独立第三方国际海洋工程专业机构，即国际船级社，对工程施工全过程监督，进行审定、验证。国内海底电缆工程建设监理与国际船级社的工程管理技术服务，其工程建设施工阶段的技术服务内容本质是一致的。因此，500kV 海底电缆工程建设实施工程监理，采用的是我国工程监理制与国际惯例接轨的一项工程创新管理模式。

500kV 海底电缆工程建设监理的工作特性，具有鲜明的工程管理控制的难题，即：国际标准、国际海洋工程惯例与我国相关 GB 标准及设计规范冲突；国际海洋工程施工管理模式与国内传统工程管理模式冲突；国际海洋工程技术和装备与国内掌握的海洋工程技术及设备形成差距的冲突；国内科研开展的海洋工程研究成果，在实际工程应用转化中与国际海洋科技进步不相溶的冲突。

500kV 海底电缆工程建设监理，本着服务性、科学性、独立性、公平性的原则，一切努力服从于项目的目标控制。主要工作包括：

（1）确定项目总监理工程师，成立项目监理机构，发布工程项目监理各项规定。

（2）编制 500kV 海底电缆工程建设监理规划、监理大纲、监理实施细则。

（3）按评审通过的监理规划、监理大纲、监理实施细则，规范化地开展监理工作。

（4）实施工程建设全过程控制，负责工程建设中间验收、分部验收，参与竣工验收，签署建设工程监理意见。

（5）编写、提交工程建设过程中各项专题技术报告。

（6）向业主提交建设工程监理档案资料。

（7）编写监理工作总结。

监理单位受业主委托对建设工程实施监理时，应遵守以下基本原则：

（1）公正、独立、自主的原则。

（2）权责一致的原则。

（3）总监理工程师负责制的原则。

（4）严格监理、热情服务的原则。

（5）综合效益的原则。

500kV 海底电缆工程建设监理，是一个涉及技术领域广泛，集工程科学、工程管理、工程专业综合的汇集，在 500kV 海底电缆工程建设监理及施工中，都具有举足轻重的作用。

第一节　工程建设监理

一、监理范围和工作内容

工程的监理范围：500kV 海底电缆及附属设备工程，从施工准备直至移交试生产及保修阶段。工作内容：对工程的建设工程项目开展质量控制、进度控制、投资控制、安全控制、合同管理、信息管理及工程协调的监理活动。以 500kV 海南联网海底电缆工程建设监理为例，其中监理范围和工作内容要求如下。

（一）终端站土建部分监理范围

（1）海缆终端钢支架及基础：避雷器钢支架及基础；油泵房；油罐区：油罐制作安装、油罐基础、基础预埋及地基处理等。

（2）电缆仓库：盘缆旋转机构、油压系统、下部土建基础、上部结构与基础的接口。

（3）站址场地平整及地基处理、500kV 南岭终端站冲击式钻孔灌注桩、架空平台及进站栈道；500kV 南岭终端站及林诗岛终端站进站道路（含 500kV 南岭终端站进站栈道）、围墙、挡土墙、站内沟道、通风空调安装、消防设施、站内给排水和站区绿化等。

（二）电气设备安装工程监理范围

（1）500kV 充油电缆终端、支柱绝缘子、氧化锌避雷器、端子箱、室内屏柜安装及二次部分。

（2）电缆终端站的接地系统：500kV 户外电缆终端的接地；所有电气设备外壳的接地；所有低压电缆金属屏蔽层末端的接地；其他所供设备的钢构架和设备外壳的接地。

（3）主接地网；备用电源柴油发电机组安装；站用电系统、站用变压器、油泵站系统低压电缆及油泵站 380/220V 低压配电系统；油泵站电缆及电缆支架。

（三）监控系统

包括海缆温度监视系统、海缆损伤探测系统、监测数据后台处理系统、远动终端设备（RTU）及就地显示系统和 GPS 对时装置、供油控制系统现场安装及调试等。

（四）通信系统、海缆供油系统、海缆终端安装等

（五）海底电缆敷设及埋设监理范围

（1）路由定位复测；路由清理（包括水下珊瑚礁区及基岩区切割，沉船、块石及爆破

物品等清除）。

（2）电缆敷设及埋设：水深、流速、流向监测（参与施工单位监测）；电缆应力监测；电缆埋深检测；电缆隐蔽工程验收；电缆敷设及埋设过程质量控制；海底电缆施工监测系统的安装与调试。

（3）电缆保护，包括：登陆段砖砌电缆沟保护；潮间带加瓦形盖板或 HDPE 穿管保护，以及海床基岩加混凝土或石笼沉床保护，电缆附件安装。

二、监理工作内容

根据招标文件中的有关规定，乙方的工作内容包括但不限于以下工作：

（1）参加初步设计阶段的设计方案讨论，核查是否符合已批准的可行性研究报告及有关设计批准文件和国家、行业有关标准。重点是技术方案、经济指标的合理性和投产后的运行可靠性。

（2）参加主要设备的合同谈判工作；核查设计单位提出的设计文件（如有必要时，也可对主要计算资料和计算书进行核查）及施工图纸，是否符合已批准的可行性研究报告、初步设计审批文件及有关规程、规范、标准；核查施工图方案是否进行优化。

（3）参与对承包商的合同谈判工作；审查承包商选择的分包单位、试验单位的资质并提出意见。

（4）参与或受甲方委托组织或参与施工图纸交底；施工图会审；审核施工图是否符合已批准的初步设计要求，图纸是否有错漏。

（5）审核确认设计变更；督促总体设计单位对各承包商图纸、接口配合确认工作；对施工图交付进度进行核查、督促、协调。

（6）主持分项、分部工程、关键工序和隐蔽工程的质量检查和验评。

（7）主持审查承包商提交的施工组织设计，审核施工技术方案、施工质量保证措施、安全文明施工措施；协助建设单位监督检查承包商建立健全安全生产责任制和执行安全生产的有关规定与措施。监督检查承包商建立健全职业健康安全管理体系和环境管理体系。参加由建设单位组织的安全大检查，监督安全文明施工状况。遇到威胁安全的重大问题时，有权发出"暂停施工"的通知。

（8）根据建设单位制定的里程碑计划编制一级网络计划，核查承包商编制的网络计划，并监督实施；审批承包商单位工程、分部工程开工申请报告。

（9）审查承包商质保体系文件和质保手册并监督实施；核查现场施工人员中特殊工种持证上岗情况，并监督实施；负责审查承包商编制的"施工质量检验项目划分表"并督促实施。

（10）检查施工现场原材料、构配件的质量和采购入库、保管、领用等管理制度及其执行情况，并对原材料、构配件的供应商资质进行审核、确认。

（11）制定并实施重点部位的见证点（W 点）、停工待检点（H 点）、旁站点（S 点）

的工程监理实施细则，监理人员要按作业程序即时跟班到位进行监督检查。停工待检点必须经监理工程师签字才能进行下道工序；参加主要设备材料的现场开箱验收，检查设备保管办法，并监督实施。

（12）核查工程的概（预）算、决算；工程付款必须有总监理工程师签字；监督承包合同及材料设备供货合同的履行。

（13）主持审查调试计划、调试方案、调试措施；严格执行分部试运行验收制度，分部试运行不合格不准进入整套启动试运；参与协调工程的分系统试运行和整套试运行工作；主持审查调试报告。

（14）主持竣工预验收，参加建设单位组织的竣工验收并签署竣工验收报告；承担质量保修期监理工作，对工程质量缺陷进行检查和记录，调查分析并确定责任，对修复后的工程质量进行验收和核实费用，合格后予以签认。

（15）负责控制该工程的投资，对因变更引起的工程量及费用增减进行审核。

（16）按规范要求签证施工记录文件，组织竣工资料审查，协调并督促承包商（含设计方）的竣工资料移交工作。

三、监理目标和控制措施

（一）工程控制目标

1. 质量控制目标

满足国家及行业的施工验收规范（合格率100%，综合优良品率不低于85%），满足国际通用标准（没有国家标准情况下），保证贯彻和顺利实施工程主要设计技术原则，按照中国南方电网有限责任公司 SCG/MS0903—2005《中国南方电网有限责任公司电网建设工程达标投产考核评定管理办法》实现达标投产，杜绝重大质量事故和质量管理事故的发生，达到优质工程标准。质量控制目标体系分解与规划如下：

（1）保证贯彻和顺利实施工程设计技术原则，满足国家及行业标准、规程、规范；满足输变电工程达标投产考评标准和"创一流"工程标准。

（2）满足 GB 50168—2006《电气装置安装工程电缆线路施工及验收规范》、DL/T 5210《电力建设施工质量验收及评价规程》、IEEE、国际电工委员会 IEC 等系列标准和 DL/T 5161.1～5161.17—2002《电气装置安装工程　质量检验及评定规程》的优良级标准。

（3）单元工程合格率100%，分项工程优良率98%以上，分部工程优良率100%；工程竣工一次验收合格，一次启动成功；杜绝重大质量事故和质量管理事故发生。

2. 安全控制目标

杜绝人身死亡事故、重大设备事故、海上交通事故、重大质量事故和其他重大事故，实现"零事故"目标。安全控制目标体系分解与规划：

（1）杜绝人身死亡事故和3人及以上重伤事故，轻伤事故率不大于6‰。

（2）杜绝重大机械设备事故、火灾事故、垮塌事故和其他恶性事故。

（3）杜绝负主要责任的重大交通事故（重点防止海上交通事故）和电网大面积停电事故。

（4）落实环保方案和措施，不发生海洋和陆地环境污染事故，实现文明施工；在施工中贯彻和执行《500kV 输变电工程安全文明施工总体措施概念设计》纲要的各项规定，加强安全及文明施工管理，监督和保证施工单位安措费的合理使用，创建南方电网工程建设安全文明施工一流现场。

3. 投资控制目标

工程总投资控制在批准的概算之内，力求优化设计，认真审核设计变更及其调增的工程量，尽量节约工程投资。投资控制目标体系分解与规划如下：

（1）把设计方案优化作为重点，采用限额设计和价值工程分析等方法，优化设计方案，降低全寿命周期的使用维护费用。

（2）积极配合施工单位进行技术优化，以降低工程投资，节约投资；及时了解工程情况和问题，并配合和协调设计、施工单位合理处理工程问题，避免投资浪费。

（3）搞好设计变更的配合、审查和协调工作，特别控制增加投资的变更，及时向业主报告。

（4）严格审签施工单位工程款支付申请和工程结算书，使施工费用控制在合同承包费用范围内。

4. 进度控制目标

确保工程施工的开、竣工时间和工程阶段性里程碑进度计划的按时完成，以"工程服从质量"为原则，根据需要适时调整施工进度，并采取相应措施。工程计划于 2008 年 7 月开工，于 2009 年 6 月竣工。进度控制目标体系分解与规划。

（1）确保本工程开竣工时间满足业主监理招标文件的要求；各分部工程控制性工期，以确保项目法人阶段性里程碑进度计划和投资计划的完成为原则，并根据项目法人要求相应调整。

（2）以"工程进度服从质量"为原则，根据工程进度实际情况适时调整计划。当工程受到干扰而影响工期时，及时调整阶段性计划，并采取积极措施，确保总进度计划的实现；当业主要求变更进度计划时，及时按需要调整计划，制定相应措施并监督实施，使工程按业主要求时间竣工。

（二）实现目标的主要措施

为实现工程建设总目标，采取组织措施、技术措施、经济措施、合同措施等保证措施，并根据多个同类工程的监理经验，有针对性地对单位工程、分部工程、分项工程控制点采取有效控制措施，运用《输变电工程项目管理系统》等软件进行科学的信息化管理。

（1）组织保证：严格遵守在投标书中所作出的承诺，及时组建适应本工程现场监理工作所需要的工程项目监理部，任命总监理工程师，项目监理部实行总监理工程师负责制，全面负责监理部的工作，在组织机构的支持下，建立健全完善的质量保证措施、安全管理体系和技术保证体系，高效运作，为建设单位提供全方位的优质服务。

（2）技术保证：应为国家甲级监理公司，拥有丰富的输变电工程施工监理经验和雄厚的人力、物力、财力作为坚强的后盾，有输变电工程设计、施工监理和施工管理经验的监理人员组成的监理队伍参加本工程的建设，监理以"公正、公平、科学"的原则，以建设单位满意为服务宗旨。

（3）制度保证：按 GB/T 19001—2008《质量管理体系 要求》、GB/T 24001—2004《环境管理体系 要求及使用指南》、GB/T 28001—2011《职业健康安全管理体系 要求》标准编写了《综合管理手册》、《程序文件》和《作业文件》，制定了监理管理制度和监理工作流程，严格按照规范、标准、设计文件及有关合同处理施工过程中发生的各种问题，提供规范化和标准化的监理服务。

（4）措施保证：根据海底电缆项目监理合同及建设单位批准的监理大纲，认真编写工程的监理规划报项目业主或建设单位审批，根据批准的监理规划，由总监理工程师组织专业监理工程师编写监理实施细则，并在本工程中认真贯彻执行。

（5）资源保证：根据本工程的特点，在人力资源方面，我们拟组织组织能力强、专业技术水平过硬的总监理工程师、副总监理工程师等管理人员，以及各专责监理工程师、专业监理工程师、监理员。在物资配置方面，提供现场监理工作所需要的交通工具、通信设备、办公设备、办公场所、检测仪器和测量工具，以满足监理工作需要。

四、工程各阶段工作要点

根据海底电缆工程招标书，监理服务范围和监理承担过的同类工程的建设监理经验，为确保工程安全目标、质量目标、进度目标、投资目标的实现，特提出开工准备阶段、施工实施阶段及工程后期阶段监理应做好的各项工作，以满足现场监理工作需要。

（一）开工前准备阶段监理工作要点（见表 6-1）

表 6-1　　　　　　　　　　开工前准备阶段监理工作要点

序号	工作内容	工作要点	备 注
一、应做好的准备工作			
1	组建现场项目监理机构	实行总监负责制，建立完善的监理制度、配备监理人员，明确分工和岗位职责	
2	配备监理设施	按监理委托合同约定，以满足监理工作的需要；配备完善的生活、办公设施和良好的通讯设施	
3	确定监理目标	制定工程控制的质量目标、进度目标、投资目标、安全目标及相应的分解目标	
4	完善监理的质量保证体系	健全各项监理制度，建立监理工作程序和工程申报制度；编制工程监理过程中使用的各种监理表式	

续表

序号	工作内容	工作要点	备注
5	编制监理规划	根据本工程的监理大纲、监理合同及其他相关文件编制监理规划	
6	编制监理实施细则	针对本工程的设计和特点，按施工进度编制相适应的监理实施细则	
7	加强监理人员学习培训	熟悉本工程的监理合同、承包合同、设计施工图、资料；掌握相关的建设法规，技术标准和规范	
8	编写创优规划	根据建设单位制定的质量目标和国家优质工程（电力工程部分）所提出的要求编写规划	
9	注重质量预控	预测质量薄弱环节，提出预防措施；设置质量的控制点；针对工程的施工难点，提出具体的监控措施	
10	制定各项监理控制措施	制定本工程的质量控制、进度控制、成本控制、安全控制、合同管理、信息管理、组织协调的具体监理措施	
11	参加初设审查，组织设计交底和图纸会审	参加初设审查；组织召开设计施工图交底审查会，起草会议纪要	
12	主持召开第一次工地会议	明确项目监理部组织机构、工作接口、人员分工及监理流程等；明确本工程拟采用的表格形式和检查验收程序要求，确定信息交流和建立正常的联络方式；研究确定定期工地例会制度	
13	检查开工条件	实地检查施工场地、进场道路和水、电力通信线路开通情况；承包商人员到位情况；施工设备、机具进场情况；施工所需的原材料落实情况	
14	签署书面开工指令	审核承包商报送的施工组织设计和开工申请报告，在检查合格后，经建设单位同意后发布书面开工指令	
二、监督、检查承包商的施工准备工作			
1	审查承包商的现场组织管理	审查管理组织机构、现场管理制度	
2	审查承包商的质量保证体系	审查组织机构是否健全、人员配备、质量自检制度、质量管理措施、质量计划	
3	审查承包商的安全保证体系	审查安全管理组织机构、人员配备、安全管理制度、措施	
4	审查施工总进度计划	审查计划是否满足工程总工期要求，各单位工程的工期和搭接关系是否合理、可行	
5	审查承包商进场的人员及后续人员进场计划	专职管理人员和特殊工种作业人员是否具有相应资格证、上岗证，人力资源满足施工需求程度	
6	审查承包商进场的设备及后续设备进场计划	审查进场的设备的数量、型号、规格、生产能力是否符合投标书、技术方案中所列要求；设备进场计划是否符合进度要求	

续表

序号	工作内容	工作要点	备 注
7	审查承包商提供的材料、半成品、设备	审查原材料及半成品产品合格证或技术说明书、检验报告；检查各种设备、材料的存储、堆放、保管、防护措施	
8	审查承包商的施工方案	审查方案的可行性、针对性、有效性、施工方法、施工工艺、施工机械设备的选择、施工组织人员安排、安全防范措施	
9	审查承包商选择的分包单位	审查分包单位的企业资质、工程经验与业绩，财务状况；拟分包工程的内容和范围，专业管理人员和特殊作业人员的资质和持证情况	
10	审查承包商选择的试验单位	审查试验单位的资质；试验设备的数量、质量	
11	审查承包商的施工定位放线	检查施工现场的测量标志，组织施工放线控制点的交接工作；检查定位放线及高程水准点	
三、完成建设单位工程开工前的准备工作			
1	配合建设单位施工招标工作	依据《招投标法》的规定，配合建设单位开展施工招评标工作	
2	完成材料、设备供应的批准工作	协助制定满足总体工期要求的材料、设备采购供应计划，协助建设单位设备、材料采购监造及验证工作	
3	外部协调工作	在建设单位授权范围内，代表建设单位协调建设各有关方面的关系	

（二）施工实施阶段的监理工作要点（见表 6-2）

表 6-2　　　　　　　　　　施工实施阶段的监理工作要点

序号	工作内容	工作要点	备 注
一、对承包商的监督检查			
1	监督检查承包商的现场人员	检查各类人员是否到位，是否与批准施工组织设计相符；检查专业人员和特殊工种作业人员是否持证上岗，对不符合要求的资质人员应书面通知退场；现场的人力安排是否满足工程需要	
2	监督检查承包商的质量保证体系	检查承包商的质量保证体系是否健全，运作是否正常，质量管理措施是否得到落实	
3	监督检查承包商的施工设备和测量仪器工具	检查承包商现场施工设备、机具是否与批准的施工方案相符，是否处于良好可用状态，是否满足施工需要；检查承包商的直接影响工程质量的计量设备的技术状况，是否按规定送检，并在有效的检定期内等	

续表

序号	工作内容	工作要点	备 注
4	监督检查承包商提供的工程材料、构配件和设备	审查承包商的主要材料、设备供应计划执行情况，是否满足连续施工的要求；审核拟进场的工程材料、构配件、设备的质量保证资料；对进场的实物，是否符合设计和规程规范要求	
5	监督检查承包商施工工艺	检查承包商是否按已批准的施工方案、施工工艺、方法进行施工；对在施工中采用的新工艺、新方法承包商是否已经组织专题论证，并通过鉴定	
6	监督检查承包商的检查验收制度的执行	施工中质检人员是否能认真履行职责，是否能认真执行三级检查、四级验收制度；是否确保工序间的交接检查	
7	监督检查承包商的安全管理体系	检查承包商是否健全安全施工责任制度，责任是否落实，安全人员是否认真履行职责；安全管理制度是否得到贯彻执行；上岗前是否对操作人员进行了技术交底、学习培训；施工中是否采取了相应的安全防范措施，对人员、设备的安全有无保证	
8	监督检查承包商的工作程序	检查承包商现场的工作是否按已制定的工作流程运作；是否能按规定的程序、规定的时间上报各种工程申报、统计报表资料	
9	监督施工资料的管理	检查承包商建立施工质量跟踪档案，包括施工记录、安装记录、各种试验报告、各种合格证、检查验收单、不符合项报告和通知以及对其处理情况报告	

二、施工实施的监理工作

序号	工作内容	工作要点	备 注
1	质量控制	加强对质量控制点的控制，对隐蔽工程的隐蔽过程、下道工序完工后难以检查的重点部位，应进行旁站监理；对承包商报送的分项、分部工程和单位工程质量验评资料进行审核和现场核对检查；检查与审核承包商提交的质量统计分析资料和质量控制图表；注重对工程质量分析，及时采取各项质量控制措施；跟踪调试过程，监控调试质量；参加竣工验收，监督消缺并复查	
2	进度控制	检查进度计划的实施，审核承包商每月提交的进度报告，记录实际进度及其相关情况。控制好安装与调试进度的搭接；当发现实际进度滞后于计划进度时，应及时签发监理工程师通知单，指令承包商采取调整措施；当实际进度严重滞后于计划进度时应及时与建设单位商定采取进一步措施	
3	工程投资控制工作	按合同约定对质量验收合格的工程量进行现场计量，审核承包商的工程量清单和工程款支付申请表；认真核查工程变更和设计修改，并应进行技术经济合理性分析，签署监理意见；应及时建立月完成工程量和工作量统计表，掌握工程投资动态情况，对实际完成量与计划完成量进行比较、分析，定期或不定期地进行工程投资分析，提出控制工程费用的方案和措施	

续表

序号	工作内容	工作要点	备 注
4	安全控制工作	加强现场巡视检查，及时消除安全隐患；认真主持召开安全例会，研究、解决施工中出现的安全问题。特别注意高空人员的上岗资格，跨越施工的安全措施和施工方案	
5	资料管理工作	严格执行信息管理制度，认真记好监理日志，做好会议纪要，按时编写监理月报，做好信息资料的发放、保存，建立监理档案，及时收集、整理、归档施工过程中所形成的工程资料，向建设单位移交完整的竣工资料	
6	合同管理工作	督促和协助承包商执行承包合同，促进合同的全面履行；掌握合同的执行情况并对合同的执行情况进行动态分析，避免或减少索赔事件的发生；对重大工程变更上报建设单位批准；建立合同管理档案，及时收集、整理有关的施工和合同管理资料，为处理费用索赔提供证据；定期向建设单位上报合同执行情况	
7	组织协调工作	主动搞好设计、材料、设备、土建、安装及其他外部协调配合，确保工程顺利进行；认真主持召开工地例会，协调工程参建各方的关系，协商、解决施工中的各项事宜，负责起草会议纪要	

（三）施工后期阶段的监理工作要点（见表6-3）

表 6-3　　　　　　　　　　施工后期阶段的监理工作要点

序号	工作内容	工作要点	备 注
一、对承包商的监督检查			
1	监督检查承包商三级验收工作	检查人员是否到齐，资料内容是否完整，数据是否真实准确，对存在问题提出监理意见，不符合要求时，要求其重新进行三级验收	
2	监督检查承包商竣工资料	检查承包商的竣工资料是否按照建设单位的要求进行整理，资料是否齐全、完整，签字手续是否完备，资料的装订是否符合档案管理的规定	
3	监督检查承包竣工验收申请	审查承包商申报的竣工验收申请报告，检查三级验收存在问题的整改情况，确定工程是否具备竣工验收条件	
二、临理实施的工作			
1	监理预验收	监理组织建设单位、设计单位、运行单位、承包商对工程进行预验收，对存在的问题提出整改措施	
2	编写竣工验收办法	由监理部负责编写工程竣工验收办法，并报建设单位审批后实施	

续表

序号	工作内容	工 作 要 点	备 注
3	参与竣工验收	监理预验收存在问题处理完毕后，经监理工程师确认，由监理部向建设单位申报组织进行竣工验收，竣工验收由启动验收委员会下属的竣工验收组负责，参加单位有建设单位、运行单位、设计单位、监理单位、承包商	
4	监督竣工验收存在问题的整改	竣工验收存在问题，由监理部负责监督承包商的整改，整改完成后，监理部组织建设单位、设计单位、运行单位进行确认，并签署意见	
5	承包商竣工资料审查	由监理部组织监理工程师对承包商提交的竣工资料进行审查，存在的问题，要求承包商整改，监理部写出竣工资料审查意见，并由承包商转交建设单位档案管理部门	
6	监理竣工资料	按建设单位发出的档案实施细则要求，监理工程师负责整理工程档案资料，经档案部门验收合格后移交	
7	工程达标投产、创优	参与由建设单位组织的工程达标投产自查、预检工作，并配合优质工程检查	

五、海底电缆工程监理控制措施

（一）主要质量控制措施

通过对施工过程中影响质量因素的分析，针对工程中的单位工程、分部工程、分项工程采取科学有效的控制措施，见表6-4。

表6-4   **终端站工程主要质量控制措施**

序号	项目名称	主要质量控制措施
1	原材料检验	检查原材料是否有出厂质量证明。检查原材料是否按规定进行抽检。检查抽检结果是否符合有关规范
2	土方工程	检查场地平整标高是否满足设计及规范要求。 围墙、浆砌挡土墙的轴线、标高是否符合设计要求及规范要求。 挡土墙的持力层是否符合地质资料和设计要求，验槽必须在设计代表参加并确认基础持力层，并确保基坑、基槽不积水。 石料回填时，应掺合黏土回填，且回填山石要求适当级配，山石粒径一般控制在200mm以下。 压实填土地基在施工前要清除基底杂草、耕植土及软弱土层。淤泥、耕植土、冻土、膨胀土及有机物含量大于5%的土均不得直接作为填料。 回填土应适当控制含水率，分层碾压厚度≤300mm，压实遍数以6～8遍为宜。对机械碾压不到的地方（如填方边坡）应用人工补夯。 本工程设计要求：压实系数不小于0.93，每隔不大于20m设一个检验点测定填土干容重，并与达到压实系数要求时的控制干容重比较，不得小于16kN/m³

续表

序号	项目名称	主要质量控制措施
3	基础工程	检查基础轴线，标高是否符合设计要求及规范要求。 检查基坑开挖边坡是否符合规范要求。 检查基础持力层是否符合地质资料和设计要求。验槽必须在设计代表参加并确认基础持力层。 按施工图纸检查钢筋规格、型式、数量、接头、焊接等是否符合设计要求。 检查预埋件的位置、标高是否正确，预埋铁件固定是否牢固。 检查模板、支撑安装是否牢固、是否有足够刚度保证模板不变形，检查模板接缝是否密实不漏浆。 检查混凝土配合比是否经过有资质试验单位进行试配，现场检查混凝土坍落度，混凝土浇捣实行旁站，不允许用振动棒摊平混凝土，保证混凝土浇灌均匀密实。 督促承包商现场取样制作试件，审核试验报告
4	构支架	检查构件的出厂质量证明，现场作外观检查。检查合格后才能吊装。 检查构、支架吊装的位置轴线、标高是否符合设计要求及规范要求。 检查构支架固定是否牢靠，二次灌浆是否符合设计要求
5	框架、楼板工程	检查柱轴线、标高是否符合设计要求及规范要求。 按施工图纸检查钢筋规格、型式、数量、接头、焊接等是否符合设计要求。 检查预埋件的位置、标高是否正确，预埋铁件固定是否牢固，特别检查楼板面的预埋扁铁或槽钢是否平直。 检查模板、支撑安装是否牢固，是否有足够刚度保证模板不变形，检查模板之间的缝是否密实不漏浆。 检查混凝土配合比和骨料是否符合要求。 现场检查混凝土坍落度，检查柱浇灌混凝土的高度是否满足规范要求。 现场检查浇灌混凝土是否均匀，振捣是否均匀密实。 督促承包商现场取样制作试件；审核试件的试验报告是否符合设计要求
6	给排水工程	检查给排水（包括消防用水）分部工程，通过拉线和尺量等手段进行量测水表、消防栓、管阀连接位置、卫生洁具、器具等的安装位置是否符合要求，督促检查承包商的吹洗工作。通过水压试验等措施检验给排水系统和消防系统是否符合设计要求和规范规定
7	装饰工程	检查所有装饰材料的出厂合格证。 督促承包商对楼面、屋面基层及抄平层所用砂浆进行现场取样制作试件，审核试验报告。 检查楼面面层与基层的结合牢固程度，控制空鼓现象，并检查面层的平整度是否符合规范规定。 检查内外墙的装修的平整度、垂直度是否符合规范规定。 检查屋面防水的嵌填、粘结、平整度、检查排水沟的排水沟坡度、检查落水管的安装、接头、排水是否顺畅。利用泼水及蓄水检验、严禁有渗漏现象
8	站用变安装及调试	强调设备的检查应要求充油套管的油位正常、无渗漏，瓷体无损伤。充气运输的变压器，油箱内应为正压，注意浸油运输的附件应保持浸油保管，其油箱应密封，充气保管的应检查气体压力。 有载调压切换装置的选择开关，范围开关应接触良好，分接引线应连接正确、牢固、切换开关密封良好，必要时抽出切换开关芯子进行检查。 强调变压器安装完毕后，应在储油柜上用气压或油压进行整体密封试验

续表

序号	项目名称	主要质量控制措施
9	安装工程及调试	强调设备及器材到达现场后，应及时进行验收检查，要求包装及密封良好，规格符合设计要求，附件、备件、技术文件应齐全。 设备安装前检查预埋件及预埋件是否符合设计要求，预埋件牢固。混凝土基础及构支架达到允许安装的强度和刚度，设备支架焊接质量符合要求。 检查配电装置及操动机构的联合应正常，技术参数应符合规定，检查三相联动隔离开关触头接触时的不同期值，应符合产品技术规定
10	防雷接地工程	严格按图施工，编制施工方案并质检。严格接地网控制长度，连接可靠。保证埋件深度在隐蔽前应由专人检查，并测试

（二）海底电缆工程主要质量控制措施（见表6-5）

表 6-5　　　　　　　　　　海底电缆工程主要质量控制措施

序号	项目名称	主要质量控制措施
1	原材料、施工机械及工器具的检验	检查电缆及其附件出厂质量证明及铭牌；检查电缆外观、绝缘及密封；检查供油阀门是否在开启位置，动作应灵活，压力表指示应无异常；检查各项出厂前试验资料的完整性和有效性（如电阻试验、电容试验、高压试验、防腐蚀 PE 护套试验、张力弯曲试验、拉力试验、耐水压试验、接地连接不透水试验、电介质安全试验、冲击耐受试验及电介质损失角/温度试验等）；检查原材料是否按规定进行抽检，并符合相应标准要求。 检查敷设船刹车装置、通信设备、张力计量及长度测量装置是否正常；检查海底电缆池堆放情况以及海底电缆传送通道是否准备到位，且光滑无锐物；检查 Nexans 公司缆舱是否清理干净，且光滑无锐物，海底电缆退扭塔高度是否满足要求，滚轮转动灵活；检查导航系统及浑水监视系统是否正常；检查缆舱、缆盘的盘缆半径、海底电缆通道弯曲半径是否满足要求
2	路由清理	通过潜水及海底侧扫声纳检查，确保海缆敷设前，路由附近无块石、锐物及遗留爆破器材等
3	海底电缆牵引登陆	海底电缆引到岸时，应将余线全部浮托在海面上，再牵引至陆上，浮托在水面上的电缆应按设计路由沉入水底。 检查施工船是否已经在路由轴线上停放就位，是否已经测量好登陆所需海底电缆的准确长度
4	电缆敷设和埋设	检查电缆在终端头附近是否留有备用长度。 海底电缆在敷设过程中，不应在支架上、地面上及海底摩擦拖拉，电缆上不得有铠装压扁、电缆绞拧、护层折裂等未消除的机械损伤；敷设时海上视线应清晰，风力应小于五级；根据海水深浅控制敷设张力；电缆总拉力不应超过27kN，敷设速度不宜过快，在牵引头或钢丝网套与牵引钢缆间装设防捻器；海底电缆弯折处的侧压力不应过大；在任何情况下，电缆任一段都应保持一定油压。 检查海底电缆输送速度是否均匀，杜绝突然启动和停止；检查播缆机对海缆的侧向压力是否满足要求。 两岸及中间相点应按设计设立导标，敷设过程中，应进行定位测量，及时纠正航线和校核敷设长度。 在电缆终端头及拐弯处等应装设具有防腐要求的标志牌，且挂设应牢固，标志牌上应注明线路编号

续表

序号	项目名称	主要质量控制措施
5	登陆段电缆沟工程	检查原材料外观质量及出厂质量证明文件，检查混凝土及水泥砂浆配比单。 砖砌电缆沟留槎处应砌成斜槎，斜槎水平投影长度不小于高度的 2/3，如必须留直槎，则应设置拉结筋，砌体砂浆饱满度不应小于 80%，沟道上口应平直，砌体上下通缝不得超过 3 处，沟道中心线位移应小于 20mm。 钢筋混凝土沟盖板长度宽度偏差应控制在 −5～0mm，厚度偏差控制在 −3～+2mm，对角线偏差控制在 3mm 内
6	电缆保护	海底电缆埋设后，应做潜水检查，检查埋设、沉床保护及水泥砂浆袋保护情况；在两岸设置禁止船只抛锚标志
7	电缆附件	电缆附件质量检查要点及控制措施附于本大纲后

（三）海底电缆质量控制要点

1. 施工准备阶段质量控制

（1）检查外方施工单位所报的施工方案和质量控制措施，检查施工船、工器具及检测设备的有效性和准备情况，核查承包单位现场主要管理人员和特殊工种的资质。

（2）检查施工船是否已经在路由轴线上停放就位。检查是否已经丈量好登陆所需海缆的准确长度。检查登陆沿途是否作好登陆准备，海底电缆通道有无尖锐物或突起物。检查人井或接头孔或机房是否已经准备好进缆通道。检查海底电缆牵引时是否使用了万向牵引头。

（3）检查是否有仪器对海底电缆的牵引张力进行计量，海底电缆张力是否满足要求。检查滩涂、陆地海底电缆的埋设深度是否满足设计要求。检查海底电缆挖沟回填时回填土分层是否夯实（人工夯实时，分层厚度不大于 20cm）。

（4）海底电缆敷设前，要掌握气象情况，监测潮汐、流速、流向对海底电缆敷设定位的影响。

2. 埋设机的投放

（1）核实埋设机投放点的水深数据和水下地形。旁站观察、记录投放海底电缆在埋设机通道的弯曲情况。检查投放时的海底电缆张力和弯曲情况是否满足要求。

（2）检查埋设机着床后的姿态情况。记录海底电缆起埋点。

3. 海底电缆敷设及埋设

（1）检查海底电缆敷设船的导航定位是否正常，检查、记录海缆入水角度。检查、记录海底电缆展放张力，加强对海底电缆展放长度的监测。检查、记录水泵压力、悬浮张力。记录埋设机的水下姿态异常点。

（2）检查、记录海底电缆敷埋偏差大于设计要求的不合格点。检查、记录海底电缆敷埋深度小于设计要求的不合格点。海底电缆埋设深度应严格控制，当埋深连续低于设计要求时，应及时向总监理工程师汇报，下达暂停施工指令，查明原因，排除故障后才能进行施工。

（3）检查、记录海底电缆敷埋的最大速度、一般速度。

4. 埋设机的回收施工

（1）记录海底电缆终埋点。核实埋设机回收点的水深数据和水下地形。

（2）旁站观察、记录回收海底电缆在埋设机通道的弯曲情况。检查回收时的海底电缆张力和弯曲情况是否满足要求。

（3）检查埋设机回收后的通道磨损情况，是否大量残留海底电缆外护层物质。检查埋设臂与海底底质的磨损痕迹，记录、分析海底电缆的埋设深度情况。

（四）海底电缆隐蔽工程验收

登陆段隐蔽工程验收；登陆段范围指低潮线至海底电缆房（海陆接头）的施工。登陆段施工一般采用浮球登陆的方法进行，保护方式为人工开挖电缆沟并加 HDEP 套管（或球墨铸铁套管）上敷水泥砂浆袋，在石质底质则采用混凝土包封。

验收项目：路由准确度、埋深、海底电缆敷设长度（随时跟踪检查，防止因路由误差引起的海缆长度不够事故）、加装对剖管、上敷水泥砂浆袋、混凝土包封、标石、标志等安装的验收。

技术手段：路由准确度、埋深验收采用陆用电缆路由探测仪进行。其余采用文字、照片等方式进行随工检查记录。

使用设备：陆用电缆路由探测仪、数码相机、摄像机。

1. 低潮线至起埋点隐蔽工程验收

低潮线至起埋点施工指从低潮线至母船埋设犁投放点范围的施工。近岸段施工一般采用先敷设海底电缆后潜水员冲埋的方式进行，保护方式为加球墨铸铁套管上敷水泥砂浆袋。

（1）验收内容：路由准确度、埋深验收、加装对剖管、上敷水泥砂浆袋。

（2）技术手段：路由准确度采用潜水员持 QS-1 海底电缆潜水探测器或在工作母船上用海底电缆路径测试仪随工检查。埋深验收采用潜水员持海底电缆测深仪（浅水型）进行随工抽测。加装对剖管、上敷水泥砂浆袋采用潜水员潜水探摸、水下拍照进行随工验收。

（3）设备：QS-1 海底电缆潜水探测器、HL25-2 海底电缆路径测试仪、海底电缆测深仪（浅水型）、潜水型相机。

2. 海底埋设段隐蔽工程验收

海上埋设段由大型海底电缆施工船用埋设犁进行全程埋设施工。埋设犁分水喷式和犁刀式等不同种类，根据不同海底地基情况施工工艺有所不同。

（1）验收内容：路由准确度、埋深验收、海底电缆张力等。

（2）技术手段：以旁站监理文字、照片等随工记录好母船及埋设犁的施工数据（埋深、路由位置、敷设长度、入水角、张力等）。

3. 海底敷设段保护隐蔽工程验收

海上敷设段保护施工指在路由上无法避开的基岩区、深沟陡槽等特殊区段在施工中采用先敷设后加保护的方式进行施工。一般的保护手段是视水深情况采用加装球墨铸铁套管后抛石或直接抛石保护。

（1）验收内容：抛石数量、位置、作业方法。

（2）技术手段：用 HL25-2 海底电缆路径测试仪引导校准抛石位置，并采取文字、照片、录像等方式进行记录。

（3）使用设备：HL25-2 海底电缆路径测试仪。

（五）设计监理措施

设计单位在施工图阶段贯彻执行初设审查意见，并对此监督检查：

（1）根据相关合同催交施工图阶段设计文件。

（2）组织、主持施工图会审及交底形成会审结论，对不完善部分督促设计单位尽快给予修改或补充；如果施工图会审发现本工程站外（例如：网调、省调或对侧）需要增设装置或设备，监理有义务及时书面通报建设管理单位；如果施工图会审发现本工程站外需要有协调事宜，监理也有义务及时书面通报建设管理单位。督促设计单位对各承包商的图纸、接口的配合确认工作。

（3）核查设计变更，签署意见并发放（如遇重大设计变更，应取得建设管理单位确认）。

（4）管理设计资料（发放、修改、回收等），安排设计工代进驻现场计划并监督实施，除了一般的施工图发放外，还应及时开展以下工作。

1）物质设备采购之后，监理单位负责根据设备采购技术协议督促每一个设备厂家和设计单位之间按协议规定时间及时相互交接确认资料，以保证施工图顺利开展。根据工程经验往往有相当数量的厂家或设计院不按合同约定及时交接资料，此时监理负责催办，并立即报建设管理单位。中标厂家目录由建设管理单位提供。

2）有一部分非标设备需要等到施工图交出后才能订货采购，例如高压开关柜、低压配电屏、电度表屏等。对此，监理单位负责讲设计院提交的订货图加以整理，列出需要订货采购的非标设备目录表（表中注明每种设备对应的设计图纸卷册号，一般该目录须经设计确认），监理负责将上述订货图和目录表一并提交建设管理单位，用于订货采购。

3）当设计院图纸完成后（不必等整个卷册完成），监理负责将正式图纸（可以是白图，但签署至少应到设计总工程师或项目经理一级）合同约定份数，按建设管理单位意见（现场运行、建设部分图纸需提供给相关的省网调度，不够复印）、监理、质监各 1 套，施工 4 套，用于申请调度编号的电气主接线图及电气总平面布置图应尽早提供。

六、投资控制主要措施

海底电缆工程建设投资控制的目标是通过有效的投资控制工作和具体的投资控制措施，在满足进度和质量要求的前提下，力求使工程实际投资不超过计划投资。通过分析本工程建设及其投资特点，了解各项费用的变化趋势和影响因素，按照各项费用占总投资的比例进行分析，掌握投资控制的重点，根据各项费用的特点选择适当的控制方式。

（一）工程投资控制

项目监理部根据监理委托合同要求，应对工程合同费用、工程造价进行有效的控制，其主要工作内容及要求如下：

（1）协助项目业主编制投资控制目标和分年度投资计划，审查承包单位提交的资流计划。通过对工程计量的审核，以及必要的抽查等控制手段实现对工程量总量的控制和阶段性的控制。建立工程量和支付价款的台账。审核承包单位提交的结算工程量及工程费用申请等，并签发支付申请凭证。

（2）按业主授权和合同的规定对各项设计变更审查把关，审查变更的必要性和技术、经济的合理性，严格控制投资。对涉及费用的重大工程变更上报业主批准。受理索赔申请，进行索赔调查和谈判，并提出相应意见。

（3）依据项目业主授权审核各类工程变更（合同变更及设计修改、设计变更等），并提出处理意见，报项目业主批准后下达变更指令。施工设计图纸和设计变更下达前组织技术人员共同进行检查复核前后部位和结构的衔接、错、漏、碰、缺，复核计算设计工程量，进行分类计量登录台账，记录变更、索赔的原因和处理的结论。

（4）对由于承包单位提出的变更、索赔，应按施工合同规定的程序和时效及时处理，记录定性、定量、计量、计价等的处理情况，并登录台账。所有变更与索赔的处理，应有原始登记的凭据（文字、照片及录像资料等），并随处理文件存档备查。上述所有台账及支付除书面报送项目业主处，还应用电子文件分阶段性随时报送。

（5）对合同费用支付与已完工程量、工程形象进行综合分析，编制每月合同费用支付分析报告（可附入月报中）。做好监理过程中的技术管理及技术服务工作，对监理工程项目的施工技术、工艺、材料、设备等提前进行研究，对施工技术、改进施工工艺提出指导性的意见，对施工中可能出现的技术、质量问题有所预见并提出予控措施，用以优化设计和指导施工。

（6）建立工程计量签证台账，定期统计投资完成及实物工程量完成情况，通过投资渠道反馈存在的问题。实行现场跟踪，静态控制，动态管理。

（二）投资控制的主要内容

（1）工程建成的最终投资控制符合审批概算中静态控制、动态管理的要求，力求优化设计、施工，节约工程投资。调查、熟悉工程现场各种自然条件、社会环境，对投资目标进行风险预测分析。

（2）严格控制设计变更，对变更进行技术经济分析。做好工程计量，审核承包商的工程结算书，签署支付凭证。

（3）了解材料、设备价格变动，控制费用增加。检查承包商合同执行情况，协调工程款按时支付，减少或避免索赔条件和机会，独立、公正地处理索赔事件。

七、进度控制措施

为搞好本工程进度的控制工作，项目监理部主要从各级进度计划的编制及各控制目标的确定、进度计划实施的检查监督与协调、进度的统计分析与进度计划的调整等几方面采取相应的措施进行控制。主要内容及要求如下：

（一）编制监理工程项目的控制性进度计划

（1）依据经审查批准的工程控制性总进度计划和施工承包合同，编制项目控制性总进度计划，并由此确定进度控制的关键线路、控制性施工项目及其工期、阶段性控制工期目标，以及监理工程项目的各种合同控制性进度目标，作为项目总体进度控制依据。

（2）依据项目的总进度计划编制各年度、季度的进度计划，必要时也应编制月进度计划，其内容应当包括准备工作进度、计划施工部位和项目、计划完成工程量及应达到的工程形象、实现进度计划的措施以及相应的施工图供图计划、材料设备的采购供应计划、资金的使用计划等项内容，并以此作为工程实施的阶段性进度控制依据。

（3）以项目控制性总进度计划及其阶段性的（年、季度）控制性进度计划为基础，在合同规定的期限内对承包单位提交的实施性进度计划（年、季、月）进行审核批准。

（4）逐日监督、检查、记录进度计划的实施，及时发出调整进度措施的指令，督促承包单位采取措施保证进度计划的实施。

（5）对工程实际进度（施工部位及项目、完成的工程量及形象进度）进行逐日的检查监督，做好工程进度的记录和统计工作，并进行经常性和阶段性的工程实际进度与计划进度的对比分析，检查进度偏差的程度和产生的原因，分析预测进度偏差对后续施工工序和项目的影响程度，并提出指导性的解决措施。

（6）当工程实际进度与计划进度相比发生较大偏差而有可能影响合同工期目标的实现时，项目监理部提出进度计划的调整意见，并指导承包单位相应调整实施性进度计划。进度计划的重大调整应书面报发包人批准。

（7）当因各种原因造成合同工期变动时，项目监理部应判断合同双方责任，及时公正的重新核定合同工期，公正合理地处理好承包单位提交的工期索赔要求，报项目业主批准。

（8）检查督促承包单位按施工规程规范施工、文明安全施工，防止因出现质量、安全事故及环保问题而影响工程施工进度。

（9）建立健全工程进度控制的组织机构，配备进度控制监理工程师负责进度控制工作。

（10）按项目业主要求，定期（月、周）向项目业主或建设单位报告工程项目施工进度控制情况，并编制年、季、月、周完成工程量以及工程施工进度统计报表。

（二）影响进度主要因素及监理控制对策

（1）认真管理和执行工程施工进度计划，确保工程施工的开、竣工时间和工程阶段性里程碑进度计划的按时完成。对项目建设周期总目标进行分析，宏观上合理控制各阶段的进度。

（2）协助业主做好开工准备，为承包商创造必要的条件。审核承包商施工管理机构、人员的配备、资格、专业技术水平是否适应本工程项目施工进度的需要，并提出监理意见。

（3）分析前期进度控制对进度的影响，确定各阶段完工的日期。审核施工场地布置方案，经业主批准，核签开工报告。督促承包商编制工程进度月计划和"人员、设备进场计划"，监理人员按周分解落实。检查施工进度，绘制"工程形象进度图"，内容包括计划进度、实际进度、总体进度计划的调整等，并对进度控制提出监理意见。

（4）定期分析影响工程进度的关键环节，进度控制必须跟踪关键环节并保证在关键日期实现。积极提出合理化建议，促进承包商采用新技术、新材料、新工艺，缩短工期，加快工程进度。

（5）建立健全工程进度控制制度，做好反映工程进度的监理月报。审核设备、材料供货计划是否满足施工进度计划要求。在项目实施过程中，每月进行计划值与实际值的比较，并按月、季提交各种进度控制报表和报告。

（6）已完工的项目，及时组织验收，确保下道工序及时开工。检查图纸交付进度是否满足施工计划的要求。及时整理工程进度资料，并将其整理、归类、建档。

（7）当工程受到干扰或影响使工期延长时，根据建设管理单位的要求，监理单位应积极采取措施，提出调整施工进度计划的建议，经建设管理单位批准后负责贯彻实施。

（8）当需要提前竣工时，监理单位应积极采取措施，提出调整施工进度的计划的建议，批准后负责落实，使工程按要求提前竣工。工程进度必须服从质量、安全目标，工期控制在合同工期内。

（三）各单位工程施工进度控制图

根据项目责任单位下发的工程总控制目标的要求，并针对本工程的进度控制特点，编写工程一级施工进度计划控制横道图、网络图，并下发给施工单位。交流 500kV 海底电缆及附属设备工程一级施工进度计划横道控制图及网络控制图根据以后签订的《监理委托合同》及《施工承包合同》另行编制，并附入《监理规划》中。

八、合同管理与信息管理

（一）合同管理

对业主明确授权委托监理单位代管的有关合同实行管理、督促，协调合同双方认真履约。

（1）参与或协助编制施工招标文件、参加编制施工招标标底。参加主要设备、材料的招标与评标、合同谈判工作并提出监理意见。

（2）督促承包商在履行施工合同时，严格按合同的规定保证工程安全、质量、工期及投资控制目标。根据《中华人民共和国合同法》以及国家和地方的有关建设法规，并参照国际惯例，审核承包合同文件。防止合同文件出现不利于保证建设单位利益的条款。建立健全合同档案管理制度。定期向建设单位上报合同的执行情况，督促承包商按合同条款的要求对质量、投资、进度进行控制，对合同执行中可能出现的风险和问题进行认真分析。

（3）以公平合理、及时，尽可能通过协商一致和诚实信用的原则，正确处理索赔和反索赔。收集和积累有关资料，协助建设单位处理合同纠纷。对合同履行情况进行统计分析，掌握合同履行状况。为防止合同执行过程中发生纠纷和作为有关方面管理的依据，监理部应对以下有关方面的签证文件和单据加强管理和保存。

（4）业主负责供应的设备、材料进场时间以及材料、设备的规格、数量和质量情况的备忘录。全面、细致、准确、具体地拟订各种工程文件，记录、指示、报告、信件及时归档，以便作为合同管理的基本依据。熟悉建设管理单位与各承包商签订的承包合同，监督承包合同的履行，协助解决合同纠纷和索赔等事项。协调监理合同范围内各承包商间的关系，特别是安排好接口处的衔接。接受上一层次的协调，并组织贯彻、落实。当发生索赔事宜时，监理应核定索赔的依据和索赔的费用，并提出监理意见。

（5）质量事故鉴定书及其采取的措施。材料设备的代用签证。材料及半成品的化验单，及有关报告资料等。

（6）已签证有效的设计变更通知单。

（7）隐蔽工程检查验收记录。各种合同管理资料均应上机，提出书面资料同时，通过电脑网传送电子版文件和资料。

（8）对超越施工承包合同范围外的工程项目，业主可委托监理单位以"额外工程施工通知单"通知承包商执行。核查由于设计变更引起的工程费增加及非承包商原因引起的停工、窝工，并予以签证。

（二）信息管理

海底电缆工程使用普捷项目管理软件进行项目管理，运用计算机信息系统进行工程信息管理和监理资料整理，采用数字化、规范化、标准化的信息管理的措施和方法，发挥公司档案管理专业化的优势，确保竣工档案满足归档率100%，完整率100%，合格率100%的标准要求。

（1）按建设管理单位规定的时间和格式提交监理周报、月报，与工程建设有关的所有信息要及时处理并按规定分类入卷，采用数理统计的方法对工程信息进行分析处理，工程信息汇总、处理后及时以监理月报等形式发送给业主和其他有关单位。

（2）确保以下情况满足施工需求：投资计划完成情况；施工实物工程量完成情况，形象进度情况；施工质量情况，综合反映报告期内施工质量状况，存在问题和采取的措施；物资供应，反映各材料订货、加工、运输、到货情况、质量情况。

（3）海底电缆工程监理信息流程，如图 6-1 所示。

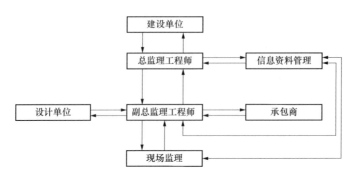

图 6-1　工程监理信息流程图

（三）信息沟通机制

保证现场信息反馈的畅通，按要求规定工程参建各有关单位之间的信息传递路径：

（1）建立信息管理网络和信息传递路径，采用管理软件进行管理。项目监理部将设专职信息管理员，抓好信息网络的规划、安装、调试的实施。工程参建各有关单位的所有信息也通过项目监理部传递到该信息的接受者，保证监理单位信息管理的有效性。

（2）规定项目监理部内部的信息传递路径，执行"工程监理档案"预立卷制度。所有外来信息经过筛选后传递到总监理师，由总监理师根据具体情况决定处理方式并传递到处理责任人，处理完毕后再反馈给总监理师和有关人员，并分类入卷。

（3）项目监理部发出的文件、便函、传真、监理报告等各种类型的信息，发出前必须经总监理师或授权人签署，并存入案卷。

（4）工程竣工时，按 GB/T 50328—2014《建设工程文件归档规范》和 DA/T 28—2002《国家重大建设项目文件归档要求与档案整理规范》及项目业主有关档案管理办法进行立卷归档。提出完整、规范的监理资料。

（5）加强计算机信息管理系统的维护，确保信息管理的安全性。通过建立报表、会议纪要、联系单等资料提供制度，利用计算机手段形成全工程信息网，组织、督促承包方及时提供有关工程技术、经济资料，形成工程监理信息电子档案。按照建设管理单位要求，实行计算机联网管理，建立工程项目信息网络，采用高效和规范的监理手段提高工程监理服务质量。在各参建单位配合下，收集、发送和反馈工程信息，形成信息共享。

（6）根据工程实际情况不定期向建设单位上报专题报告。

九、工监理程序化流程图

（一）监理工作总流程（见图6-2）

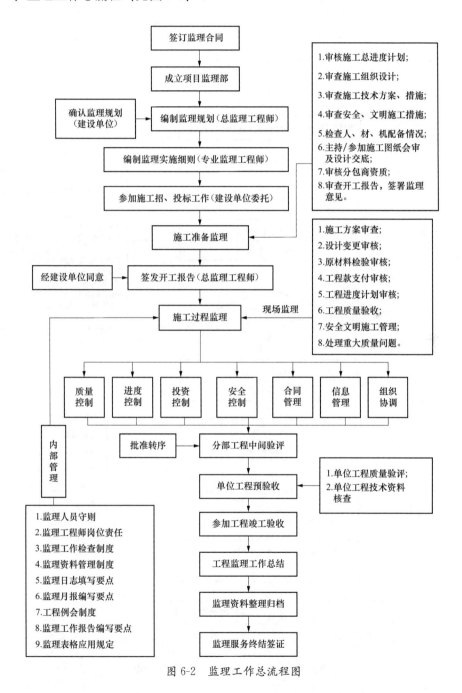

图 6-2　监理工作总流程图

（二）施工过程质量控制工作流程（见图6-3）

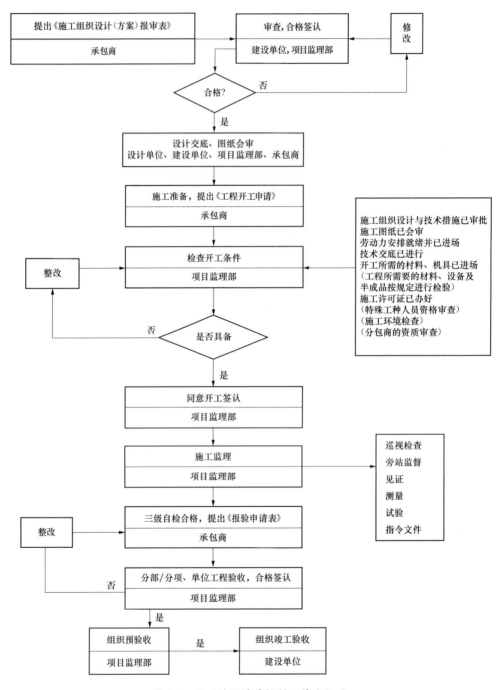

图 6-3 施工过程质量控制工作流程图

（三）进度控制工作流程（见图6-4）

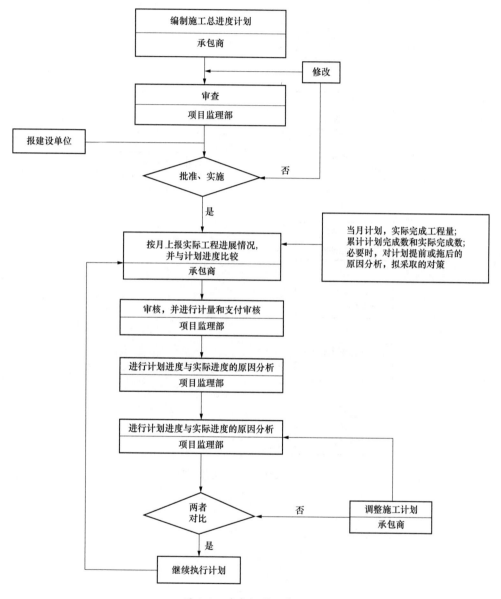

图 6-4　进度控制工作流程

（四）设计/工程变更流程（见图 6-5）

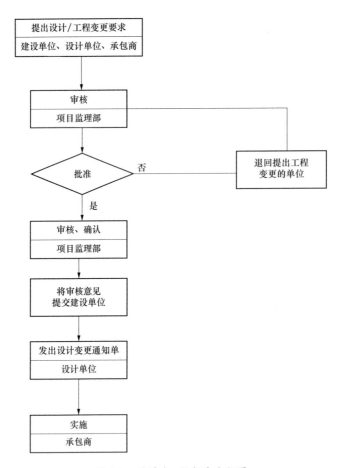

图 6-5 设计/工程变更流程图

（五）投资控制流程（见图 6-6）

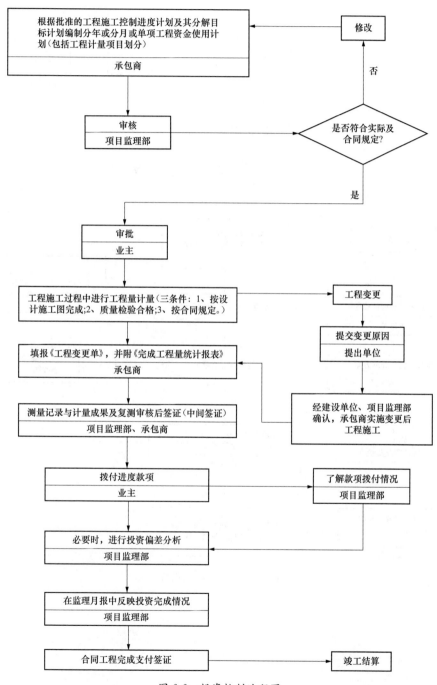

图 6-6　投资控制流程图

（六）安全控制流程（见图6-7）

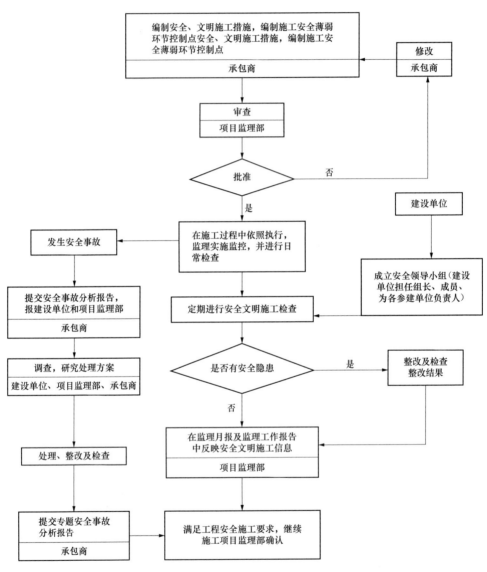

图 6-7 安全控制流程图

（七）工程验收监理流程图（见图 6-8）

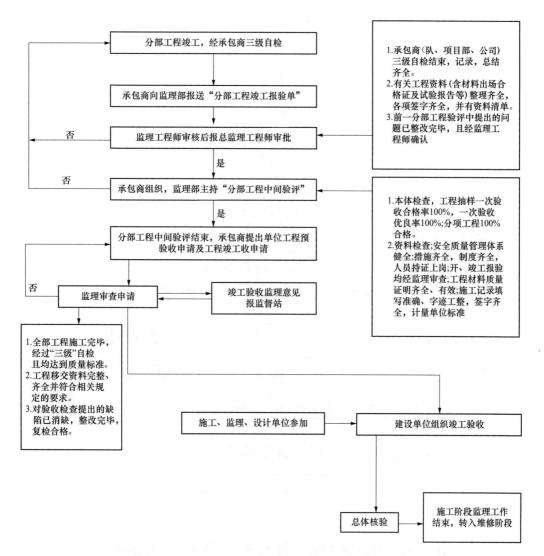

图 6-8　工程验收监理流程图

（八）工程质量事故处理方案审核监理工作流程（见图 6-9）

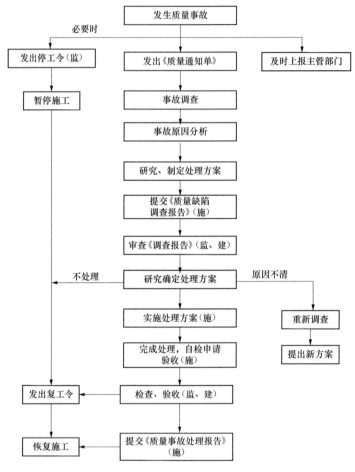

图 6-9　工程质量事故处理方案审核监理工作流程图

第二节　海底电缆后续保护工程监理实施细则

海底电缆后续保护对海缆安全运行具有重大意义，从提高海底电缆安全运行可靠性的考虑，对海底电缆保护完善、加固可减少因锚害等外部因素导致海底电缆损坏、故障，有效降低海底电缆运行事故几率。海底电缆后续保护工程监理（买方代表）实施细则，基于海南联网工程《监理大纲》、《监理规划》、《监理细则》持续有效的基础上，对新增加海底电缆后续保护工程监理项目持续改进的分解、细化、补充以适用海底电缆后续保护工程监理的可操作性。

一、海底电缆后续保护工程特点及监理工作重点

海底电缆后续保护工程施工是在第一阶段海底电缆保护施工的基础上，对海底电缆保护未达标部分和未冲埋部分进行二次冲埋、抛石保护。对于二次冲埋施工后不能满足设计要求的海底电缆路由区段进行抛石保护。林诗岛近岸段的海底电缆保护采用水深 30m 以下及以上两种不同冲埋验收标准。工程项目特点及工作重点如下：

（1）施工地点分布在 KP10～KP28.9，即 3 根海缆路由 60km 范围内，约 600 个施工作业点。通过 KP 点的定位及检查、测量，依据对应施工点海床不排水抗剪强度及 $BPI=1.5$ 值确认冲埋深度是否达标。

（2）抛石保护前，确认本次冲埋施工已达标的海缆保护段，再确认抛石范围及工作量。

（3）采石场石料规格、级配的检验。石料的供应量、运输能力监控。

（4）码头石料计量见证，各储料点调配、倒运、装船数量的见证、控制。

（5）抛石作业船的抛石进度、一次抛石（1～2 英寸石料）投放量、覆盖厚度、转序验评；二次抛石（2～8 英寸石料）投放量，一次和二次投放间隔时间、石料投放形成状态、断面图等，以此判定是否达标。

（6）记录施工作业的气象条件和施工状况，包括洋流、浪高、风力、水下定位、测量、海缆探测的监控、检查、判定。

（7）作业待命时间确认和施工效率评价。

（8）施工安全监理。

二、监理（买方代表）工作范围及方法

（一）报审程序（事前控制）

签于施工承包方 Nexans 公司延续原合同的原则，为简化报审程序，考虑到施工方习惯采用国际海洋施工惯例和 FIDIC《工程设备和设计—施工合同条件》（新黄皮书）的约束条件，以 DPR 报表（涵盖设备、人员、施工情况、安全条件等内容）的模式，在 DPR 日报中体现相关国内要求报审内容。其报审资料采用施工承包方向中国海事局申请报批施工许可证的报审资料，不足部分监理（买方代表）根据驻船工作期间，获取的相关资料填写，再由施工方签字确认的型式完善报审程序。相关报审资料，项目监理部根据 DL/T 5434—2009《电力建设工程监理规范》，采取审核"人、机、料、法、环"的模式进行。各施工作业船报审资料中，应包括以下内容：

（1）冲埋施工作业船基本参数：船号、名称；吨位、动力、发电机组；动力定位装置；满载吃水深度。

（2）埋设设备：水泵马力、压力；Capjet 设备基本参数；水下机器人（ROV）技术参数；其他设备。

（3）检测、测量设备参数：埋深检测装置、潜水测深仪、深度计；探测系统装置、发信机、接收机；导航设；系统、GPS、导航软件；磁力测量、浅层剖面测量；水下定位、水深测量、侧扫声纳；多波速仪、TSS 设备；其他测量设备。

（4）工程管理报审：安全施工方案/事故、非常气象预案报审；施工组织设计报审；ISO 全面质量管理文件报审；分包商资质报审；施工人员资质报审；进度计划报审。

（二）相关报审表格式

海底电缆工程施工单位报审表式样，见样表 A-01～样表 A-08。

施工作业船/主要设备/安全用具报审表

工程名称：500kV 海南联网工程海底电缆后续保护项目

表号：A-01

编号：

致				项目监理部：	

现报上拟用于本工程的施工作业船/主要设备/安全用具清单及其检验资料，请查验。工程进行中如有调整，将重新统计并上报。

施工作业船/主要设备名称	编号	证号	参数	其他

附件：相关检验证明文件

承包单位（章）：

项目经理：_____

日　　期：_____

项目监理部审查意见：

项目监理部（章）：

专业监理工程师：_____

日　　期：_____

本表一式____份，由承包单位填报，建设管理单位、项目监理部各一份、承包单位存____份。

主要测量计量器具/试验设备检验报审表

工程名称：500kV海南联网工程海底电缆后续保护项目

表号：A-02

编号：

致_____项目监理部：
　　现报上拟用于本工程的主要测量、计量器具/设备试验设备清单及其检验证明，请查验。工程进行中如有调整，将重新统计并上报。
　　附件：测量、计量器具和试验设备检验证明复印件

承包单位（章）：
项目经理：_____
日　　期：_____

名称	型号/编号	检验证编号	检验单位	有效期

项目监理部审查意见：

项目监理部（章）：
专业监理工程师：_____
日　　期：_____

　　本表一式____份，由承包单位填报，建设管理单位、项目监理部各一份、承包单位存____份。

_____文件/方案报审表

工程名称：500kV 海南联网工程海底电缆后续保护项目　　　　　　　表号：A—03
　　　　　　　　　　　　　　　　　　　　　　　　　　　　　　　编号：

致_____项目监理部：
　　现报上_____工程施工方案，请审查。
　　附件：_____施工方案

承包单位（章）：
项目经理：_____
日　　期：_____

专业监理工程师审查意见：

项目监理部（章）：
专监理工程师：_____
日　　期：_____

监理项目部审查意见：

监理项目部（章）：
总监理工程师：_____
日　　期：_____

　　本表一式____份，由承包单位填报，建设管理单位、项目监理部各一份，承包单位存
____份。

分包单位资质报审表

工程名称：500kV海南联网工程海底电缆后续保护项目

编号：

致：_____项目监理部
    经考察，我方认为拟选择的_____（分包单位）具有承担下列工程的施工资质和施工能力，可以保证本工程项目按合同的规定进行施工。分包后，我方仍承担施工承包单位的全部责任。请予以审查和批准。
    附：（1）分包单位资质材料；
    　　（2）分包单位业绩资料

分包工程名称（部位）	分包性质	工程数量	拟分包工程合同额	分包工程占全部工程比例
合　计				

承包单位（章）：

项目经理：_____

日　　期：_____

项目监理部审查意见：

项目监理部（章）：_____

专业监理工程师：_____

总监理工程师：_____

日　　期：_____

建设管理单位（业主项目部）审批意见：

建设管理单位（章）：

项目负责人：_____

日　　期：_____

　　本表（含附件）一式____份，由承包单位填报，建设管理单位、项目监理部各一份，承包单位存____份。

项目管理体系报审表

工程名称：500kV 海南联网工程海底电缆后续保护项目

表号：A-05

编号：

致_____项目监理部： 　　现报上_____工程_____管理体系，请予审查。 　　附：（1）管理体系网络图； 　　　　（2）管理制度清单   　　　　　　　　　　　　　　　　　　　承包单位（章）： 　　　　　　　　　　　　　　　　　　　项目经理：_____ 　　　　　　　　　　　　　　　　　　　日　　期：_____
专业监理工程师审查意见：   　　　　　　　　　　　　　　　　　　　专业监理工程师：_____ 　　　　　　　　　　　　　　　　　　　日　　期：_____
总监理工程师审核意见：   　　　　　　　　　　　　　　　　　　　项目监理部（章）： 　　　　　　　　　　　　　　　　　　　总监理工程师：_____ 　　　　　　　　　　　　　　　　　　　日　　期：_____

　　本表一式____份，由承包单位填报，建设管理单位、项目监理部各一份，承包单位存____份。

人员资质报审表

工程名称：500kV 海南联网工程海底电缆后续保护项目

编号：

致_____项目监理部：

现报上本项目部主要施工管理人员、特殊工种/特殊作业人员名单及其资格证件，请查验。工程进行中如有调整，将重新统计并上报。

附件：相关资格证件复印件

承包单位（章）：

项目经理：_____

日　　期：_____

姓名	岗位	证件名称	证件编号	发证单位	有效期

项目监理部审查意见：

项目监理部（章）：

总监理工程师：_____

日　　期：_____

本表一式____份，由承包单位填报，建设管理单位、项目监理部各一份、承包单位存____份。

专项/重要施工方案报审表

表号：A-07

工程名称：500kV 海南联网工程海底电缆后续保护项目

编号：

致＿＿＿＿＿＿＿＿＿＿＿项目监理部：
现报上＿＿＿＿＿＿＿＿＿＿＿＿＿＿＿＿＿＿＿＿＿工程专项/重要施工方案，请审查。 附：专项/重要施工方案   承包单位（章）： 项目经理：＿＿＿＿＿＿ 日　　期：＿＿＿＿＿＿
监理部审查意见：   项目监理部（章）： 专业监理工程师：＿＿＿＿＿＿ 总监理工程师：＿＿＿＿＿＿＿ 日　　期：＿＿＿＿＿＿＿
建设管理单位审批意见：   建设管理单位（章）： 项目负责人：＿＿＿＿＿＿ 日　　期：＿＿＿＿＿＿

　　本表一式＿＿＿份，由承包单位填报，建设管理单位、项目监理部各一份，承包单位存＿＿＿份。

施工进度计划报审表

表号：A-08

工程名称：500kV海南联网工程海底电缆后续保护项目

编号：

致＿＿＿＿＿＿＿＿＿＿＿＿＿＿＿＿项目监理部： 　　现报上＿＿＿＿＿＿＿＿＿＿＿工程＿＿＿＿＿＿＿＿＿＿＿计划/调整计划，请审查。 　　附件：   　　　　　　　　　　　　　　　　　　承包单位（章）： 　　　　　　　　　　　　　　　　　　项目经理：＿＿＿＿＿＿ 　　　　　　　　　　　　　　　　　　日　　期：＿＿＿＿＿＿
项目监理部审核意见：   　　　　　　　　　　　　　　　　　　项目监理部（章）： 　　　　　　　　　　　　　　　　　　专业监理工程师： 　　　　　　　　　　　　　　　　　　总监理工程师：＿＿＿＿＿＿ 　　　　　　　　　　　　　　　　　　日　　期：＿＿＿＿＿＿
建设管理单位审批意见：   　　　　　　　　　　　　　　　　　　建设管理单位（章）： 　　　　　　　　　　　　　　　　　　项目负责人：＿＿＿＿＿＿ 　　　　　　　　　　　　　　　　　　日　　期：＿＿＿＿＿＿

　　本表一式＿＿＿份，由承包单位填报，建设管理单位、项目监理部各一份，承包单位存＿＿＿份。

三、冲埋施工阶段（事中控制）

（一）监理（买方代表）工作内容

海底电缆后续冲埋保护工程施工监理（买方代表）的工作内容，主要针对控制节点开展工作，其主要工作如下：

（1）作业船定位 KP 点与设计范围是否一致的检查。

（2）Capjet650 冲埋机投放状态，地质情况判定。

（3）冲埋机剪切压力值与速度见证、记录。

（4）实际埋深值与不排水抗剪强度 $BPI=1.5$ 对应检查海底电缆埋深值进行比较，判定是否达标。

（5）悬空段的处理与弃埋的原因确认检查。

（6）设计值与外方提供数值不相符时，采用 $BPI=1.5$ 参考值分析评价。

（7）依据设计数据和判定值签署施工方 DPR 日报。

（二）监理（买方代表）工作方法和要求

监理（买方代表）主要工作是驻船监控施工过程。冲埋施工监理（买方代表）工作流程如图 6-10 所示。

（1）在冲埋施工开始时，应确认当时洋流、气象等数据符合施工条件。确认 Capjet650 埋设机投放状态和跨缆形态，其施工点应与设计确定值一致。经核实无误后开始记录冲埋有关检测、计量、测量值，其中应包括冲埋速度、冲沟深度、地质情况、导缆情况、剪切压力值等数据。这些数据通过施工方外接显示屏或操作室测量设备数据进行记录，并开始质量控制量化信息的采集，填写监理旁站记录。其记录格式，见表 B-01、B-02。

（2）当日冲埋施工结束后，应检查当日施工量，确认冲埋长度（m）、埋深情况，并与外方提交的 DPR 日报资料对照检查，以不排水抗剪强度和 $BPI=1.5$ 标准检查确认海缆埋深是否达标。符合设计要求时，应共同确认签署施工方 DPR 日报，并填写随船验收记录（见表 B-03）。当不能判定或与设计值不符时，则应参考监理单位在第一阶段冲埋施工时所做的不排水抗剪强度值和确认 $BPI=1.5$ 的分析数据。仍不能做出判断时，则应在 12h 内将情况书面汇报项目监理部。

（3）驻船监理（买方代表），在施工过程中要特别关注海底电缆悬空段及弃埋段的控制、记录。对悬空段应进一步分析情况，作出准确判定。区分因悬空弃埋和地质坚硬弃埋，或由其他原因造成弃埋，同时填写海底电缆弃埋点质量控制记录表，见表 B-04。

（4）项目监理部根据驻船监理人员（买方代表）提供的资料，会同现管部共同研究确认。由现管部授权项目监理部发出监理（买方代表）消缺整改通知单，并说明消缺整改项原因，要求施工方限期消缺。经检查满足设计要求后，监理（买方代表）应予确认，同时关闭该项工作。监理（买方代表）应将确认的 DPR 日报编号与随船验收记录表编号，对应填入海缆后续保护工程施工完成工作量监理确认表。

（5）驻船监理（买方代表）应对当日冲埋施工情况进行分析，并提供相关资料，分析报告中应包括：按倒排进度计划的施工效率分析、不确定情况分析、对施工进度控制的建议、对质量控制的建议、安全/现场环境等见证结果的小结等说明，并按日报要求报送项目监理部。

（6）驻船监理（买方代表）应按监理规范的要求，认真书写当天的监理日志。

（7）海底电缆后续保护施工监理工作流程，如图 6-10 所示。

（8）海底电缆后续保护施工监理控制表式样，见样表 B-01～样表 B-04。

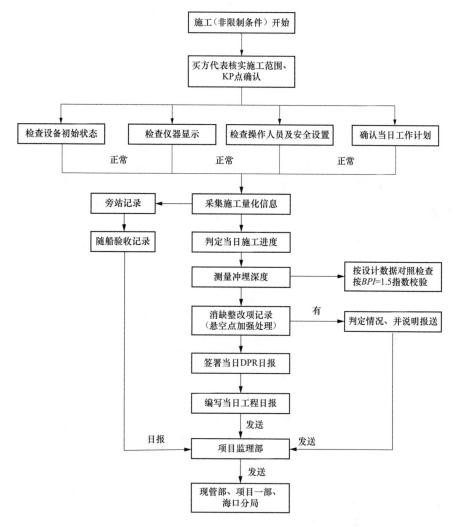

图 6-10　监理（买方代表）工作流程图

海底电缆工程施工质量量化信息表

施工位置示意图：

KP17　KP18　KP19

0　1　2　3　4　5　6　7　8　9　10

表号：B-01
编号：

表号：B-01
编号：

一、基本采集信息	海洋气象	风速：　m/s 浪高：	风向： 流速：	等命原因
	施工位置	始、停距离：　KP　~KP	始、停位置：	N E
	工作内容	如：海缆冲埋；设备检修；DP 放置等		
	海缆保护方式	如：喷射挖掘或其他		
	待命时间	气象待命：00：00～00：00 hr　施工待命：00：00～00：00 hr（待命原因：　　）		
三、监控信息采集		海缆编号：　埋设长度：　m　喷射臂挖掘深度：　m　施工时间：　年　月　日 00：00～00：00		N E
		区段底质：　水深：　m　施工机械：CAPJET650　平均埋设速度：　m/s		
四、进度评价				
五、安全检查	正常 □　问题 □　原因：		其他描述	

海底电缆工程监理检查记录表
(海底电缆埋设保护施工用)

表号：B-02
编号：

海缆编号			施工日期		填表人			当日海缆埋设总长（m）			
序号	公里桩/KP点	地质类型	海缆埋设深度（m）	年月日	埋设速度（m/s）	埋设机航向	水深（m）	填表时间（hh：mm）	不排水抗剪强度值 KP点/埋深（m）	设计 KP点/埋深（m）	
		安全检查情况		埋设机状态							

185

海底电缆工程监理随船检查记录表
（海底电缆埋设保护施工用）

表号：B-03
编号：

验收时间　　　　年　　月　　日

海缆编号 序号	C 检查项目		公里桩（KP） 评级标准 合格	优良	验收方式 等级评定 合格	优良	签署外方 DPR 日报、验收 备注
1	冲埋点确认		符合设计要求		□	□	
2	埋设机投放、回收		投放顺序准确	配合默契	□	□	
3	埋设机置放		埋设机着地姿态、海缆导入等符合施工要求		□	□	
4	埋设机运行状态		运行状态正常，符合施工要求		□	□	
5	沟槽挖掘深度	前刀	符合要求（＞　m）		□	□	
		后刀	符合要求（＞　m）		□	□	
6	特殊地带处理		符合设计要求		□	□	
7	监控系统运行状态		符合施工要求		□	□	
8	验收段海床底质类型						
9	整改意见						
10	水深						
验收结果及结论			合格□			优良□	□关闭、□未关闭

海底电缆工程埋设施工弃埋点检查记录表

工程名称：500kV海南联网工程海底电缆后续保护项目

表号：B-04

编号：

海缆编号	C1□　C2□　C3□	记录人	
弃埋点位置	KP　　－KP	检查时间	
弃埋原因判定	悬空□（描述）＿＿＿＿＿＿＿＿＿＿＿＿ 底质□（描述）＿＿＿＿＿＿＿＿＿＿＿＿ 不明原因□（描述）＿＿＿＿＿＿＿＿＿＿＿＿ 分析：		
处理结果	抛石□（描述）＿＿＿＿＿＿＿＿＿＿＿＿ 加固□（描述）＿＿＿＿＿＿＿＿＿＿＿＿ 放弃□（描述）＿＿＿＿＿＿＿＿＿＿＿＿ 其他□（描述）＿＿＿＿＿＿＿＿＿＿＿＿ 建议：		
结论			

（三）石料供应、检验阶段（事中控制）

1. 主要监控节点

海底电缆后续保护石料供应、检验阶段，主要监理控制节点如下：抽样送检见证、级配、石种、比重、规格、日产量、运输流量、编写日报。

2. 采石场基本情况

目前已进行调研的采石场位于马村港西南 40～45km 处的澄迈县福山镇。施工方、现管部、设计、监理共同确认的采石场有三家。石种主要为玄武岩，比重、级配条件基本符合设计要求。三家石场总计最大日产量 7000t 左右，估计最大供应量 4000t/天。按 20 万 t 抛石量计算（不考虑运输条件限制时）需备石料时间约 50 天左右。石料产量、检测、计量监理控制，采石场基本情况及监理监控重点见表 6-6。

表6-6　　　　　　　　采石场基本情况及监理控制重点

采石场编号 （名称）	石料产量（t）	石种	比重	级配条件 （筛网数）	级配质量	监控重点
1号	1200～1500	玄武岩	2.7	4条	中	级配
2号	4000～5000	玄武岩、火山岩混合	2.0～2.5	10条	好	石种、比重
3号	500～600	玄武岩	2.7	3条	一般	级配

3. 监理控制依据

监理人员进驻采石场后，首先根据设计标准和要求，对石种做出判定。按建设单位、施工方、设计院共同确认的级配范围和石料比重、规格、样品（采用 500mm×500mm×500mm 的立方体容器将样品保存、比对）开展监理工作，具体以送检结果为准。

4. 监理检验方法

监理人员判定石种的方法主要是：目测、拍照。对石料比重、级配则采用比对法进行抽验。抽检的方法是每生产 3000～5000t 时，在石料出料口抽一个样品，其样品量与样品容器一致，进行称重量，得出的重量值与样品重量值比对，如在设计允许范围值之内，则不继续抽检，做出合格判定。如抽样重量不在设计允许误差范围值内，则继续抽第二批次样品，以同样方法进行三个批次抽样，抽检结束后，做出合格与否的判定。并做出质量分析原因，报送项目监理部做出判定，必要时可采用样品各级石料数与抽样各级石料数比对法进行判定。

5. 监理人员应在当日的日报中包括当日产量和运输量，并对当日情况进行分析，提出相应的建议

6. 监理人员应按规范认真记录监理日志，并接当时、当地、当事的要求记录

（四）码头石料计、储、运阶段（事中控制）

1. 监理主要控制点和检查记录表（见表 6-7）

表 6-7 ××号采石场监理检查记录表

采石场名称			设计标准	检查结果		检查日期： 年 月 日
序号	性质	检查项目	参数值	合格（数值）	不合格（数值）	检测方法
1	关键	□玄武岩 □火山岩 □其他	□符合设计要求 □不符合设计要求			目测、观察、拍照
2	关键	石料比重	≥2.5			比对法、重量
3	关键	石料规格	□1～2 英寸 □2～8 英寸			卡尺测量、观察
4	关键	石料级配	（待设计提供）			比对法、各级数量
5	关键	当日生产量	□1～2 英寸 □2～8 英寸			
6	关键	当日运输量	□1～2 英寸 □2～8 英寸			
7	一般	当日情况分析				
8	一般	抽检方法为：每 3000～5000t，抽检一次，取三个样品	抽检： 样品号（由第 1 次开始编号）： 批次： 抽检时间：			

石料进入码头后，监理人员控制点、见证记录项有石料计量、堆放场地情况、储备数量、倒运至装船点、装船时间、装载机台数、出力、装船石料规格、装船石料分类重量等，同时编写日报。

2. 码头基本情况

抛石施工石料装运、储备、计量选择海口马村港运作。运载石料施工船停靠锚段长 160m，锚段水深 30m。东侧为马村电厂运煤停靠码头，西侧为中石化新建码头。石料储

备场分为 1 号、2 号、3 号储料点，面积约 1.2 万 m²，装船运距最远处约 600m，东面距装船点 800m 处另有空地可储备石料 8 万 t。1~3 号储料点，可满足抛石施工船一个周期一次装运 2 万 t 石料，马村码头倒运装载能力不足，一次性装船 2 万 t 石料需 60h 以上。

3. 监理工作范围及方法

（1）记录石料进入码头储存流量、当日数量、吨数、记录。

（2）储料点分类别储存（1~2 英寸石料）、（2~8 英寸石料）量，对储存量进行记录和见证，分析储量和存储状态。

（3）1~3 号储料场两种规格石料、合理储存装运评估。

（4）一个船期（约 4 天）后三天内，按下一个船期装运计划，倒运石料至装船点最佳距离，以最佳装船时间配置装载机，并检查监督计划完成情况。

（5）石料装船时间检查，以最省时间，合理配置装载机出力，并进行分析、改进影响装船时间的因素，提出合理化建议。

（6）按抛石施工船作业计划，对石料装运上船的（1~2 英寸石料）计量、（2~8 英寸石料）计量和准确性进行检查。码头储料点至石料装船，是没有计量设备的，完全靠目测和计算装载机抓斗的量来判断。因此，这个环节应做好调研再开展工作。

（7）监理人员应根据当日工作情况编写日报，日报中应分析储料情况、问题的处理情况及约束点。关键环节的控制结果，并提出相关建议。当按装船储料不能满足船期计划要求时，应立即报告项目监理部。

（8）监理人员应按监理规范；认真书定监理日志，并按当时、当地、当事的要求记录。记录表式样，见表 C-01。

年　　月　　日码头石料计、储、运监理量化控制记录表

表号：C-01
编号：

序号	监理工作内容	监理方式			规格	量化说明	检查结果		判定	装船量
		检查	见证	分析			1~2 英寸	2~8 英寸	数据/说明	状态简述/数据
1	石料过磅量（t）		√							
2	1 号储量（t）		√							
3	2 号储量（t）		√							
4	3 号储量（t）		√							
5	倒运（t）	√								
6	装船时间（h）		√							
7	装船石料计量	√	√							
8	船期备料（t）	√	√							
9	按计划检查	√	√							

（五）抛石施工阶段（事中控制）

1. 监理（买方代表）工作范围

海底电缆保护抛石施工阶段，监理（买方代表）主要控制点如下：

（1）抛石试验的效果见证；开始施工时的石料落水管位置（KP 点）、状态、抛距，均

应检查和判定；抛石速度和堆石覆盖形态检查。

（2）1～2英寸石料投放量、覆盖状态、厚度、判定；2～8英寸石料投放量、覆盖状态、厚度、判定；两层投放间隔时间、转序验证。

（3）确认堆石断面图；确认悬空段加固。

2. 监理（买方代表）工作方法和要求

监理（买方代表）的主要工作是驻船监控施工过程。抛石施工监理（买方代表）工作流程，如图6-11所示。

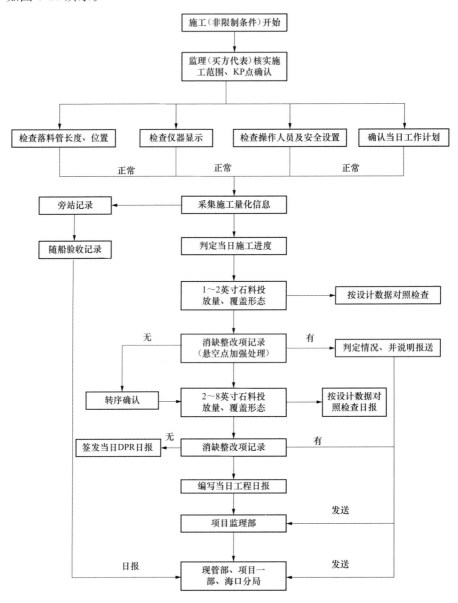

图 6-11 海底电缆抛石施工施工监理工作流程图

（1）监理（买方代表）在抛石施工开始时，应按照设计确定的 KP 点位置对照石料落水管投放位置，经校准后开始记录石料落水管抛距、抛石速度、抛石规格、覆盖形状。

（2）当第一层 1～2 英寸石料投放结束后，应检查投放厚度、确认投放量、核实抛石段长度 KP 点，准确记录投放点。并根据设计值，确认是否符合要求。经上述检查无误后可签署转序验收签证。

（3）第二层 2～8 英寸石料投放前应校准投放点、确认内层投放间隔时间、核实无误后检查抛距、抛石速度、覆盖形状、断面图等核实无误后，即可共同确认、签署施工方 DPR 日报。

（4）监理（买方代表）要特别注意海底电缆悬空段的记录，对加固点应填写海底电缆加固点质量控制记录表（见表 B-05），并做出加固点的形态描述，以此判定是否符合设计要求。

（5）当日抛石施工过程中，应采集监控质量量化信息、填写旁站记录（见表 B-06、B-07）。施工结束后，应立即检查当日施工量、长度和断面图确定，签署外方的 DPR 日报。同时填写海底电缆抛石施工随船验收记录表（见表 B-08），并将外方 DPR 报表编号、监理随船验收记录表编号，施工长度、时间、填入海底电缆后续保护施工完成工作量监理确认表。

（6）施工方提供的 DPR 日报表，如监理（买方代表）提出异议时，首先应四方授权代表集件讨论，并在 12h 内做出判定。如与施工方沟通做不出判定时，则发送项目监理部报现管部共同研究确定。仍不能做判定时，则由项目监理部发出监理工程师通知单，并提出消缺、整改项理由、限期整改。消缺处理后，经监理（买方代表）检查无误，即可签署确认，并关闭该项工作。

监理（买方代表）的相关工作：

（1）在抛石施工过程，正常情况和非正常情况下，监理（买方代表）均应提出施工情况分析、判定、见证结果的报告，其中包括：按倒排进度计划的施工效率分析、不确定情况分析、相关施工质量分析、控制建议、安全/现场环境见证结果的小结等报告。并按要求编写监理（买方代表）日报，日报表中应含见证照片、数据说明、与外方沟通照片（应注意配带胸卡、安全帽）等材料。

（2）监理（买方代表）应按监理规范要求，认真书写当天的监理日志。

（六）林诗岛近岸段冲埋施工阶段（事中控制）

监理（买方代表）工作范围：

林诗岛近岸段冲埋施工范围为海底电缆路由 KP28.9 至砂浆袋保护段。第一阶段冲埋施工阶段，已完成的工作量是从海底电缆登陆点挖沟（1m）覆盖砂浆袋约 300m；其他由 Nexans 公司采用 Capjet50 埋设机冲埋，由 KP28.9 开始，C1 缆冲埋 1038m，C2 缆冲埋 781m。根据设计要求；水深小于 30m 段需满足埋深 1m，不采用 $BPI=1.5$ 掩埋指数验收。水深大于 30m 段则仍按 $BPI=1.5$ 掩埋指数验收。因此，监理（买方代表）在施工过程中要特别区分不同的验收标准开展工作。其主要控制点如下：

（1）由 KP28.9 开始对海底电缆进行检测，确认第一阶段冲埋施工未达标部分。即本次监理（买方代表）监理范围。

（2）检测结果对第一阶段冲埋施工已达标的部分，仍由监理（买方代表）共同签署确认。但要在日报中做出特别说明，区分第一阶段冲埋部分和第二次冲埋的部分。

（3）应按照上述已确定的验收标准进行见证，确认施工量。

（4）特别注意施工过程中对洋流的记录、见证（林诗岛侧常见洋流过大）。

四、监理（买方代表）控制目标

（一）质量控制目标

满足国家及行业的施工验收评定规范、规程（合格率 100%，综合优良品率不低于 85%），满足国际通用 FIDIC《工程设备和设计—施工合同条件》（conditions of contract for plant amd design-Build）相关验评标准，以工程设计为依据，按照中国南方电网有限责任公司 CSG/MS 0903—2005《电网建设工程达标投产考核评定管理办法》，竣工验收合格率 100%，优良品率 95% 以上，达到国家优质工程标准，杜绝重大质量事故和质量管理事故的发生，实现达标投产目标。质量控制目标分解如下：

（1）保证贯彻和实施工程设计范围，满足国家及行业标准、规程、规范。

（2）满足输变电工程达标投产考评标准。

（3）满足 GB 50168—2006《电气装置安装工程电缆线路施工及验收规范》的优良级标准。

（4）分项工程优良率 98% 以上，分部工程优良率 100%。

（5）确保工程竣工一次性验收合格。

（6）杜绝重大质量事故和质量管理事故发生。

（二）进度控制目标

确保工程的开、竣工时间和工程阶段进度计划的按时完成。

（1）确保本工程的开、竣工时间满足项目管理一部、现管部确认的要求。

（2）以"工程进度服从安全、质量"为原则，根据工程进度实际情况，督促承包单位及时对施工计划进行调整。

（三）投资控制目标

努力使监理范围内的工程投资，控制在批准的概算之内。力求优化设计，认真审核设计变更及其调增的工程量，尽量节约工程投资。

（四）安全控制目标

按 CSG/MS0903-2005《电网建设工程达标投产考核评定管理办法》和《电力工程达标投产管理办法》（2006 版）的要求，杜绝人身死亡事故、重大设备事故和其他重大事故，实现"零事故"目标。

杜绝习惯性违章作业及违章指挥，提高施工人员安全意识，督促施工单位实现安全技术措施 100% 交底，安全管理 100% 到位，轻伤率 $<1\%$。

五、海底电缆后续保护监理控制措施

海底电缆后续保护工程项目施工阶段，监理（买方代表）工程控制措施，以适用南方电网超高压输电公司（建设单位）项目管理模式为前提，结合 GB 50319—2000《建设工程监理规范》、DL/T 5434—2009《电力建设工程监理规范》，在项目施工过程中按监理规范的要求实施"四控、两管、一协调"的工程控制目标所采取的措施。

（一）项目施工质量控制措施

（1）海缆的冲埋、抛石施工阶段，要求施工方按规范报审的程序。

（2）设置了监理（买方代表）主要控制点质量控制措施，其中包括 W 见证点、H 停工待检点、S 旁站点，明确事前控制、转序验收、事后签证的监控原则，见表 6-6 监理（买方代表）主要分项质量控制点。

（3）明确驻船监理（买方代表）海缆后续保护工程特点及监理工作重点，尤其对海悬空段、加固段加强监控的方法和措施。

（4）对采石场石料的检验和质量控制方法，增加石料生产 3000～5000t 监理人员抽检见证的程序（即：从原料生产源头开始监控）。

（5）务必使石料的计量、储备、倒运、装船过程中的分析、判定，质量控制方法措施具有可操作性、可控性。

（6）项目监理部根据质量控制程序，实施分层次监控。项目监理部组织机构分工负责各层次的质量控制责任，海缆后续保护施工阶段质量控制程序，见表 6-8。

表 6-8 　　　　　　　　　　监理（买方代表）主要分项质量控制点

| 工程名称 | 分项编号 | | 工程质量控制节点 | 旁站点（S） | 停工待检点（H） | 见证点（W） | 监理人员位置 |
	分项工程名称	编号					
海底电缆后续保护工程	Capjet650（50）冲埋控制项	1	作业船就位点（KP）		√		对应设计 KP 点
		2	Capjet 设备投放	√			状态记录
		3	冲埋开始～结束	√	√		各测量仪器记录
		4	冲埋深度		√		各测量仪器记录
		5	冲埋速度	√			各测量仪器记录
		6	悬空点处理与加固	√	√	√	各测量仪器记录
		7	消缺项			√	记录、判定、发送
		8	对应设计数据		√		检查确认
		9	确认施工长度			√	检查确认

工程名称	分项工程名称	编号	工程质量控制节点	旁站点（S）	停工待检点（H）	见证点（W）	监理人员位置
海底电缆后续保护工程	采石场石料控制项	1	抽样	√		√	
		2	检查级配		√		
		3	检查比重		√		
		4	检查规格		√		
		5	当日产量	√			
	码头计量、调配、装船控制项	1	重量计量			√	过磅室记录总数
		2	储料调配	√			计算各储料量
		3	储料倒运	√			倒运到船近处
		4	装船时间（h）	√			记录分舱、数量
		5	装船石料规格	√		√	规格、数量
		6	装船石料重量	√	√		总重量
	Tideway抛石控制项	1	抛石试验	√	√	√	按设计要求判定
		2	落石管位置（KP）	√			对照设计KP点
		3	落石管状态	√			距海缆高度
		4	抛石开始~结束	√	√		各测量仪器记录
		5	抛石速度	√			各测量仪器记录
		6	堆石形态	√	√		各测量仪器记录
		7	1~2英寸石料投放量	√	√		各测量仪器记录
		8	1~2英寸石料覆盖形态	√	√		各测量仪器记录
		9	2~8英寸石料投放量	√	√		各测量仪器记录
		10	2~8英寸石料覆盖形态	√	√		各测量仪器记录
		11	两层间隔时间（转序确认）		√	√	各测量仪器记录
		12	对应设计数据		√	√	各测量仪器记录
		13	确认施工长度		√	√	各测量仪器记录
		14	确认堆石断面		√	√	各测量仪器记录
		15	确认悬空段加固	√	√	√	各测量仪器记录

（二）项目施工进度控制措施

（1）海底电缆后续保护工程项目施工进度控制，服从项目施工合同及技术协议，工程完工目标。监理（买方代表）按倒排工期的模式制定施工进度计划横道图。因气象、海流、安全因素引起施工工期延长和修正日计划，应按海底电缆后续保护施工阶段进度控制程序报审，进度控制程序。

（2）项目监理部按施工范围，监理（买方代表）在施工监理期间对工期控制节点，W见证点、H停工待检点、S旁站点中，随时分析施工进度的纠正措施。

（3）监理（买方代表）审核施工方日进度计划，同时对照倒排工期进度计划进行分析，查找原因判定可能引起拖期的问题性质，以及解决问题的方法。

（4）对石料供应、储备、倒运、装船等严重影响工期的环节，相应制定响应对策和协调方法。

（三）项目施工投资控制措施

（1）监理（买方代表）驻船、现场工作期间，严格按照设计范围签署 DPR 日报，对不在本期设计范围内的施工作量应执行海底电缆后续保护施工阶段投资控制程序。

（2）项目监理部按施工商务合同、技术合同约束内容，对可能引起投资增加的工程量进行严格审核，并按程序报现场管理部。

（3）项目监理部对海底电缆后续保护施工期间可能发生的二级项目，例如：终端站完善、施工警戒、石料倒运、石料计量不准确、设计变更等项目，严格按照项目实施的必要性、技术经济合理性严格控制、审查、确认。

（4）其他有关海底电缆后续保护工程项目投资控制措施，参照第一阶段海底电缆施工《监理规划》投资控制中内容，不再重复。

（四）项目施工安全控制及职业、健康、环境管理措施

（1）审查外方施工现场安全文明施工制度和 ISO 安全管理体系文件；检查施工过程中执行安全生产规定的情况。

（2）审查操作人员资质，检查作业平台安全措施。

（3）编制项目施工阶段安全控制程序，及时消除安全隐患，做到检查到位。海底电缆后续保护施工阶段安全控制程序。

（4）成立海底电缆后续保护工程项目安全领导小组，其成员有：项目管理一部、海口现场管理部、海口分局、天广监理、中南电力设计院现场代表，组长由建设单位担任，由项目监理部实施日常管理工作。

（5）由监理（买方代表）及各现场负责人，组成职业健康安全监督小组，组长由海口现场管理部担任，由项目监理部实施日常工作管理。

（6）其他有关海底电缆后续保护工程项目，施工安全控制措施和职业、健康环境管理措施不列，参照第一阶段海底电缆施工《监理规划》中安全控制措施及职业、健康、环境管理措施，不再重复。

（五）项目施工合同管理与信息管理

施工阶段监理对合同管理与信息管理的原则：基于第一阶段海底电缆施工《监理规划》、《监理细则》中未包括的监理管理内容做补充，重点是监理对合同风险的管理。

1. 监理对合同风险的管理

海底电缆后续保护工程施工，在已运行的海底电缆上施工的过程本身就存在风险。由于海底电缆施工的隐蔽性，很难识别风险的性质。因此，项目监理部在合同风险管理中将

风险量划分为两种风险类别，其一是显见风险，即风险事件能够识别和衡量；其二是隐蔽风险，例如海底电缆受到轻度损伤，但近期并不会影响供电，因此，不能进行识别与衡量。

2. 可能存在的风险类别

项目监理部根据可能发生的风险要素归并为施工风险，即忽略费用、技术、组织等风险源。海底电缆后续保护工程项目可能存在的风险源如下：

(1) 显见风险源。

1) 工期风险：施工效率低，石料装船时间过长，石料供应不足延长工期。

2) 材料风险：抛石量过大，浪费石料。石料称重人员与运输人员勾结导致石料计量不准。

3) 加固施工风险：悬空、弃埋段加固时处理不当造成海底电缆重度损伤。

4) 气象风险：极端情况下的施工船抛锚造成海底电缆损伤。

(2) 隐蔽风险源。

1) 悬空、弃埋段风险：加固时处理不当，造成海底电缆轻度绝缘损伤，近期不易发现。

2) 抛石风险：施工中石料级配不合格时，有可能造成海底电缆护层损伤。

3) 冲埋风险：深水区冲埋设备卡住海缆，设备提升造成海底电缆损伤。

4) 操作风险：冲埋施工中因作业人员操作方法不当，造成海底电缆机构、物理性能值降低。

(3) 合同管理与信息管理的其他项内容。

1) 在建设单位授权范围内协助建设单位履行合同管理职责。

2) 对工程有关合同执行情况进行动态分析与跟踪管理，对影响工程建设安全、质量和投资的情况提出监理意见。

3) 督促和协助施工单位执行承包合同，促进合同全面履行，维护施工单位和项目法人正当权益，避免或减少索赔事件发生。

4) 协助现管部处理与项目有关的索赔事宜及合同纠纷事宜。

5) 建立合同管理档案，及时收集、整理有关施工合同管理资料，为处理费用索赔提供证据，定期向建设单位上报合同执行情况。

6) 严格执行信息管理制度，建立有效的信息管理网络和信息传递路径。做好信息资料发放、保存工作。

7) 项目监理部将设信息管理员，按现管部要求明确工程参建各有关单位之间的信息传递路径。

8) 建立信息资料管理档案，及时收集、整理、归档施工过程中所形成的工程信息资料。采用数理统计方法对工程信息进行分析处理，工程信息汇总、处理后及时以监理月报等形式发送给建设单位和其他有关单位。

9) 建立监理档案，分门别类入卷编制档案目录，编制整理监理工作的各种文件、通知、记录、检测资料、设计文件等，工程竣工验收后，移交给项目法人。

10）合同、各种计划、统计资料及信息均实行计算机管理，形成电子文档。

（六）组织协调

（1）建立健全项目监理部管理责任制，合理分工、协作配合、目的明确，责任落实到人。

（2）定期召开工地例会或工程协调会，研究解决工程中存在的问题，避免造成工期延误。

（3）加强与石料供货商等之间的沟通和联系，协调工程建设各方关系，协商、解决施工中各项事宜。

（4）督促建设各方认真履行合同，提供满意的服务。

第三节　海底电缆工程建设监理实践案例

一、海底电缆埋设施工效率监理分析与讨论

500kV 海南联网工程海底电缆的埋设，是在海缆敷设后开始进行的。即先敷后埋。其埋设设备主要有基建 5002 号 CAPJET650、南方十字星号 CAPJET50、CAPJET50（改装）和施工监测系统以及显示仪等设备组成。

由于海底电缆施工过程均在水下作业，现场监理人员不能直观的掌握施工设备在海底的工作状态，而且海底电缆的施工是隐蔽性工程，施工质量的优劣直接影响到海底电缆运行质量和海底电缆的工作寿命。为使监理人员能及时了解海底电缆施工设备的工作状态，正确掌握海底电缆施工的工作过程，提高海底电缆的埋设质量，顺利完成海底电缆的埋设。监理人员采取了 24h 对施工设备和工作状态进行监控的监理模式。为此，监理人员在驻船工作期间以观测到的设备技术参数数据为依据，我们根据其设备工作成果，观测参数值仍是相对准确的。

监理对海底电缆埋设设备的效率分析，力图采用线性回归的方法进行讨论，但由于设备施工期间各种因素的不确定性，很难得出精确的函数关系，因此计算值的结果仅提供在合理的工期要求及效率区间内，设备工作出力的示意区间，仅作为概念性的分析。

（一）海底电缆埋设施工设备工作概述及参数

CAPJET650 工作概述：CAPJET650 电缆埋设机，主要采用水力机械式冲埋，最大剪切强度约为 100kPa，利用其高压水泵对海床土质进行切割成槽，将海底电缆埋入海床中。施工监测的过程，主要针对埋设臂在海底的工作状态，将各重要施工数据通过采集处理后，传送到安装在操作平台的外接显示屏，可直观反映给操作人员，并控制埋设臂的正确工作状态。

其控制数据反映显示内容：埋设深度；埋设速度；埋设方向；埋设臂状态；埋设机状态；流速监测；风速监测；水深监测。

CAPJET650 电缆埋设机配置在具有动力定位系统的定位船只上，控制其稳定性。

（二）现场监理观测到的设备参数（见表 6-9、表 6-10）

表 6-9   外方 CAPJET650 主要技术参数

序号	参数名称	指标	备注
1	剪切强度 （最大动力）	≤100kPa	监理观测值
2	埋设深度	0.2～1.8m	监理观测值
3	埋设速度	≤0.36m/min	监理观测值
4	适用水深	≤30～180m	监理观测值
5	风速	≤6 级	监理观测值
6	浪高	≤2m	监理观测值
7	流速	≤2 节	监理观测值
8	适用土壤条件	混细粒土、砂、粉土质砾石（黏土混合物较差）	监理观测值

表 6-10   外方 CAPJET50，CAPJET50（改装）主要技术参数

序号	参数名称	指标	备注
1	剪切强度	≤50kPa	监理观测值
2	埋设深度	0.2～1.8m	监理观测值
3	埋设速度	≤0.36m/min	监理观测值
4	适用水深	≤30～50m	监理观测值
5	风速	≤5 级	监理观测值
6	浪高	≤1m	监理观测值
7	流速	≤1.5m	监理观测值
8	适用土壤条件	混细粒土、砂、粉土质砾石（黏土混合物较差）	监理观测值

注 因设备参数均是观测值与实际出力比较的结果，因而尚需进一步确认。

（三）国产同类海底电缆埋设设备参数的调研

目前，国内尚无与海南联网工程同类型海底电缆埋设的工程先例，已查询的工程案例类比性很差。但作为工程比较，上海基础公司曾经在洞庭湖湖底电缆建设过程中，成功对全长 6500m 的三相交联聚氯乙烯 110kV 湖底电缆进行了埋设，其电缆外径为 190mm，总重量 450t，水下埋设深度为 3m，创下了首条 $3\times400mm^2$ 三芯电缆、电缆外径最大、单位重量最重、滩段登陆最长的四项国内纪录。

虽然电缆的湖底埋设与海底埋设差异很大，但从其提供的设备参数上看，海南联网工程海底地质条件下的埋设施工与其存在一定的共性。因此，我们试图以国产（上海基础公司）HL6 型喷射式海底开沟机与 CAPJET650 相对应做比较。而 CAPJET50 与国产（上

海交大）海底电缆埋设系统做比较，以期获得相应的同等条件数据，最终分析出设备的优劣势。目前国产同类型海底电缆埋设设备参数，见表6-11。

表 6-11   **目前国产同类型海缆埋设设备参数**

序号	设备名称参数	上海基础公司（水力喷射式海底开沟机 LHA-1～HL6 型）	上海交大海底电缆埋设系统设备	备注
1	剪切强度	≤100kPa	≤200kPa	
2	埋设深度	2.5～3m	2m	
3	适用水深	70～150m	1.8～30m	
4	风速	≤14m/s	≤13m/s	
5	浪高	2m	H1/3≤1.5m	
6	抗流性能	7 节	≤1.58m/s	
7	主要功率	350～500kW	340kW	
8	适用土壤条件	高黏性粉质土（MH）	红胶泥质厚度＜500mm	
9	重量或尺寸	6～32T（8.8×5.4×4）	L×B×H＝8.1×5.4×2.3	
10	最大直径	φ150～200mm	φ150mm	
11	埋设速度	2m/min	5～10m/min	

注 国产同类型海缆埋设设备从文献中反映仅有几种，报告中选取两家设备参数相近的作为分析参考依据。

（四）外方设备与国产设备优劣势对比分析

由于外方没有提供CAPJET650、CAPJET50冲埋设备的技术参数。因此，监理单位只能以观测到的设备能力与实际施工过程中的效果和设备出力分析确定其设备参数。虽然有可能偏离设备本身设定的参数，但在海南联网工程的设备出力却是确定的常数值。因此，在CAPJET650电缆埋设机和CAPJET50冲埋设备，条件对比优劣势分析中，仅仅说明其设备能力的出力，而并非证明采用国产设备就一定会避免施工中不可预见的施工因素。外方设备与国产设备优劣势对比见表6-12。

表 6-12   **外方设备与国产设备优劣势对比**

项目	CAPJET650		上海基础公司 HL6		CAPJET50		上海交大（海底电缆埋设系统）	
动力定位	有	优	无	劣	无	劣	无	劣
埋设深度（m）	3	优	3	优	2	优	2	优
适用水深（m）	180	优	150	劣	50	优	50	劣
抗流性能（节）	2	劣	3	优	1	劣	2	优
适用土壤条件	黏土差	劣	高黏土	优	黏土差	劣	红胶泥	优
重量（kg）	1000	劣	32000	优	1000	劣	6000	优
最大电缆直径φ（mm）	200	优	100	劣	200	优	150	劣
埋设速度（m/min）	≤0.36	劣	2	优	0.36	劣	5	优
浪高（m）	≤2	优	≤2	优	1	劣	1.5	优
风速（级）	6	劣	7	优	6	劣	7	优

（五）海底电缆埋设系统效率的初步分析

（1）鉴于以上设备参数的确认，为保持施工状态可比性，假设国产设备在同等技术条件下施工类似工程，以参数来确认其计算条件，以便做对比。因变量设定条件是：海底地质变化条件是一致的，即做五类土质假设和实际水深。自变量设定条件是：埋设深度，设备适用水深，设备抗流性能，埋设速度。天气变化条件：浪高影响值，风速影响值。同时对国产设备强行介入无施工经验系数和单侧概率容忍度系数。

（2）将以上因变量和自变量数值，采用线性回归的原理进行分析和计算，从而试图找出两种设备的效率线性关系及示意图。

（3）经监理初步的分析和计算，得出概念性的示意图，其示意图中仅仅说明设备效率对工期的影响关系。因为，在采集埋设施工过程中的因变量变化和自变量的影响对国产设备是估计值，而不是实际发生。因此只能作为分析和参考。设备工时与效率相对关系示意图如图 6-12 所示。

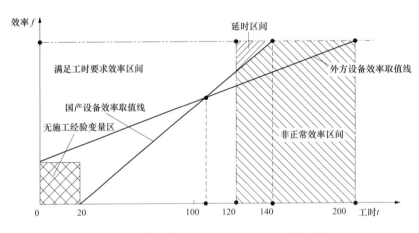

图 6-12　海底电缆施工效率与工时相对关系示意图

针对图 6-12 中得出的相对关系，做初步的分析和假设：

其一，经计算求出的外方设备出力与实际工程施工情况相接近。因此，可以认为具有可信度与参考意义。

其二，假设采集的国内设备参数完全与外方设备参数一致或相接近，那么就可以认为，外方设备正常出力区间在工时（t）140 左右。

其三，假设将工时 t 转换成工时/天，那么外方设备施工拖延了工期 60 天左右。作为监理分析问题和讨论问题，对监理进行过程控制仍具有一定的参考价值和比较意义。

（4）相对于海底电缆施工效率问题，更有说服力的是：目前世界上相类似海南联网工程海底电缆的埋设施工情况作对比。还不能提出更具有实际意义的数值。

（六）海底电缆埋设施工质量与效率的初步分析

外方对海南联网工程海底电缆的埋设施工主要分为两个阶段：第一个阶段是一次冲埋，这部分占海底电缆总长度的 90%，共计超过 80km；第二个阶段是在对已进行一次冲埋的海底电缆进行复测，而后对不合格项和达不到设计要求的海底电缆埋设进行二次复埋。

根据目前监理单位对一次冲埋施工的复测情况，外方的第一阶段施工埋设基本没有达到的施工效率要求。从目前监理单位复测的数据分析；全线路海底电缆埋设最深部分为 1.8m，最浅埋设部分为 0.2m。经监理的初步分析，外方已埋设的部分其合格率占 70% 左右，仍有 30% 左右属于消缺整改部分。

（七）关于海底电缆带电状态埋设的初步调研与分析

据有关资料报导；2007 年 11 月 8 日至 14 日，海洋石油工程股份有限公司使用国家863 课题成果——水下干式管道维修系统、水下专用作业挖沟机系统、海底管道非检测系统，对 CDF-11 油田，C-D 平台和 D-F 平台间暴露在海床上的三处带电电缆进行了路由调查、埋设处理，并对电缆锚挂点进行了详细检查。在带电电缆埋设期间，经检查埋设质量，电缆准确安放在挖沟宽度 7m，沟深 1.5～1.7m 电缆槽之内，满足业主要求。

二、500kV 海底电缆浅滩套管保护工程实践与运行思考

海南联网工程 500kV 海底电缆浅滩保护套管的实施，是针对广东徐闻侧海缆路由浅滩海缆保护的措施之一。广东徐闻侧近海海域呈现约 9km 的缓坡海底地貌，其中 0～7.6km 被称为北部堆积区，海域的水深一般不超过 20m。海底电缆路由近海浅滩段的渔业活动频繁，是渔船作业抛锚的频发点，渔船锚重一般不超过 300kg。这是促使在这一海域安装海底电缆套管保护的主要原因。

海底电缆附加保护措施有多种方式，通常选择采用的原则为：海底电缆保护的必要性、施工的可行性、造价的合理性、运行维护与事故处理技术经济比较的优势性。采用何种保护方式均无标准规范参照。

国外同类工程中，西班牙—摩洛哥联络线跨越直布罗陀海峡工程、日本阿南—征北跨越 KILL 海峡工程均在近海小于 10m 水深的范围，少量采用了铁护套保护和预埋钢管保护，而且进行了埋深处理。其铁护套和预埋钢管均无式样和尺寸资料及图纸参考。

海南联网工程 500kV 海缆浅滩套管保护项目，选择采用铸铁套管保护是继海缆浅滩保护；抛石、盖板、小尺寸机械水力冲埋等设计推荐措施之后，采取外方推荐的海缆保护方式。

（一）海底电缆套管安装工程过程简述

套管安装地质条件及施工过程如下：

海底电缆套管的安装起始点，距徐闻侧陆岸约 1000m 左右，施工段水深高潮线时 3～10m，最深点流砂堆底部安装段约 14m 水深。施工段海域海底地质结构为：流砂堆层、淤泥层和少量的珊瑚礁、火山岩石块及海洋沉降物质构成。

套管安装过程是由外方施工船利用其操作平台和起重吊车装载海底电缆铸铁套管，而后分散至各工作船平台。以潜水员接手沉降铸铁套管，再由水下潜水员安装固定的方式施工。

海底电缆保护套管为黑口生铸铁非标产品铸件。套管长 650mm，两端各有大口径 150mm 和小口径 150mm 的半圆形对接套。由两个半片对称扣接组装，而后螺栓紧固，组成 500mm 长成品套管。成套重量 21kg。

施工中水下潜水员首先在已被流砂掩埋的海底电缆路由地带寻找到海底电缆指定位置，而后使海底电缆暴露在海床上，撬起缆底部，先安放下半片套管，而后对接上半部，同时将四个螺栓孔紧固。延伸长时大口套小口，套口圆形状可防止脱落，以此类推。

施工中有多处海底电缆被石块悬空，高度为 0.3～1.5m。水下潜水员施工时先将石块移动使海底电缆着陆，而后再实施套管安装。

（二）施工设备及作业受限条件

海底电缆套管的安装施工，主要作业船；南方十字星号，载重约 1000t。配有 2t 起重吊车、一般机械维护设备、海洋定位系统及监测装置。主要施工任务是承担往返锚地装运铸铁套管、分散，并兼有作业人员食宿、紧急救护、简易维修、发布指令、作业定位、补充氧气、指挥操作等功能。辅助作业船 4 艘，载重约 100～200t，其主要作业功能是将铸铁套管进行水下安装，指挥水下人员操作。船体作业平台配有小型电动葫芦起吊设备、水下操作工器具、供氧设备、救护器具等施工备件。每个工作平台施工时一般配有 6 名作业人员，其中有 2 名船员和 4 名潜水作业人员。

海底电缆套管施工受海洋自然环境的影响和约束，施工时的限制条件，见表 6-13。

表 6-13　　　　　　　　海底电缆套管施工限制条件

项目	限制条件	开始/恢复作业
风速	15m/s（29 节）	8m/s（16 节）
最大浪高	4m	2m
海面最大流速	1.3m/s（2.5 节）	1m/s（2 节）
海底最大流速	1.3m/s（2.5 节）	0.5m/s（1 节）
水下 ROV 可见度	2m	<2m

（三）套管安装时间及施工人员构成

海底电缆保护套管的安装时间自 2009 年 8 月 9 日开始，至 2009 年 12 月 20 日结束。由于海洋工程的不确定性，施工进度计划很难得以落实，一般情况是以日工作安排确认施工进度。同时受气候、海流、地质条件约束而变化。

外方施工人员一般保持 45 名，其中潜水员 25 名。辅助人员 15 名，管理人员 5 名。

（四）海底电缆套管安装施工过程小结

海底电缆保护套管安装历时 133 工作日，其中自然条件限制 25 工作日，占 18.7%。机械维修、装载套管、准备工作及遣散船员、电缆带电等待命 41 工作日，占 30.8%。正常施工作业 67 个工作日。海底电缆套管保护沉降数量 12278 个，组成 6139 套，实际安装 6134 套，长 3067m。

（五）海底电缆保护套管施工监理控制

海底电缆保护套管的施工是一个极其简单的安装程序，然而在海底实施却是非常艰难的施工过程。施工中工程控制是重要的监理环节。工程控制特点是：安装过程、消缺整改、中间检查、监理预验收，必须一次性完成，竣工验收也必须与消缺、整改同步进行。

海底电缆工程具有不可预见的特殊性，安装过程中既无图纸参照，亦无标准遵循和验收规范。因此，工程控制中对工程质量、进度、安全控制尤显突出。为此，监理人员采用了施工全过程旁站，重点环节严格检查，由第三方潜水员做竣工验收检查的监理模式。主要监理检查流程如图 6-13 所示。

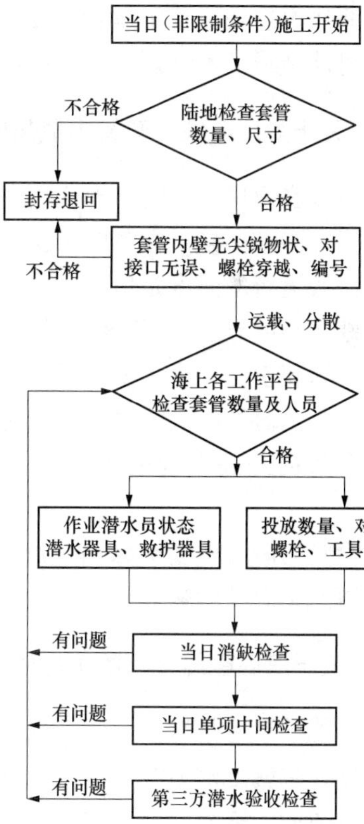

（六）海底电缆套管安装监理控制综述

基于监理规范要求，结合海底电缆工程实际情况，监理在工程控制过程中每天报送工程施工情况日报，及时对施工状态预控。

（七）工程施工效率与施工待命分析

根据驻船监理人员旁站记录（施工日报）和外方提供的日报信息"由于天气及不可预见情况导致的等待记录"等数据进行分析结果，见表 6-14。

（八）海底电缆套管的运行及相关专题思考

图 6-13　海底电缆套管施工监理检查流程图

500kV 海底电缆保护套管的实施，为海底电缆运行不受外力冲击破坏起到了良好的保护作用。同时在海底电缆保护套管长期运行中，却使海底电缆处于运行环境不平衡，而引发的不利条件下。这主要是由于海底电缆运行电气性能与采用套管间的特性影响，以及注入在运行套管内的海水不易交换所引起的。

表 6-14　　　　　　　　　海缆套管安装施工效率统计结果

编号	时间类型	时长（h）	比例
1	正常作业时间	576：31	18.26%
2	天气待命时间	584：50	18.42%
3	设备维修、装载套管	534：53	16.75%
4	正常补给、转序时间	865：55	27.40%
5	电缆带电	72：00	2.55%
6	遣散船员	432：53	13.60%
7	准备工作	94：58	3.02%
	总时间	3192	100%

为使海底电缆安全稳定运行，发挥应有的运行效益。对处于套管内海底电缆运行的工况状态和可能造成的不利影响，应引起相关运行技术人员的关注。

（九）关于海底电缆在套管内散热问题的思考

海底电缆在海底运行时；海底电缆线芯散热过程，主要是通过海底电缆表皮的温度扩散，而进行热冷却交换。在忽略了深海与浅滩海水温度差和海底热流的影响，可以认为海底电缆在海底运行的温度是恒定的。这就形成了附加的铸铁套管与海水之间的导热速率比较。当铸铁套管的导热率低于海水导热率值达到一定限度时，就会造成海底电缆线芯温度散热不良，这将引起三个主要问题的思考：

（1）套管内海缆的载流量及热稳定电流需要重新确认和计算。

（2）套管内海底电缆的内绝缘在长期热阻的作用下，热老化过程及运行年限的降低值。

（3）套管内海底电缆绝缘油（低黏度矿物浸渍油），在通过短路热稳定电流时，瞬间温升的融溶汽化温度影响。

（十）关于海底电缆套管的感应磁场问题的思考

海底电缆的运行具有一定的特性，运行中海底电缆线芯与其金属护层之间相当于一个匝间变压器，也就是磁力线匝链金属外皮，部分线芯电流的磁通与金属护层相联。

海底电缆的主绝缘层外有多层金属护层，其中，加固层、防蛀层、铅包层、铠装层等都会产生感应电势。为了防止各护层的电压过高，海底电缆制造中将内部的金属护层相隔一定距离进行短接。

当海底电缆附加铸铁套管后，理论上也会产生感应磁场。但是在海底电缆两侧终端站对金属护层进行了接地，才使得感应电压降低。但海底电缆两端接地与大地构成回路，套管中便产生环流存在，即可能会有环流通过。为此引出以下问题的思考：

（1）铸铁套管由多种元素组成，其中铁畴分子占有一定比例，铁畴分子是一种磁性物质，当有环流通过时，便使其磁力线具有了方向和大小。计算套管环流量的多少，借以校核是否足以造成海底电缆发热和海底电缆使用寿命降低。

（2）假设计算中得出套管内有足够大的环流通过，就可能会有另一物理现象产生，即套管被磁化、极化、传导的过程。

（3）假设计算中得出套管内环流不足以造成危害，也有助于对终端站海底电缆护层接地方式进行讨论，例如：海底电缆护层单端接地，另一端采用其他方式接地的比较。

（十一）关于海底电缆套管内注入海水问题的思考

海底电缆保护套管安装后，同时在套管内已注满海水。由于海底电缆表层温度在额定电流下 40～50℃，而注入套管内部海水得不到有效交换。这就形成了促进海洋微生物生长条件。当海底电缆套管内微生物量达到一定数量时，就造成了海底电缆运行的恶劣环境。从而引起三个主要问题的思考：

（1）套管内海底电缆散热条件将逐渐进一步恶化。

（2）套管内海洋微生物对海底电缆外表保护层侵蚀、破坏。

（3）为海底电缆运行维护及修复造成了困难。

（十二）相关问题讨论

海底电缆保护套管的安装仅仅是海底电缆保护的一种方式，相对于海底电缆保护项目是较少的一部分，仅占 3.3％。国内外文献中，显示海底电缆套管的安装与使用的资料极为少见。而且同类工程类比存在差距。这是由于海洋工程的特点所形成的。通过海底电缆套管保护的安装与工程控制实践，可以为后续工程和同类工程获得启示：

（1）资源配置满足工程建设的要求，施工过程的组织及效果符合本工程确认的建设目标。

（2）工程控制中对施工质量的检查满足工程质量要求，安全控制达到预期效果，工期控制在基本合理的范围。

（3）海底电缆保护套管的运行存在着利弊关系，运行中需要对海底电缆保护套管带来的运行思考做进一步的讨论，以便确定消除隐患的方式。

（4）文中所提出的专题思考，仅仅是基于工程实践中的认识，理论上是否成立仍需进一步通过相关论证，或通过建立数学模型计算和模拟试验获取数据支持或否定。

500kV
SUBMARINE
POWER CABLE
PROJECT
CONSTRUCTION
& MANAGEMENT

500kV
海底电缆工程
建设与管理

第七章
海底电缆工程建设施工

500kV 海底电缆工程建设由于工程建设跨越海域条件的差异，每项工程施工存在环境、特性不可类比的情况，但具有共性的是施工难度大、投资规模大、海洋环境影响大及施工危险性大等特点。目前我国的海洋工程施工技术、海洋工程装备技术、海洋工程施工标准等，与国外先进国家的技术进步尚存在差距。由于海洋工程存在施工过程受海床地质、海流、气象等条件限制，施工过程不可直观等特性，使得工程建设周期长、施工设备自动化程度高、涉及技术领域广泛。国内首次建设的 500kV 海南联网海底电缆工程施工，具有开创示范的实践意义。

目前，国内外交流、直流超高压海底电缆施工主体，基本是由海底电缆制造商与国际海洋工程专业公司联合承包。海底电缆施工过程主要阶段分为：海底电缆敷设、海底电缆两侧终端站建设、海底电缆埋设保护、近岸段水泥砂浆袋保护、海底电缆套管保护、海底电缆抛石保护等，以及各阶段附属工程建设。施工方前期需提供施工方案和施工计划。施工中则每日提出施工进度日报（Daily Pogress Report，DPR），并提交驻船买方代表或独立第三方咨询机构确认。DPR 是一份详尽的当日施工情况报告，其信息量涵盖了施工过程的详细资料。当驻船买方代表或独立第三方咨询机构按规定时间签署后，即视为当日施工项目验收关闭。外方 DPR 的模式体现了国外在施工中所进行的全面质量管理理念和 PDCA 循环（Plan、Do、Check、Action）的作业方式。

在我国海底电缆工程施工中，500kV 海底电缆工程建设实施工程监理制，监理工作内容与国际独立第三方咨询机构工作内容基本一致。工程监理在施工中采取技术复核方式，对施工过程的质量评定、验收。在技术复核中，重点针对技术关键点的复检、定位、海底电缆性能、设备评价、海床地质、海底电缆标高、冲埋弃埋点、抛石弃抛点的选择上。在施工质量的监理过程中，每日工程量的验收为主要方式。海底电缆主体工程施工方式，往往根据海洋特性而变化，致使施工现场安全监督管理也随之变化。通过建立行之有效的安全管理责任制度，严格落实安全责任，完善安全防设施，加大施工现场安全检查力度。

第一节　施工的特点及难点

以海南联网工程为例，该工程的建设是中国第一个长距离、大容量的跨海联网工程，也是世界上继加拿大之后第二个同类电压等级工程。海底电缆工程施工是工程建设的核心部分，分为海底电缆敷设施工、埋设施工、套管保护施工、抛石保护施工。

工程施工主要包括：新建受端 500kV 变电所（变电容量 750MVA），扩建 500kV 变电所间隔，新建 500kV 高压电抗站，建设送端变电所至受端 500kV 变电所的 500kV 联网线路。联网线路采用架空线和海底电缆混合方案，线路总长 139.8km，其中广东侧 125.3km，海南侧 14.5km，海底电缆长度约为 31km。

一、海底电缆敷设施工的特点

海底电缆的敷设施工可分为敷设前准备工作、海上敷设施工和电缆附件安装三部分。

（一）敷设前准备工作

敷设前准备工作分为海床地质地貌调查、路由清理和两端登陆端预开挖。海底地质地貌调查主要是通过 Captrack 地形仪附带的旁扫声纳设备，在距海床约 10m 处进行声纳探测，调查路由的宽度为 50~55m，速度为航行一节左右。海床地质、地貌调查的主要范围是 KP14~KP18。在 KP14.7、KP17.1 发现有两处较陡斜坡，特别是在 KP14.7 处，斜坡落差约 5m，与海床约成 60°斜角。

路由清理工作分为渔具清理和海床表面清理，目的是清理路由中的渔具和废弃物，防止电缆敷设和保护过程中对电缆或敷设装备造成损害。深海区海床清理是在海底电缆敷设前通过在路由上拖拽小爪锚进行，施工用具和现场如图 7-1 所示。

图 7-1　海底电缆路由拖拽小爪锚施工现场

海底电缆送端路由预开挖：KP0~KP0.17 区域为沙滩，采用挖掘机进行。挖掘沟槽深度 2m，沟底宽度 2m，考虑坍塌影响和需保持时间较长，两侧坡度要达到 1：2。挖掘的砂石在沟槽两侧 5m 外堆放，用于回填。KP0.17~KP0.4 区域为潮间带，采用水陆两用浮箱式挖掘机进行。挖掘沟槽深度 2m，沟底宽度 2m，考虑坍塌和潮、波浪影响，两侧坡度要达到 1：3。

海底电缆受端路由预开挖：KP29.93~KP30.07 区域土质为硬黏土和卵石滩。在 KP30.07 的陡坡区需要设计过渡引桥；引桥采用条石砌筑，高度约 24m，坡度根据实际的地面坡度放坡，但至少不小于 1：2。在引桥顶部有三条电缆沟并列，沟内填砂，并制作混凝土盖板。海底电缆登陆段施工现场如图 7-2 所示。

图 7-2　海底电缆登陆段施工现场

KP29.8~KP29.93 区域卵石滩的电缆需要可靠保护。在卵石滩内采用抓斗和大量人工清理出一条深度 1m 以上的沟槽是可行的，局部的大石可以采用吊机移出。清理出三条底宽 2m、深度 2m 的沟槽后，在沟底铺设 0.5m 厚度的碎石和粗砂作为垫层，敷设电缆后再回填保护。海底电缆浅滩段施工

图 7-3　海底电缆浅滩段施工现场

现场如图 7-3 所示。

（二）海底电缆海上敷设施工

海上敷设的整个过程分为：海底电缆送端路由浅滩段敷设、深海段敷设和海底电缆受端路由登陆敷设。

敷设主要由 Nexsans 的施工船斯卡格拉卡（Skagerrak）号主导完成。敷设船为动力定位自航式专用施工船。其具体参数如下：

（1）船籍：挪威；长：99.75m，宽：32.15m；吃水深：8m，载重：7150t，航速：10 节。

（2）敷设船有航行主引擎、侧向动力定位引擎 4 个，配有雷达、D-GPS 定位系统、水下探测装置等。

（3）敷设船电缆转盘外径 29m，内径 12m，可装载电缆 6600t；有相应的电缆敷设机械设备，如海底电缆敷设机、动力装置、敷设臂、卷扬机、5~40t 的起重机等。

（4）辅助设备包括水下机器人（ROV）、电缆冲埋机（CAPJET）。电缆敷设船可以在 7 级大风中进行电缆敷设施工。

（5）施工期间，需要一批辅助船只配合施工，主要是海上交通、安全防护、浅滩施工、辅助材料运输等。

海底电缆送端路由浅滩段敷设时，电缆敷设船停在距离海岸 3.6km 的地方，始端同样采用浮运登陆的施工方式。从船尾引出海底电缆，将其放置在浮包上，工作艇和牵引绳由岸上的牵引机牵引登陆，海岸线上电缆在导轨上牵引，浮漂跟随移动，陆地上电缆在导轮上牵引。电缆上岸后拆除浮包，使电缆下沉至海底。海底电缆敷设登陆段施工现场如图 7-4 所示。

中间海域段敷设施工时，施工船依靠动力定位系统（DP）提供施工船牵引力，施工船纠偏同样采用动力定位系统来完成。工程所施工的电缆为充油电缆，电缆堆放在施工船上的电缆转盘上（Turntable），施工时电缆无需退纽，电缆根据电缆敷设速度同步旋转布放。电缆通过电缆转盘及电缆通道后，经布缆机（一期工程由于水深较浅，所采用的布缆机为轮胎式布缆机，当水深一般大于 500m 时，即采用

图 7-4　海底电缆敷设登陆段施工现场

鼓轮式布缆机）提供张力后，经船尾的入水槽后布放至海底。在施工过程中，施工船一般采用 D-GPS 定位系统进行定位，动力定位系统根据当时的风速、流速、流向实时调整施工船位。电缆在水下由设置在船尾的水下机器人进行监测。水下机器人设有水下超短基线（US-

BL)、照明及水下摄像等检测装置部件，可实时记录电缆在海底的精确位置，为下一步电缆埋深作业提供数据，同时在施工过程中可不间断监视海底电缆路由情况，若发现小范围不良地质或障碍物，施工船可根据此情况及时调整路由进行避让，以便进行埋深作业。

电缆终端登陆施工采用双头登陆的施工方式，电缆敷设船停在距离海岸 1.1km 的地方，将电缆余量敷设在水面上，电缆随潮流呈 Ω 形漂浮在水面。由于斯卡格拉克号吃水较深，登陆距离较长，遭遇转流情况时，其可通过动力定位系统，随流调整船位牵引电缆，使电缆顺水流再次呈 Ω 形漂浮在水面，不会发生电缆在水面打圈的现象。电缆牵引头到达水深 2m 时，通过牵引线将电缆头与陆地上的牵引机相连。海岸线上电缆在导轨上牵引，浮漂跟随移动，陆地上电缆在导轮上牵引，然后进入电缆沟。牵引电缆直至浮漂上的电缆在陆地和浮漂间形成一条直线。定位漂浮电缆下的敷设浮筒，撤掉浮漂，向陆地方向将电缆敷设到海底或沟底。潜水员协助敷设操作。其施工作业过程如图 7-5～图 7-8 所示。

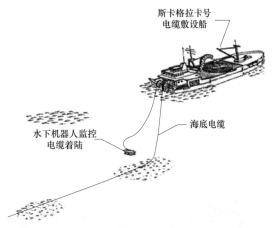

图 7-5　海底电缆敷设船施工作业示意图

图 7-6　斯卡格拉卡号海底电缆敷设船施工现场

图 7-7　海底电缆敷设浅滩施工作业现场　　　图 7-8　海底电缆敷设登陆施工作业现场

水深约 2.5m 时从电缆上撤掉敷设浮筒，然后通过放气撤掉浮漂。通过牵引机调整可能存在的松弛，直至在海岸和接头站或终端间电缆就位，撤掉电缆导轮。

（三）海底电缆附件安装

海底电缆附件安装可分为电缆终端安装和泵站安装两部分。

海底电缆终端是在 18m 高的帐篷中由 Nexsans 接头工程师安装完成。施工作业过程如图 7-9 所示。

泵站安装包括泵站油罐和控制柜安装，由 Nexsans 分包商的挪威制造商负责安装调试。相关系统及设备如图 7-10、图 7-11 所示。

图 7-9　海底电缆终端施工现场

图 7-10　海底电缆终端油系统效果图

二、海底电缆敷设施工的注意事项

在工程准备阶段，需要对线路两端浅滩和登陆端进行预挖沟，由于施工困难工期长，受海潮和波浪影响，预挖沟很快会被沙子填平，所以需要深挖，为防止坍塌两侧坡度要达到 1：3，电缆敷设前还需要清理，施工量与预期相差巨大。

图 7-11 海底电缆终端控制设备

路由调查时，由于海底流速太快，工作人员无法操控水下机器人进行摄像调查，同时由于邻近电缆敷设工期，Nexsans 不得不将 ROV 吊出水面，放弃影像调查。

施工船基本采用动力定位系统，故施工船只吃水较深。在水深较浅的滩涂登陆时，往往登陆距离较长，达 3.6km，在短时间内无法完成时，中间需加设锚固点，用 7 艘工作艇牵引进行浮运登陆。在敷设过程中，施工船采用动力定位系统，按预定路由进行敷设，并采用带有水下超短基线定位系统的 ROV 进行监护，并记录电缆在水下精确路由，为将来进行埋深提供精确数据。需要根据当时的风向、流速、涌浪方向，由动力定位系统实时调整，路由偏差控制很困难。

海底电缆的敷设受天气影响很大，其限制条件见表 7-1。

表 7-1 海底电缆施工限制条件

项目	仅限于敷设	海滨牵引电缆
风力	15m/s（29kN）	8m/s（16kN）
最大浪高	5m	1m
表面水流	1.3m/s（2.5kN）	0.5m/s（1kN）
海底水流	1.3m/s（2.5kN）	—
表面能见度	100m	800m
水下 ROV 可见度	2m	—

三、海底电缆埋设施工的特点

（一）保护原则

海底电缆保护原则是在送端（KP0～KP10）黏土埋深 2m。CAPJET 可在有沙子、黏土及混合物的海床上进行冲埋作业。海床土壤的不排水抗剪强度低于 100kPa 时可以采用标准冲埋设备。

KP0～KP10 海床底部的不排水抗剪强度约为 40kPa。当土壤硬度加强时，维持相同的冲埋的深度很困难。挪威船级社（DNV）确认了不同土质的保护水平（$BPI=1.5$）。从南岭到林诗的埋深度将根据土质变化而变化，但目标是在海底电缆路由上保持相同的保护水平。

（二）动力定位系统

当电缆完成敷设施工后，将采用 CAPJET50 或 CAPJET650 对已敷设电缆进行埋深作

图 7-12　建基 5002 号海底电缆埋设施工作业

业。CAPJET50 用于浅水作业，其他冲埋工作由 CAPJET650 进行。CAPJET650 作业船采用分包公司的"建基 5002"号，其载重吨位及甲板作业面能满足电缆埋深作业，以及动力定位系统的安装操作。"建基 5002"号的动力定位系统共有 4 个挂桨，分别安装在船舷四周，总计能提供 3000HP 的动力，如图 7-12 所示。动力定位系统的供电由 2 台 1250kW 的发电机提供。

除四个挂桨外，该系统还配有流速仪、风速仪、D-GPS、电罗经等部件。根据现场水文、环境实时调整挂桨的转速马力、转向，确保施工船能稳定的保持船位，确保施工船在 2 节流以内，能继续利用电缆冲埋机进行电缆埋深作业。

（三）水下机器人

水下机器人作为电缆施工的辅助设备，在海底电缆工程中被广泛用于水下监测、障碍清理等工作，如图 7-13 所示。其水下部分主要包括动力系统、监测及操作系统。动力系统配置有 8 台 13kW 的螺旋桨（其中 4 个设置在水平方向，4 个为设置在垂直方向），最快航速为 3 节。监测及操作系统则为水下机器人上配置有多功能机械爪或者多功能机械臂，用于水下项目的处理。其水下监测设备配备有水下摄像、声纳、高度计、LED 灯、测深仪、罗经及测量传感器。其监测系统可采集数据，并通过影像形式传输至甲板的控制屏，操作人员指令通过脐带电缆发布至水下机器人，控制其在水下的工作。其脐带电缆长度为 2300m，破断拉力能达到 100kN。在本工程项目施工中，水下机器人无论是在电缆施工过程中，还是电缆埋深保护，及其他相关水下监测过程中都在广泛使用，与传统的潜水员水下作业相较而言其不受水深影响，作业时间较长，受水流因素影响较小，更能直观反映水下的情况，并灵活处理水下情况。

图 7-13　建基 5002 号
海底电缆埋设水下机器人

（四）CAPJET650

海底电缆完成敷设施工后即开始进行埋深作业。埋深作业依靠 CAPJET650 系统完成，

其系统主要由 CAPJET650、控制箱、工作室、发电机组及起重臂组成。而 CAPJET650 由埋深系统组成。其中，水下动力系统的 10 个螺旋桨分别布置在 CAPJET650 各个位置，既可确保 CAPJET650 在施工过程能根据流速情况调节位置，同时也能抵御高压水枪破土时，对 CAPJET650 本身所产生的反作用力，确保其在海底施工的稳定性。埋深系统布置有 2 台 420kW 的潜水泵，能提供 1～4MPa 的水压，通过高压水管，将高压水由水泵传输给 CAPJET650 上的不锈钢埋设臂进行破土施工，同时控制监测系统启动测试。

施工时首先由施工船舶根据海底电缆路由进行定位，而后施放埋设机，CAPJET650 接收加载在海底电缆上的信号可在海床找到电缆。通过其本身自带的动力系统进行就位，调整后即可开始电缆埋深施工，冲埋的最大水压可达 4MPa。

从施工及质量方面来考虑，先敷后埋在很多方面对环境的适应性较好，中间海域敷设所需施工时间较少，降低施工风险；采用动力定位系统定位，无需辅助船只纠偏，在风浪较大的情况下仍能继续施工；基本不受施工区域水深限制等。

（五）CAPJET50

如图 7-14 所示，CAPJET50 用于浅水作业；动力由海平面上的动力平台提供，水下操作由潜水员辅助进行；冲埋的最大水压可达 6MPa。

动力平台装配了容量 660m³/h 的水压泵，为 CAPJET50 提供动力。平台长 9m、宽 3.3m、高 3.0m。操舵室有模拟控制器和容纳 4 个人的空间。动力平台有一个抛锚停住的系统来保持船位。平台还是跳台，潜水员穿梭来往于支持船。

图 7-14　CAPJET50 海底电缆埋设机

南十字星号是专用的支持船，被用作为海底施工人员宿舍，如图 7-15 所示。船尾的甲板将安装一台海上起重机，为吊起挖掘机进出水。该船还运载潜水作业的减压舱。南十字星号的尺寸和吨位：长 44.70m、宽 8.30m、深 4.00m，承载 266.61t，净吨位 196.05t。

图 7-15　南十字星号海底电缆施工船和潜水作业船

四、海底电缆埋设施工的难点

电缆路由地貌形态复杂，分别通过了北部堆积区、北部侵蚀—堆积区、中央深槽区、南部侵蚀—堆积区和南部堆积区等五个一级地貌单元。二级地貌单元包括小沙波、沙堤沙丘、冲刷槽、冲刷脊和丘状突起等。人工地貌包括桩网、锚沟等。海床土壤的不排水抗剪强度分布极其不均匀。因此，CAPJET650 作业时需要频繁更换冲埋臂以适应不同硬度的海床，如图 7-16 所示。

CAPJET650 需要平缓的施工海床，在很多区域 Nexsans 不得不安排浅水员配合专门的清理设备进行海床清理。

图 7-16　海底电缆埋设机施工示意图

此外，琼州海峡的海流很大，海水能见度几乎为零，对电缆的定位和保护施工造成很多困难。

五、海底电缆套管保护施工的特点

海南联网工程 500kV 海底电缆浅滩保护套管的实施，是针对广东徐闻侧海底电缆路由浅滩海底电缆保护的措施之一。海底电缆套管的安装起始点距徐闻侧陆岸约1000m，施工段水深高潮线时 3～10m，最深点流砂堆底部安装段水深约 14m。施工段海域海底地质结构由流砂堆层、淤泥层和少量的珊瑚礁、火山岩石块及海洋沉降物质构成，采用冲埋的方式无法达到理想的保护效果。而且海底电缆路由近海浅滩段的渔业活动频繁，是渔船作业抛锚的频发点，渔船锚重一般不超过 300kg，这是在这一海域安装海底电缆套管保护的主要原因。

套管安装过程是由外方施工船利用其操作平台和起重吊车装载海底电缆铸铁套管，而后分散至各工作船平台。以潜水员接手沉降铸铁套管，再由水下潜水员安装固定的方式施工。

海底电缆保护套管为黑口生铸铁非标产品铸件。套管长 650mm，两端各有大口径和小口径的半圆形对接套。由两个半片对称扣接组装，而后用螺栓紧固，组成 500mm 长成品套管（见图 7-17），成套质量为 21kg。

施工中水下潜水员首先在已被流砂掩埋的海底电缆路由地带寻找到海底电缆指定位置，然后使海底电缆暴露在海床上，撬起海底电缆底部，先安放下半片套管，然后对接上半部，同时将四个螺栓孔紧固。延伸时大口套小口，

图 7-17　海底电缆浅滩套管

套口呈圆形可防止脱落。施工中有多处海底电缆被石块悬空，高度为 0.3～1.5m。水下潜水员施工时先移动石块使海底电缆着陆，然后再实施套管安装。

外方施工人员一般保持 45 名，其中潜水员 25 名、辅助人员 15 名、管理人员 5 名。本工程共安装了 3053m 铸铁套管。

六、海底电缆套管保护施工的难点

海底电缆套管的安装施工主要作业船为"南方十字星"号，载重约 1000t。配有 2t 起重吊车、一般机械维护设备、海洋定位系统及监测装置，主要施工任务是承担往返锚地装运铸铁套管、分散，并兼有作业人员食宿、紧急救护、简易维修、发布指令、作业定位、补充氧气、指挥操作等功能。辅助作业船 4 艘，载重为 100～200t，主要作业功能是水下安装铸铁套管，指挥水下人员操作。船体作业平台配有小型电动葫芦起吊设备、水下操作工器具、供氧设备、救护器具等施工备件。每个工作平台施工时一般配有 6 名作业人员，其中有船员 2 名和潜水作业人员 4 名。

海底电缆套管施工受海洋自然环境的影响和约束，同时受气候、海流、地质条件约束而变化。由于海洋工程的不确定性，施工进度计划很难得以落实，一般情况是以日工作安排确认施工进度。

七、海底电缆抛石保护施工的特点

抛石船为荷兰 Tideway 公司的 Flintstone 号。Flintstone 号是世界上技术最先进、定位精度最高的专业抛石施工船，载质量达 20000t，长 155m，宽 32m，是一艘为确保抛石位置准确而专门制造的抛石船，如图 7-18 所示。

图 7-18　Flintstone 号海底电缆抛石船

抛石保护的典型形状如图 7-19 所示。抛石高度大于电缆顶部 1m；堆石坝抛在电缆正上方，电缆在堆石坝底部中心位置，水平偏差不大于 25cm；堆石坝坡度大于 2：1。采用比重不小于 2.5t/m³ 的石料，内层石料尺寸范围 1～2 英寸（1 英寸＝25.4mm），抛石高度 0.1～0.5m，外层石料尺寸 2～8 英寸。内层石料抛完后，进行全面检测，确认内层堆石坝满足要求以后才进行外层抛石。

电缆埋深0m时典型石坝横向断面

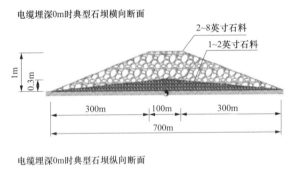

2~8英寸石料
1~2英寸石料

1m
0.3m
300m　100m　300m
700m

电缆埋深0m时典型石坝纵向断面

1m
0.3m

图 7-19　海底电缆抛石堆积体示意图

每个抛石段都包含 5m 的起始段（run＿in）和 5m 的终止段（run＿out），对于抛石段间距小于 5m 的石方量只计列一段，抛石段间距大于 5m 的石方量计列两段。

船体中央安装抛石导管，直径为 650mm，可达 2000m 水深工作。抛石导管的下部有一个伸缩节，可对抛石导管长度进行调整。抛石管下方装有水下机器人，可以通过甲板上的操作控制抛石管的尾端位置，根据不同的地貌、水流方向和大小，调整水下机器人的位置，以达到将石料准确送到电缆上方的目的，如图 7-20、图 7-21 所示。海南联网海底电缆抛石保护共完成全长 22625m，总量 26 万 t 的抛石工作。

图 7-20   海底电缆抛石水下机器人

图 7-21   海底电缆抛石投放示意图

八、海底电缆抛石保护施工的难点

抛石保护的石料取自采石场，距最近的装船码头马村港 40km，共采石 26 万 t，采用汽车运输，运输量巨大，同时在码头需要很大的堆放空间，如图 7-22、图 7-23 所示。

Flintstone 号抛石船的载质量约 20000t，每 3～4 天需要返回港口进行装船，装船时间每次控制在 16h 内完成，且需要在码头内进行石料的二次转运，难度非常大。

图 7-22   海底电缆抛石运输路线示意图

图 7-23   石料装船现场

在抛石过程中，特别是在抛保护层石料时，石料尺寸仅为 1～2in。由于海流过大，往往造成石料被冲出预计区域，造成石料的浪费，在进行铠装层抛石时则需要更多的石料进行覆盖。此外，很多区域的地势不是很平缓，在抛石时，同样造成了抛石量远远大于计算量的结果（见图 7-24）。工程初期，抛石的计算量为 19 万～20 万 t，且已经考虑正常损耗和浪费，但最终在项目完成时，共抛石 26 万 t。

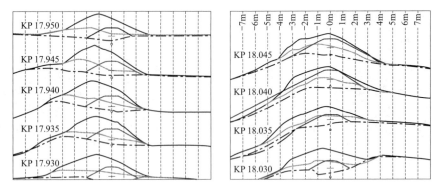

图 7-24　海底电缆抛保护层石料堆积体检测结果

第二节　施工管理组织体系

所有的工程管理活动都依照内部质量系统制定的规则执行，质量体系是 DNV 根据最新版的 ISO9001 进行认证，这使工程管理活动包括文件的制定和控制都满足相应的要求。

项目组和专业工程师负责工程质量，包括质量保证和操作安全，提供关于 IDC/DIC 文件的资源和设计评价。

工程管理的关键方面是在参建各部门支持下内部进行的。该内部范围可以看做是一个最小的组合。

Nexsans 设立了一个矩阵式基础的组织结构，保证了工程资源的合理利用，确保质量满足 Nexsans 内部标准和工程之间信息的传递。

Nexsans 设有几个各司其职的部门，主要部门和职责见表 7-2。

表 7-2　　　　　　　　　　Nexsans 海底电缆工程施工各部门职责范围

部门	职责范围
质量保证/HSE	全面的质量保证监控和维护内部质量保证体系，提供工程质量保证人员
工程管理	全面的工程管理服务，维护工程管理和报告体系，提供工程管理和管理人员和系统
财务	全面负责 Nexsans 的财务和成本控制，维护成本控制和发票的标准体系，提供工程控制人员和系统
采购	全面负责所有采购活动，维护采购的标准和工作方法，提供工程采购人员和系统
海上安装	全面负责 Nexsans 所有海上作业，维护内部标准和工作方法，维护海上作业的资源和工具，全面负责施工的质量和安全，提供全部的工程管理和操作人员，提供所有设备和其他资源

海上作业部门组织职责是投标、工程管理、施工、CAPJET 设备操作和维护。

每项职责都有一位专业工程师负责科目工作的执行，检测每项工程的工作，代表签署文件的数据资料录入和设计评价等。作为工程具体工作的后援，在职责框架内向协调工程师报告技术或科目问题。

海底电缆施工各项的组织机构如图 7-25～图 7-31 所示。

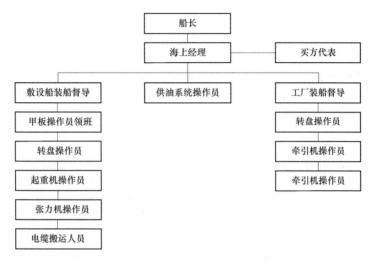

图 7-25　Nexsans 海底电缆工程组织机构图

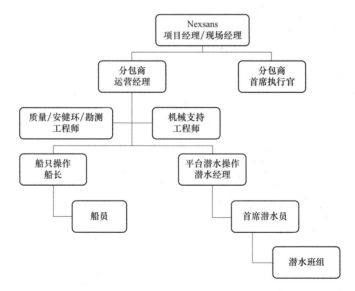

图 7-26　Nexsans 海底电缆工程陆地施工组织机构图

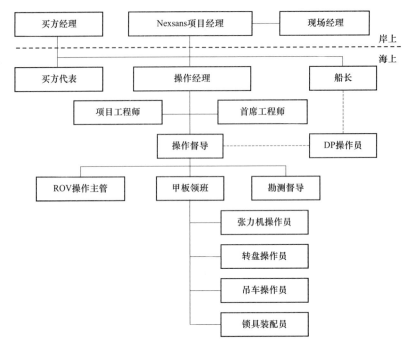

图 7-27　Nexsans 海底电缆工程海洋施工组织机构图

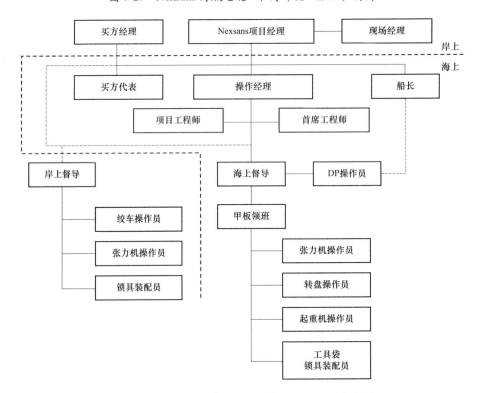

图 7-28　Nexsans 海底电缆工程敷设施工组织机构图

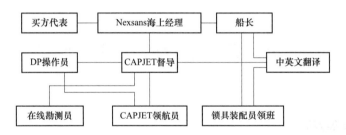

图 7-29　Nexsans 海底电缆工程冲埋保护施工组织机构图

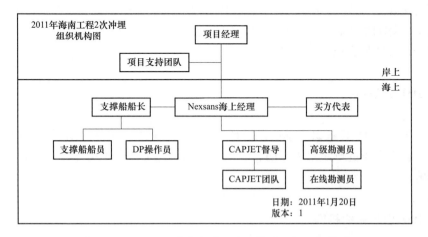

图 7-30　Nexsans 海底电缆工程保护施工组织机构图

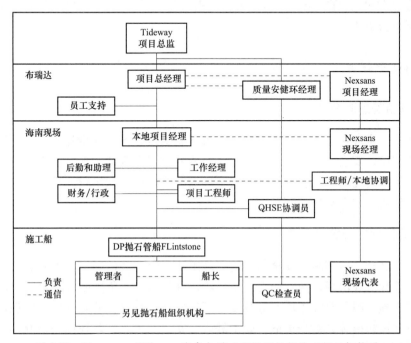

图 7-31　Nexsans、Tideway 海底电缆工程抛石保护施工组织机构图

第三节 施工安全文明管理

一、项目 HSE 管理方针

认真落实业主 HSE 方针，遵守中国国家和地方的有关法律法规，保护环境不受破坏，为员工创造良好的生活、工作环境，最大限度地减少不安全行为，使 HSE 管理水平不断提高，安全、文明地完成施工任务。

二、项目 HSE 管理目标

教育职工树立 HSE 意识，塑造保护环境、安全文明施工的企业形象。做好员工医疗保健工作，提高员工的健康水平。防止一切安全和中毒事故。避免和减少对施工地域生态环境的影响。

三、项目 HSE 管理组织机构

成立工程 HSE 管理委员会。管理委员会由项目经理、HSE 监督员、后勤主管、HSE 检查员、班组长组成。

四、项目 HSE 责任制

(一) 项目经理职责

贯彻落实安全环保法律、法规和规定，教育职工遵守各项安全环保规章制度。为提高项目施工中健康、安全与环境表现水平提供必要的组织和资源配置，并保证合理使用。作为安全环保第一责任人，负责组织项目安全环保制度的建立和运行。负责解决项目施工中出现的重大健康、安全与环境问题。

(二) 项目 HSE 监督员职责

协助项目经理开展健康、安全与环境管理工作。负责宣传国家和上级有关健康、安全与环境的政策和法律法规，教育职工遵章守纪，杜绝违章。负责制订项目安全环保工作计划，并组织实施。组织对施工项目进行安全环保检查，对存在的安全环保隐患，组织制定相应的纠正和预防措施。对严重危害职工健康、安全及破坏生态环境的情况，有权下令停工，并及时报告项目经理采取有力措施。

（三）项目 HSE 检查员职责

协助项目 HSE 监督员开展健康、安全与环境管理工作。负责贯彻落实项目健康、安全与环境的保证措施和有关管理制度。负责编制安全环保应急预案。负责对项目施工人员进行安全环保教育培训，组织开展安全演习和岗位练兵。负责组织开展项目安全活动，每天对施工现场进行巡回检查，发现问题及时向现场施工负责人反映，提出整改意见，并对整改结果进行验收。

（四）组长职责

严格执行 HSE 管理规定，确保本班组人员的健康和安全。负责开好班前安全会，明确本班组所有潜在的危害因素，制定执行预防及控制措施。组织本班组的应急演习。负责本班组使用设备和防护设施的检查和保养，配合上级组织的安全检查。

（五）员工职责

严格执行岗位安全生产标准、操作规程、作业指导书。维护、保养使用设备、工具及防护装置，保证其性能良好，安全可靠。积极参加 HSE 会议、教育、培训活动，提高操作技能和应急防护能力。有权拒绝一切违章指挥和命令，发现隐患及时排除，无法解决时及时上报。

五、施工人员健康保证措施

（一）卫生与健康管理制度

施工前，对新工区进行调查，制订预防保健计划。对全体员工进行体检，保证其身体状况满足岗位的要求，在分配工作时，应考虑到员工因病服用药物对工作的影响。应考虑为员工创造舒适的住宿场所，在购置或加工食品及提供饮用水服务时，保证符合卫生要求。禁止酒后上岗。

（二）环境保护制度

对全体员工进行环保知识培训。工地的施工垃圾应及时回收运回基地处理，严禁随地丢弃。进行环境保护检查，及时确定施工作业对环境的影响，并采取补救、恢复措施。

（三）应急管理制度

施工现场成立应急小组，应急负责人为作业组的现场负责人，并全权负责应急情况的处理，及时向项目经理进行通报。配备必要的应急设备物品，并定期进行应急演习和培训。当发生人员伤害事故时的程序：发现人员受到伤害时，发现者应立即采用正确的方式（避免自身受伤害）帮助伤员脱离危险，并向现场负责人报告。现场负责人全权指挥救援：立即准备急救船只、车辆，和急救医院联系，同时，把事故的大致经过报告给公司和买方。现场负责人根据具体情况，快速把伤员运至附近医院急救。

（四）事故报告制度

发生事故后，事故现场有关人员应立即向现场施工负责人、HSE 监督员、项目经理、公司报告，采取应急措施，防止事故的扩大，并按事故的级别尽快向买方、主管部门和当地劳动部门（或其他地方管理部门）报告。立即成立事故调查组，进行事故调查和分析，拟定改进措施，填写事故调查报告书。应按"四不放过"（事故原因没分析清楚不放过，职工没受到教育不放过，事故责任者没受到处理不放过，没采取事故预防措施不放过）的原则，对事故进行处理，并采取预防和纠正措施。

（五）隐患识别和报告制度

项目部每月进行一次检查，施工组每周进行一次检查，机组每天进行一次检查（检查结果在班前会上进行通报），发现事故隐患及时进行整改，危急情况可停工整改，鼓励全体员工对岗位上存在的隐患进行识别，并及时进行处理，无力解决的向上级报告并采取防范措施。

（六）健康保证措施

卫生措施：教育员工做好个人卫生。宿舍卫生：室内保持清洁卫生，清扫的垃圾倒在指定的垃圾箱，并及时清理。生活废水、污物不乱倒乱流。饮用水卫生：使用干净的自来水，定期清洗水箱；施工现场应供应开水，饮水器具要卫生。厨房卫生：采购食品的车辆要清洁卫生；做到生熟分开，防尘、防冻；不采购腐败变质、霉变、生虫、有异味的食品。炊具卫生：制售过程及刀、墩、案板、盆、碗及其他盛器、筐、水池、抹布和冰箱等工具要严格做到生熟分开，公用食具必须每天洗净消毒，应有专用洗涮、消毒和存放设备。炊事人员卫生：初次从事炊事工作的人员应进行健康检查，以后要定期检查，如有传染病、外伤和感冒不应工作。炊事人员在接触食物前或未煮的食品以及去厕所后要洗手。炊事人员操作时必须穿戴好工作服、白帽，做到"三白"（白衣、白帽、白口罩），并保持清洁，文明操作，不赤背、不光脚，禁止随地吐痰；炊事人员必须做好个人卫生，要坚持做到"四勤"（勤理发、勤洗澡、勤换衣、勤剪指甲）；炊事人员手上有伤时最好分配其他工作，不得直接接触食物。

虫害防治：厨房是害虫和老鼠活动的场所，建设时应用纱门和纱窗，并保持完好，以有效防止虫害。

垃圾和废物的处理：垃圾和废物放在指定垃圾桶或垃圾袋内，定时集中到岸上指定地点处理。

六、主要工种施工安全措施

（一）起重工安全操作规程

起重指挥和司索人员须经安全技术培训后，方可持证上岗。作业前，穿戴好安全帽和劳保服装。起吊重物，须对起吊现场和重物进行调查，进行载荷的重量计算，选用正确的吊具、索具和起吊方法。检查吊具和索具是否符合安全标准，作业中不得损坏吊件和吊具、索具，必要时在吊件与吊索的接触处加保护衬垫。指挥人员选择指挥位置时，保证与起重司机和负载之间视线清楚，起重人员与被吊运物体保持安全距离，不得停留在吊臂下。经常清理作业现场，保持道路畅通。保养好吊具、索具，确保使用安全可靠。安装拆除导管架时，要注意观察重物是否平稳，确认不致倾倒时，方可松绑。起吊作业时，先经过试吊，可靠时方可进行作业。遇六级以上大风恶劣天气，不得进行起吊作业。

（二）施工安全实施措施

基本要求：遵守发包方施工安全管理办法，服从发包方安全管理，落实安全生责任制为中心的安全管理制度。特殊工种要持证上岗，严格按操作规程操作。所有工作人员都要按安全操作规程操作，现场人员必须戴安全帽、穿着劳保用品，登高作业系安全带，并严禁上下抛物。施工临时用电应符合 GB 50194—1993 要求。调校仪表及现场机电设备、工具等用电设施必须安装漏电保护器，垂直运输设备应设避雷接地。施工现场用电严格执行三相五线制和三级控制二级保护的有效措施，接线时穿好绝缘鞋、戴好绝缘手套，并有专人监护。起重工、司索工持证上岗，指挥吊车作业要看清周围环境人员情况，正确指挥，慢吊轻放，互相配合，确保安全。使用梯子应有防滑措施，二人不得合用一梯，A字梯开角不大于45°。夜间施工要有足够的照明。安全用电，每天有值班电工巡查。临时线路要符合安全规定，所有铁皮工具房、电焊机房应有接地线。手持电动工具及直流电焊机应有漏电保护器，电气开关应装在防雨的配电箱内。配电箱高度不低于 1.2m，闸刀、开关、熔丝匹配合理，无残缺。对设备送电试运要设警示标志，检查接线有无潜在问题，经协作人员同意方可进行调试，调试时有安全人员在场，严格操作顺序，现场有防火措施。注意天气变化，对大风、大雨的预报采取相应的措施，雨天施工防滑、防触电等事故的发生。施工现场有安全标语，危险区设安全警示标志，严禁无关人员随便出入，严格坚持"五同时"和定期检查制度。防火、防盗。施工现场不得存放易燃物，下班前检查防火安全。严禁酒后上岗。

（三）设备、施工机具等器材拉运就位安全措施

装、卸船时，应由专人指挥吊装作业，吊具选用合理，拉运时，放置平稳，绑扎牢固，防止在拉运过程中发生意外事故。装运船舶在允许范围内航行，按制定位置装卸，设

备放置牢固、稳妥，防止滑落、倾翻。设备吊装就位必须专业人员操作。配合施工人员必须在现场由专业人员进行安全交底，服从指挥。

（四）用电作业安全措施

非专业电工人员，不准擅自安装电气设备和电灯照明。电工检查线路作业前，必须停电，并在开关处挂"有人作业，禁止合闸"的标牌，作业时必须有人监护，严防发生送电事故。工地所用一切电气设备、线路，都必须绝缘良好，各接触点都应坚实、牢固，各金属外壳都必须设牢固的接零线和接地线，各电气设备（不论临时或正式）按一定的规格装设接地线，并要合理规定电阻的要求。移动和手动式电动工具必须装有漏电保护器。变压器、配电盘、配电箱开关及电机等电气设备的 10m 以内不准放置易燃、易爆、潮湿与腐蚀性物品。安装在室外的变压器，应加维护栏，并挂有"有电危险"警示牌。

（五）配电施工安全措施

线路上禁止带负荷接电或断电，并禁止带电操作。安装高压油断路器、自动空气断路器等有返回弹簧的开关设备时，应将开关置于断开位置。管子穿带线时，不得对管口呼吸、吹气、防止带线弹力勾眼。穿导线时，应互相配合防止挤手。电缆盘上的电缆端头，应绑扎牢固，放线架、千斤顶应设置平稳，线盘应缓慢转动，防止脱杠或倾倒。现场变配电设备，不论带电与否，单人值班不准超越遮栏和从事修理工作。

（六）航行安全措施

航行期间甚高频 24h 开机，夜间航行开启航行灯。加强交通安全管理，认真贯彻交通"十八法"保证器材运输车辆和值班车辆安全运行。

（七）施工现场防火安全措施

施工现场要按总平面图的位置设置配备足够的消防器材。健全消防管理机构，项目经理为防火第一负责人。建立防火安全制度和防火预案，落实防火责任制。要经常对员工进行防火安全教育，并保留相应记录。施工现场严禁吸烟，违者给予经济处罚。明火作业现场要清除易燃物，要有专人负责，配消防巡视员，施工结束时，现场负责人要和消防巡视员一起进行认真检查，确认无火灾隐患，方可离开现场。在改造原容器作业时，首先要进行监测，合格后方能进入，清理时要用专用绝缘工具，作业人员穿防护服。进行明火作业，按当地或建设单位要求办理动火审批手续，动火作业设现场监护人。

（八）环境保护措施

贯彻执行国家和地方政府的环境保护规定和政策，落实买方和单位的环保管理制度。对职工进行环保知识教育，树立限制废物产生第一，处理废物第二的观念。必要时及时召开环境保护会议。建立环境保护制度，明确环境保护职责。按规定开展环境监测，委托有监测资质的机构进行。开展环境影响评价。尽可能避免对施工周围环境的破坏，如不乱丢废弃物，乱倒污水、污油。尊重施工地民族风俗、生活方式、宗教信仰。配备垃圾装运船只、工具和回收装置。剩余的食物、食品袋、塑料瓶、餐盒（尽量不使用塑料做的）、施工废弃物（如建筑材料、包装材料、边角料、焊条头、砂轮片等）放入回收装置内，不乱丢。加油时，人不能离开岗位，防止油泄漏和溢出。如果有油滴漏，在滴漏处放置容器和其他吸油材料，回收漏油。定期检查盛油、油漆容器、罐的完好情况，必要时对库房作防渗漏处理，防止泄漏污染水体。设备维修废弃的零配件、油布等每天回收，单独存放，以备处理。避免对大气的污染，避免垃圾焚烧产生恶臭气体，严禁使用敞口锅熬制沥青。施工垃圾集中存放，及时分捡、回收、清运，运输垃圾的船只应密闭。垃圾处理：设专人负责垃圾的处理工作；易腐烂的垃圾每天进行处理。

七、工序的 HSE 保障措施

（一）保障措施

生产区非生产人员未经管理人员同意不得擅自进入生产区。经管理人员同意进入生产区的非生产区人员，应服从陪同人员，由指定路线行动，戴安全帽。生产人员进入生产前应按规定穿戴劳动保护用品。在生产过程中不得擅自脱岗、串岗、有事请假，并有人替岗时方能离岗，必须有值班领导同意。生产人员及管理人员必须严格执行各岗位操作规程和安全操作规程，在禁火区内严禁吸烟或动火，严禁酒后上岗。非定点岗位生产操作人员实行巡查岗制，必须经常巡回检查。生产线在运行过程中，一般情况下不允许擅自停机或擅自开机，发生一般性故障时，应通报当班领导和工程技术人员进行分析是否停机处理。生产线在运行过程中，发生严重故障时，可能出现严重事故，应立即停机，可通过总控实现紧急停机。不准生产人员在岗打、闹、玩。不准非电器维修操作人员擅自进行电器维修。不准在电器柜上摆放任何物品。健康保护措施；对施工作业区进行调查，制定预防保健计划和实施方案。对全体员工进行卫生保健知识和预防措施的教育。对医务人员的医疗技术进行考核，持合格证上岗，建立医疗应急方案及应急处理报告制度。对饮水源进行卫生调查和水质化验，达不到卫生标准的应进行消毒、净化处理，使水质达到要求。

（二）文明施工的措施

开工前编制施工总平面布置图。工程过程中按照总平面布置图布置，临时设施、物资仓库、材料堆场、消防设施、道路及进出口、机械作业场地等。施工人员应穿戴工作服并佩戴标志牌。施工现场设明显标志牌，标明工程项目名称、建设单位、设计单位、施工单位、项目经理和施工现场买方代表的姓名、工程开竣工日期、施工许可证批准文号，并派人保护好该标志。按照施工组织设计要求安装用电设施，严禁任意拉线接电，施工现场必须保持夜间照明。施工机械应按照规划的位置和线路工作和进出，不得任意行走。施工现场的材料摆放包括临时摆放应整齐、集中。施工现场应做好安全保卫工作，现场周围设围护设施，非施工人员不许入内，施工现场应依据情况配备消防器材。经常检查现场管理情况，发现不符合现场管理要求的及时督促整改，对于一贯混乱的给予处罚，对于现场管理好的给予奖励，处罚和奖励首先要针对各单位主管和分管副手。

（三）海上安全技术措施

严格执行有关安全生产管理方面各项规定条例。研究采取各种安全技术措施，改善劳动条件，消除生产中的不安全因素。掌握生产施工中的安全情况，及时采取措施加以整改，达到预防为主的目的。认真分析事故苗子及事故原因，制订预防发生事故的措施，防止重复事故的发生。施工船上作业人员均需穿戴救生衣，佩戴安全帽。严格执行"安全生产六大纪律"，焊割、动火作业需在安全员的监督下进行。作业班组作好上岗交底、上岗记录，上岗检查的"三上岗、一查评"活动，并每天进行作业讲评，记入班组安全作业台账。施工船根据"1972 国际海上安全公约"的规定，悬挂水上施工的各类信号旗、信号球等标志；夜间应采用雷达系统监视海面过往船只，并开启信号灯。雨天或大雾天气，应按国际规定鸣声音信号，或敲雾钟。每天接收气象和海浪预报，做好记录。并与当地气象站建立专用通信频道，以获得三天和一周内的气象动态信息。施工船舶之间，以及施工船与施工基地的通信联络应经常检验，确保通信畅通。潜水员水下作业时，应在潮流较小情况下进行。夜间施工和泊船作业，加强值班，留意潮汐变化。定期进行安全作业检查和施工质量检查，明确重点注意的安全环节。查出安全隐患，及时整改。配电装置应布局合理，用电设备均需有接地零线。落实安全、防火责任人，消防器材齐备。抛石作业时，严密注意各施工环节与技术参数变化情况。抛石发生异常情况后，应及时查明原因，排除故障后再进行施工。

（四）海上船舶安全生产要点

海上施工作业船舶必须取得相应合格的船舶证书，以确保该施工船舶在海上的适应性。施工期间，白天施工船舶必须按照规定悬挂施工作业旗帜，晚上船舶要显示相应的灯号，提醒来往船舶加强注意。若有潜水员进行水下潜水作业，施工船要悬挂水下作业的旗帜，提醒往来船舶减速慢行。甚高频上的海上安全频道 24h 常开，并要有专人守候接听，保持与外界船舶的联系。

（五）船舶防台防汛措施

及时与当地气象局建立联系，获取及时、可靠的天气动态信息，以便在第一时间内采取措施。建立项目防台防汛网络，由项目经理任第一负责人，责任层层分解，落实到人；采购必需的防台防汛物资，确保物资供应充足；海上施工船为非自航船，动力拖轮必须在旁边守候。当得到台风即将影响的消息后，项目部应立即按照防台防汛网络布置的任务，迅速行动，由拖轮迅速拖离施工现场。台风来临时，船舶应派遣专人值班，确保发电机、锚机的正常运转；检查锚缆是否坚固，是否有走锚现象。

（六）船舶防火安全保障要点

建立公司、项目部、班组三级防火责任制，明确职责；施工船上应建立船舶防火安全体系，明确每位船员在发生火灾时自己的防火职责。定期进行火灾事故模拟演习，以提高船员在发生意外事故时的应急反应和战斗力。施工船舶按照规定配备相应的消防器材。重点部位仓库配置相应的消防器材，如机舱、油舱要配置泡沫灭火器和二氧化碳灭火器；一般部位职工宿舍、食堂等处设常规消防器材，如黄沙箱、消防水龙箱等。施工现场用电应严格执行有关规定，加强电源管理，防止发生电气火灾。焊、割作业与氧气瓶、乙炔瓶等危险物品的距离不得少于 10m，与易燃易爆物品的距离不得少于 30m。施工船舶动用明火时必须办理"船舶动用明火审批"手续，经审核批准后，方可动火。动火时，应有专人看护火源，配备相应的灭火器，当发现有火灾苗子时，在第一时间采取灭火措施。施工船上油舱、机舱等危险部位，严禁动用一切明火。

（七）机械设备安全保障要点

起重机的保险、限位装置必须齐全有效。驾驶、指挥人员必须持有效证件上岗，驾驶员应做好例行记录。各类安全（包括制动）装置的防护罩、盖齐全可靠。机械与输电线路（垂直、水平方向）应按规定保持距离。作业时，机械停放应尽可能稳固，臂杆幅度指示器应灵敏可靠。电缆线应绝缘良好，不得有接头，不得乱拖乱拉。各类机械应持技术性能牌和上岗操作牌。必须严格执行定期保养制度，做好操作前、操作中和操作后设备的清洁润滑、紧固、调整和防腐工作。严禁机械设备超负荷使用，带病运转和在作业运转中进行维修。机械设备夜间作业必须有充足的照明。

（八）施工用电安全保障要点

现场照明：照明电线导线不得随地拖拉或绑在钢管上。照明灯具的金属外壳必须接地或接零。

配电箱、开关箱：应使用 BD 型标准电箱，电箱内开关电器必须完整无损，接线正确。电箱内应设置漏电保护器，选用合理的额定漏电动作电流进行分级匹配。配电箱总熔丝、分开关、零排地排齐全，动力和照明分别设置。金属外壳电箱应作接地或接零保护。开关箱与用电设备实行一机一闸保险。同一移动开关箱严禁有 380V 和 220V 两种电压等级。

接地接零：接地体采用角钢、圆钢或钢管，其截面积不小于 48mm²，接地电极应符合规定，电杆转角杆、终端杆及总箱、分配电箱必须有重复接地。

用电管理：安装、维修或拆除临时用电工程，必须由持有效上岗证的电工完成，实行定期检查制度，并做好检查记录。所采用电线、装置和装备应符合国家有关标准。所有用电设备（器具）的安装和管理须由持有有效上岗证的电工来完成。人员开始工作之前，电路和设备应该断电，并悬挂"有人工作，禁止合闸"的标志，然后对设备进行接地放电。

否则，不允许进行一切操作。临时动力线、开关盒、插座盒、金属柜和设备外围设施应用目的标记操作电压的最大值。施工现场用电设备、电源线要整理整齐，破损处要进行绝缘处理，以防搭铁或漏电伤人。在全部停电或部分停电的电气设备上工作必须完成停电、验电、放电、装设接地线、挂标示牌等技术措施。电动工具连接线不允许强行打折、硬物挤压，以防连接线损坏导致漏电。在潮湿地操作时要采取绝缘措施，电焊操作不得使人、机器设备或其他金属构件等成为焊接回路，以防焊接电流造成人身伤害或设备事故。焊接地点周围 5m 内，清除一切可燃易爆物品，移动焊机、更换保险、改装二次回路等，必须切断电源后方可进行。不输电的金属零件应予接地。含有可燃气体或液体的管道等导体不能用做地回路。

（九）作业许可证制度

为了有效地控制危险作业，确保危险作业的安全，特制定本制度。危险性较大或对环境影响较大的作业应取得作业许可证。作业许可证的申请。施工单位在进行以上危险作业前，需向有关主管部门提出书面申请，经批准后方可施工。施工单位在进行危险作业时，除执行现有的有关 HSE 方面的规定以外，还须执行作业许可证规定的时间、地点、安全措施等要求。

（十）材料的搬运和储存

使用起重设备装卸材料时，须由持有相应资格证书的起重工操作。储存材料或设备的架子应具备足够的强度，并保证架子稳固。储存材料的仓库须设置至少 1m 宽的通道，以便存、取材料和用于应急。材料的码放高度须符合相关要求，不得超高，以防发生危险在仓库内按要求配备足够量的消防器材，仓库内禁止动火焊接，气割或其他会可能产生火灾的工作。

（十一）高空作业安全措施

离甲板面 2m 以上的作业为高空作业。从事高空作业的人员要定期检查身体。患高空作业禁忌症的人员，不得从事登高作业。高空作业现场应根据需要设置合格的脚手架、吊架、吊篮、靠梯、栏杆。高空作业必须系安全带。安全带必须拴在施工人员上方牢固的物体上，不准拴在有尖棱角或易滑脱的部位。高空作业的梯子必须牢固，踏步间距不得大于 400mm。挂梯的挂钩回弯部分不得小于 100mm。人字梯应有坚固的铰链和限制跨度的拉链。遇有六级以上大风或雷雨、大雾天气时，应停止登高作业。高空作业人员使用的工具必须放入工具袋内，不准上下投掷。施工用料和割断的边角料应有防止坠落伤人的措施。

（十二）交通安全管理

司机须经过培训并取得相应驾驶证书，严禁无证驾驶。司机须严格遵守交通管理各项规章制度。司机须定期对车辆进行检查、维修和保养，发现异常现象及时修理，确保车况良好。司机和车辆前排乘员应在车辆开动前系好安全带。车辆应备有灭火器、安全带、备用轮胎、工具箱等。车辆的行驶速度须遵守有关交通法则。在山区行驶时,行车速度应慢,尤其在视线不可及的转弯路段,应靠近右侧缓慢行驶,时刻做好刹车的准备。

(十三)安全检查

每月一次全面安全检查,由工地各级负责人与有关业务人员实施。每旬一次例行定期检查,由施工员实施。班组每天进行上岗安全检查、上岗安全交底、上岗安全记录和每周一次的安全讲评活动。在节假日前后、汛期台风期间及高温季节组织施工用电、防汛、防台风和防高温的专项安全检查。

第四节　施　工　质　量　管　理

为了"确保工程零缺陷移交、达标投产和创国家优质工程",各施工项目部建立了完善的质量管理体系,实现工程质量的全面、全员、全过程、全方位动态控制;合理安排工程建设计划,选派优秀管理、技术、施工人员;统一工艺标准,挂牌作业,持证上岗,强化过程控制与管理,实现一次成优。

一、技术先行

施工前期做好工程优质离不开技术保障措施,各施工项目部在开工前便根据工程实际情况编制了工程施工组织设计、工程创优施工实施细则、质量通病防治措施、强制性条文实施计划及各类专项措施,在每项工序开工前,认真进行技术交底,使施工人员掌握施工要领、熟悉注意事项。

二、强化质量意识和制度落实

为了"确保工程零缺陷移交、达标投产和南方电网公司优质工程,创国家优质工程",首先要提高施工人员质量意识,为此各项目部对施工人员进行多次培训,学习上级有关规定和文件,并定期召开质量例会,针对下阶段的工作,对容易出现的质量通病进行汇总,并制定出详细的预防措施;编制了强制性条文实施计划,按照计划在工程中实施并记录。

强化制度管理,进一步明确各级管理机构的质量职责,一级抓一级,一级保一级,一级对一级负责。对于需要转序的项目,没有经过验收合格,均不得转序或办理工序交接。

三、科学划分验评项目范围

工程开工后,项目部便对工程进行了详细的验评项目划分,把质量检验及控制实施到了工程的最小单位中，在工程质量控制上注重过程控制，强调"过程精品"，做到边施工、边检查、边记录，实现记录和施工同步。对发现的问题，提出整改意见，并做到闭环处理，使得每个施工环节都处于良好的受控状态。在物资供应和材料管理上，从采购到进场验收、检验，层层把关，使工程材料质量始终处于受控状态。

四、坚持三级质量检验制度

制定质量管理办法，各施工项目部按要求做到施工队自检、项目部级专检和公司级抽检的三级检验制度，确保工程"零缺陷"移交。

五、严格执行隐蔽工程控制程序

注重隐蔽工程、关键工序过程质量控制，严格执行隐蔽工序交接卡制度及监理旁站制度。隐蔽工程、关键工序除严格按照规范、技术措施等要求进行操作外，做到每道工序都做到自检，并由施工负责人签字。下道工序对上道工序进行复检，防止不合格项的产生或漏查。还保证每一隐蔽工程、关键工序都有监理工程师、现场质检员、工程技术人员进行全过程监控，经监理人员按 100%检测、签证后，转下道工序施工。

六、开展质量控制小组活动

为了控制好工程质量，推行全面质量管理，各施工项目部成立了相应的质量控制攻关小组进行技术攻关，解决施工技术难题，在工程施工中起到了重要的技术保障作用。

七、施工日报

施工日报是详细的当日施工情况报告，涵盖了施工过程中的详细资料。施工日报由耐克森现场施工负责人进行编写，由买方代表进行在 48h 内签署。

八、项目进度管理

工程开工前各施工项目部组织编制了科学、合理且可行的施工项目进度计划，以保证项目施工的均衡进行，编制施工进度计划横道图、进度计划网络图、进度计划风险分析及控制措施一览表为施工进度管理提供了依据。在项目建设过程中，对施工进度实行动态控制，定期或不定期地进行进度检查。如果出现了进度偏差，针对这些偏差进行分析和研究，发现其中的问题，制定有效的控制措施，提出相应的解决方案，使之有利于项目的进展，确保工期按计划实施。

九、施工成本控制和分析

选择合适的施工方案，合理布置施工现场。采用先进的施工方法和施工工艺，不断提高施工水平。通过现场调度和协作，提高工效。加强技术、安全、质量管理；研究推广新技术、新结构、新材料、新工艺及其他技术革新措施，制定并贯彻降低成本的技术组织措施。严格执行安全操作规程，确保安全施工，将事故损失减少到最低限度。加强施工过程的技术质量检验制度，提高工程质量，避免返工损失。加强定额用工管理；改善劳动组织，合理使用劳动力，减少窝工。执行劳动定额，实行合理的工资和奖励制度。加强技术教育和培训工作，提高施工人员的技术水平和操作熟练程度。加强劳动纪律，提高工作效率，压缩非生产用工和辅助用工，严格控制非生产人员比例。加强机械设备管理；正确选配和合理使用机械设备，搞好机械设备的保养修理，提高机械的完好率、利用率，从而加快施工进度、降低机械使用费。加强材料管理，完善材料的采购、运输、收发、保管等方面的工作，减少各个环节的损耗，节约采购费用。合理放置现场材料，组织分批进场，避免和减少二次搬运。严格材料进场验收和限额领料制度，制定并贯彻节约材料的技术措施、合理使用材料。加强施工管理费的预算和控制；精简管理机构，减少管理层次，压缩非生产人员，实行定额管理，制定费用分项分部门的定额指标，有计划地控制各项费用开支。

十、工程资料和信息管理

配备齐全的信息处理软、硬件。工程伊始，各施工项目部对施工中产生的信息的收集、管理、归档工作就十分重视，制定了信息管理目标为"及时、有效、安全、可靠"，及时配齐了信息处理软、硬件。按照档案要求进行工程资料管理；建立了完善的资料管理体系，规范各种文档资料归档工作，使本工程的工程资料归档及时，标识规范，索引便利。保存各种资料的电子版；为了便于计算机管理工程资料，在编制各种文件时，各项目部注意将其保存归档，如施工记录、各种施工图片等在电脑中都保存有电子版。实现计算机联网；通过互联网，与业主、监理相互交流工程信息，在处理工程文件、资料等的同时也进一步规范了档案管理工作。

十一、工程施工经验

海南联网工程施工采用了先敷设后保护的方式，而一般大陆内海海底电缆敷设长度不超过10km，多采用边敷设边埋设的方式。具体选择何种方式进行施工，需根据工程的投资规模、施工环境、质量要求等各方面的因素来综合考虑，通过对两种施工方式的不同特点的比对，才能决定电缆的施工方式。通过对先敷后埋及边敷边埋的主要施工特点的分析可知，从施工成本上来考虑，采用先敷后埋，需配备动力定位系统的施工船只，以及电缆冲埋机等专用设备。而边敷边埋，所需要的施工船只及设备的要求则相应较低。因而边敷边埋的施工成本较之先敷后埋的作业方式要少得多。从施工及质量方面来考虑，先敷后埋在很多方面对环境的适应性较之边敷边埋则要优越，中间海域敷设所需施工时间较少，降低施工风险。采用动力定位系统定位，无需辅助船只纠偏，在风浪较大的情况下仍能继续施工，基本不受施工区域水深限制等等。关于电缆埋深，基本都采用高压水进行破土施工，施工质量相差不大。故该两种施工方式各有优劣，在浅海较短距离的施工环境中，选择边敷边埋的作业方式，既能保证施工质量，同时也能减少工程施工成本。在深水或则海况较为恶劣的施工地点，先敷后埋则成为无可替代的施工方式。

海南联网工程的保护方式中抛石保护，是首次采用了动态定位抛石船结合深水抛石管的方式。国内以前没有相关的电缆保护经验，抛石多在浅水，而且采用了侧抛的方式，没有抛石管，施工时无法准确定位落石点，造成大量材料浪费，而且保护效果大大缩水。海南联网工程建设，为国内今后的类似工程提供了丰富的经验。

第八章
海底电缆工程系统调试

500kV 海底电缆工程系统调试是相对复杂的系统工程，需要调试、设计、调度、基建、施工、运行等多方面密切配合，既要保证调试顺利，又要保证在调试过程中电力系统的安全运行，因此在统一调度下落实大量的组织和技术协调，其中调度执行方案与调试方案是过程中的重要执行文件。

海底电缆工程系统调试应特别关注设备特点，例如，海底电缆因其独特的绝缘设计，使得单位长度充电电容较同电压等级架空线路大1个数量级。在高电压远距离交流输电海底电缆运行中，充电电流将严重降低芯线的负荷能力，同时过大的充电功率亦将造成无功倒送和电缆末端电压升高，威胁电网安全运行。在大陆向孤岛输电、岛际间本岛向列岛输电时，由于送端电网容量远大于受端容量，在调试方案分析过程中，可假设送端电压恒定而不受受端电压、负荷变化的影响，并将两端电网在变电站处等值。

海南联网工程的系统调试包括海底电缆两端变电站、并联电抗器、变电站到海底电缆终端站之间的架空线路、登陆段海底电缆几个部分。其中登陆段路海底电缆长度较短可以忽略，设备一次、二次调试均按调试方案进行。其中二次保护部分有保护装置调试、整组传动试验、正式定值单检验、TV二次回路检查、TA二次回路检查、带负荷测试等。高压试验部分有变压器试验、互感器试验、开关试验、避雷器试验。海底电缆部分有直流耐压试验等。调试验收达到规程要求。

调试施工遗留问题应在调试运行后，根据电网结构进一步讨论。在确认遗留问题不影响投运前提下，对整体投运做出结论。

第一节　海底电缆工程调试

一、技术准备

调度部门对新建500kV海底电缆设备投运后的网络结构进行系统计算分析，研究电网在不同运行方式下潮流、稳定、电压和继电保护整定等问题，制定出电网运行方式规定和安全稳定运行技术措施。然后，针对调试部门所编写的《500kV海底电缆工程系统调试项目建议书》、《500kV海底电缆工程调试系统潮流、暂态稳定计算分析报告》及《500kV海底电缆工程调试系统内过电压计算分析报告》中涉及电网运行重大技术问题与调试部门进行深层次探讨，取得共识。

关于调试方案的编制说明：调度部门根据调试部门编制的《系统调试实施方案》，编写《系统调试调度执行方案》，并提交启动委员会审核批准实施。确定《系统调试调度执行方案》中每一试验项目的具体内容，即调试内容、调试系统一次接线方式、调试实施步骤、调试注意事项等。明确在500kV海底电缆输电工程系统调试前3天，各有关单位按调度规程中有关规定向调度部门提交系统调试项目申请工作票，调度部门在系统调试的前一天中午 12 时前正式批复所有系统调试项目申请工作票。

二、系统调试流程

首先，调度部门对系统调试工作必须十分熟悉了解，掌握其每一调试项目的工作内容、试验接线和试验要求。然后，与调试部门共同商讨系统调试流程。一个优化合理的系统调试流程主要体现了在系统调试期间，在保证电网安全运行的前提下，既要减少系统倒闸操作次数和试验二次线反复拆接的工作量，还要加快系统调试进程，从而缩短主系统非正常方式运行时间。

系统调试流程简介：从零起升压，采用串联谐振加压目的是利用变频串联谐振交流耐压装置对站内一次设备加压的方法，检验 500kV 两端新投运设备的绝缘状况是否良好，一次接线是否正确。两侧分别投切 500kV 空载长线，对两侧线路 TV、母线 TV 核相，测试谐波和电压波动，测试线路末端电压（带电抗器、不带电抗器），线路空载运行 24h。目的是考核开关投切 500kV 空载线路的性能、操作过电压水平以及合闸涌流，检查投切空线对电网电压及潮流的影响。对 500kV 联络变压器进行空载投切试验（500kV、220kV 侧投切）考核变压器的承受冲击合闸能力，切空载变压器时的操作过电压和励磁涌流水平，并考核变压器差动保护躲开励磁涌流能力，为了系统安全运行操作和继电保护正确定值提供依据。

500kV 线路带负荷系统保护测向量：无功补偿装置投切试验；在电抗器、电容器组等设备投产前进行投切试验，以考核开关投切电容器组、电抗器的能力及电容器组投入时合闸涌流大小，同时检验电容器组中分别串联的 6% 和 12% 电抗器对抑制系统五次或三次谐波的效果。

500kV 线路解合环试验：测量正常运行方式下的解环过电压；在解环点测量线路和母线侧之间的稳态电压差和相角差，以确定合环时系统必须具备的基本条件，规定电压差不大于 5%，相角差小于 30°；观察解合环过程中的潮流转移情况及无功电压的波动情况，并检验系统稳定计算的结果。

500kV 隔离开关投切空载母线试验：检验隔离开关切合电容电流能力，检验对继电保护（高频）抗干扰能力。

500kV 单相人工接地试验；测量 500kV 线路的潜供电流数值、切除短路故障时恢复电压和健全相工频过电压；通过单相区内、区外故障，考核 500kV 线路保护装置系统调试指挥系统。

在整个 500kV 系统调试期间，调试总指挥向试验指挥、调度指挥颁布命令或下达指令。试验指挥负责现场调试统一指挥，调度指挥负责试验系统的倒闸操作及发生异常时的统一指挥。试验指挥在每项试验之前，应和调度指挥充分协商，确定试验项目、内容、方式和要求等。若有问题，由调度指挥及时向系统调试总指挥汇报。试验项目确定后，试验指挥将工作票提交所在厂、站的值班长，再由值班长向网调调度员提出申请，经主管调度方式、日计划、继电保护的部门共同审核，调度指挥批准后，由网调调度员批答现场，每项试验工作票应提前 4h 申请，给予调度充分准备时间。

三、调度规定及试验

（一）调度规定

明确新投运 500kV 输变电设备的调度范围划分原则和调度编号。确定新投运 500kV 输变电设备的调度名称。系统调试期间，对海南电网运行方式规定主要包括：500kV 一、二次系统和相关的 220kV 一、二次系统须正常方式运行；500kV 系统安全自动装置的规定；有关线路或断面潮流、稳定极限和电压控制的规定；电厂机组开机方式。为确保试验系统发生异常时能与主系统可靠分开，在系统调试期间应确定总后备运行方式，总后备运行方式常用的有两种：从 500kV 侧投切空载线路和空载联络变压器时，可利用线、变两开关间的短引线保护（或短引线保护中的充电保护）做后备，其定值须经计算重新整定；从 220kV 侧投切空载联络变压器时，将联络变压器 220kV 侧主断路器（合闸状态）放在 220kV 备用母线上，利用母联开关的充电保护或 500kV 联络变压器 220kV 侧零序电流保护做后备，其相应的保护定值须经计算重新整定。确定由 500kV 输变电工程调试指挥部和厂、站值长分别向网调调度员报 500kV 输变电设备具备带电调试条件。

（二）试验要求

调试期间，要求相关地区电网单机容量 200MW 以上运行机组低励磁限制器全部投入运行，所有 500kV 变电站配置的无功补偿装置投入运行。由于 500kV 线路电容效应强，调整电压时要缓慢，调整量要小。规定在所有试验中，全部元件的电压范围应满足：500kV 电压等级元件不得超过 525kV，220kV 等级元件不得超过 24kV。500kV 系统在全部核相工作完成前的各项试验中不得合环运行，核相正确后，进行解合环的条件是：合环操作时，合环点两侧电压差应在 5％～10％ 以内，相角差在 ±30° 以内（最好控制在 ±25° 以内）。解环操作时，解环后处于电磁环网中的 220kV 线路不过载。

调试期间，若运行系统发生故障应立即停止试验，待调度部门处理完毕后，经过调度同意才能继续进行系统调试工作。若调试系统发生异常情况或故障而不影响运行系统安全，应由调试指挥部负责协调处理，但要及时向调度部门汇报。

500kV 海底电缆工程调试项目全部结束后，网调根据停电申请将 500kV 线路及两侧间隔设备转检修状态，由试验人员负责拆除试验接线。然后，取消调试期间设立的总后备方式，50kV 系统恢复正常运行方式。

（三）调试项目

调度部门根据不同试验项目确定以下原则；明确试验项目的工作内容和目的。确定该试验项目所要求的调试系统的一次接线方式。在试验步骤中规定；网调调度员按照调试要求倒好试验方式后，命令变电站值长将被调试设备的开关或刀闸按规定的状态交给现场调试组进行试验。试验结束后，变电站值长将被调试设备的开关或刀闸，按规定的状态交还网调。同时，须向网调汇报每一项目的试验结果。

在注意事项中应明确系统调试期间的各项内容：调试系统首末端电压控制范围，50kV联络变压器分头位置的选择，相关电厂开机方式及机组力率要求，500kV、220kV运行系统和110kV调试系统潮流、电压的控制范围。在系统继电保护措施中，针对每一试验项目所带来的方式变化，保护应有其具体规定。

四、系统继电保护措施及要求

（一）传动试验

系统调试前要求所有新投运的保护设备调试正确，必须做到实际传动到开关，具备带电调度的条件。

（二）运行系统保护措施

在500kV系统调试期间，为保证500kV、220kV系统的安全稳定运行，需要采取相应的措施；要求所有相关的厂、站和主干线路的系统主保护及后备保护、故障录波器均投入运行，并满足保护灵敏性和选择性的要求。由于以满足运行系统安全为主要目的，特殊情况下可能出现后备保护不能同时满足灵敏性和选择性的要求时，可采取保证对500kV、220kV系统的灵敏性，而适当牺牲其选择性。确定调试期间系统后备保护方式。

（三）调试系统保护要求

保护要求是按照调试项目对应提出的，主要内容包括：调试前所有新投运的保护设备由网调调度员核对无误后均投入运行，以及对后备保护的临时定值的使用规定（包括系统保护向量的测试要求、对后备保护方式的投入及撤消规定、对就地判别装置投停及其远方跳闸方式的规定）。

五、系统调试的目的

500kV海底电缆工程系统调试应在进行周密的系统计算和严格的一、二次元部件试验的基础上才能进行的试验工作。如果不进行系统调试，就无法检验和发现新投运的500kV海底电缆工程一、二次设备及系统运行方式本身存在的问题，而且很可能带着这些问题投入运行，这对电网安全运行极为不利。所以，500kV海底电缆过程系统调试是一项为电网运行管理提供重要技术依据的工作。系统调试调度执行方案的编制也是一项保证系统调试工作顺利进行和调试期间电网安全运行的重要综合性技术工作。因此在编制系统调试调度执行方案时，调度部门要根据系统的实际运行情况，为执行系统调试实施方案而制定出系统运行操作方案和保证系统安全稳定运行的技术措施。

第二节　工程调试及强制性条文的实施

500kV 海底电缆工程系统调试及强制性条文的实施，应进一步针对海底电缆相关系统接入部分设备进行调试。以海南联网工程为例，包括新建 500kV 福山变电站（电压等级为 500kV、220kV、35kV，500kV、220kV 为户外配电装置）。工程远景规模 750MVA 主变压器 2 台，500kV 出线间隔 2 回，220kV 出线 4 回，500kV 高压并联电抗器（海底电缆高压电抗器）4×180Mvar，500kV 高压并联电抗器（线路高压电抗器）2×120 — 150Mvar，35kV 无功补偿电容器组 2×3×45Mvar 及电抗器 2×2×45Mvar；一期工程新建 750MVA 主变压器 1 台，500kV 出线间隔 1 个，220kV 母线一期为双母线、无分段，远期出线间隔 4 个、一期出线线 5 回，分别至澄迈 2 回、洛基 2 回、官塘 1 回。500kV 高压并联电抗器（海底电缆高压电抗器）2×180Mvar，35kV 无功补偿电容器组 2×45Mvar，35kV 无功补偿电抗器组 3×45Mvar。调试内容及完成时间，见表 8-1。

表 8-1　　　　　　　　　　　调试内容及完成时间

序号	调试内容	4月13～22日	4月23日～5月2日	5月3～12日	5月13～6月28日	6月29～7月20日
			低压部分			
1	交直流电源部分					
2	主变压器部分					
3	500kV 部分					
4	220kV 部分					
5	35kV 部分					
6	监控部分					
			高压部分			
1	主变压器部分					
2	500kV 部分					
3	220kV 部分					
4	35kV 部分					
5	油气试验					

一、海底电缆高抗站工程电气调试

2 组 180Mvar 高压并联电抗器及配电设备试验包括：站用电系统，一台无载调压变压器和相应配套的高、低压开关柜试验；直流系统，两组蓄电池及配套的直流主屏试验；相应的继电保护和监控系统试验；全站的电力电缆、控制（光纤）电缆试验；一次设备常规试验及特殊性试验，TA、TYD 角差试验。

通信系统：一次耦合设备的安装及高频电缆敷设，载波机、PCM 终端设备、主配线架、通信蓄电池试验。500kV 港城变电站间隔扩建工程 500kV 出线 1 回设备调试试验，1 组 90Mvar 并联电抗器试验。港城站至南岭终端站单回线 125.5km，线路参数调试结束。

二、调试过程发现问题及处理情况

调试过程中发现设计图纸中存在的问题、保护回路设计问题较多。进场审图后通过工程联系单与设计单位紧密配合联系，所有问题得到圆满解决。厂家问题方面，由于 220kV 线路断路器内部接线错误不能电动储能需要厂家到现场检查，导致与断路器相关的一次、二次调试计划拖延。

三、海底电缆耐压调试过程

为保证海南海底电缆联网的安全可靠，需要借助现场耐压试验手段对其敷设安装后的绝缘质量进行考核。然而，目前国内尚无 500kV 海底充油电缆的电气试验标准，500kV 海底电缆绝缘状况的现场耐压试验在国内更是从未开展过。

海南联网工程海底电缆采用在琼州海峡新建 3×31.0km 海底电缆三根，导体为 800mm² 的铜导体，绝缘为牛皮纸，注入低黏度合成油，采用铅护套和单层铜铠装，额定载流量为 815A，满足输送 600MW 容量的要求。电缆的机械特性保证在敷设和运行条件下，均不超过电缆的机械强度。12 芯光缆与电力电缆捆绑在一起敷设。

经过研究国内外充油电缆交接试验的经验，并经过模拟计算和严格论证，电缆试验按照 IEC60141-1 和 ELECTRA171 标准执行，确定海南联网工程的长距离交流 500kV 充油海底电缆敷设安装竣工后耐压试验的唯一可行方案是负极性 775kV 直流高压试验。在确定采用直流耐压试验的基础上，依据海南联网工程背景，研究长距离 500kV 充油海底电缆的试验实施方法、试验设备的研制、安全保障措施、充电电流控制方式、加压和放电过程中电缆内部的电场分布情况、故障情况分析、试验结果分析和判断等内容，为海南联网海底电缆的耐压试验提供技术支撑。

对海南联网工程的三根海缆进行现场交接直流耐压试验，所有试验仪器设备布置在南岭终端站，林诗岛终端站配合更改接地线及监视被试海底电缆，完成第 1 根海底电缆直流耐压试验后，相继完成第 2、3 根海底电缆直流耐压试验，试验过程顺利。3 根海底电缆都一次性通过直流耐压试验，泄露电流及吸收系数都表明当时海底电缆绝缘状态良好，成功实现国内首次 500kV 长距离充油海底电缆现场耐压试验。

四、调试流程

调试单位在工程开始施工之前就进行了精心准备和策划，选派了长期从事一线工作且承担过多项大型施工项目的人员担任调试负责人，选派优秀的技术骨干充实技术管理、质量管理和安全管理岗位，组成了一个知识化、专业化、具有丰富管理经验的调试班子；同时制定出完整的调试技术管理、质量管理、安全管理措施文件；建立了一系列严谨规范的规章制度，保证安全、质量、进度和文明施工。

二次系统调试作业流程如图 8-1 所示

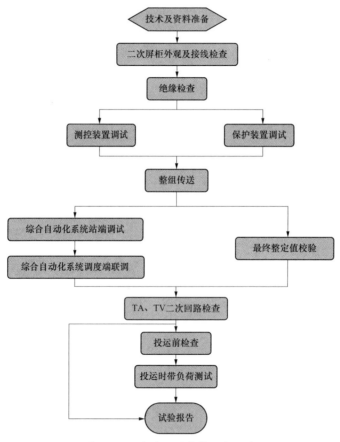

图 8-1　二次系统调试作业流程图

五、二次系统调试要点

保护装置调试：根据预先制定的试验表格对试验对象进行试验，如试验对象有特殊功能的，在试验记录中详细说明；调试人员认真阅读厂家资料并审查设计图纸，了解交接试验对象的功能以及设计要求，对试验对象的所有功能和设计要求都必须进行试验，没有漏项；在进行试验的过程中做好记录，工作完成后应立即将已拆除的线接回原先的位置，并由工作负责人检查无误后结束工作。

整组传动试验：认真检查有关跳合闸回路、防跳回路、重合闸回路及压力闭锁回路动作的正确性，检查各套保护在直流电源正常及异常状态下是否存在寄生回路，检验有配合要求的各保护组件是否满足配合要求；对于试验对象具有轮跳功能的，模拟所有轮次的动作，并让每一轮次都具有实际带开关传动的机会；在进行主变本体保护传动时，由两人进行，一人监护一人操作；在进行开关传动的过程中，同时进行出口压板的校验工作，确认压板名称与其实际功能一一对应。

正式定值单检验：在试验设备投运前，要求相关部门提供设备正式定值单，调试人员将定值单输入试验对象，并按照定值单要求重新对试验对象进行逻辑校验和开关传动试验；对于定值单或正式定值调试过程中发现的问题，立即书面通知定值整定单位，并要求确认；正式定值校验正确后，用打印机将装置内定值打出，交定值单执行人、运行单位双方代表签名，作为定值执行回执存档。

TA 二次回路检查：试验前，先对试验设备采取可靠接地措施，特别是与一次设备直接接触的试验设备，工作负责人需检查接地正确后方可开始工作；根据预先制定的电流互感器试验表格，对 TA 的变比、极性以及伏安特性进行试验，并记录相关数据，在进行 TA 一次升流的试验中，同时检查 TA 二次回路的正确性，在各 TA 二次绕组所经过的装置处，检查装置采样或表计显示是否正确，二次电流回路相序是否正确；根据继保调试规程要求，检查 TA 二次回路接地点是否正确，是否存在同一绕组两点接地的现象。

TV 二次回路检查：在进行 TV 二次回路检查工作前，工作负责人确认作为实验对象的 TV 二次回路在 TV 接线盒内与 TV 本身的连接已断开，并且相关二次回路上无人进行工作；在整个试验的过程中，被试的 TV 处必须有专人看护并采取相应措施，避免试验电压升至一次设备处；用继保试验仪在站内继保室的公共屏柜内对相应 TV 二次回路施加不同的二次电压，通过在需要 TV 二次电压的各二次设备屏柜及 TV 接线盒处查看或测量电压值来检查 TV 二次回路的正确性，具体步骤按试验表格进行；在对 TV 二次回路进行检查的过程中，特别注意检查 TV 二次回路的短路、接地、不同 TV 二次回路的并接、电压相序以及与设计图纸有出入的问题。

带负荷测试：对 TA 的所有二次绕组进行，进入运行中设备的二次绕组在运行中屏柜中测量，备用的二次绕组在开关端子箱内测量，以确保所有 TA 二次绕组均不开路；原则上取同电压等级的母线二次电压 U_{ab} 为基准，同时注意钳型电流表的方向；测量六角图的过程中，避免造成 TA 二次回路开路；测量六角图结束后，以实际负荷为基准，检验电压、电流互感器变比的正确性。

六、高压试验部分

（1）变压器试验。包括变压器本体及相关继电器及报警接点等试验，严格依据 GB

1094.3—2003《电力变压器 第 3 部分：绝缘水平、绝缘试验和外绝缘空气间隙》、GB 50150—2006《电气装置安装工程 电气设备交接试验标准》中的要求。

（2）互感器试验。包括绝缘电阻、励磁特性、极性、变比试验，电压互感器一、二次绕组直流电阻和交流耐压试验。

（3）开关试验。包括绝缘电阻、机械特性试验，操作机构试验，开关的导电回路电阻试验。

（4）避雷器试验。包括绝缘电阻、参考电压、泄漏电流、持续电流、放电记录器试验等。

（5）海底电缆直流耐压试验。

七、强制性条文的贯彻与实施

海南联网工程在调试施工过程中，严格按照质量体系方针贯彻落实施工技术、质量、安全管理制度，建立了健全的调试组织机构、质量管理机构、安全健康/环境管理机构和管理目标。开工前积极组织参建单位参与监理、设计单位组织的图纸会审工作，编写各类施工方案（或施工作业指导书）实施质量和安全技术交底，充分做好开工前的技术质量准备工作。

坚持"一切事故都可以预防"的安全理念，将安全工作视为基建工程的生命线。只有真正抓好安全管理，建立完善的质量监督体系，明确各个环节的责任落实，才能确保一项"精品工程"成为真正的"精品"。因此，调试单位在开工前对安全管理进行周密策划，严格按照《电网建设安全健康与环境管理办法实施细则》、《电网建设安全和环境管理实施应用手册》等指导性文件为依据，编制了工程安全文明施工二次策划并付诸实施，对安全文明施工总体策划、技术保证、安全防护、环境保护措施、视觉形象系统等标准进一步细化和量化。

第三节 海南联网工程调试验收及投运

一、调试验收

500kV 福山变电站按照保护定值清单验收保护，调试验收合格，合格率 100%。500kV 徐闻高压电抗器站，调试验收合格，合格率 100%。500kV 港城变电站间隔扩建工程，调试验收合格，合格率 100%。港城站至南岭终端站单回线 125.5km，调试合格，线路各项参数符合要求。林诗岛终端站至福山站线路 13.5km，调试合格，线路各项参数符合要求。第 1 根海底电缆直流耐压试验合格后，第 2、3 根海底电缆直流耐压试验一次性通过直流耐压试验，各项指标符合要求。

二、工程投运

海南联网工程调试施工无遗留问题，整体投运合格率 100%，总体运行情况良好。一次设备经受了额定负荷和过负荷的考验，也经受了各种操作试验的考核，二次设备的控制逻辑和保护定值也全面系统地经受了考验，工程投运安全、运行稳定。林诗岛终端站至福山站线路 13.5km，线路参数调试合格。海底电缆工程调试试验合格，第 1 根海底电缆直流耐压试验合格后，进一步修正调试方案，第 2、3 根海底电缆直流耐压试验，各项指标符合要求。

三、系统调试遗留问题

500kV 海底电缆工程系统调试结束之后，应对调试过程中发现的相关系统问题进一步讨论，以确保系统安全、稳定、经济运行。例如，海南电网接入 500kV 联网运行，随着互联电网逐年交换容量的增加，海南电网用户末端逐渐呈现电压不稳定趋势。为了分析调试中发现问题的性质，基于联网运行中推进海南电网的优化和技改，针对海南电网的运行现状和近期发展规划，以及近年来运行参数的统计和各种运行方式电压计算结果，提出在接入 500kV 后控制电网电压的定性分析与讨论，以达到提高海南电网供电质量的目的。

随着 500kV 海南联网接入海南电网后，对海南电网的发展产生了优化地方电网改造、区域电网电量交换的作用。同时，海南 220kV 电网中枢点电压控制，在海南电网优化改造中得到充分重视。针对海南电网运行的电压控制问题，以及对相关系统无功配置问题展开讨论，对完善海南电网技改具有实用意义和参考价值。

（一）海南电力系统概况

1. 海南电源与负荷现状

2010 年底，海南电网全社会发电装机容量 4547MW，发电类型及装机容量见表 8-2。

2009 年海南省全网统调最大电力负荷 2320MW，统调发电量 121.1 亿 kWh，非统调电源发电量 14.30 亿 kWh，共 135.4 亿 kWh。全省统调负荷同比递增 15.3%，全年完成售电量同比增长 16.1%。

海南电网负荷分布主要集中在北部和西部地区，其中以海口为中心的北部地区负荷，占全省的 48.5%；以儋州、昌江、东方为中心的西部地区负荷，约占 25%；以三亚为中心的南部地区负荷，约占 16.4%。

表 8-2　　2010 年海南电网装机容量

项目	发电类型	发电容量（MW）	占比（%）
1	煤电	1774	39
2	油气	722	15.8
3	水电	753	16.6
4	风电	205	4.5
5	垃圾发电	5	0.1
6	企业自备	488	10.7
7	海南联网	600	13.2
合计		4547	100

2. 海南电网现状

2009 年前，海南是孤立运行的统一电网，主网架最高电压等级为 220kV，经多年的电力系统建设，海南电网已逐步发展成为以火电为主、水电为辅，220kV 输电线路为骨干网架，分层、分区结构较为完整的统一电网。

海南电网 220kV 主网架已初步形成规模，220kV 主网架已环岛运行。截至 2009 年底，全省投运 220kV 变电站 16 座，主变压器 28 台，总变电容量 3840MVA；220kV 线路 35 条，总长度 1465km。110kV 及 35kV 电网已覆盖全省各市县，110kV 变电站 69 座，变电总容量 3230MVA，线路 2650km；35kV 变电站 138 座，变电总容量 950MVA，线路 2640km。

3. 海南电网存在的主要问题

电源部分：全省电力负荷增长很快，2009 年以前发电装机容量不足，电力平衡缺口已逐年呈现出不足。电源结构不合理，海南煤电占比重相对较高，由于煤炭能源供应问题，造成不同程度的发电年利用小时数受限。电源分布不合理，海南的主要电源集中在北部和西部地区，中部和东部地区发电装机容量不足。

电网部分：目前 220kV 主干网架运行薄弱，仅形成环岛单回路电网结构。2012 年后可形成全岛双回路运行。但部分变电所仅有一台主变压器，供电可靠性差。各市、县仍以长距离的 110kV 线路供电，许多市、县电网不能达到 $N-1$ 运行要求，电网安全运行存在隐患。结构不合理，存在较多的 220kV 与 110kV 电磁环网问题。变电容量分布不均衡，局部地区变电容量不足，造成负荷潮流无功电压分布不合理。电压等级设置不合理，220kV 电压等级至 10kV 电压等级之间多出一级 35kV 电压等级，造成不必要的电能损耗。供电质量不高，可靠性差。无功补偿容量不足，电压调控能力差，特别是南部电网缺乏无功电源支撑，电压波动较大。

(二) 海南电网电压控制的迫切性

海南电网存在的问题，是孤网历史形成的局限性。海南联网的 500kV 线路接入，对目前 220kV 主网架电压波动过大，配网电压超出规定范围的问题，经定性计算分析认为，其主要表现的原因有以下几个方面：

统调电源与非统调电源相互匹配不能在调峰时同时运行，水电在枯水季节显出装机不足，导致电网潮流交换大，而且频繁，使得 220kV 电网电压波动幅度大且频繁 $[\Delta V = f(p, Q)]$，引起二次侧供电压随之变化，常常出现供电线路始末电压超出规定范围现象。

目前海南大部分地区电网的供电功率因数偏低，按满足规定要求处于低限。供电网始端的电压已随 220kV 系统电压的升高变化。若提高功率因数，则始端电压会更高，二者形成了突出矛盾，致使电网网损增加。

2009 年底，海南增加了一批送变电项目的投运，使得无功电源需求不断增加，虽然海南电力负荷增长很快，但从 2009 年电网潮流电压的计算结果来看，全网电压水平总体上仍在逐步升高。

海南电力系统的规划和建设，在逐步改善"重有功，轻无功"的状况，目前无功补偿装置和其他调压手段及配备，在很大程度上直接影响了全网电压的有效控制。海南电网在开展电网电压问题的研究同时，以采用综合措施进行有效控制，对于保护高电压设备，及保持电网安全运行具有积极的意义，有助于提高电网供电水平和供电质量，同时有利于电网经济运。

（三）控制中枢点电压的作用

海南电网 220kV 变电所中枢点电压控制是根据变电所在电网中的地位、可靠性，在兼顾电网现状和发展的前提下，确定其运行电压的变化范围，以较小的合理值及采取相应的控制手段，达到控制和稳定整个系统电压的目的。开展研究海南电网中枢点电压控制及讨论主题分析有以下几个益处。

合理地进行全网中枢点电压控制，则根据电力系统运行的实际情况及电压发展趋势，有计划、有步骤、有重点，应用在送变电工程建设中，正确配置无功补偿设备和调压措施。基于全网调度运行提供的基础数据，保持系统电压参数基本不变时，可使电网调整量减少。在相关计算中，将电压相对不变的中枢点设定为 PV 点，使得系统计算，更趋近于实际情况。为电力系统规划设计中，正确选择发、送、变电及无功补偿设备参数提供重要的依据，如选定发电机组的额定功率因数、送电线路的导线型号。尤其是在确定新建核电电源和变电所主变压器，及调压范围和电网中电容、电抗器配置方面有突出的意义。保证供电、配电的电压质量创造条件，一次变电所的高压侧电压和主变压器变比确定后，其所带的供电、配电电网的电压就只决定于负荷水平，减少了不确定因素，从而采取有效措施控制其电压波动幅值。

对 220kV 电网中枢点电压实施控制，可基本固定网内无功电力的流向和流量，有利于全网经济运行方式实施和有效降低网损，使现有输变电设备经济、安全、满载输送有功电力。

（四）海南电网中枢点电压控制初步计算结果

基于海南电网电压控制的基本情况，通过对有关资料收集计算，海南电网中枢点电压控制初步定性计算结果和原则。

海南电网电压中枢点点选取的原则：与电网联系紧密，地处负荷中心、潮流汇集点的220kV 母线。计算年限按 2012 年前后水平考虑；

北部地区：福山 500kV 变电站 220kV 母线；大丰 220kV 变电所。

西部地区：洛基 220kV 变电所、鹅毛岭 220kV 变电所。

东部地区：官塘 220kV 变电所。

南部地区：大茅 220kV 变电所。

这些中枢点的电压水平，代表了各地区 220kV 系统的电压水平，监视点宜选在三亚鸭仔塘 220kV 变电所。

（五）中枢点电压计算结果

以海南电力设计院提出的 2010 年全网潮流计算数据为依据，各中枢点及监视点的电压数学期望值见表 8-3。

表 8-3　　　　　　　　　　　海南各中枢点电压数学期望值　　　　　　　　　　　kV

序号	名称	2007 年	2010 年
1	福山 500kV 变电所 220kV 侧	—	229.776
2	大丰 220kV 变电所	218.681	224.372
3	洛基 220kV 变电所	228.135	235.146
4	鹅毛岭 220kV 变电所	229.695	233.739
5	官塘 220kV 变电所	224.007	230.6
6	大茅 220kV 变电所	—	219.229
7	鸭仔塘 220kV 变电所	235.672	239.714

参照表 8-3 中各中枢点数学期望值，根据有关电压计算得出各中枢点电压在 2012 年前后宜控制在 230kV。由于运行方式的变化及负荷的增减，允许的电压波动范围见表 8-4。

表 8-4　　　　　　　　　　　　　中枢点电压波动范围　　　　　　　　　　　　　kV

序号	名称	最小值	最大值		波动幅度
1	福山 500kV 变电所 220kV 侧	228	233	230	+1.30 / −0.87
2	大丰 220kV 变电所	225	235	230	+2.17 / −2.17
3	洛基 220kV 变电所	228	236	230	+2.61 / 0.87
4	鹅毛岭 220kV 变电所	228	236	230	+2.61 / −0.87
5	官塘 220kV 变电所	228	233	230	+1.3 / −0.87
6	大茅 220kV 变电所	225	232	230	+0.87 / −2.17
7	鸭仔塘 220kV 变电所	230	237	230	+3.0 / −0

（六）关于海南各地区无功补偿的计算

在全网 220kV 系统中枢点电压确定后，为达到理想的电压变化范围，以减少网损为目标，经初步定性计算，在变电所的变电二次侧配置电容器，其补偿范围见表 8-5。

表 8-5		海南各地区推荐配置的电容器		
序号	配置地区	设备类型	配置容量（Mvar）	
			35kV	10kV
1	北部地区	电容器	110	33.4
2	西部地区	电容器	50	44
3	东部地区	电容器	—	34
4	南部地区	电容器	110	34
5	全省	电容器	270	145.4

海南电网接入 500kV 联网运行以来，随着互联电网逐年交换容量的增加，海南电网用户末端将逐渐呈现电压不稳定趋势，为了定性分析问题的性质，基于在联网运行过程中推进海南电网优化电网技改时机。开展接入 500kV 后，控制海南电网各节点电压的定性分析与讨论，具有现实意义。同时，也具有在海南联网工程建设中，尽可能不留下由于工程建设所带来的技术盲区。

500kV
SUBMARINE
POWER CABLE
PROJECT
CONSTRUCTION
& MANAGEMENT

500kV
海底电缆工程
建设与管理

第九章
工程建设综合风险分析

　　500kV 海底电缆工程建设项目，是一项受海洋工程特性和自然环境影响的复杂工程，具有建设周期长、投资多、施工环境复杂、外部联系广泛的特点。工程建设存在着诸多不可预见和不确定因素，由此产生的施工作业风险、设备风险、社会影响风险、环境与职业健康风险，将直接影响工程项目的顺利实施及今后的安全运行。因此，500kV 海底电缆工程项目迫切需要加强风险管理。

　　500kV 海底电缆工程建设，是一项跨学科、专业技术领域广泛的涉外工程建设项目，涉及不同国家的施工方、设备制造方。施工相关人员具有不同的民族习惯和工作方式、经济背景。基于与国际接轨的工程建设难点和复杂化程度的考虑，实施规范、系统的项目风险管理显得尤为重要。

　　在目前国家重点工程项目管理中，风险管理研究已成为工程建设的重要范畴。对500kV 海底电缆工程建设项目涉及的风险实施辨识、评估、控制、监测和回顾五个阶段的全过程管理，是十分必要的。风险管理的这五个阶段构成系统化、程序化和制度化的风险动态闭环管控系统。随着风险管理计划的实施，工程建设中风险会出现许多变化，这些变化的信息应及时反馈，及时对变化后的新情况进行持续的风险评估与控制，进而调整风险应对策略和计划，保持风险持续动态管理才能达到风险可控在控的预期目的。

　　在海南联网 500kV 海底电缆工程建设项目中，初步总结了风险管理的系列方法，重点研究了层次分析方法。将层次分析法运用于工程项目风险评估，建立层次结构模型，实现了工程单个风险因素的重要性排序、系统总体风险值的评估以及风险应对方案的选择。

　　为指导 500kV 海底电缆工程建设项目运行维护策略，建立风险分析与管理更为科学、合理的模式和思路，本章节提出了定性、基准和定量的风险评估与控制方法，明确了工程建设项目风险因素的多维特性描述方式和概念，并基于海南联网 500kV 海底电缆工程的以往运维经验，分析了海底电缆可能面临的风险和控制措施。500kV 海底电缆工程建设相关综合风险分析，将有助于后续工程建设开展综合风险分析。

第一节　基于风险的海底电缆安全状况评估

　　基于风险分析理论和概率计算方法，根据海底电缆现有的运行数据和环境状况，辨识了影响海底电缆安全可靠运行的各种风险因素，采用定性、基准和定量的风险评估方法对500kV 海南联网工程海底电缆进行了风险评估。根据以往运维经验，随着时间的推移，海底电缆运行状况会发生变化，海床地质、气候条件、海底电缆的管理模式、保护状况、监控手段也会发生变化。因此，无论是采用定性、基准还是定量的评估方法，海底电缆的风险值均是持续动态变化的。为保证风险控制措施的充分性、适宜性和有效性，海底电缆运行维护人员，需要根据海底电缆运维的各类数据，进行持续的风险评估和等级划分，以便有针对性地管控海底电缆面临的各类风险。

一、海底电缆风险因素

海底电缆危害因素可分为腐蚀、第三方外力破坏、自然力、制造安装缺陷和运行失误等原因。第三方外力破坏主要是船舶抛锚、断链和定置渔网的破坏。自然力对海底电缆的影响主要是：海床变迁，局部冲刷，流沙侵蚀，海床液化等。海底电缆因海床运动而发生损坏实际上是海流—海底电缆—外力三方面相互作用的结果，淤泥质海床存在很大的流变性，砂质海床在海流冲刷下会发生淘蚀，粉砂或细砂海床则在风暴潮影响下易发生液化，当海底电缆敷设在这些海床上时很容易发生强度或变形破坏。

很多情况下，海底电缆的故障是以上原因共同作用引起的，其主要破坏原因与海底电缆的运行年限和运行环境有密切关系。对于长期运行的海底电缆，其辅助配件老化和保护层失效可能是导致其故障的主要原因；对于敷设在砂质海床的近岸段海底电缆，波流冲刷和海床运动可能是其破坏的主要原因；对于在航道段的海底电缆和渔业活动区的海底电缆，受到船锚撞击和渔网破坏的可能性更大。

根据海南联网工程海底电缆的运行现状以及国外海底电缆的运行经验、设计数据、冲埋保护情况、负荷和温度监测情况，对运行中海底电缆辨识出的风险因素主要有：运行年限，运行负荷和温度，油泵供油状况，制造及安装缺陷，腐蚀情况，海底地质地形状况，台风、海啸、地震恶劣气象次数，跨越穿越情况，埋设保护状态，悬空和裸露段，维修和故障状况，水上路由状况，运维管理状况，抢修应急能力情况，运维人员技能情况等。

二、海底电缆风险评估方法

海底电缆风险评估是在保证海底电缆安全运行条件下实现最大经济效益的必要手段，是实现海底电缆从事后管理向事前管理，从经验纠正管理向系统预防管理过渡的重要技术，是海底电缆进行检测、监控、技术改造和运行管理的基础。一方面，海底电缆的风险评估应以设计数据、运行数据及检测数据等作为评估基础数据，评估对象包括海底电缆本体及其附属件、掩埋保护层整个寿命周期。另一方面，为全面评估掌握海底电缆的风险状况，需要对海底电缆系统从人、机、料、法、环等多方面因素进行危害辨识和风险评估，并提出预控措施。为便于各级管理人员和各类运维人员实施有效管控，对海底电缆进行风险评估后必须进行风险等级划分，进而制定和落实分层分级的控制措施。

（一）定性评估方法

风险评估是一种基于数据资料、运行经验、直观认识的科学方法。定性评估方法是通过对有关风险因素进行分析，确定风险的可能性、频率和后果，进而判断风险是否可接受，是否需要采取进一步的控制措施。

按照风险评估过程确定风险水平，一般按照危害辨识、可能性评估、频率评估、后果评估和风险认定五个步骤进行。

危害辨识是对海底电缆及附属系统在运行期间的潜在危险因素进行分析。危害辨识为风险控制明确对象，并充分考虑相关影响因素，是风险分析的关键步骤。对于运行期的海底电缆，主要对影响其寿命和安全运行的危害因素进行分析。

可能性评估是根据以往的运维经验，一旦意外事故事件发生，随时间形成完整事故顺序并导致结果的可能性，分为"特高"、"高"、"中"、"低"、"极低"五级。

频率评估通常只能根据已有事故事件发生的经验来进行，或者通过理论模型来模拟或计算。

后果评估应根据研究目标和研究范围确定。通常后果包括引发人身伤亡、设备损坏、电网负荷损失等事故事件，以及造成环境破坏、职业健康受损和引发法律纠纷等社会影响事件。其中对电网负荷损失影响的评估要综合考虑电网主网架与受端电网年均互换功率的大小，特殊供电需求时的保障性，以及控制措施相关的经济社会成本因素。风险对海底电缆造成的潜在破坏后果需要从经济损失、电网安全和社会影响三个方面考虑。

当完成系统的危害辨识、可能性评估、频率评估和后果评估后，即可对事件的风险进行评价。风险等级中存在一个区域，在这个区域内可以降低风险，但如果降低风险采取措施产生的成本比风险造成的经济损失高，则不应该采取这种措施来降低风险。这个区域通常称为"最低合理可行"（ALARP）。比这个区域低的部分，风险可认为是可接受的。风险矩阵见表9-1。

表 9-1　　　　　　　　　风　险　矩　阵

事故事件		后果严重程度				
发生可能性	年发生频率	灾难性	重大	严重	轻微	可忽略
特高	$>1\times10^{-2}$	高	高	高	ALARP	ALARP
高	$1\times10^{-3}\sim1\times10^{-2}$	高	高	ALARP	ALARP	低
中	$1\times10^{-4}\sim1\times10^{-3}$	高	ALARP	ALARP	低	低
低	$1\times10^{-5}\sim1\times10^{-4}$	ALARP	ALARP	低	低	低
极低	$<1\times10^{-5}$	ALARP	低	低	低	低

在缺少相应的运行和检测数据时，往往通过定性的方法进行风险等级划分。通过对海底电缆的运行现状进行定性分析，找出运行期海底电缆存在的危害因素，发生频率越高，风险等级就越高，就越要采取措施防范。

（二）基准 PES 评估方法

基准量化风险评估通常采用 PES 法。对辨识出的船只抛锚、船只搁浅、渔业活动、海上作业、登陆段遭受车辆碾压、生产作业破坏等外力破坏风险及其衍生的电网风险、舆情与稳定风险、法律风险等应进行基准量化风险评估，并提出针对性的预控措施。

进行 PES 法风险评估时需考虑三个因素：由于危害造成可能事故的后果；暴露于危害因素的频率；完整的事故顺序和发生后果的可能性。

风险评估公式：风险值＝后果（S）×暴露（E）×可能性（P）。

在使用公式时，需根据运维单位现有的基础数据和风险评估人员的判断与经验确定每个因素分配的数字等级或比重。得出风险值后，将风险值与基准风险值对比，即可确定该风险的等级。根据风险等级判断风险是否可接受，是否需要采取进一步的控制措施。海底电缆风险基准量化评估情况见表 9-2。

表 9-2　　　　　　　　　　海底电缆风险基准量化评估情况

序号	风险内容	风险细分	危害因素及可能后果	后果值	暴露值	可能性	风险值	风险等级
1	安全生产风险	海底电缆遭受外力破坏风险	船只抛锚、船只搁浅、渔业活动、海上作业、登陆段遭受车辆碾压、生产作业破坏，造成海底电缆损坏，设备或财产损失≥1000 万元	100	3	1	300	高风险
		海底电缆设备自身损坏风险	受地震等自然灾害影响，造成海底电缆受损，设备或财产损失≥1000 万元	100	1	0.5	50	低风险
		电网风险	海底电缆发生损坏将会造成海南电网孤岛运行，如果海南电网"罗带—鹅毛岭—大成—洛基—福山—大丰"通道故障跳闸，则需紧急限海口负荷最大超过30%，造成电网或设备较大及以上事故	100	1	0.5	50	低风险
2	舆情与稳定风险	海底电缆故障导致的海底电缆漏油风险	海底电缆故障导致的海底电缆漏油或其他事故可能引发社会影响重大突发事件，可能造成大范围环境破坏，严重违反国家环境保护法律法规	100	1	0.5	50	低风险
3	海底电缆法律风险	大型船只紧急避险的法律风险	在人身安全并未受到威胁的情况下为避免船舶或其他财产免受损失而采取在保护区内抛锚，引发的海事纠纷案件。设备或财产损失在 10 万元到 100 万元之间	25	3	1	75	中风险
		海底电缆溢油导致海洋污染的法律风险	海底电缆为充油电缆，绝缘油成分为工业直链烷基苯，该成分是否具有生物毒性、能否被海洋生物降解、是否会对周围海域海洋环境构成污染等，面临承担相应的法律风险和民事赔偿纠纷，可能设备或财产损失≥1000 万元	100	3	0.5	150	中风险

续表

序号	风险内容	风险细分	危害因素及可能后果	后果值	暴露值	可能性	风险值	风险等级
3	海底电缆法律风险	船只抛锚事件处置引发纠纷的法律风险	在海底电缆路由保护区内发生船只抛锚事件处置中,存在对方不愿弃锚保缆、或者弃锚后要求我方进行相应赔偿等纠纷,可能设备或财产损失在 1 万元到 10 万元之间	15	3	3	135	中风险
		拆除海底电缆保护区渔网引发纠纷的法律	海底电缆路由保护区内有捕鱼(打桩、设置定置网等)作业行为,在对其进行拆除事宜引发纠纷	15	3	3	135	中风险

三、海底电缆的综合风险定性评估

通过对琼州海峡气候条件、海底电缆的运行状况以及海底地质地形分析,以下因素可作为海底电缆风险划分的主要依据,见表 9-3。其权重值依据各风险因素的重要性及实质作用进行排序,然后分配权重,越靠前的因素,权重越大,所有因素权重和等于 1。权重值可邀请专家打分确定,并应根据不同运行年限,管理模式,航道、渔业、海床的发展进行调整。其风险后果按高、中、低三个等级确定,风险因素造成的后果非常严重的,评定为高,5 分;该因素不采取或不管理造成一般不会造成严重后果的,评定为低,1 分。风险后果的确认也可以采用专家评议法。风险后果评定值及因素风险值见表 9-4。

表 9-3　　　　　　　　　　海底电缆风险因素及权重

影响海底电缆的风险因素	说明	权重
运行年限	不满 2 年,运行初期,状况良好	0.04
运行负荷	未超负荷运行过	0.04
油泵供油情况	一直稳定供油,未出现中断	0.05
DTS、DRS 及光纤系统	连续运行,监控海底电缆温度及应力	0.03
制造、安装缺陷	未发现	0.02
腐蚀状况	海底电缆本体设置防腐层	0.04
海床地形及稳定性	局部地区有流沙,中心地带航道流速大,有陡坡和海沟,海床起伏大,部分海床为硬石	0.10
海底电缆悬空段、裸露段	易发生拖网、拖锚损坏和摩擦损伤事故	0.06
跨越、穿越情况	跨越航道区,穿越渔业捕捞养殖区,航船及渔业活动频繁,易受第三方破坏	0.15
埋设保护情况	准备全程埋设保护,包括冲埋及抛石保护,使抛锚、断链、拖网、磨损损坏几率大减	0.20
水上路由监控状况	日常定期警戒巡视,设置路由安全保护区,设置 VTS、AIS 及雷达、视频监控系统,航标告示及警示灯桩	0.15
台风、海啸、地震等恶劣气象次数	每年约发生 3 次影响范围的台风,无海啸和地震发生过	0.05
维修及故障情况	投运后检测过两次,无维修过	0.02
岸上综合管理情况	推进立法和广告宣传,建立政府、海事、渔业联动机制,建立村民共建机制	0.05

表 9-4 海底电缆定性风险等级评估

风险因素	风险后果	后果值	权重	因素风险值
运行年限	低	1	0.04	0.04
运行负荷	低	1	0.04	0.04
油泵供油情况	低	1	0.05	0.05
DTS、DRS 及光纤系统	低	1	0.03	0.03
制造、安装缺陷	低	1	0.02	0.02
腐蚀状况	低	1	0.04	0.04
海床地形及稳定性	高	5	0.10	0.50
海底电缆悬空段、裸露段	低	1	0.06	0.06
跨越、穿越情况	高	5	0.15	0.75
埋设保护情况	高	5	0.20	1.00
水上路由监控状况	中	3	0.15	0.45
台风、海啸、地震等恶劣气象次数	中	3	0.05	0.15
维修及故障情况	低	1	0.02	0.02
岸上综合管理情况	中	3	0.05	0.15
合计		32	1	3.30

根据海底电缆运行现状和风险分析情况，把运行期海底电缆划分为三个等级，对风险值规定如下：海底电缆破坏高风险的后果值为 5 分，中等风险的后果值为 3 分，低风险的后果值为 1 分。综合各风险因素进行权重累加，琼州海峡海底电缆的风险定性分析值为 3.30，属于中等略偏上的风险级别。

四、海底电缆关于落物、抛锚撞击的定量风险评估

海底电缆所遭受的碰撞破坏是海底电缆破坏的主要原因之一。海底电缆的碰撞主要是由偶然性载荷造成，其中由抛锚作业所引起的海底电缆破坏需要引起大家重点关注。

依据 DNV-RP-F107 对海底电缆的评估方法，主要应用概率论的计算工具，对锚等偶然性载荷作用下的海底电缆进行定量的风险评估。定量分析模型及步骤为：

（1）建立抛锚撞击海底电缆的几何数学模型。

（2）利用概率论的基本原理计算锚撞击海底电缆的概率。

（3）利用凹痕与能量关系，以及基于统计数据和试验基础的"能量带"方法，进行撞击能力计算，从而计算海底电缆的破坏概率。

（4）采用风险矩阵的方法进行最终的风险评估，计算公式如下

$$F = N P_1 P_2 P_3 P_4$$

式中　N——每年海底电缆路由区航道过往船只（锚）的数量，琼州海峡每年过往船只 16 万只；

　　P_1——每年路由区航道过往船只重量分布（锚重分布概率）；

P_2——紧急（事故）情况下抛锚的概率；

P_3——锚撞击海底电缆或海底电缆保护层的概率；

P_4——海底电缆破损的概率。

对于 P_1，可按《海船建造规范》查得，不同船重所配的锚重，再根据过往船只的大小统计数据，一般按平均分配的概率求得大于海底电缆能承受的 1t 重锚的分布概率。

对于 P_2，考虑三种情况下的紧急抛锚：船失去动力控制，船员错误操作，台风、恶劣天气引起的紧急抛锚。查阅 DNV 的数据库，可取 2×10^{-4}。

对于 P_3，按面积比求得，设海底电缆处于航道里面的长度为 L_1，海底电缆直径为 D，航道长度和宽度分别为 L 和 B，则认为 $P_3 = (DL_1)/(LB)$。

对于 P_4，则要从海底电缆及其保护层的抗冲击能力来计算，铠装电缆比一般电缆抗冲击能力强，埋深越深，抗冲击能力越强。破坏概率还考虑锚重、坠落高度、速度、坠落角度、锚链的拖拉系数、洋流大小等因素。可查阅相关资料（如 DNV 数据库）的计算，可取 $0.01 \sim 0.1$。

经过计算，目前不考虑埋设、抛石保护的情况下，海底电缆遭受抛锚、拖锚和海上重大物体坠落损坏的概率分别为：沉船、集装箱散落造成海底电缆破坏概率为 2.01×10^{-4} 次/年，为中风险；拖锚造成海底电缆破坏概率为 2.41×10^{-2} 次/年，为高风险；航道内抛锚直接落在海底电缆上的概率小于 10^{-5}，为可接受风险。考虑全程埋设保护和抛石保护情况下，$P_4 = 0.01 \sim 0.1$，以上三种情况下海底电缆遭受破坏的概率又降低 $1 \sim 2$ 个数量级，沉船风险降为低风险，拖锚风险降为中等风险，直击抛锚风险仍为可接受风险。

从目前的评估结果来看，海南联网工程海底电缆的风险级别无论是定性评估、基准评估还是定量评估，整体均处于中等风险级别。实践证明，在现有的运维管理水平和外部条件下，采用定性、基准和定量的方法进行海底电缆的风险评估是适宜的，并且能为运维策略制定提供参考。随着时间的推移，海底电缆自身状况、海底地质、气候等外部环境因素、海底电缆保护状况、监控手段等管理因素均会发生变化，风险也将随之发生变化，因此海底电缆的风险评估与控制工作应定期持续开展。

第二节　海底电缆运行风险综合分析

一、海底电缆风险概述

海底电缆路由自北向南穿越琼州海峡西段的北部堆积区、北部侵蚀—堆积区、中央深槽、南部隆起带和南部近岸侵蚀—堆积区共 5 个地貌单元，到达海南省南岸海底电缆登陆点，路由最大水深 97m。

HIS（海南联网系统）是南方电网主网架与海南电网连接的唯一通道，是保证海南电网安全稳定运行的生命线。HIS 一旦受损，海南岛电网发生电网波动、跳闸甚至解列。HIS 设备物理接线为串联结构，呈狭长状排列，且为单回路，任何一个点发生故障均会造成 HIS 发生故障。

HIS 海底电缆路由穿越琼州海峡主航道，海上交通繁忙，配备 1t 以上锚具的大型船只过往频密，渔业活动及海上施工频繁；台风、海流等气象水文条件恶劣、复杂；面临过往船只抛锚和海上作业损坏的风险；同时投产以来的海底电缆运维工作一些深层次的矛盾也开始集中显现。

二、安全生产风险及其控制措施

（一）风险内容

海底电缆大部分位于琼州海峡主航道，大型船只过往频繁，海底电缆遭过往船只抛锚、拖锚和渔业活动、海上作业等导致损坏的风险巨大。

2012 年，海底电缆运行利用 AIS 和 VTS 监视系统，及时发现低速和欲抛锚船只，全年共发现并成功处置船速异常事件 119 起，现场处置船只抛锚事件 53 起。

（1）锚害：国内外海底电缆运行实践表明，90％以上的海底电缆故障为船舶锚害原因造成。根据海南海事局 AIS 数据统计，2010 年琼州海峡的船只流量为 13 万余艘次，其中穿越海底电缆路由区域的船只流量为 24094 艘次。在穿越海底电缆路由区域的船只中，锚重在 1t 及以上的总数的占 69.9％，主要集中在主航道及附近水域（对应 KP7～KP14.7 区间）。海底电缆投运以来，已成功处置 76 起海底电缆路由区域船只抛锚事件，其中 74 起集中发生在海底电缆路由区域南岭侧，海底电缆运行风险巨大。

（2）搁浅：船舶航行需保持一定的吃水深度，以保持船舶的航行安全。由于海床变化、潮汐变化、台风等恶劣天气或船舶驾驶人员疏忽等原因，造成船舶在海底电缆路由搁浅、碾压、摩擦导致海底电缆损伤。截至 2013 年已发生两起船只搁浅事件，分别由于台风等恶劣天气、潮汐变化导致船舶搁浅，但未造成海底电缆损伤。

（3）渔业活动：琼州海峡是我国南方沿海的重要渔场之一，渔业资源十分丰富，分布有：包西渔场、三墩渔场、铺前港渔场、徐闻渔场等，盛产多种经济鱼类，也是当世界上最大的黄花鱼场。每逢渔汛季节，都有大量的渔船在此作业，渔业生产活动十分密集。据统计常年在海峡水域内作业的渔船超过 10000 余艘，在海底电缆路由海域常年固定捕捞作业渔船约 320 余艘。渔船抛锚和渔业生产常用的定置网、底笼网等作业方式都会危及海底电缆安全运行。

（4）海上作业：随着社会经济的快速发展和海南国际旅游岛的建设，海底电缆路由附近将有众多大型工程项目开工建设。据调查，即将开工建设的项目有：海底电缆路由东侧马村港扩建项目、海底电缆路由西侧拟建琼州海峡跨海通道项目；同时，海底电缆路由区域还存在大量的疏浚、挖掘、勘测等工程船只，严重威胁海底电缆的安全运行。

（5）登陆段遭受车辆碾压、生产作业破坏：林诗岛、南岭侧海底电缆登陆段位于南岭村与林诗岛村，周边有渔港 5 个，是周边群众从事生产的聚集场所，海底电缆登陆后仅采用沙土填埋的方式进行保护，无法抵御大型车辆碾压、建设生产等破坏。林诗岛侧已发生渔民修港取石，南岭侧修建风电施工穿越等事件，虽已经海口分局协调解决，但两侧海底电缆登陆段发生人为破坏的风险仍不可避免。

（二）控制措施

针对上述海底电缆遭受外力破坏风险，基于往期经验，应采用有效措施，提高海底电缆防御外力破坏的能力。措施分为以下三个方面：

（1）按照现有运维模式，做好海底电缆保护区宣传、保护区监视、应急事件处置、渔业生产定期巡视、海底电缆保护联动等措施。

（2）按照海底电缆工作标准要求，完善海底电缆运维手段，开展雷达、AIS 基站自建工作。逐步消除海底电缆保护区内监视盲区，实现海底电缆保护区内的有效监控。在海洋行政部门北斗监视系统中设置海底电缆保护区告警，使已安装北斗系统的过往船舶进入保护区后收到报警提醒。通过上述措施的开展使海底电缆保护区内抛锚数量逐年递减。

（3）开展基于风险的海底电缆精益化运维工作。按照海底电缆运维风险动态调整工作计划，采取有针对性的海底电缆保护策略，建立海底电缆三层防线（宣传、监视、应急处置）。海底电缆保护宣传针对海底电缆保护区内发生的抛锚、异常事件的风险数据，对海底电缆保护区周边七个港口划分风险等级，按照风险源（货船、渔船、施工船）开展行政主管部门联动，对风险船舶进行宣传，定期对宣传情况进行评估。海底电缆监视按照不同船舶对海底电缆造成损害的风险不同，在利用 VTS 监视平台对过往船舶进行预判，发现异常船舶及时通过海事进行沟通，避免在海底电缆保护区内发生抛锚。该措施需长期实施。海底电缆保护区内抛锚船舶每年较上一年递减 10%。制订有效的应急培训及演练年度计划，编制海底电缆抛锚现场处置预案，从不同层面定期开展海底电缆保护区船只抛锚应急演练，提高员工在紧急状态下的处置能力。开展海底电缆备用相研究，探索海底电缆遭受破坏时的应急方案。

三、海底电缆设备自身损坏风险及其控制措施

（一）风险内容

从国有财产保护层面来看，海底电缆造价昂贵，维修技术仅世界几家公司掌握，海底电缆一处损坏，仅维修费用就高达数亿人民币。受地震等自然灾害影响，也可能造成海底电缆受损。

（二）控制措施

（1）利用海底电缆在线测温系统对海底电缆实时监控，发现由于海底电缆原因造成的光纤通信异常、中断应立即通过 OTDR 测量异常位置。

（2）与海南省气象台、海洋预报台合作，签订协议，海底电缆保护区内发生气象、海洋灾害时第一时间通知海口分局，做好预警工作。

（3）共同建立系统的海底电缆监视体系，通过对海底电缆的电气性能、应急、海底电缆保护区水面交通情况进行综合监视，发现异常情况及时采取应急措施。协调海南省应急办将海底电缆应急处置预案纳入海南省政府应急管理体系。修订相关电力设施保护条例，明确海底电缆保护区违规行为的执法主体，明确行政处罚等级、措施。

四、海南电网风险及其控制措施

（一）风险内容

海南联网系统是连接海南电网与南方主网的唯一联络通道，海底电缆是联网系统的重要组成部分，地位至关重要。从电网运行层面来看：一旦海底电缆发生损坏将会造成海南电网孤岛运行。此时如果海南电网"罗带—鹅毛岭—大成—洛基—福山—大丰"通道故障跳闸，则需紧急限海口负荷最大超过 30%，构成较大电力安全事故；一旦稳控拒动，将导致海南电网全停，构成重大电力安全事故。因此，保证海底电缆设备安全是确保联网系统安全的关键。

（二）控制措施

1. 技术措施

（1）开展海底电缆南岭侧登陆段防冲刷保护项目，完成海底电缆综合检测，掌握海底电缆整体概况，为制定和实施海底电缆保护提供依据。

（2）建设海底电缆保护区监视雷达站，解决海事局 VTS 系统在广东侧离岸 8km 范围存在盲区的缺陷，实现对海底电缆保护区监视的全覆盖。

（3）通过 AIS、VTS 及近岸红外系统对海底电缆路由进行监控，及时发现和制止可能发生的抛锚事件，对海底电缆巡视船只购置与运维管理加以研究。

2. 管理措施

修编《500kV 福港线海底电缆运行维护工作标准》、《海上安全工作规程》，从制度上完善海底电缆工作标准。每年定期召开海底电缆保护联席会议，落实相关制度。抓好海底电缆监控、保护宣传、应急处置等各项日常工作，及时发现和处置肇事船只，从源头上减少船只抛锚概率，确保海底电缆安全。

五、运维风险及其控制措施

（一）风险内容

定期开展海上路由巡视，防止船只抛锚等应急事件，一旦人员技能不足或与资质要求不匹配、船舶安全不能保证、组织措施落实不到位，均可能造成人员伤亡。

（二）控制措施

（1）开展海上作业安规宣贯，提高员工安全意识；开展海上作业技能知识培训，规范员工海上作业行为。

（2）建立相应的海底电缆运行技术技能鉴定规定，使得资质认证得到系统保证，组织专家对海底电缆工种进行规范，制定技术技能规范，使员工技能提升有据可依。

（3）加大自有船只开展海底电缆路由巡视的研究力度，确保从组织措施上落实船舶安全及海上作业安全。

六、舆情与稳定风险及其控制措施

（一）风险内容

海底电缆故障导致的海底电缆漏油及其他事故可能引发社会影响重大突发事件。

（二）控制措施

建立健全海底电缆应急新闻宣传应急工作组织机构，包括现场宣传组、综合协调组和信息监控组，并明确各成员职责，确保各工作组之间及与上级主管新闻工作部门进行有效衔接。

建立海底电缆新闻宣传应急工作标准及应急预案，根据海底电缆发生事故的等级进行分级针对性处置，明确处置过程中涉及上级新闻宣传主管部门审批内容、时限、流程。

七、海底电缆法律风险及其控制措施

（一）风险内容

琼州海峡是北部湾与南海各地区重要的水上交通线，海底电缆路由保护区过往船只频密，截至目前，保护区内由于船只机械故障导致船舶抛锚 10 起。船只一旦发生故障，为保障船舶人员安全、财产安全往往采取紧急避险。

（二）控制措施

（1）分别从宣传、监视、应急处置三个方面对路由区域内船速过低船只进行 24h 不间断管控，通过现场应急处置对避险船只进行安全教育，告知其由于避险可能引发的严重后果，使其远离海底电缆保护区路由区域，避免船只由于紧急避险而可能引发的海事纠纷案件。

（2）在海底电缆保护区监视系统中扩大对海底电缆保护区的监视范围，由原来的离海底电缆2海里（1海里＝1.852km）范围（二级告警区）扩大到离海底电缆5海里范围（三级告警区）。将监视系统船舶低速报警值由原来的3节适度调高至3.5节，一旦出现船舶低速告警，便通过海事交管中心值班员迅速呼叫船舶、发出警示，同时通知应急值班人员做好出船等应急处置准备。

（3）通过海事交管中心值班的方式，对过往海底电缆保护区船只进行监视，发现船速异常船只立即通知交管中心值班人员通过甚高频与船员交涉，使其驶离保护区。通过各海事局、港口、外代公司对各船只进行宣传引导，使其了解琼州海峡海底电缆覆盖区域及保护区范围。

八、海底电缆溢油导致海洋污染的法律风险及其控制措施

（一）风险内容

海底电缆为充油电缆，绝缘油成分为工业直链烷基苯，通过急性经口毒性实验检测，发现海底电缆绝缘油难溶于水，无致命毒性，但长期接触海底电缆绝缘油可能会导致皮肤疾病。一旦海底电缆遭受外力破坏溢油后，如果不及时向海洋行政主管部门汇报、未编制《溢油应急预案》并向海洋行政主管部门报备、未采取措施进行及时有效控制溢油扩散等，将可能面临承担相应的法律风险和民事赔偿纠纷。

（二）控制措施

（1）按周期对海底电缆本体及海底电缆油进行检测，确保其处在良好的运行状态，从组织保障、技术保障、法律保障层面构建海底电缆溢油应急防控机制。对海底电缆油特性开展研究，对海底电缆溢油海洋环境影响开展评估调查，并制定相应防范措施和应急预案，并报海洋行政主管部门。

（2）如海底电缆破损溢油是由外力造成，参照相关部门规章规定，受害方的相关损失及由于海底管道受损而引起的污染所造成的损害应当由加害方承担。通常做法是由直接造成污染损害一方首先支付清除、治理污染的相关费用，再由索赔方以海洋环境污染损害完全由第三方故意或过失造成为由进行追偿。

（3）当发生海底电缆溢油事件，应积极配合海洋行政主管部门进行调查。按照应急管理要求，采取一切可能措施，防止溢油事态进一步扩大。

九、船只抛锚事件处置引发纠纷的法律风险及其控制措施

（一）风险内容

琼州海峡每年过往船舶频繁，受天气、海况以及船只本体故障等影响，船舶在海底电缆路由保护区抛锚，严重影响海底电缆安全稳定运行。例如2012年海底电缆路由保护区

处理船只抛锚事件达 53 起，其中在海底电缆路由 500m 范围内抛锚事件 6 起，要求船主割锚保缆 2 起。在海底电缆路由保护区内发生船只抛锚事件处置中，存在对方不愿弃锚保缆、或者弃锚后要求我方进行相应赔偿等纠纷。

（二）控制措施

（1）通过加强对船舶经营者的法律宣传，一旦发生此类事件时，尽快与肇事方协商解决，并及时向海洋行政主管部门报告情况，配合其采取相应行政管理措施。

（2）如需通过诉讼途径解决，应注重收集公告、标识、监控、协商等措施的相关证据。

十、拆除海底电缆保护区渔网引发纠纷的法律风险及其控制措施

（一）风险内容

海底电缆路由保护区内有捕鱼（打桩、设置定置网等）作业行为，在对其进行拆除事宜引发纠纷。

（二）控制措施

（1）定期对海底电缆路由保护区巡视检查，并做好检查记录。巡查发现在海底电缆路由保护区内有捕鱼作业行为时，及时向行为人宣传相关法律法规，并且书面通知行为人不得在海底电缆路由保护区内进行渔业作业，要求行为人在通知上签名，知晓该通知的内容。

（2）在行为人已设置定置网时，应向行为人发出《隐患整改通知书》要求行为人进行整改，同时向政府工信、海洋与渔业厅、海监等主管部门发出书面报告，报告有关情况，请求有关行政主管部门进行渔网拆除处理。

（3）每年定期在网络、电视、广播的船舶媒体进行广告宣传，让海底电缆路由区域内作业渔民知晓海底电缆范围，从而远离保护区进行海上作业。

第三节　海底电缆后续保护施工风险分析

本着科学合理、安全可靠的原则，拟进一步开展海底电缆后续保护综合方案的风险研究。技术方案将针对国内外海底电缆保护的调查、海底电缆后续保护水平进行研究的基础上，针对海底电缆保护施工风险进行分析。

跨越琼州海峡 500kV 海底电缆线路是我国第一条超高压、长距离、跨海峡的海底电缆线路。交流 500kV 充油海底电缆及附件全部由国外进口，投资较大，一旦电缆损坏，必须在国外供应商的技术支持下进行维修，维修费用高昂；海底电缆联系着广东和海南电网，发挥着巨大作用，故障停电损失也很大。因此，海底电缆的安全保护是联网工程设计的重要环节。

工程初步设计和施工图设计均采用全程保护的方案：利用水力进行挖沟冲埋，对于海床较硬、不能挖沟冲埋的部分采取抛石掩埋保护。由于本工程投产时海底电缆的保护尚未完成，投产以后需继续开展海底电缆后续的保护工作，目前已经完成二次冲埋保护和抛石保护施工。

海底电缆综合保护措施研究风险评估，主要采用系统安全工程理论对海底电缆进行风险识别、危险有害因素辨识。

一、海底电缆工程概况

（一）设计路由

琼州海峡 500kV 海底电缆路由北起广东省徐闻县的南岭村，自北向南穿越琼州海峡，到达海南省玉苞角。路由最大水深 97m；潮流强劲，海底地形复杂。该路由离锚地较远，正常来说受锚害的威胁较小，但存在意外落锚的风险，对海底电缆影响较大的是养殖和捕捞。海底电缆路由通道宽约 2km，长约 31km。共要敷设 7 根海底电缆。本期选择三根电缆路由，位于通道的西侧；并预留远期 4 根海底电缆的路由通道，位于通道的东侧，两侧终端站距海边 100～200m。

海底电缆设计路由的地貌特征和浅地层结构，布设岩土工程勘探和沉积物测试的站位，对设计路由进行详查。根据地形和动力地貌特征，设计路由从北向南，分别通过琼州海峡西段的北部堆积区、北部侵蚀-堆积区、中央深槽、南部隆起带和南部近岸侵蚀-堆积区共 5 个一级地貌单元，二级地貌单元包括小沙波、沙波、沙地沙丘、冲刷槽、冲刷脊和球状突起等，人工地貌包括桩网、锚路由海底的表面覆盖层沉积物主要有粉质黏土、含黏性土粉砂、粉细砂、砾石等，下伏地层有粉质枯土、黏土质粉砂、粉土、砂石为主，局部有黏土质砂夹层；在两岸浅水海底和隆起区域中度风化玄武岩埋深小，局部出露海底；在中央深槽以南的水深 50～60m 以上的隆起地形的海底，存在珊瑚礁。

北部堆积区（0～7km）北起徐闻终端站，向南至水深 16m，路由长 7km，海底平缓，呈东西走向，平均坡降 1.7%。沉积物以粉砂黏土为主，北段有大量珊瑚和贝壳碎屑堆积，粉砂黏土的厚度一般超过 5m，北段的厚度变小，局部厚度小于 2m。由于本段路由的水深小，工程条件良好。

北部侵蚀—堆积区（7～10.4km）：路由长 3.0km，海底地形平缓，两头高，中间底，内缘水深 16m，中间水深 20.5m，外缘是中央深槽北坡的顶部，水深为 16.5m。等深线呈东西走向，北段平均坡降为 2‰，南段平均坡降为 5‰。表层沉积物以细粉砂为主，海底分布小沙波，小沙波走向 165°～180°，波长 6～8m，波高小于 0.5m。本段路由表层细砂的厚度较大，大多在 4～6m。电缆埋设条件良好。

中央深槽（10.4～19.8km）：路由长约 9.1km，最大水深 97m，路由海底冲刷槽冲刷脊呈东西向展布，地形剖面呈锯齿状。根据其地形地貌特征，由北向南将中央深槽分为中央深槽北坡、中央深槽北槽、中央深槽中脊、中央深槽南槽、中央深槽南坡五个单元。

其中中央深槽中脊（14.3～15.4km）段沉积物取样显示，中脊上有活珊瑚礁分布，

CPT 资料显示其基底为玄武岩。工程条件较差；中央深槽南槽（15.4～17.2km）段表层松散沉积物的厚度小于 30cm，沙波波峰处较大，下伏地层为中风化玄武岩。工程条件较差；中央深槽南坡段（17.2～19.8km）表面沉积物以中粗砂为主，冲刷脊或丘状突起上有珊瑚礁零星分布，其基底为玄武岩。工程条件较差。

南部隆起带（19.8～20.7km）：路由长 0.9km，水深 28～42m。隆起带呈 SE-NW 延伸，隆起的高差超过 20m，西窄东宽，北坡比南坡陡，西陡东缓，西部北坡的坡降在 7～15 之间，边坡曾有滑坡发生。路由水深坡面显示，隆起带北坡比南坡陡，北坡的路由水深坡面的坡度为 6.5 左右，南坡为 4.9 左右。隆起带平台表面凹凸不平，有小型冲蚀沟和丘状突起发育。

表层松散沉积物主要为粗砂砾，含大量珊瑚和贝壳碎屑，厚度小于 30cm，有珊瑚礁零星分布。下部为可塑—硬塑具有沉积层理的黏性土和玄武岩。工程条件较差。

南部近岸侵蚀—堆积区（20.7～30km）：路由长 9.3km，水深 0～47m。表面凹凸不平，有小型冲蚀沟和丘状突起发育，海底有沙波和小沙波分布，沙波走向 165°～180°，波长 12～18m，波高 0.6～0.8m，局部的沙波波高 0.8～1.2m。

（二）海洋环境条件

经多次现场实测，并经过数学建模计算发现，500kV 海底电缆工程路由海域中央底层实测流速最大值为 140cm/s，在本工程海底电缆后续保护方案的实施中也可采用理论最大可能流速 159cm/s。

琼州海峡具有东西峡口开阔，中间狭窄的形态有利于潮流因过水断面束狭而增强，对海峡突出岬角和中部海底冲刷作用强烈，造成海底表层沉积物的分布具有随潮流作用强弱变化而出现相应的粗细变化的特点，分异作用明显。琼州海峡的海底表层沉积物类型主要有砂砾、粗砂、中粗砂、中砂、中细砂、细砂、粉砂质砂、黏土质砂、砂—粉砂—黏土、粉砂质黏土、黏土（见图 9-1）。

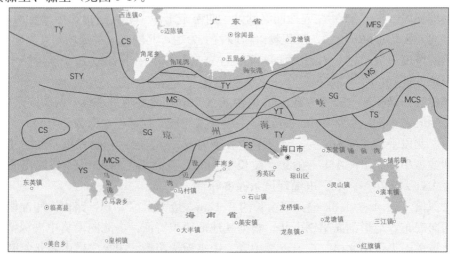

图 9-1　琼州海峡海底沉积物类型分布

根据获取的资料，海底电缆的路由海域的土壤剪切强度如图 9-2 所示。

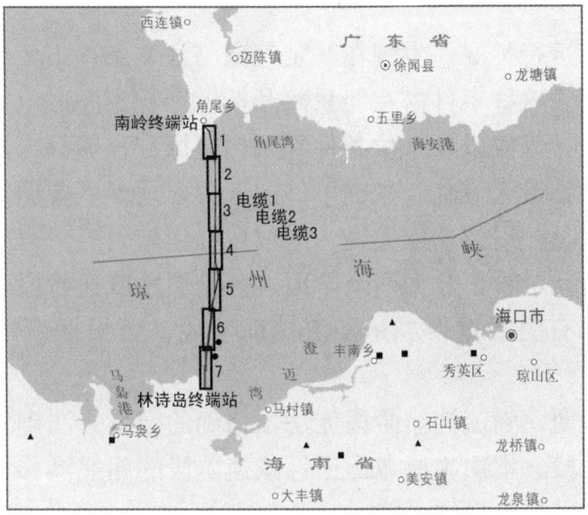

图 9-2 海底电缆路由区域划分

二、海底电缆风险辨识与分析

为了更好地指导海底电缆风险评估工作，开展了现行主要风险的辨识工作，主要对环境、海面活动、海底情况等因素进行了辨识和分析。

（一）落物风险

从过往船只或者附近作业船只掉下的落物会造成海底电缆的破损。例如，对海底电缆的维护、建设新的海底线、修建新的海港的有关船只都会有落物的可能，而且落物的种类主要是建筑管材、各种容器以及建设/维护设备。

海底电缆保护区选择不临近港口，而且在登陆端采取了预挖沟保护的方式，因此受港口建设的影响较小。

集装箱船舶的落箱事件在航运过程中时有发生，但均为在极端气候条件下。琼州海峡周边避风锚地丰富，大吨位级别的集装箱船一般在极端环境下航行的可能性不大，所以该事件发生的概率很低。

（二）沉船风险

由于琼州海峡周边船舶救助资源丰富，而且水面整体宽度仅为 30 多千米，根据历年的海事沉船记录，海底电缆附近尚未发现有影响到电缆正常运行的沉船事故。海事数据表明，因为沉船而直接影响到海底电缆、光缆正常运行的案例非常有限。沉船导致电缆光缆失效的事故多为沉船废弃物在水流作用下运动而影响到电缆和光缆。而本海底海底电缆保护区勘察表明，不存在沉船遗漏的运动物体，故不考虑沉船的风险。

（三）船只失控风险

根据近期海底电缆运行情况，发现在一定气象与水文条件下，出现了多起船只失控后漂移，然后抛锚的事件。这些事件潜在船只离开航道影响到海底电缆的安全性。导致船舶失控漂移的主要因素为：气象以及水位条件导致船只漂移；船只自身失控。

根据近期电缆工程临近水域临时抛锚事件的调查，发现主要原因是这些船舶由于种种原因产生车、舵突然失灵，以致船舶失控，采取抛锚措施。

船舶失控漂移的运动过程可分为两个阶段，一是惯性减速阶段，可用停车冲程理论分析船舶运动过程、计算有关数据；二是随流淌航阶段，可根据设定的水流情况进行分析计算。

由于该海域风流多变，随流淌航阶段无法用精确的定量方法确定，且惯性减速阶段是船舶撞击能量最大的阶段。本次主要考虑惯性减速阶段的船舶漂移量。通过这些漂移量的估计，可以了解到船舶潜在的抛锚可能。

（四）冲时、冲程计算

（1）冲时（T）是指从失控点开始至惯性消失为止所需时间。其大小可按下式求取。

$$v = v_0 \mathrm{e}^{-TT_{\mathrm{st}}}$$

式中　v——船舶在冲程时间内，任意时刻的船速，m/s；

　　　v_0——船舶初始时的船速，m/s；

　　　T_{st}——船舶减速时间常数，$T_{\mathrm{st}} = C/\ln 2$；

　　　C——船速减半时间常数，可根据排水量查表取得，见表 9-5。

（2）静水冲程（S'）是指在冲时 T 时间内，船舶沿船速方向移动的距离，可用下式估算。

$$\int_0^T v_0 \mathrm{e}^{-\frac{T}{T_u}} \mathrm{d}t = v_0 T_{\mathrm{st}} (1 - \mathrm{e}^{-T/T_{\mathrm{st}}})$$

表 9-5　　　　　　　　　　　　　　船速减半时间常数 C 值表

排水量（t）	C（min）	排水量（t）	C（min）	排水量（t）	C（min）
1000	1	～36000	8	～120000	15
～3000	2	～45000	9	～136000	16
～6000	3	～55000	10	～152000	17
10000	4	～66000	11	～171000	18
～15000	5	～78000	12	～190000	19
～21000	6	～91000	13	～210000	20
～28000	7	～105000	14		

从表 9-6 的计算结果可知，不同船型航经琼州海峡的惯性减速阶段历时不同，冲程也不同。对于 5 万 t 级及以下的船舶，其冲程小于 2n mile，对于 10 万 t 级及以上船舶其冲程超过 2n mile。通常情况下，航线设计的习惯做法是航线与海底电缆保护区禁航区至少保持横距 2n mile。按此通常做法，5 万 t 级及以下的船舶在失控后经惯性漂移，当船舶漂移至海底

电缆保护区附近水域时，其惯性已消失或基本消失，拖锚影响电缆的风险小于 10 万 t 级。

表 9-6 船型惯性减速冲时—冲程计算

船型（DWT）	冲时		冲程	
	s	min	m	n mile
30000	1009.2	16.82	2581.0	1.39
50000	1322.4	22.04	3382.2	1.83
100000	1893.0	31.55	4841.8	

（五）渔业活动风险

琼州海峡是中国南海重要的捕鱼区，电缆沿线的捕鱼作业十分频繁，为此本电缆保护区已经设置为禁捕区，加上该区浪高流急，两岸渔民都主要在外海捕鱼，近海捕捞作业较少。但在电缆的路由区域仍可以发现废弃渔网的痕迹，存在电缆被渔网破坏的风险。根据近期运行安全管理情况，临近国家渔船在海底电缆保护区的渔业活动日益增多，海事交通的安全管理难度很大。

（六）抛锚与拖锚风险

根据琼州海峡海底电缆路由，同类海峡海底电缆保护情况以及目前埋设保护现状，海底电缆的外力破坏风险主要来源于海面船只活动的影响，本节主要对影响琼州海峡海底电缆安全运行的主要船只活动要素进行辨识。

1. 抛锚

抛锚的可能性主要取决于海底电缆保护区附近的海事情况、港口码头繁忙程度和抛锚区的位置。在航道中，所有船只应当始终保持航行，因为任何抛锚都很可能导致后来船舶的撞击，所以航道当中发生抛锚事故的可能性不大。而且，琼州海峡电缆沿线也有许多指定的船舶抛锚区，尤其是马村港，但是还是潜在抛锚的风险。

船舶抛锚区一般用来停泊优先进港船只或者等待领航船的船只停泊。这就存在船舶抛锚区错误抛锚的可能性。同时，当船舶抛锚区停满以后，经常会有船舶在附近区域抛锚停泊。琼州海峡不仅是北部湾与珠江口的首要通道，而且是北部湾与珠江口水道船舶在台风与季风季的主要避风处，在极端气候出现前，等待入港的船舶在锚地前以及进入锚地过程中，很可能临时抛锚，对于横跨琼州海峡西段的海底电缆而言，抛锚的危害在于船锚无意中抛跨海底电缆，在一些紧急的时候，也会出现临时的抛锚。对于候港的临时抛锚、拖锚行为，琼州海峡交通中心 VTS 监控部门往往不可提前预知，而且处于极端气候前整个交通应急管理过程中，非常容易出现船舶管理遗漏点。

2. 拖锚

拖锚就是在船舶抛锚之后，锚在水底还要拖动一段距离的过程。一般来说拖锚的距离在五十到一百米之间，具体长度还要看船只和锚的大小、船只拖锚时的速度。根据琼州海峡海底地质调查的结果发现，海底电缆保护区上有各类明显拖锚的痕迹，拖锚的痕迹不仅出现在东西向的航道区域，还出南北向的纵向区域，并且不同水深条件均有锚痕。这个说明海底电缆保护区拖锚的现实情况比较严峻。

（七）海床冲刷及沙丘移动风险

《琼州海峡海底路由勘察报告》中的相关数据显示从北侧水深 15m 左右至海南沿岸，路由海底都有沙波分布，深槽以北分布小沙波，深槽及以南的海底分布小沙波和沙波。海底沙波走向基本垂直流向，总体走向 165°～190°，小沙波的波长 6～8m，波高 0.5～0.8m，沙波的波长 15～18m，波高 0.8～1.0m。沙堤为马村港湾口沙堤，该沙堤有堆长的趋势，在强烈地震的影响下，可能发生砂体液化。水文观测到的底层最大流速达 134cm/s，底层理论最大流速可达 159cm/s，由于琼州海峡的地形狭窄，过水面积小，海流急，深槽和南部侵蚀—堆积区内沉积物来源少，冲刷槽、冲刷脊和丘状突起等侵蚀地形发育。冲刷槽、冲刷脊大致呈东西向延伸，大型冲刷槽的深度 20～30m，小型的一般在 4～6m 之间。丘状突起呈半椭球状，长轴大致东西走向，与流向一致。这些冲刷地形使海底起伏加大，地形复杂，而冲刷脊和丘状突起的组成物质的强度较大，易造成海底电缆与海底地质物质（岩石）相互之间的磨损。同时结合后期的路由复查结果，电缆所经过的区域海底的沙丘处于一个不稳定的状态，部分区域已经发生了沙丘移动的现象，这样就不可避免的导致原来处于埋深保护作用下的电缆出现裸露或悬空的情况，由于裸露和悬空的存在，又造成了电缆的涡激振动以及悬空段两端的磨损情况的存在，在后期的电缆运行维护中需要关注海底地质变换对电缆造成的影响，必要时对裸露或悬空部位进行人工冲填。

（八）登陆段冲刷、人员工程活动破坏风险

海底电缆在林诗及南岭的登陆段所采取的保护方式均是在沙质海床上直接埋深约 0.57m。由于这两端的潮差段海床主要为沙质土壤，在海水的冲刷情况下极易发生电缆表面覆盖的土层被冲刷，直至露出海底电缆。由于电缆被冲刷后直接裸露于海床上，处于无任何保护的状态，因此极易遭受外力破坏，存在较大风险。此外，由于海底电缆在林诗和南岭的登陆端周边布满了渔港和小渔村，而且海底电缆由海里至终端站的整段路由并没有进行全封闭的保护，经常有渔民或机具从海底电缆上穿过，附近的渔港也经常有港口的改扩建施工，部分施工机具存在从海底电缆上经过的可能性，这些都使得该段海底电缆遭受损坏的风险增大。

第十章
工程技术创新

工程技术创新的概念源于工程创新的思想。在海南联网工程建设实践中，工程技术创新的思想既是工程建设中科研课题项目实践的具体化，又是一定专业区域内技术创新的综合与集成。其特点是基于工程建设、针对性强、解决问题实效性明显、便于理论系统化。因此，工程建设实践是技术创新活动的基础。工程技术创新是一复杂系统，在分析海南联网工程建设技术创新的基本特征时，均集中体现了影响工程建设决策的性质。工程技术创新的效果、风险因素，会导致工程建设决策的颠覆。例如，在海底电缆埋设深度问题上，为满足 GB 50217—1994《电力工程电缆设计规范》的要求，开展了拖网承板与锚具穿入河床深度的研究（DNV）、海底电缆后续抛石保护数值模拟研究、琼州海峡海底电缆工程抛石稳定性研究、500kV 海底电缆埋设保护工程 BPI 指数应用研究等。这些经工程实践验证的技术创新成果，必然会对以后的海底电缆工程建设产生影响。

海南联网工程海底电缆建设后续保护工程中，在海底电缆已进行过埋深保护及其他保护措施的基础上，对不能满足设计防护要求或无法实施其他保护措施的海底电缆区段、海底电缆裸露海床部位及悬空段，实施后续抛石保护加固及工程完善化建设措施。然而，在已运行的海底电缆上开展后续保护施工，构成了对海底电缆安全稳定运行的威胁。如何采取措施确保海底电缆安全，形成了有针对性科研课题攻关的基础。下面介绍500kV 海南联网海底电缆建设后续保护工程中五项海底电缆建设科技创新成果。

第一节 拖网承板与锚具穿入海床深度（DNV）

为确保海底电缆不受普通捕鱼用具和中等锚具的侵害，应计算埋入海床深度，还包括拖网承板和锚具穿入不同深度的海床黏土的情况，得出拖网承板的最大穿入海床土壤深度不超过 0.3m，则海底电缆埋入海床 0.6m 就可确保其安全。拖网承板随着海床土壤的不排水抗剪强度的增加而迅速降低（当河床土壤不排水抗剪强度为 5kPa 时，海底电缆穿入河床深度为 0.42m；当海床土壤不排水抗剪强度为 30kPa 时，海底电缆穿入海床深度将低于 0.01m）。同时提出了研究不同型号的船只所带的锚具，穿入不同不排水抗剪强度的土壤的情况。所得出的规律为当土壤不排水抗剪强度增大时，锚具的穿入深度迅速降低。对于小型渔船所带的锚具（100kg），当海床土壤不排水抗剪强度达 5kPa 时，则该锚具穿入河床为 2.6m；当海床土壤不排水抗剪强度达 35kPa 时，则该锚具穿入河床为 0.5m；当海床土壤不排水抗剪强度达 80kPa 时，则该锚具穿入海床不超过 0.2m。

从现有的研究文献表明，将海底电缆埋设在海床土壤下作为保护海底电缆的方式已被多项事实证明为有效保护海底电缆的措施。此外，一系列的研究结果表明，在多数类型的海床土壤中，海底电缆埋深 0.6m 基本可以保护其免受拖网承板和捕鱼活动的侵害。无论何种捕鱼用具或在何种海床土壤类型中，拖网承板虽然可以穿入海床土壤的深度较大，但均未超过 0.3m。由此，在相当软的黏土中埋深为 2m，被视为是相当安全保守的做法。

针对不同型号和不同重量的拖网，且在不同硬度的海床土壤黏土条件下，计算拖网所带的用具穿入海床的深度。这些计算结果表明：对于最大型号的拖网所带的承板，在相当低的土壤不排水抗剪强度条件下（<5kPa），其穿入深度可高达 3m。虽然在实际观察中这种情况是不存在的，但该结果仍表明海床运动后的回填物质不能保护海底电缆免受拖网用具的侵害。但如果冲埋海底电缆的间距小，则可以认为拖网所带的承板（trawl door）无法落入冲埋区，也不会对海底电缆造成威胁，所以此类情况取决于冲埋区的情况。如果已知冲埋区的横截面的情况，则冲埋区的深度、拖网下落的速度都可以测算。如果是针对不排水抗剪强度的较大值进行计算，则其计算结果就与现实情况接近。例如，不排水抗剪强度 5kPa，则拖网用具的穿入深度达 0.4m；不排水抗剪强度达 50kPa，则拖网承板穿入深度降至 0.02m。该计算拖网用具的穿入深度随着海床土壤不排水抗剪强度的增高迅速降低，如图 10-1 所示。

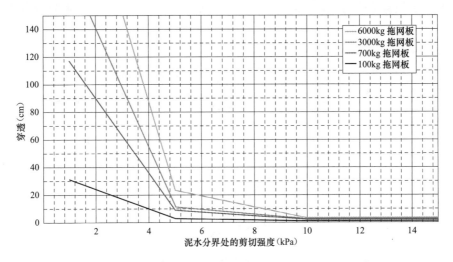

图 10-1　不同重量拖网承板穿过 5cm 的不平河床的测算

工程中期待给出科学的海底电缆埋设深度指数，尤其为保护那些埋设在相当软的黏土中的海底电缆免受轻锚具的侵害。值得注意的是，为了得出海底电缆防锚害的安全埋设深度，黏土类型为重要考虑因素。在软黏土中，锚具穿入深度相当大，而在硬质黏土，其穿入深度相对浅，且仅有锚爪或部分锚爪能穿入其中。

文献中也有采用 DIGIN 电脑程序进行测算的例子。该程序基于土壤不排水抗剪强度资料和锚具几何图形，就可算出锚具的穿入路径。其计算结果表明锚具在相当软的黏土中的穿入深度可达 4.7m，且当海床土壤不排水抗剪强度升高时，锚具穿入深度迅速降低。

第二节　海底电缆埋设深度的研究

拖网用具的设计是为了在拖拽渔网时，可以与海床接触以捕捞更多海底的鱼群。与此同时，为了减少捕鱼船燃油耗费，拖网用具的设计考虑也使其尽可能地与海床的摩擦力减少，所以拖网用具不应设计得使其穿入海床过深。虽然在实际情况中，拖网承板与拖网用具也不可避免地穿入海床至一定深度。

一、网板拖网

网板拖网（otter trawl）主要由一张拖网和两个拖网承板构成，在水下拖拽拖网时，利用水流产生的力保持网口张开。能对海底电缆造成威胁的主要因素就是两个拖网承板，由于拖网承板自由下落到海底，并在海床上进行拖拽时，其穿入海床能达到一定深度。若加上捕鱼船调转行驶方向，会致使拖网承板跳跃并在海床上留下更深刮痕，如图 10-2 所示。

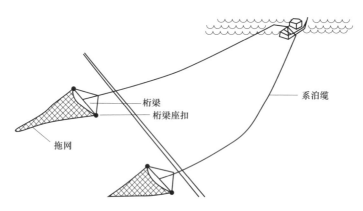

系泊缆

桁梁
桁梁座扣

拖网

图 10-2　典型的双拖网用具

二、桁拖网

桁拖网（beam trawl）主要由一根桁梁将网口支撑开，桁梁与拖网的连接是靠桁鞋（beam shoe）。如果海底电缆没有埋入河床的话，桁梁座扣的边缘十分锋利，会刮坏海底电缆。但总的来说，桁拖网插入河床的压力是相当小的（平均为 $2N/cm^2$），而对于已埋入河床的海底电缆，主要的威胁则来自连接桁梁的链（tickler train），如图 10-3 所示。当拖网下落到海床时，该链将穿入海床土壤。

三、拖网对深海生物的影响

应国际海洋考察理事会要求，拖网捕鱼对海床造成影响信息收集资料显示，各国就捕鱼用具穿入海床深度的测算，进行了系统的研究。在这些研究中，总结回顾了自 20 世纪 70 年代以来所研究的成果。纵观这些成果，拖网捕鱼用具穿入海床的研究方法，包括使用潜水员、水下机器人、船旁声纳探测器，或由捕捞上来的基体标本进行鉴别得出的结果。

早期的研究主要集中于轻型拖网用具，后期的研究则侧重于重型捕鱼用具。例如，欧洲委员会研究"拖网穿入海床深度"，研究的成果为：对捕鱼用具的物理制造进行说明比较困难，但该穿入深度取决于捕鱼用具部件的类型、数量、重量，拖拽拖网的速度，以及海床的性质和潮汐条件。

表 10-1 将桁拖网穿入深度进行了汇总，显示出拖网穿入河床的深度相当低，在软黏土中的最大穿入深度才 30cm。而在硬质黏土和沙质河床中的穿入深度还将更低。大多数的科学家都达成共识，桁拖网穿入海床的深度范围在 15～70mm（具体情况也看拖网用具的尺寸和河床特质）；而在软黏土中，拖网的承板穿入海床深度可达 300mm。

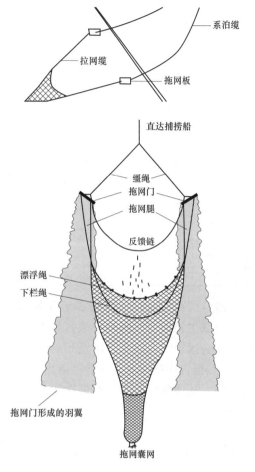

图 10-3　典型的网板拖网用具

表 10-1			
拖网用具穿入深度			
穿入深度	出处	拖网类型	河床底质
100～150mm	Arntz 与 Weber，1970	网板拖网	泥质细沙
河床顶层（薄）	Bridger，1970	桁拖网 tickler 链	沙质
80～100mm	Margetts 与 Bridger，1971	桁拖网	泥质细沙
100～200mm	Houghton 等，1971	桁拖网	沙质
0～27mm	Bridger，1972	桁拖网	泥质
相当有限	De Clerck 与 Hovart，1972	桁拖网	粗糙硬质
几厘米	Caddy，1973	网板拖网	泥质沉淀
10～30mm	De Groot，1984	桁拖网	泥质细沙
200mm	Khandriche 等，1986	网板拖网	泥质

续表

穿入深度	出处	拖网类型	河床底质
几厘米	Blom，1990	桁拖网	沙质
60mm	Bergman 等，1990	桁拖网	细沙与中度硬沙
5～200mm 20～50mm	Krost 等，1990	网板拖网 根缆上的滚轴	泥质细沙
200mm	Laane 等，1990	桁拖网	泥质细沙
20～300mm	Rauck，1988	桁拖网	泥质细沙
5～170mm	Rumohr 等，1990	网板拖网	泥质细沙
40～70mm	Laban 与 Lindeboom，1991	桁拖网	细沙
50～60mm	Beon，1991	桁拖网	细沙
几厘米至 300mm	Jones，1992	网板拖网	深层软泥质
20～40mm	Santbrink 与 Bergman，1994	桁拖网	细沙与中度沙沉淀
15～70mm	De Groot，1995	桁拖网	取决于河床底层物质
100～140mm	Lindeboom 与 De Groot 1998	爱尔兰海上的网板拖网	泥质

联合国粮食及农业组在 2005 年发布的一篇报道中指出：近 15 年来，拖网捕鱼捞贝活动对海底生物群造成影响。该报告中的其中一个关注点就是网板拖网和桁拖网的物理影响。联合国粮食及农业组所发布的报告的关于不同网板拖网用具的穿入研究主要内容见表 10-2。报告中据所有文献资料得出的结论是：在海床中穿入深度最大的是网板拖网上的网板门，其通常留下的刮痕都在 1～5cm 范围，在某些特殊的拖拽路径中也有高达 20cm 的情况。

表 10-2 桁拖网穿入河床情况

位置	河床土质	拖拽深度	引用自
加拿大纽芬兰东南面的大浅滩	沙质河床	船旁声纳探测器可探测	Shwinghamer 等，1998
巴伦支海	沙质/砾石	10cm 深＋10cm 边坡高	Humborstad 等，2004
芬迪湾（加拿大新斯科舍省）	黏胶泥	1～5cm	Brylinsky 等，1994
阿拉斯加湾	"硬质河床"（卵石，中砾石，巨砾）	1～8cm	Freese 等，1999

上述参考资料中的一个研究重点还包括桁拖网对河床产生的物理影响。其中的一个研究结论为，桁拖网在拖拽时，会将河床的不平坦处刮平，桁拖网上带的 tickler 链和或者齿轮留下的刮痕可从几厘米至 8cm。桁拖网在河床上拖拽深度见表 10-3。

表 10-3 桁拖网穿入河床情况

位置	河床土质	拖拽深度	引用自
北海南部	硬质沙质河床	重型桁拖网所带的 tickler 链至少穿入 6cm	Bergman and Hup，1992
北海靠近比利时和荷兰海域	细沙与中粒沙	穿入深度相当浅	Fonteyne，2000

续表

位置	河床土质	拖拽深度	引用自
北海	细沙、泥质细沙与粗沙	桁拖网所带的 tickler 链波浪式的穿入深度在 1～8cm 范围内	Pashen 等，2000
新西兰	沙质河床	拖拽形成 2～3cm 的凹槽	Thrust 等，1995
澳大利亚菲利普港湾	—	拖拽穿入深度达 6cm	Currie and Parry，1996

四、海底电缆业所做的研究

海底电缆通常都通过埋设在海床下的方式来对其进行保护，主要是防拖网和锚具的侵害。自 20 世纪 80 年代起，不少埋设在河床底下的海底电缆还是遭到拖网和锚具的侵害。起初，海底电缆埋设目标深度 0.6m 是比较通用的标准。而到现在，1～1.5m 的埋深为常用标准。渐渐地随着埋设深度的可操作性越来越高，海底电缆遭受侵害的比率大大下降。

如果在软黏土的河床或捕鱼活动频繁的地区，海底电缆一般埋深为 3m。锚具穿入河床深度取决于锚具型号和河床土壤类型。在软黏土中海底电缆埋深为 1.5m 不见得就比在硬质河床土壤中海底电缆埋深 0.5m 安全。Mole 将埋深保护指数 BPI 按单位等级划分，当 $BPI=2$ 时，能确保海底电缆不受小型锚具的侵害；当 $BPI=3$ 时，能确保海底电缆不较大型锚具的侵害。对于河床土壤为黏土的情况，Allan PG 等作了一个典型的 BPI 分级，当 $BPI=1$，且不排水抗剪强度达 100kPa，那么海底电缆在黏土中的埋深为 0.5m；不排水抗剪强度达 40kPa 时，埋深则为 0.7m；不排水抗剪强度达 10kPa 时，埋深则为 1.2m。海床黏土典型的埋深保护指数如图 10-4 所示。

在沙质河床中，由于其流动性，使用 BPI 方法就变得更复杂。如果河床沙土有大沙波或沙浪，会导致部分海底电缆将悬空在两个沙峰间。在密实的沙质河床中，海底电缆需埋深 0.9m；而当河床土壤为松软的细沙，且具有高流动性时，埋深需达 1.9～2.4m，如图 10-5 所示。

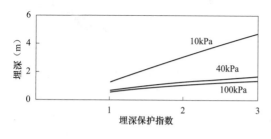

图 10-4　黏土海床典型的埋深保护指数

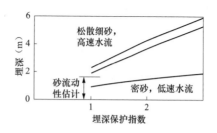

图 10-5　沙土海床典型的埋深保护指数

五、动态模型

拖网用具部件和海床间相互作用的物理动态模型，已由阿伯丁大学 Ivanović 等制作

图 10-6　拖网部件与海床碰撞示意图

出。FE 模型由一个拖网部件和一个粒状物质如粗沙构成。初始的碰撞以及随之在海床拖拽的测算情况如图 10-6、图 10-7 所示。

动态模型对产生位移的海床土壤和在碰撞前后不同的压力都进行了估算。两个模型都有拖网用具，第一个碰撞的情况是间歇性的，第二个碰撞的情况是拖网用具与海床硬性地相撞。两个情况的平均速度达 2.0m/s。该动态模型可估算出拖网部件的穿入深度以及产生位移的土壤体积，结果如图 10-8 所示。

基于所观察到的拖网穿入情况，可以得出这样的结论：在软质的海床中，穿入深度可高达 300mm。但根据 Mole 等所使用的 BPI 方法，相同海床土壤条件下，海底电缆所需埋深可达 2m。而这与所观察到的实际深入深度情况不相符。因为在沙质海床所观察到的穿入深度仅限于几厘米，其中最大达 300mm（在黏土海床）。在多数土壤类型中，海底电缆埋深达 0.6m 可保护其免受拖网和捕鱼活动的侵害。在 1980～1985 年间，随着海底电缆埋设深度的加大，海底电缆遭受侵害的几率大大降低，但对于海底电缆埋深加大的需求仍在增加，尤其在软质黏土中对轻型锚具的防范不断增加。其中，需要注意的是：确认海床土壤的类型后，才能决定出一个适宜的埋设深度来对海底电缆形成最佳保护。由于在软质黏土中，锚具穿入深度加大；而在硬质黏土中，锚具能穿入海床深度有限，仅有锚爪能穿入到海床中。

图 10-7　拖网部件与海床拖拽示意图

六、锚具穿入深度计算举例

（一）拖网承板作用

拖网承板的主要作用是保持拖网口张开。通过拖网网线连接船只和拖网，承板的形状为方形，且与海床接触。拖网承板穿入海床，其设计是为与海床接触，在拖拽网时能与海床产生相互作用。与此同时，拖网承板抓入河床越深，拖拽阻力也随之增大，所需的船只发动机功率也越大。在拖拽拖网前进时，拖网的口保持张开状态，即承板牵动拖网上方开

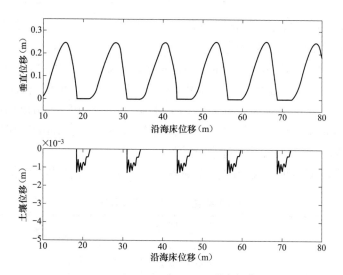

图 10-8　high warp angle 拖网部件以 2m/s 的速度撞向海床时土壤产生位移的变化图

口。由于拖网承板是硬质物体，在船只前行拖拽拖网时，承板可能发生旋转或跳跃的情况，发生这些情况的条件取决于海床土壤的情况。就算使用拖拽网线连接线或拖拽线也不会减少此类情况的发生。

（二）拖网承板穿入黏土的情况

拖网承板穿入黏土中深度的计算方法是：通过计算一个穿入海床土壤的物体的动能吸收量得出。计算方法是用"承载力公式"，得出承载压力与拖网承板的长度。摩擦阻力可忽略不计，因为相对承板的厚度来说，因为摩擦板有一段延长的宽度。即使不考虑这点，摩擦阻力也相当小。

1. 土壤计算式

$$q_u = U_r \left[F \cdot \left(5.14 \cdot s_{uo} + \frac{k \cdot B}{4} \right) \cdot (1 + s_{ca}) + p_o' \right]$$

式中　U_r——在土壤强度上的速率效应，穿入黏土中的物体 U_r 等于 1.3；

　　　B——与河床土壤接触面的宽度；

　　　p_o'——与河床接触面的有效上覆压力；

　　　k——土壤不排水抗剪强度的随深度的加深的增长率；

　　　s_{uo}——海平面的黏土的不排水抗剪强度；

　　　s_{ca}——形状系数（海平面以上和以下的不排水抗剪强度比率的函数）；

　　　F——平面校正系数。

2. 冲击能的计算

$$E = \frac{1}{2} mv^2 + mg\Delta z$$

式中　m——拖网承板的质量；

　　　v——在河床上的有效着地速率（达到 1.0m/s 时相当于 5cm 的拖网承板的着地-等

于河床中小块不平坦的区域）；

Δz——在土壤中的增加的深度。

计算得出的力、穿入深度和垂直位移，就能得出动能吸收量。从动态穿入的深度看，冲击能等于所吸收能。从静态穿入的深度看，承载力等于承板（无质量的网线的张力）的浮量。

至于土壤的不排水抗剪强度，起初是研究土壤 $10\sim200$kPa 范围的不排水抗剪强度，但由于大于 50kPa 的不排水抗剪强度的穿入深度相当小（小于 1cm）。所以最后决定仅研究 1、5、10、30kPa 和 50kPa 的不排水抗剪强度。

所得出的穿入深度结果见表 10-4。土壤系数 $y_m=1.0$，摩擦阻力以实际情况为准。

表 10-4 拖网承板在黏土中的穿入深度

拖网承板特征			土壤	穿入深度（cm）				
大小（长×高×宽，m×m×m）	质量（kg）	简介	不排水抗剪强度（kPa）	静态	动态（自由下落）			
					5cm	10cm	15cm	20cm
5.2×4×0.26	6000	在巴伦支海的最大型号的承板	1	138	284	289	294	300
			5	4	23	30	37	42
			10	0	4	8	10	14
			30	0	0	1	2	3
			50	0	0	1	1	2
4.2×3×0.2	3000		1	91	186	191	196	200
			5	0	11	18	22	30
			10	0	3	5	8	10
			30	0	0	1	2	2
			50	0	0	0	1	1
2×1.8×0.1	700	捕虾用的承板型号	1	55	117	121	127	131
			5	0	9	13	17	19
			10	0	3	5	7	9
			30	0	1	1	3	3
			50	0	1	1	1	1
1.05×0.94×0.05	100		1	13	31	38	41	45
			5	0	3	5	7	9
			10	0	1	3	3	5
			30	0	1	1	1	1
			50	0	1	1	1	1

从表 10-4 可以看出，穿入深度随着不排水抗剪强度的增加而迅速减小。在软质的黏土中，拖网承板的穿入深度达 300cm 时，不排水抗剪强度为 1kPa。同样型号的拖网承板的不排水抗剪强度为 5kPa 时，穿入深度降低至 42cm。值得注意的是：当不排水抗剪强度为 1kPa 时，在实际情况中几乎不存在，因为当穿入深度达 3m 时，实际很难得到不排水抗剪强度为 1kPa。

表 10-4 列出不同型号拖网承板随着不排水抗剪强度增加所得到的穿入深度。表中也很容易看出当不排水抗剪强度从 1kPa 增加至 10kPa 时，拖网承板的穿入深度迅速降低，而且当河床土壤的不排水抗剪强度高于 10kPa 时，无论任何型号的拖网承板的穿入深度都低于 15cm（见图 10-9）。

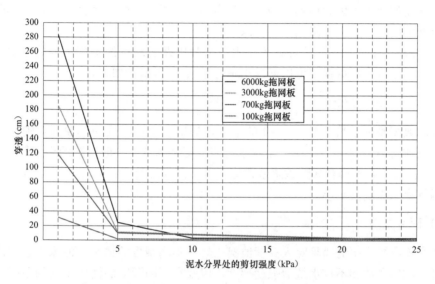

图 10-9　拖网承板通过 5cm 不平坦河床穿入深度的情况

从以上内容可得出以下结论：

（1）由于在黏土中喷射，回填物质的强度是非常小的，如果根据该回填物质得出的结果为 0.5m。

（2）高于 5kPa 的不排水抗剪强度，得出的穿入结果低于 50cm。而当土壤不排水抗剪强度低于 5kPa 时，穿入深度升高，由此看出在黏土中喷出的回填物质，未对 trawl door 形成任何保护作用。然而，如果冲埋够窄，可以认为 trawl door 不会落入冲埋区，具体取决于冲埋的情况。如果冲埋区的横截面已知的话，则冲埋区深度和拖拽速度则可以被算出。

七、锚具穿入深度计算

无论是由于普通停船所需而抛锚，或出于紧急情况而抛锚，锚具都将被抛入海床并拖拽至它能穿入海床一定深度，形成的抓力阻力大于船载重力为止。在黏土中，锚具穿入海床的深度越深，其产生的阻力越大。锚具重量越重，其可穿入海床的深度也将越深。同理，锚具越重，在同一深度的海床，相同的船载重时，其所需穿入海床的深度越浅。

（一）计算方法与输入数据

采用 DIGIN 的计算程序，来计算锚具穿入河床的路径。该程序可以制作出锚具穿入路径与张力的对比图表。在绘制不同型号锚具穿入不同的河床深度图时，锚具阻力将作为锚尖穿入深度的函数。因为锚具上的最大张力不能大于锚链的抗断强度，在锚具阻力等于锚链的抗断强度时，则可算出锚尖穿入深度。

$S_{u,intact}$ 中输入的主要参数为原始不排水抗剪强度及运动过的不排水抗剪强度。运动或回填过的土壤不排水抗剪强度可以通过用敏感系数 S_t 得出，如下式

$$S_t = \frac{S_{u,intact}}{S_{u,remoulded}}$$

黏土的典型敏感系数一般在 $2 \sim 4$ 的范围，如果由于运动或回填原因，则这种流质黏土的敏感系数将高于 50，且土壤的不排水抗剪强度将降低。一般检测的土壤敏感系数有 2 或 3，因为一般的黏土都有共同敏感系数值。对于保守测算来说，如果黏土敏感系数增大的话，锚具穿入深度会减小。

（二）研究范围

包括在不同黏土中的锚具穿入深度情况；对于不同型号的锚具，河床一系列的不排水抗剪强度、敏感系数和不排水抗剪强度梯度，以及在不同深度的河床土壤的不排水抗剪强度条件下，锚具可能穿入河床最深的情况。不排水抗剪强度梯度由 $2 \sim 10 kPa/m$ 也在研究的范围。该梯度值等同于随着深度加深而渐变的不排水抗剪强度的比率。$2 \sim 5 kPa/m$ 的梯度值最为常见，当梯度值等于 $10 kPa/m$ 时，锚具穿入深度更高，所以该梯度值将用于计算锚具的穿入深度。在计算时，土壤重量单位取值 $17 kN/m^3$，该参数值对穿入深度结果计算影响很小。不排水抗剪强度梯度举例（当河床土壤不排水抗剪强度为 5kPa 时）如图 10-10 所示。锚具对应不排水抗剪强度梯度值见表 10-5。

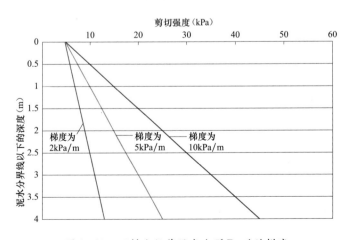

图 10-10 不排水抗剪强度为 5kPa 时的梯度

表 10-5 锚具对应不排水抗剪强度梯度

S_u（kPa）	敏感系数	不排水抗剪强度梯度（kPa/m）								
		100kg 锚具			500kg 锚具			2100kg 锚具		
		2	5	10	2	5	10	2	5	10
5	2	2	5	10	2	5	10	2	5	10
	3	2	5	10	2	5	10	2	5	10
10	2	2	5	10	2	5	10	2	5	10
	3	2	5	10	2	5	10	2	5	10
20	2	2	5	10	2	5	10	2	5	10
	3	2	5	10	2	5	10	2	5	10
30	2	2	5	10	2	5	10	2	5	10
	3	2	5	10	2	5	10	2	5	10
40	2	2	5	10	2	5	10	2	5	10
	3	2	5	10	2	5	10	2	5	10
50	2	2	5	10	2	5	10	2	5	10
	3	2	5	10	2	5	10	2	5	10
80	2	2	5	10	2	5	10	2	5	10
	3	2	5	10	2	5	10	2	5	10
100	2	2	5	10	2	5	10	2	5	10
	3	2	5	10	2	5	10	2	5	10
150	2	2	5	10	2	5	10	2	5	10
	3	2	5	10	2	5	10	2	5	10
200	2	2	5	10	2	5	10	2	5	10
	3	2	5	10	2	5	10	2	5	10

八、锚具锚尖切入深度与锚链的张力

（一）100kg 锚具的锚尖切入海床土壤深度与锚链的张力

图 10-11 所示为当土壤敏感系数为 2，且不排水抗剪强度梯度为 10kPa/m，在不同深度的 S_u 值时 100kg 锚具穿入海床土壤与锚链的张力，可看出锚具在不同深度产生的阻力，以及随之产生的张力都高于锚链的抗断强度。该深度就可当做是锚具可穿入土壤的最大深度。

（二）500kg 锚的锚尖切入深度与锚链的张力对比结果

图 10-12 所示为当土壤敏感系数等于 2，且不排水抗剪强度梯度为 10kPa/m，在不同深度的 S_u 值时，500kg 锚具穿入海床土壤与锚链的张力。

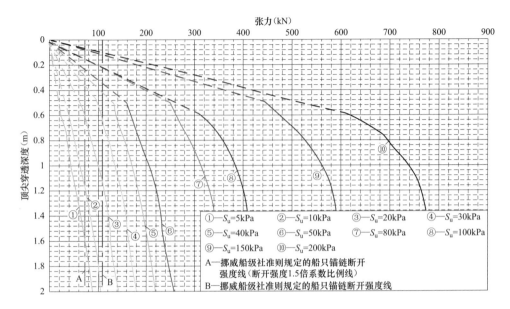

图 10-11 100kg 锚具的锚尖切入海床土壤深度与锚链的张力

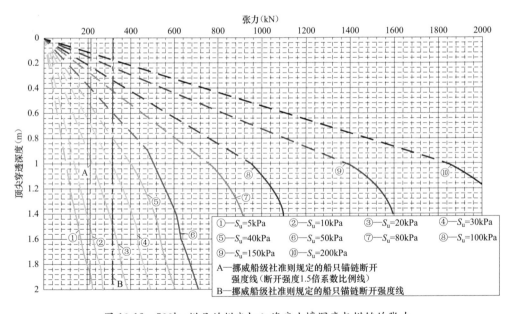

图 10-12 500kg 锚具的锚尖切入海床土壤深度与锚链的张力

（三） 2100kg 锚的锚尖切入河床土壤深度与锚链的张力对比

图 10-13 所示为当土壤敏感系数等于 2，且不排水抗剪强度梯度为 10kPa/m，不同深度 S_u 值时，2100kg 锚具穿入海床土壤与锚链的张力。

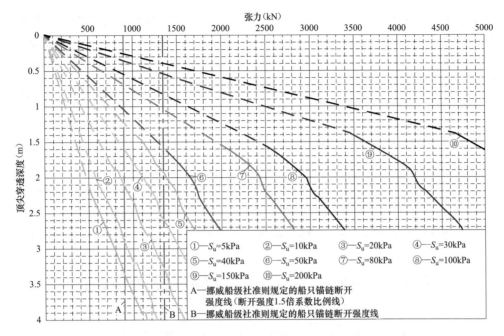

图 10-13　2100kg 锚具的锚尖切入海床土壤深度与锚链的张力

（四）综述

综上所述，对于不同海床土壤深度的不排水抗剪强度，锚具的最大穿入深度值见表 10-6。锚具穿入深度的计算分别基于锚链的最低抗断强度，乘以安全系数 1.5。

表 10-6　　　　　　　　　　　锚具最大穿入深度和安全系数值

最小抗断强度				最小抗断强度（安全系数 1.5）			
不排水抗剪强度（kPa）	锚具型号			不排水抗剪强度（kPa）	锚具型号		
	100kg	500kg	2100kg		100kg	500kg	2100kg
	(m)	(m)	(m)		(m)	(m)	(m)
5	1.57	1.86	3.35	5	2.55	2.75	4.7
10	1.27	1.48	2.9	10	2.08	2.36	4.2
20	0.60	0.96	2.1	20	1.15	1.47	3.3
30	0.38	0.68	1.65	30	0.65	1	2.6
40	0.28	0.54	1.2	40	0.42	0.78	1.9
50	0.24	0.4	1.05	50	0.35	0.6	1.55
80	0.16	0.28	0.7	80	0.22	0.42	1.05
100	0.14	0.23	0.6	100	0.21	0.34	0.85
150	0.08	0.16	0.4	150	0.12	0.24	0.55
200	0.07	0.12	0.3	200	0.1	0.18	0.4

测算锚具的穿入路径，已由 DIGIN 程序测出，且由于已知的锚链张力等于锚链的抗断强度，则得出锚具最大穿入深度。锚链张力数据出自挪威船级社规范，为了保守估计型号不同的锚链，的抗断强度，再将锚链抗断强度乘以安全系数 1.5。将锚链张力在海床的方向假设为横向，是保守做法。因为穿入海床的锚链角度越小，穿入深度越深。DIGIN 电脑程序的测算结果表明：无论任何型号的捕鱼锚具，在黏土中的穿入深度都会随着海床土壤的不排水抗剪强度的增加而降低。一个很小的捕鱼锚具（100kg），在相当软的海床黏土中（不排水抗剪强度 5kPa），其穿入深度可深达 2.6m。如果海床土壤的不排水抗剪强度达 35kPa 时，其最大穿入深度减小至 0.5m；海床土壤的不排水抗剪强度高于 80kPa 时，其最大穿入深度低于 0.2m。而大型捕鱼船只带的锚具（高达 2100kg）在软的海床黏土中（不排水抗剪强度 5kPa），其穿入深度可达 4.7m。如果海床土壤不排水抗剪强度达 84kPa 时，其穿入深度降低为 1m；海床土壤不排水抗剪强度达 170kPa 时，其穿入深度为 0.5m。

第三节　海底电缆后续抛石保护数值模拟研究

随着近年来海岸线的开发，航行、修造、停港、施工的船只逐年增多，由于船锚造成的海底电缆损伤情况也逐年增多。锚具主要有固定渔具锚、永久锚和船锚，其中渔具锚大都小于 100kg，对海底电缆的威胁较小；永久锚位置确定，不会对海底电缆构成威胁；船锚对海底电缆的威胁最大。船锚对海底电缆的破坏方式主要有两种：一是以一定速度下落的船锚侵彻海底电缆上方的保护层，直接破坏海底电缆；二是船锚侵彻到海底电缆防护层中，在起锚时破坏防护层或者钩挂海底电缆将海底电缆拖断。船锚大小和形状、下落撞击海底电缆的速度、防护层材料不同，导致船锚侵彻防护层的深度不同，对海底电缆及其防护设施造成的灾害也不同。因此有必要对抛石形成堤坝保护层的抗锚害性能进行深入的分析研究。

一、研究方案的确定

确定按二维平面应变问题对该问题进行模拟，制订了如下方案对海底电缆抛石保护进行研究。

（1）堆石体模拟与相关参数确定。基于离散颗粒模型，采用 PFC2d（即二维颗粒流程序）离散元软件，构建保护电缆的堆石体。按照级配情况生成堆石体，即内层区域生成 1~2 英寸的颗粒，外层区域生成 2~8 英寸的颗粒，其中每一种半径颗粒面积相等。考虑到内层与外层颗粒集合的粒径差别较大，采用内层颗粒集合与外层颗粒集合分别生成的手法，然后组合成整体的堆石体，其中，颗粒集合的生成方式采用在给定区域内使用颗粒膨胀生成方法。相关参数包括模型几何参数，堆石体材料参数。

（2）船锚荷载的施加方式。考虑两种最不利的荷载施加：一是垂直荷载的施加，用一系列球形颗粒模拟钩形船锚，船锚颗粒体以一定的初始速度撞击堆石体，模拟船锚冲击的作用；二是水平荷载的施加，将模拟船锚的颗粒按照一定深度置于堆石体一侧，给定一定的水平静力荷载，拖动船锚。船锚分别取三种质量模拟（1t、1.5t 和 2t），共 9 种荷载工况，模拟在其作用下堆石体内的力链分布及电缆的应力随时间变化曲线。

（3）对模型的材料参数敏感性进行分析，主要取刚度、孔隙率、摩擦系数和级配四个参数进行敏感性分析，试图找到模拟结果随各个参数的变化规律，以给出对工程设计有利的建议。

（4）最后对施工过程进行模拟。采用一个漏斗状的管子，管中放石块，让石块按自然堆积方式生成堆石体模型，分析电缆在施工过程中的安全性。

二、颗粒流理论及模型参数的确定

颗粒流理论及其数值方法作为一种特殊的离散单元法，克服了传统连续介质力学模型的宏观连续性假设，从细观层面上对土的工程特性进行了数值模拟，并通过细观参数的研究来分析宏观力学行为，尤其适用于散粒介质的力学分析，如用于模拟固体力学大变形问题及颗粒流动问题的计算，也可模拟渗流引起的复杂流固耦合的作用过程。

PFC2D（particle flow code in 2 dimensions）即二维颗粒流程序，是通过离散单元方法来模拟圆形颗粒介质的运动及其相互作用。最初，这种方法是研究颗粒介质特性的一种工具，它采用数值方法将物体分为有代表性的数百个颗粒单元，期望利用这种局部的模拟结果来研究边值问题连续计算的本构模型。以下两种因素促使 PFC2D 方法产生变革与发展：通过现场实验来得到颗粒介质本构模型相当困难，随着微机功能的逐步增强，用颗粒模型模拟整个问题成为可能，一些本构特性可以在模型中自动形成。因此，PFC2D 便成为用来模拟固体力学和颗粒流问题的一种有效手段。

三、颗粒流方法的特点

（一）模拟方式中的特点

PFC2D 方法既可直接模拟圆形颗粒的运动与相互作用问题，也可以通过两个或多个颗粒与其直接相邻的颗粒连接形成任意形状的组合体来模拟块体结构问题。PFC2D 中颗粒单元的直径可以是一定的，也可按均匀分布和高斯分布规律分布，单元生成器根据所描述的单元分布规律自动进行统计并生成单元。通过调整颗粒单元直径，可以调节孔隙率，通过定义可以有效地模拟岩体中节理等弱面。颗粒间接触相对位移的计算，不需要增量位移而直接通过坐标来计算。接触过程可用单元模拟、线性弹簧或 Hertz-Mindlin 法则。库仑滑块可选择的连接类型：一种是点接触；另一种是用平行的弹簧连接，这种平行的弹簧连接可以抵抗弯曲。粘结类型：粘结接触可承受拉力，粘结存在有限的抗拉和抗剪强度。可设定两种类型的粘结：接触粘结和平行粘结。平行粘结中附加材料的有效刚度具有接触点的刚度。块体逻辑支持附属粒子组或块体的创建，促进了程序的推广普及。块体内粒子可以任意程度的重叠，作为刚性体具有可变形边界的每一个块体，可作为一般形状的超级粒子。通过重力或移动墙（墙即定义颗粒模型范围的边界）来模拟加载过程，墙可以用任意数量的线段来定义，墙与墙间可以有任意连接方式，也可以有任意的线速度或角速度。

（二）颗粒流方法与其他方法相比的特点

离散单元法把整个散体系统分解为有限数量的离散单元，每个颗粒或块体为一个单元，根据全过程中每一时刻个颗粒间的相互作用和牛顿运动定律的交替运用预测散体群的行为。其运算法则是以运动方程的有限差分方程为基础，理论的核心是颗粒间作用模型，计算时避免了结构分析中通常用到的复杂矩阵求逆的过程。离散单元法用来模拟离散颗粒间的碰撞过程以及经过几百次甚至上千次的碰撞后颗粒的一些运动特性，如应力、速度等。根据处理问题的不同，选用的颗粒模型和计算方法也不同。根据离散体的几何特征，离散单元法分为块体和颗粒两大分支。PFC2D 与 UDEC（通过离散元程序）和 3DEC（三维离散元程序）方法相比，优点在于有潜在的高效率。因为确定圆形颗粒间的接触特性比不规则块体容易，如果两个离散块体单元的边界相互叠合，则有两个角点与界面接触，可用界面两端的作用力来代替该界面上的力。当然，实际的界面接触情况远比这种两个角点接触模式复杂，但无法确定究竟哪些点相接触，所以还是采用最为简单的两个角点相接触的"界面叠合"模式。尽管如此，其接触的判断还是比 PFC 模型复杂。

PFC 有能力对成千上万个颗粒的相互作用问题进行动态模拟。PFC 对于能够模拟的位移大小没有限制，所以可以有效地模拟大变形问题；颗粒流模拟的块体是由约束在一起的颗粒形成的，这些块体可以因约束的破坏而彼此分离，块体的分离和断裂过程可以通过约束的逐渐破坏来表征。但在 UDEC 和 3DEC 中块体是不可分离的。PFC 同其他离散单元一样，采用按时步显式计算，这种计算方法的优点是所有矩阵不需存储，所以大量的颗粒单元仅需适中的计算机内存，PFC2D 和 FLAC（快速拉格朗日元法）程序类似，也可提供局部无黏性阻尼，这种形式的阻尼有以下优点：

（1）对于匀速运动时体力接近于零，只有加速运动时才有阻尼。

（2）阻尼系数是无因次的。

（3）因阻尼系数不随频率变化，不同颗粒组合体可用相同的阻尼系数。

但是，在 PFC2D 模型中几何特征、物理特性及解题条件的说明不如 PLAC 和 UDEC 程序容易。例如在 PFC2D 中模型的密实度通常不能预先给定，是因为类似于实体形成过程，可以有无数种途径在给定空间内来组合颗粒单元达到要求的密实度。PFC2D 的初始应力状态不能根据颗粒单元初始聚集状态简单地确定，因为随颗粒相对位置的变化而产生接触力。颗粒流程序设定边界条件比其他程序复杂，用 PFC2D 模拟块体体系时，因块体边界不在同一平面内，必须特别处理这种非平面的边界条件。目前还没有完善的理论可以直接从微观特性来预见宏观特性，要使模拟结果与实测结果相吻合比较困难，所以需要反复试验。但是，通过 PFC2D 实验，可以给出一些指导性原则，使得模型与原型之间特性相吻合（例如，哪一个因素对某些特性有影响，而对另一些特性影响不大），同时可以获得一些对固体力学（特别是在断裂力学和损伤力学领域）特性的基本认识。

（三）可选特性仿真分析

PFC2D 可选特性有热学分析、平行处理技术、能写用户定义接触模型和用户写 C++程序的 C++编程。热学选项用来模拟材料内热量的瞬间流动和热诱导位移和力的顺序发展。热学模型可以独立运行或耦合到力学模型。通过修改粒子半径和平行粘结承受的力，产生热应变来解释粒子和粘结材料的受热。用户定义的接触本构模型可以用 C++语言来编写，并编译成动态链接库文件，一旦需要就可以加载。用户写的 C++程序选项允许用户用 C++语言写自己的程序，创建可执行的 PFC2D 个人版本。这个选项可以用来代替 FISH 函数，大大提高运行的速度。平行处理技术允许将一个 PFC2D 模型分成几个部分，每个部分可以在单独的处理器上平行运行。与一个 PFC2D 模型在一个处理器上运行相比，平行处理在内存容量和计算速度方面得到大大提高。

（四）存在的问题与不足

用 PFC2D 模拟块体化系统的缺点是，块体的边界不是平的，用户必须接受不平的边界以换取 PFC2D 提供的优点。PFC2D 中几何特征、物理特性和解题条件的说明不如 FLAC 和 UDEC 程序那样直截了当。例如用连续介质程序，创建网格、设置初始压力、设置固定或自由边界。在像 PFC2D 这样的颗粒程序中，由于没有唯一的方法在一个指定的空间内组合大量的粒子，粒子紧密结合的状态一般不能预先指定。必须跟踪类似于物体压实的过程，直到获得要求的孔隙率。由于颗粒相对位置变化产生接触力，初始应力状态的确定与初始压密有关。由于边界不是由平面组成，边界条件的设定比连续介质程序更复杂。当要求满足有实验室实际测试的模拟物体的力学特性时，出现了更大的困难。在某种程度上，这是一个反复试验的过程，因为目前还没有完善的理论可以根据微观特性来预见宏观特性。然而，给出一些准则应该有助于模型与原型的匹配，如哪些因素对力学行为的某些方面产生影响，哪些将不产生影响。应该意识到，由于受现有知识的限制，这样的模拟很难。然而，用 PFC2D 进行试验，对固体力学，特别是对断裂力学和损伤力学，可以获得一些基本认识。

四、颗粒流方法解题途径

用颗粒流方法进行数值模拟的步骤主要为：①定义模拟对象。根据模拟意图定义模型的详细程序。如要对某一力学机制的不同解释作出判断时，可以建立一个比较粗略的模型，只要在模型中能体现要解释的机制即可，对所模拟问题影响不大的特性可以忽略。②建立力学模型的基本概念。首先对分析对象在一定初始条件下的特性形成初步概念。为此，应先提出一些问题：系数是否将变为不稳定系统；对象变形的大小；主要力学特性是否非线性；是否需要定义介质的不连续性；系统边界是实际边界还是无限边界；系统结构有无对称性等。综合以上内容来描述模型的大致特征,包括颗粒单元的设计、接触类型的选择、边界条件的确定以及初始平衡状态的分析。③构造并运行简化模型。在建立实际工程模型之前,先构造并运行一系列简化的测试模型,可以提高解题效率。通过这种前期简化模型的运行,可对力学系统的概念有更深入的了解,有时在分析简化模型的结果后(例如,所选的接触类型是否有代表性;边界条件对模型结果的影响程度等),还需将第二步加以修改。④补充模拟问题的数据资料。模拟实际工程问题需要大量简化模型运行的结果,对于地质力学来说包括:

(1)几何特性,如地下开挖硐室的形状、地形地貌、坝体形状、岩土结构等。

(2)地质构造位置,如断层、节理、层面等。

(3)材料特性,如弹塑性和破坏特性等。

(4)初始条件,如原位应力状态、孔隙压力、饱和度等。

(5)外荷载,如冲击荷载、开挖应力等。因为一些实际工程性质的不确定性(特别是应力状态、变形和强度特性),所以必须选择合理的参数研究范围。

模拟运行的进一步准备:①合理确定每一时步所需时间,若运行时间过长,很难得到有意义的结论,所以应该考虑在多台计算机上同时运行;模型的运行状态应及时保存,以便在后续运行中调用其结果。例如如果分析中有多次加卸荷过程,要能方便地退回到每一过程,并改变参数后可以继续运行;在程序中应设有足够的监控点(如参数变化处、不平衡力等),对中间模拟结果随时作出比较分析,②并分析颗粒流动状态。运行计算模型。在模型正式运行之前先运行一些检验模型,然后暂停,根据一些特性参数的试验或理论计算结果来检查模拟结果是否合理,当确定模型运行正确无误时,连接所有的数据文件进行计算。解释结果。③问题研究的最后阶段是模拟结果的解释,这里将计算结果与实测结果进行分析比较,模型中任何变量的数值都应当能够方便地输出分析。将模拟结果以图形的方式直接显示在计算机屏幕或者从硬件绘图设备中输出是比较理想的解释方式,应当保证图形能够清晰反映要分析区域,如应力集中区,同时图形的输出格式能够直接与实测结果进行对比,各种计算结果应能方便地输出,以便于分析。

五、PFC2D 的基本原理

颗粒流方法以牛顿第二定律与力—位移定律为基础,对模型进行循环计算。通过力—位移定律把相互接触的两部分的力与位移联系起来,颗粒流模型中接触形式有"颗粒—颗粒"接触与"颗粒—墙体"接触两种。

对于颗粒-颗粒接触,定义接触平面的单位法向量 n_i,如下

$$n_i = \frac{X_{Bi} - X_{Ai}}{d}$$

式中　X_{Ai},X_{Bi}——颗粒 A 和 B 中心位置向量;

　　　　d——颗粒中心距离。

$$d = | \boldsymbol{X}_{Ai} - \boldsymbol{X}_{Bi} |$$

接触点处的叠合向量可以表示为

$$U_n = \begin{cases} R_A + R_B - d & (颗粒 - 颗粒) \\ R_\varphi - d & (颗粒 - 墙体) \end{cases}$$

式中 U_n——接触"重叠量";

R_φ——颗粒 φ 的直径。

接触点的位置可以根据下面的式子求得

$$\boldsymbol{X}_{Gi} = \begin{cases} \boldsymbol{X}_{Ai} + \left(R_A - \dfrac{1}{2}U_n \right)\boldsymbol{n}_i & (颗粒 - 颗粒) \\ \boldsymbol{X}_{Bi} + \left(R_B - \dfrac{1}{2}U_n \right)\boldsymbol{n}_i & (颗粒 - 墙体) \end{cases}$$

接触力 F_i 可分为切向和法向向量:

$$\boldsymbol{F}_i = \boldsymbol{F}_{ni} + \boldsymbol{F}_{si}$$

式中 $\boldsymbol{F}_{ni}$——法向向量;

$\boldsymbol{F}_{si}$——切向向量。

$$\boldsymbol{F}_{ni} = \boldsymbol{K}_n\boldsymbol{U}_n\boldsymbol{n}_i$$

式中 $\boldsymbol{K}_n$——接触点法向刚度矩阵,其值根据接触刚度模型计算。

六、模型参数的确定

(一) 几何参数的确定

堆石体由一定粒径级配的石块来堆积而成,横断面通常为梯形,其主要作用是保护海底电缆不受外来作用的损害。模拟堆石体所用材料的参数对模拟的结果影响比较大(从结果可以看出),因此所取参数尽量真实可靠。

根据初步设计资料,堆石体分为两个区域:电缆附近的内层区域和内层区域之外的外层区域。

通过 PFC2d 离散元软件,在所设计的堆石体区域内使用颗粒膨胀法生成堆石体模型,结果示意图如图 10-14 所示。

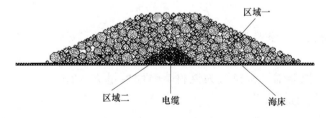

图 10-14 模型示意图

内、外层两个区域的几何尺寸见表 10-7,其中,外层区域(图 10-14 中区域一)生成的颗粒粒径为 2~8 英寸的石块;内层区域(图 10-14 中区域二)生成颗粒粒径为 1~2 英寸的石块。

表 10-7 内、外层两个区域的几何尺寸

位置	区域一	区域二
上底（m）	1.0	0.2
下底（m）	5.0	1.0
高（m）	1.0	0.3

海底本身有一定的粗糙度，若用"墙"（软件中基本单元，它是平坦的）来代替，有失真实性，因此，用一系列小粒径球体固定在底部来模拟海底的粗糙度，小粒径球的粒径大小为 4.5×10^{-2} m，粒径的材料参数同堆石体颗粒。

电缆用圆形球体来模拟，半径为 6.93×10^{-2} m。

（二）材料参数的确定

模拟堆石体的颗粒取为玄武岩，是岩浆岩中较硬的一种（颗粒粒径取值范围 1～8 英寸）。

弹性模量 $E_c=68$ GPa。

抗压强度（单轴）$\sigma_c=200$ MPa。

抗剪强度（纯剪）$\tau_c=600$ MPa（根据 Lundborg 理论，玄武岩在纯剪状态下抗剪强度为 60MPa）。

密度 $\rho=2.65\times10^3$ kg/m³。

下面用广义非线性弹簧-粘壶模型来计算刚度系数，设半径 r_a，r_b 的两个小球 a、b，其相对法向位移为 δ_n，泊松比分别为 ν_a，ν_b 弹性模量 E_a，E_b 则刚度引起的法向力

$$f_n^k = H(2r)^2 \left(\frac{\delta_n}{2r}\right)^{1+\alpha}$$

式中　r——等效半径；

　　　H——表征刚度的参数。

$$r = \frac{2r_a r_b}{r_a+r_b}, \quad \frac{1}{H}=\frac{3}{2}\left(\frac{1-v_a^2}{E_a}+\frac{1-v_b^2}{E_b}\right)$$

则法向刚度

$$k_n = 2Hr\left(\frac{\delta}{2r}\right)^{\alpha}$$

且有关系式

$$\frac{k_n}{k_s}=\frac{2(1-\nu)}{1-2\nu}$$

当 $\alpha=0$ 时，退化为线性模型，求得（泊松比取为 0.25）法向刚度和切向刚度分别为

$k_n=6.14\times10^8$（N/m）（取最小粒径，偏安全），$k_s=2.05\times10^8$（N/m）

船锚用小球来模拟船锚，材料取为钢材，弹性模量 $E=210$ GPa，$\rho=7.85\times10^3$ kg/m³，泊松比 $\nu=0.3$，可得船锚刚度为

$$k_n = 2.846\times10^{10}\,(\text{N/m})$$

$$k_s = 9.487\times10^9\,(\text{N/m})$$

为方便起见，材料参数见表 10-8。

表 10-8　　　　　　　　　　　　　各个类型颗粒的材料参数

项目	区域一	区域二	电缆	船锚	海底
k_n （N/m）	6.14×10^8	6.14×10^8	6.14×10^8	2.846×10^{10}	6.14×10^8
k_s （N/m）	2.05×10^8	2.05×10^8	2.05×10^8	9.487×10^9	2.05×10^8
密度 （kg/m³）	1.82×10^3	1.82×10^3	1.82×10^3	7.85×10^3	1.82×10^3
粒径 （m）	$5.08\times10^{-2}\sim$ 20.32×10^{-2}	$2.54\times10^{-2}\sim$ 5.08×10^{-2}	0.1386	0.37	4.5×10^{-2}
孔隙率	0.2	0.2			

（三）荷载参数的确定

由于荷载参数的确定主要取决于船锚的质量与形状，下面具体介绍船锚的模拟。图 10-15 所示为真实船锚的示意图。

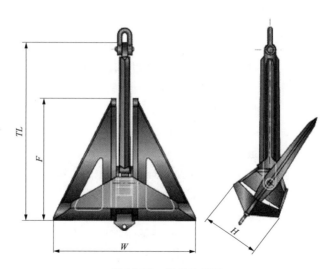

图 10-15　船锚的模型

表 10-9 所示为不同质量船锚的尺寸。

表 10-9　　　　　　　　　　　　　船锚的质量与尺寸

质量 （kg）	W （mm）	F （mm）	H （mm）	TL （mm）
500	1500	1200	570	1800
1000	1960	1560	740	2305
2000	2470	2000	930	2960
3000	2830	2285	1070	3380
5000	3330	2660	1260	3945
7000	3750	2995	1405	4440
7500	3850	3080	1435	4565
9000	4130	3320	1550	4925

续表

质量（kg）	W（mm）	F（mm）	H（mm）	TL（mm）
10 000	4270	3400	1600	5040
12 000	4530	3600	1705	5335
15 000	4845	3875	1830	5735
22 500	5490	4360	2060	6905
40 000	6650	5290	2480	7850
50 000	7150	5690	2670	8440
60 000	7600	6040	2830	9000
75 000	8200	6560	3100	9430

质量为 1t 的船锚。船锚由主体部分和钩子组成，其中船锚的质量主要由主体部分决定，根据表 10-8 有 $H=740\text{mm}$，$TL=2035\text{mm}$，为了保证与真实船锚的尺寸和质量一致，取钩的长度为船锚高度的 1/2，与锚高度方向夹角为 $400°$，最后推算确定模拟船锚主体部分所用试验球总数 6 个，厚度 0.174m。

另外这里着重介绍一下厚度的含义，PFC2d 为二维离散元程序，虽然讨论的问题是二维的，但是模型仍有一个厚度（默认情况下厚度取为单位 1），根据船锚的质量、高度、宽度可唯一确定船锚的厚度，也即是模型的厚度（因为厚度是一个全局变量），如果默认厚度为单位 1 则船锚质量将与实际不符，如果折算密度则浮力会增大，结果不可信。因此模型厚度的确定也是一个重要问题。

图 10-16 所示为模拟的船锚示意图。

对质量为 1.5t 和 2t 的船锚，方便起见可不改变尺寸大小，将密度扩大 1.5 倍和 2 倍即可。折减重力加速度——由于模拟过程是在海水中而不是空气中，在水中小球受到重力、浮力和阻尼力，由于阻尼力是速度的二次函数，是非线性项，这里只讨论将浮力和重力用折减重力加速度来表征（阻尼通过阻尼来施加）。不管模拟抛锚还是起锚，船锚的下落是动力问题，而石块则可以看成静止的，因此重力加速度的折减以船锚为主，石块则通过折减密度扣除浮力项。

$$\rho V \bar{g} = \rho V g - \rho_{\text{water}} V g$$

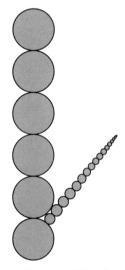

图 10-16　模拟的
船锚示意图

式中　$\bar{g}$——折减重力加速度；

　　　g——重力加速度，取为 $g=9.8\text{m/s}^2$。

则

$$\bar{g} = \frac{\rho - \rho_{\text{water}}}{\rho}$$

计算得 $\bar{g}=8.55\text{m/s}^2$。折减密度——船锚密度不变，石块采用折减密度来扣除浮力项

$$\bar{\rho} V \bar{g} = \rho V g - \rho_{\text{water}} V g$$

于是得折减密度

$$\bar{\rho} = \frac{\rho g - \rho_{water} g}{\bar{g}}$$

得 $\bar{\rho} = 1.89 \times 10^3 \, kg/m^3$。

颗粒材料应力张量的定义如下：

$$\sigma_{ij} = \frac{1}{V} \sum l_i F_j$$

其中 F_j 为体积 V 内第 i 个颗粒所受到的力，l_i 为力 F_j 相应的位置。

对于颗粒材料，当计算电缆单位长度上受到的力 f 时，取

$$f = \sigma \times 2r$$

由于 σ 是随时间变化的，取时间过程中的最大值 $\sigma = \sigma_{max}$。得到的应力分量 σ_x，σ_y，τ_{xy} 中，τ_{xy} 相对于其他应力分量较小，因此取 σ_{max} 为应力分量的最大值，垂直荷载下通常是 σ_y，水平荷载下通常是 σ_x。之后比较电缆实际承载与承载能力大小来判断电缆是否安全，有

$$f < [f] \quad (安全)$$
$$f > [f] \quad (不安全)$$

其中 $[f] = 17 kNm$ 为电缆单位长度所得承受的最大载荷。

七、海底电缆的安全性分析

考虑两种最不利的荷载施加：第一种，垂直荷载的施加，具体为以与船锚等质量的颗粒体模拟船锚，船锚颗粒体以上面的初始速度 2.5m/s 和 3.75m/s 撞击堆石体，模拟船锚冲击的作用；第二种，水平荷载的施加，将模拟船锚的颗粒置于堆石体一侧，向另一侧拖动船锚，模拟起锚作用。船锚质量分别取 1t、1.5t 和 2t 三种情况进行模拟，因此，共九种荷载工况，模拟在其作用下堆石体内的力链分布及电缆应力随时间变化情况。

由于模型每次的生成都有随机性，得到的应力结果也有一定的随机性，在安全性分析中，对每种工况生成三次模型进行计算，然后取应力平均值校核电缆强度，这样保证了结果的合理性。

由以上三个应力-时间曲线图可知，电缆在内层石块下落时达到最大应力的平均值为

$$\sigma_{1,max} = -1.09 \times 10^5 \, Pa$$

则单位长度上电缆受力近似为

$$f_1 = \sigma_{1,max} \times D = 15.1 kN/m < [f] = 17 kN/m$$

电缆在外层石块下落时达到最大应力的平均值为

$$\sigma_{2,max} = -6.47 \times 10^4 \, Pa$$

则单位长度上电缆受力近似为

$$f_2 = \sigma_{2,max} \times D = 8.97 kN/m < [f] = 17 kN/m$$

满足强度要求。五种情况下电缆受力的比较见表 10-10。

表 10-10　　　　　　　　五种情况下电缆受力对比

项目	石块粒径			内层区域高度	
	2 英寸	8 英寸	10 英寸	0.1m	0.3m
电缆应力值（Pa）	1.091×10^5	5.016×10^5	6.47×10^5	1.47×10^5	1.091×10^5
电缆单位长度最大受力值（kN/m）	15.1	69.5	89.7	20.32	15.1

从上表可知：内层区域采用粒径为 8 英寸和 10 英寸石块以自然堆积方式从漏斗下落时，电缆不满足强度要求；并且内层区域的高度为 0.1m 时，电缆也不满足强度要求。

八、结论

堆石体模型尺寸数据分内外两个区域保护电缆，其中外层区域颗粒粒径为 2~8 英寸，内层区域生成颗粒粒径为 1~2 英寸的石块，单一级配。堆石体颗粒按石英岩考虑，弹性模量为 $E = 68GPa$，摩擦系数取为 0.7，孔隙率取为 0.2，分别取船锚为 1t、1.5t 和 2t 的情况对垂直抛锚和水平起锚进行了模拟，模拟结果表明按上述参数设计，电缆在各种工况下都是安全的。

刚度参数敏感性分析表明：刚度越大则对堆石体的整体稳定性和受力状态越有利，因此建议在条件许可的情况下尽可能采用刚度较大的石块作为堆石体材料。

孔隙率敏感性分析表明：孔隙率越小，堆石体整体稳定性越好，电缆受力也越小。因此，建议取较小的孔隙率以增大堆石体密实度，对电缆受力比较有利。

摩擦参数敏感性分析表明：摩擦系数在 0~0.7 范围内变动对光缆的受力影响效果不明显，当摩擦系数继续增大对保护电缆反而不利。

级配敏感性分析表明：外层区域粒径分布在 2~8 英寸范围内，所得出的电缆单位长度上的受力较其他级配情况稍小，因此总的来说，级配影响不明显。

对施工过程进行了模拟，堆石体模型的生成采用自然堆积方式，得出结论是在施工过程中电缆是安全的，同时建议生成堆石体模型后对其进行必要的处理以保证堆石体密实度和整体稳定性，这样对电缆受力比较有利。

第四节　海底电缆工程抛石稳定性研究

一、研究目的

为保证海底电缆抛石工程安全可靠，满足保护海底电缆的工程要求和安全需要，结合当地工程条件，提出抛石工程的推荐方案。计算抛石施工对海底电缆的冲击力，校核施工安全。水工物理模型试验的目的是根据自然资料和设计资料，以重力相似准则进行抛石的极限稳定性试验，获取极限设计参数。根据试验结果，对块体重量、抛石坝形状等参数进行分析，并提出不同典型断面的技术方案。同时，根据工程所在位置的实测资料，结合施工单位的施工方案进行抛石体高度的安全验算及方案优化。分析计算的目的是结合抛石工艺和海底电缆的设计强度，计算抛石施工过程中抛石块体对海底电缆的冲击力，进而校核施工安全，保障海底电缆工程的安全性和可靠性。

二、研究依据

（1）Hydronamic BV 公司提供的《Rock Berm Design Verification-Qiongzhou Strait》。

（2）Boskalis Offshore 公司提供的《TDR 1853-Technical Proposal for J-Power System Corporation-South China & Hainan Island Power Grid Interconnector Project-Rock Dumping》。

（3）JTJ/T 234—2001《波浪模型试验规程》。

（4）JTJ 312—2003《航道整治工程技术规范》。

（5）JTJ 213—1998《海港水文规范》。

（6）JTJ 298—1998《防波堤设计与施工规范》。

（7）《随机波浪及其工程应用》（俞聿修，大连理工大学出版社）。

（8）《铺设海底电缆管道管理规定》。

（9）《铺设海底电缆管道管理规定实施办法》。

（10）《海底电缆管道保护规定》。

（11）《中华人民共和国军事设施保护法》。

（12）《中华人民共和国自然保护区条例》。

（13）《广东省铺设海底电缆管道管理办法》。

三、潮流

工程海区由于处在海峡的西部比较狭窄的跨海断面上，因此受到海峡的狭管效应作用，潮流流速较高，根据国家海洋局南海海洋调查技术中心 1997 年调查资料，实测最大潮流流速达到 1.83m/s（表层）、底层流速最大为 1.40m/s。同时，在两条（拟选）工程海区断面附近的海流观测资料显示，落潮流西向潮流流速较强。

（一）潮流性质

采用实测海流资料进行调和分析，结果表明，各站各层潮流系数为 2.0～5.0，表现出正规和不正规全日潮流性质，具体而言，近岸浅水区（＜35m）为不正规日潮流，深水区（＞35m）为正规日潮流。

（二）实测最大涨、落潮流

工程海区附近最大涨潮流速为 1.83m/s，方向为 90°，出现在琼州海峡中部表层，最大落潮流速为 1.38m/s，方向为 252°。可以看出：琼州海峡中部流速较大，而南北登陆段近岸海区流速则相对较小，但最大流速仍然超过 1.00m/s 以上。最大涨潮流为东向，最大落潮流为西向，涨潮流速大于落潮流速。

（三）余流

根据海底电缆勘察期间及南海工程勘察中心 1997 年在路由附近海域的海流观测结果推算，工程海区的余流具有下列特点：

余流基本是自东向西流动；北岸和海峡中间深水区的余流较强，南岸近岸区的余流流速较小，本次观测余流最大流速出现在北侧的 C01 站，表层流速为 39.0cm/s，底层为 24.2cm/s；大潮期间的余流流速大于小潮期间的余流流速。余流流速随深度的增加而减小。

（四）风暴潮

根据《台风年鉴》统计分析，自 1949～1991 年 42 年中，海域风暴增水的台风有 63 次。当热带气旋经过或有大风以及气压剧变时，海面水位发生异常升降，虽在开阔海面上，此种风暴潮增水一般不超过 1m，但在近岸的港湾附近，则能造成灾害。海域增水的台风中，W 路径方向和 WNW 路径方向居多，占总数的 63%。工程海区的北岸、东岸平均每年发生一次增水 1m 以上的风暴潮，每 3 年发生一次增水 2m 以上的风暴潮。工程海区位于海峡西部，风暴潮增水比东岸小。据海港 1956～1991 年的实测资料统计，2.0m 以上风暴潮位有 14 次；3.0m 以上有 47 次。

由 8616 号强台风引起的风暴潮位为 5.38m（南渡江站）。工程海区的南岸一带风暴潮增水以 W 向路径和 WNW 向路径台风影响最大，在 1948 年曾出现历史上最大风暴潮，最大增水有 2.48m；另一次较大风暴潮发生在 1980 年 8007 号台风期间，台风在海域附近登陆，最大潮位为 4.08m，增水为 2.31m，最大减水 -0.79m。因此，尽管海底电缆大部分埋设在海床下 2～3m 处，风暴潮对其影响较小，但在登陆点的工程海区，风暴潮对其破坏程度是不能低估的。

（五）波浪

波浪是电缆路由设计和施工的重要参数，也是抛石工程必不可少的重要因素。1/10 大波（显著波高）北岸三塘站的 H1/10 最大值出现在 SSW 方向，H1/10=2.7m，其次为 S 向，H1/10=2.5m。春季 H1/10 最大值为 2.7m，波向为 SSW；夏季 H1/10 最大值 2.5m，出现于 S 方向；秋季 H1/10 最大值 1.6m，出现于 ENE、ESE 方向；冬季 H1/10 最大值为 1.3m，出现于 NNE、ENE、ESE。

南岸新海站的 H1/10 波高出现于 WNW 方向，H1/10=1.7m。春季 H1/10 最大值不超过 0.9m；夏季属大浪季节，H1/10 超过 1.5m 的方向出现在 SW、W、WNW、NW 方向；秋季也是该海域的大浪季节，NE、ENE 方向的 H1/10 最大值为 1.2m；冬季处于弱浪季节，H1/10 最大值大于 1.0m 出现于 NNE 方向。

月平均波高指 H1/10 波高的月平均值。北岸三塘站 7、10、11 月份平均波高（H1/10 波高的月平均值）大于 0.7m，10 月份 H1/10 平均波高最大，为 0.9m。2、4、5 月平均波高最小，为 0.3m。春、夏、秋、冬四个季节平均波高分别为 0.33m、0.57m、0.73m、0.47m。说明秋季波浪平均状态比冬、春季大。南岸新海站平均波高没有超过 0.7m，平均波高的最大值为 0.6m，出现于 1、11、12 月份；最小值 0.4m，出现于 7 月份。春、夏、秋、冬平均波高分别为 0.5m、0.7m、0.53m、0.57m，夏季波浪平均状态较大。北岸三塘站月平均周期的最大值为 4.8s，出现于 1 月份；南岸新海站为 3.7s，出现于 12 月份，冬季的三个月份平均周期较大，夏季则较小。

三塘站 H1/10 波高最大值为 2.7m，最大波高（H1/100 波高最大值）为 3.0m，对应的周期为 6.8s。新海站观测到的 H1/10 最大波高为 3.49m，最大有效波高（H1/3 波高最大值）为 2.75m，对应的有效周期为 6.1s，出现于 1997 年 8 月 9713 号台风登陆期间。

北岸三塘站全年小于 2 级波（＜0.5m）的波高出现频率为 44.9%，3 级波（0.5～1.4m）出现频率 53.0%，4 级波年出现频率仅为 2.1%。南岸新海站全年各级波高的出现频率与北岸三塘站相近，小于 2 级的波高为 43.2%，3 级为 56.6%，4 级仅为 0.2%，北岸三塘站 4 级波出现的频率大于南岸新海站。北岸三塘站夏季和秋季 3 级波出现频率较其他季节高；南岸新海站，夏季 3 级波出现的频率较其他季节小。

四、研究内容

（一）物理模型试验研究内容

按照技术内容要求，通过物理模型试验完成。

1. 抛石块体临界重量稳定性试验

火山岩石料原型尺寸分别为 2～3、3～4、4～6、6～8 英寸。在 5、10、15、20m 及以上水深条件下，验证抛石堤坝（设计断面）在不同流速海流条件（1.0～2.0m/s）下外层抛石块体稳定性。玄武岩石料原型尺寸分别为 2～3、3～4、4～6、6～8 英寸。在 5、10、15、20m 及以上水深条件下，验证抛石堤坝（设计断面）在不同流速海流条件（1.0～2.0m/s）下外层抛石块体稳定性。

火山岩石料原型尺寸为 1～2 英寸。在 5、10、15、20m 及以上水深条件下，验证在不同流速海流条件（1.0～2.0m/s）下内层抛石块体稳定性。玄武岩石料原型尺寸为 1～2 英寸。在 5、10、15、20m 及以上水深条件下，验证在不同流速海流条件（1.0～2.0m/s）下内层抛石块体稳定性。

2. 抛石块体设计断面整体稳定性试验

火山岩石料内层抛石尺寸为 1～2 英寸，外层为 2～8 英寸的混合料。在 5、10、15、20m 及以上水深条件下，验证抛石堤坝（设计断面）在不同流速海流条件下整体稳定性。

玄武岩石料内层抛石尺寸为 1~2 英寸，外层为 2~8 英寸的混合料。在 5、10、15、20m 及以上水深条件下，验证抛石堤坝（设计断面）在不同流速海流条件下整体稳定性。

火山岩石料，内层抛石尺寸为 1~2 英寸，外层为 2~8 英寸的混合料。在 10m 水深条件（风暴潮影响范围）下，抛石堤坝（设计断面）在极限海流条件（2m/s）及极限波高条件共同作用下护面块石及整体稳定性。玄武岩石料内层抛石尺寸为 1~2 英寸，外层为 2~8 英寸的混合料。在 10m 水深条件（风暴潮影响范围）下，抛石堤坝（设计断面）在极限海流条件（2m/s）及极限波高条件共同作用下护面块石及整体稳定性。

3. 抛石堤坝分段不同间距稳定性试验

火山岩石料内层抛石尺寸为 1~2 英寸，外层为 2~8 英寸的混合料。在 5、10、15、20m 及以上水深条件下，验证抛石堤坝（设计断面）在坡脚间距分别为 11、8、4、1m 情况时，不同流速海流条件下的稳定性。玄武岩石料内层抛石尺寸为 1~2 英寸，外层为 2~8 英寸的混合料。在 5、10、15、20m 及以上水深条件下，验证抛石堤坝（设计断面）在坡脚间距分别为 11、8、4、1m 情况时，不同流速海流条件下的稳定性。

4. 抛石堤坝级配稳定性试验

火山岩石料外层石料 2~4、4~6、6~8 英寸，三种石料体积比分别为 2∶1∶1、1∶1∶1、1∶1∶2，在 20m 及以上水深条件下，验证抛石堤坝（抛石自然形成形状）在不同流速海流条件下稳定性。玄武岩石料外层石料 2~4、4~6、6~8 英寸，三种石料体积比分别为 2∶1∶1、1∶1∶1、1∶1∶2 在 20m 及以上水深条件下，验证抛石堤坝（抛石自然形成形状）在不同流速海流条件下稳定性。

5. 抛石工艺影响块石偏移量试验

火山岩石料原型尺寸分别为 1~2、2~3、3~4、4~6、6~8 英寸及混合料。在典型水深（20m 及以上）条件下，验证在不同流速海流（0.5m/s、1.0m/s）、不同漏斗底高度（2m、5m）条件下抛石块体的偏移量。玄武岩石料，原型尺寸分别为 1~2、2~3、3~4、4~6、6~8 英寸及混合料。在典型水深（20m 及以上）条件下，验证在不同流速海流（0.5m/s、1.0m/s）、不同漏斗底高度（2m、5m）条件下抛石块体的偏移量。

（二）补充研究内容

通过水工物理模型试验及分析补充完成的内容为抛石堤坝断面稳定性补充试验。火山岩石料内层抛石尺寸为 1~2 英寸，外层为 2~8 英寸的混合料。在 5、10、15、20m 及以上水深条件下，验证抛石堤坝在梯形断面斜坡比 1∶1.5、1∶3、散抛自然坡角，在不同流速海流条件下的稳定性。玄武岩石料内层抛石尺寸为 1~2 英寸，外层为 2~8 英寸的混合料，在 5、10、15、20m 及以上水深条件下，验证抛石堤坝在梯形断面斜坡比 1∶1.5、1∶3、散抛自然坡角，在不同流速海流条件下的稳定性。

（三）计算分析研究内容

根据工程海区海流动力要素及工程实施地点的石料条件，通过上述试验结果验证，计算分析满足稳定要求的块石尺寸。根据工程海区环境动力因素，结合海底电缆设计强度，根据抛石工艺，并以试验数据为基础，计算抛石施工对海底电缆的冲击力，校核施工安全。

五、相似准则及模型比尺的确定

水工物理模型试验是在模型中重演（或预演）与原型相似的水流现象以观测分析研究水流运动规律的手段。模型试验中，难以按研究对象真实大小和实际流动场景进行，而其几何形态、运动现象、主要动力特性，却仍应与原型相似。同一模型中不同物理量（如深度、流速、压强等）的缩小倍数（即比尺）并不相同，但它们之间必须保持一定的比例关系。这关系不能任意设定，而必须服从由基本物理方程或因次分析所导出的相似准则。试验中，应根据水流特性、研究目的和试验条件而选定最主要的准则，以保持主要方面的相似，并使次要方面的影响限制在可容许的范围之内。在流体力学中，有自由水面并且允许水面上下自由变动的各种流动均为重力起主要作用的流动。因此，海流及波浪主要受重力作用，本模型比尺按照重力相似准则进行设计，原型与模型佛汝德数相等，即

$$F_r = \frac{L}{g^{T^2}}$$

式中　　F_r——佛汝德数；

L——长度；

T——时间；

g——加速度。

按照动力相似的必要条件，应满足重力与惯性力相似比尺相等，即

$$C_p C_L^4 C_T^{-2} = C_p C_L^3 C_g$$

由上式可得

$$\frac{C_L}{C_T^2 C_g} = 1$$

上两式中，C_L 为几何比尺，取 $C_L = \lambda$。由于重力加速度比尺 $C_g = 1$，受此约束，可得

$$
\left.
\begin{aligned}
&\text{时间比尺 } C_T = C_L^{1/2} = \lambda^{1/2} \\
&\text{流速比尺 } C_v = C_L^{1/2} = \lambda^{1/2} \\
&\text{质量比尺 } C_m = C_p C_L^3 = \lambda^3
\end{aligned}
\right\}
$$

上式中，由于模型与原型材料相同，所以 $C_p = 1$。根据海流、波浪等环境动力因素、抛石堤坝断面的几何尺寸、试验仪器精度、现有水槽设备条件及必须满足的相似准则，综合考虑确定试验中的长度比尺 $\lambda = 25$，则由重力相似准则得出速度比尺 $\lambda_v = \lambda^{1/2} = 5$ 时间比尺 $\lambda_t = \lambda^{1/2} = 5$。抛石堤坝基本断面按委托方提供的设计图纸确定，如图 4-11 所示，其中梯形断面上底 $a = 1m$，高度 $h = 1m$，斜坡比 $1:2$（底坡宽度为 5m）。内层初步保护块石（1~2 英寸）顶高程为 0.5m。

（一）试验环境动力要素

1. 试验海流动力要素

不同水深条件下的试验海流动力要素见表 10-11。

表 10-11 　　　　　　　　　试 验 海 流 动 力 要 素

工况	原型值		模型值	
	水深（m）	流速（m/s）	水深（cm）	流速（cm/s）
1	5.0	1.0	20	20
2	5.0	1.2	20	24
3	5.0	1.4	20	28
4	5.0	1.6	20	32
5	5.0	1.8	20	36
6	5.0	2.0	20	40
7	10.0	1.0	40	20
8	10.0	1.2	40	24
9	10.0	1.4	40	28
10	10.0	1.6	40	32
11	10.0	1.8	40	36
12	10.0	2.0	40	40
13	15.0	1.0	60	20
14	15.0	1.2	60	24
15	15.0	1.4	60	28
16	15.0	1.6	60	32
17	15.0	1.8	60	36
18	15.0	2.0	60	40
19	20.0 及以上	1.0	80	20
20	20.0 及以上	1.2	80	24
21	20.0 及以上	1.4	80	28
22	20.0 及以上	1.6	80	32
23	20.0 及以上	1.8	80	36
24	20.0 及以上	2.0	80	40
25	5.0	0.5	20	10
26	10.0	0.5	40	10
27	15.0	0.5	60	10
28	20.0 及以上	0.5	80	10

表 10-11 中工况 1～工况 24 为块石临界稳定重量、抛石堤坝稳定性、堤坝长度与堤坝间距稳定性试验所采用的海流动力要素。工况 25～工况 28 为抛石工艺试验所采用的补充海流动力要素。由于水体中的紊动效应及水体底面的摩阻效应，实际海洋中的断面流速沿水深分布并非均匀变化。又由于动力环境及边界条件等影响因素较多，故描述水体断面流速分布的经验公式亦不统一，且适用范围有限。为了准确描述工程水深条件下（抛石堤坝顶部）的流速，研究对试验水槽进行了流速拟合研究。经过对不同水深条件下的流速分布的数据统计与分析，得到流速基本符合指数分布规律，选用公式为

$$\frac{U_T}{U} = \left(\frac{H_T}{H}\right)^{1/m}$$

式中　U_T 和 U——水深为 H_T 和近水面处的流速；

　　　H_T——抛石堤坝顶部与水底的距离；

　　　H——水深。

指数 m＝20。

2. 试验波浪动力要素

典型水深条件试验波浪要素见表 10-12。波浪条件按照委托方提供的当地风暴潮（台风）资料确定的最大波周期（6.1s），在不同水深条件下可产生的最大极限理论破碎波高作为入射波高。

表 10-12　　　　　　　　　　　　试验波浪动力要素

工况	原型值			横型值		
I	水深（m）	波高（m）	周期（s）	水深（cm）	波高（cm）	周期（s）
	10.0	4.1	6.1	40	16.4	1.22

（二）试验测试

海流试验：在试验进行过程中，通过计算机自动控制造流泵转速进行加压，待自然稳定后，再逐级加大到设计流速进行正式试验。在较低的流速条件下，通过观察，确认试验中未出现块石滚落等明显破坏现象，则海流累计作用时间为 0.5h。若试验中出现块石滚落现象，则海流的累积作用时间按照一次涨潮或落潮历时确定。该海区的潮汐性质为正规全日潮，即本海区多数天数一天出现一次高潮和一次低潮。根据上述潮汐特点及模型试验的时间比尺，各工况海流作用累积作用时间为 2.5h。

波流共同作用试验：试验中海流流速取 2.0m/s（原型值），波浪模拟采用规则波，其累积作用时间根据当地海区暴风浪和台风浪的大浪持续时间进行计算，按时间比尺进行换算后不少于 30min（原型 2～3h）。规则波的模型试验采用累积造波方法，当反射波到达造波板前立即停止造波，待水面相对平稳后，再行造波。

抛石工艺试验：每次抛石重量均按 250g 确定。在典型水深条件下，根据施工工艺确定，漏斗管底高度分别为 8cm（原型 2m）、20cm（原型 5m），一次抛石时间为 30～40s。抛石收纳工具与水槽断面同宽（60cm），长度为 40cm，共 10 格，每格 4cm，原型宽度为 1m。通过计量各格内的块石干重量，即可获得不同粒径在不同起抛高度和施工流速条件下的偏移量。

六、试验研究结果

根据试验结果分析可知：火山岩与玄武岩尺寸选择在 6～8、8～10、10～12 英寸时，流速范围为 1.0～2.0m/s 条件下未见外层抛石出现掀动和滚动，断面整体稳定，形状未发生明显改变。

火山岩与玄武岩在 4～6 英寸尺寸条件下，当流速为 1.0～1.6m/s 时，未见外层抛石出现掀动和滚动，断面整体稳定，形状未发生明显改变。当流速为1.8~2.0m/s时，火山岩与玄武岩在迎流面肩角位置个别块石发生掀动，未见块石滚落，断面整体稳定，形状未发生明显改变。

火山岩与玄武岩在3~4英寸尺寸条件下，当流速为1.0~1.6m/s时，未见外层抛石出现掀动和滚动，断面整体稳定，形状未发生明显改变。当流速为1.8m/s时，火山岩与玄武岩在迎流面肩角位置可见块石发生掀动，个别块石发生滚落；当流速为2.0m/s时，火山岩与玄武岩在迎流面肩角位置可见块石发生掀动和滚落，火山岩断面形状发生轻微变形，肩角变为流线形，玄武岩变化较小；火山岩与玄武岩在2~3英寸尺寸条件下，当流速为1.0~1.4m/s时，未见外层抛石出现掀动和滚动，断面整体稳定，形状未发生明显改变。当流速逐渐增大至2.0m/s时，火山岩与玄武岩断面上块石状况逐渐由掀动发展至明显滚落，梯形断面形状发生明显改变，断面形状前后变化如图10-17所示。

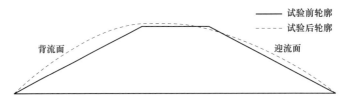

图10-17　块石堤坝形状试验前后对比示意图

火山岩与玄武岩在1~2in尺寸条件下，当流速为1.0~1.4m/s时，未见外层抛石出现掀动和滚动，断面整体稳定，形状未发生明显改变。当流速逐渐增大至2.0m/s时，火山岩与玄武岩断面上块石状况逐渐由掀动发展至明显滚落，梯形断面整体破坏，部分试验工况中，内层抛石所保护的海底电缆露出，露出时间约为1~1.5h。抛石堤坝在斜坡比为1∶1.5，1.0~1.4m/s流速作用下，外层抛石未见掀动和滚落，断面整体稳定。当流速由1.6m/s增大至2.0m/s时，部分工况可见块石发生掀动，在较大的流速条件下，块石会从迎流面翻滚运动至堤坝顶面，断面整体仍稳定，但肩角存在变为流线型趋势。

当斜坡比为1∶3时，抛石堤坝在不同水深和不同流速条件下均未见抛石块体掀动和滚落，断面整体稳定。当断面为散抛自然坡角时，1.0~1.4m/s流速作用下，外层抛石未见掀动和滚落，断面整体稳定。当流速由1.6m/s增大至2.0m/s时，部分工况可见块石发生掀动，个别块石发生滚落，断面整体仍稳定。

七、计算分析研究内容

（一）抛石块体稳定重量（尺寸）计算分析

根据多年的工程经验，稳定性问题与多与块石重量及尺寸有关。块石的稳定尺寸（粒径）或稳定重量与多种因素有关，主要包括水流的流速、水流的紊动程度、块石的密度、块石所在位置及抛填块石的级配等。

目前，确定块石重量或块石尺寸的方法主要有两种：一种是按照水工物理模型试验结果选取；另一种是采用经验公式进行计算。由于抛石稳定性的影响因素较多，块石的失稳起动为一随机过程。因此，难以利用数值模拟等手段实现准确预测。

水工物理模型试验在满足相似条件的基础上，通过复演原型的工作条件，在模型中研究在不同情况下的现象，可揭示水体与块石运动机理，反应实际工程中出现的各种问题，因而被广泛利用。经验公式则是研究人员在大量物理模型试验的基础上，根据基本的物理理论，从试验关键控制要素与结果出发，通过拟合获得近似表达式。因此，工程应用中，水工物理模型作为最终设计与施工依据，而经验公式一般只作为初步判断依据。

(1) 块石稳定重量（尺寸）的计算公式。从机理上讲，水流作用下抛石块体稳定性问题，实质上即是块石的起动问题。国内外在相关领域内的研究也较多，例如《防波堤的设计与施工规范》中的公式、长江水利研究院张光明公式、伊兹巴什公式、沙莫夫公式及《航道整治工程技术规范》中的公式。

其中，《防波堤的设计与施工规范》中的公式的流速为堤前最大波浪底流速，且针对流速在 $2.0 \sim 5.0 \mathrm{m/s}$，因此适用于风浪作用较强的水域；张光明公式适用于天然河流水面宽远大于水深的情况；沙莫夫公式主要考虑有限水深条件下的河流粗散沙粒体；伊兹巴什公式的背景条件是平稳截流条件，其试验采用的是近圆形的卵砾石；《航道整治工程技术规范》中的公式明确规定的适用条件则是 $3 \mathrm{m/s}$。

综合考虑不同公式的适用条件。本研究选用伊兹巴什公式对块石的稳定重量进行初步计算，公式形式如下

$$W_{\mathrm{S}} = K \rho_{\mathrm{s}} g \left[\frac{\rho_0}{g(\rho_{\mathrm{s}} - \rho_0)} \right]^3 v_{\mathrm{c}}^6$$

式中 W_{S}——块石重量；

  K——系数，一般取 0.0155；

  ρ_{s}——块石密度；

  ρ_0——水密度；

  g——重力加速度；

  v——流速。

为了更利于工程单位根据施工、石料等条件选取块石尺寸，对上式进行变换，可得块石稳定尺寸公式如下

$$L_{\mathrm{U}} = \sqrt[3]{\frac{W_{\mathrm{S}}}{\rho_{\mathrm{s}}}} / 0.0254$$

上式中，块石按照正方体考虑。

(2) 块石稳定尺寸的计算结果在进行抛石块体的设计时，一般步骤为：①根据工程的水流条件，按公式计算出抛石块体的稳定重量（尺寸）；②选取一定安全系数，并据此确定最终的块石重量（尺寸）。将块石重量（尺寸）乘以一定的安全系数，通常安全系数的取值为 $1.0 \sim 1.5$。

根据工程资料，选取的流速范围为 $1.0 \sim 2.0 \mathrm{m/s}$，块石的密度范围为 $2.4 \sim 2.7 \mathrm{t/m^3}$。

表 10-13 给出了典型条件下的块石稳定尺寸。在不同安全系数条件下的块石稳定尺寸与流速关系分别如图 10-18～图 10-23 所示。

表 10-13 　　　　　　　　　典型条件下的块石稳定尺寸　　　　　　　　　单位：英寸

安全系数 流速 (m/s)	1.0				1.5			
	$\rho=2.4$ (t/m³)	$\rho=2.5$ (t/m³)	$\rho=2.6$ (t/m³)	$\rho=2.7$ (t/m³)	$\rho=2.4$ (t/m³)	$\rho=2.5$ (t/m³)	$\rho=2.6$ (t/m³)	$\rho=2.7$ (t/m³)
1.0	1.6	1.5	1.4	1.3	1.8	1.7	1.6	1.5
1.4	3.1	2.9	2.7	2.6	3.6	3.3	3.1	2.9
2.0	6.4	6.0	5.6	5.2	7.3	6.8	6.4	6.0

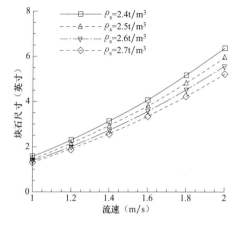

图 10-18　安全系数为 1.0 条件下的流速与
块石稳定重量关系

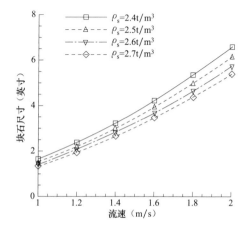

图 10-19　安全系数为 1.1 条件下的流速与
块石稳定重量关系

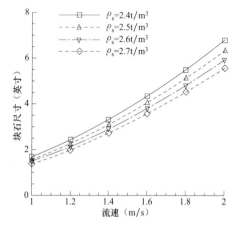

图 10-20　安全系数为 1.2 条件下的流速与
块石稳定重量关系

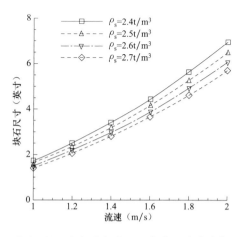

图 10-21　安全系数为 1.3 条件下的流速与
块石稳定重量关系

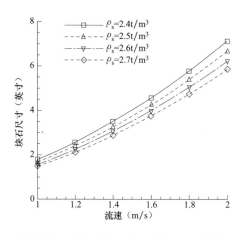

图 10-22　安全系数为 1.4 条件下的流速与
块石稳定重量关系

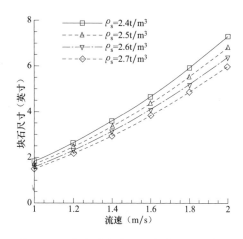

图 10-23　安全系数为 1.5 条件下的流速与
块石稳定重量关系

由上述计算结果可知：在极限流速条件（2m/s）下，取较高的安全系数（1.5）块石尺寸应取 6～8 英寸；若取较低的安全系数（1.0），则块石尺寸可取 5～6 英寸。在块石临界稳定重量试验中，6～8 英寸块石是稳定的，但 4～6 英寸的块石多处于临界稳定状态。根据 JTJ 298—1998《防波堤设计与施工规范》规定，堤坝护面底块石的稳定重量可根据堤前最大波浪底流速按规范中表 4.2.21 确定。当底流速达到 2m/s 时，块石的稳定质量应不小于 60kg。按照块石密度取 2.4～2.7t/m³，外层底块石的尺寸应达到 13.7～14.3 英寸。根据《防波堤设计与施工规范》，石料应满足下列要求，在水中浸透后的强度：对于护面块石和需要进行夯实的基床块石不应低于 50MPa；对于垫层块石和不进行夯实的基床块石不应低于 30MPa；不成片状，无严重风化和裂纹；对堤心石和填料，可根据具体情况适当降低要求。

（二）散抛块石对海底电缆冲击力的计算分析

抛石对海底电缆冲击力虽然是一个较为复杂的问题，但综合考虑抛石水深、施工工艺、当地海洋环境动力要素等条件，经分析可知，上述冲击力主要取决于抛石块体下降至海底电缆处的冲击速度，该速度主要由水平向运动速度及竖向块石沉降速度组成。因此，抛石块体对海底电缆的冲击力主要取决于块石到达电缆前的矢量速度。块石的沉降速度则受到块石比重、形状特点、流体运动特征等多方面因素的影响；块石水平速度则与块石比重与水流流速有关。

（1）抛石块体沉降的动力学特征：一个物体在静止的无限液体中沉降的时候，最初受到重力作用而加速，但加速以后，液体对物体的阻力增大，经过一段距离后，重力与阻力平衡，物体将做等速沉降。物体沉降时所受到的阻力是绕流阻力，由表面阻力和形状阻力两部分组成。表面阻力是由液体的黏滞性和流速梯度产生的切向作用力；形状阻力是因边界层的分离，物体后部产生漩涡，使该区域内压力为负值，阻止物体向前运动，它的大小取决于物体的形状和流速。为说明抛石块体在液体中的运动状态，先从球体入手，然后再讨论任意形状块石的沉降速度。

球体在液体中沉降分三种状态：层流沉降时，流线紧贴球体，只受表面阻力的作用；紊流沉降时，边界层分离，球的后部产生漩涡，阻力主要是形状阻力；过渡状态沉降时，表面阻力和形状阻力应同时考虑。由于海洋动力环境复杂，故抛石块体在液体中的沉降状态主要为紊流沉降。

（2）抛石块体竖向运动微分方程的推导：抛石块体沉降过程中在铅垂方向主要受到三个作用力，分别为：块体的重力 G_w、块体所受的浮力 G_f 及块体受到的流体阻力 F_d。其中，重力和浮力在块体的整个运动过程中保持不变，两者的合力可记为 $G=G_w-G_f$。流体阻力 F_d 与沉降速度的平方成正比，表达式为 $F_d=f \cdot v^2$，其中 f 为阻力系数，v 为块石的沉降速度。

根据牛顿第二运动定律，可得

$$m = \frac{\mathrm{d}v}{\mathrm{d}t} = G = fv^2 \tag{10-1}$$

式中　m——抛石块体的质量。

为了考察沉降速度与抛石水深之间的关系，对式（10-1）进行变换，可得

$$m \frac{\mathrm{d}v}{\mathrm{d}h} \cdot \frac{\mathrm{d}h}{\mathrm{d}t} = G - fv^2$$

即

$$mv \frac{\mathrm{d}v}{\mathrm{d}h} = G - fv^2 \tag{10-2}$$

式（10-2）即为抛石块体沉降速度沿水深变化的描述方程，分析等式两端可得

$$\frac{m}{2} \frac{\mathrm{d}v^2}{\mathrm{d}h} = G - fv^2$$

令

$$v = v^2$$

得

$$\frac{m}{2} \frac{\mathrm{d}v}{\mathrm{d}h} = G - fv \tag{10-3}$$

上式（10-3）为非齐次线性微分方程，假设该方程的通解为

$$v = Ce^{rh} \tag{10-4}$$

式（10-4）代入式（10-3），得

$$\frac{m}{2} Cre^{rh} = G - fCe^{rh}$$

整理可得

$$\left(\frac{m}{2}r + f\right)Ce^{rh} = G \tag{10-5}$$

对于式（10-2）对应齐次方程（$G=0$）而言，由于 $Ce^{rh} \neq 0$，即

$$r = -\frac{2f}{m}$$

因此

$$v = Ce^{\frac{2f}{m}h}$$

假设 C 为 h 的函数，即

$$v = C(h)e^{\frac{2f}{m}h}$$

将其代入非齐次方程式（10-3），可得

$$\frac{m}{2}C(h)\left(-\frac{2f}{m}\right)\mathrm{e}^{\frac{2f}{m}h}+\frac{m}{2}C'(h)\mathrm{e}^{\frac{2f}{m}h}=G-fC(h)\mathrm{e}^{\frac{2f}{m}h}$$

由上式可得

$$\frac{m}{2}C'(h)\mathrm{e}^{\frac{2f}{m}h}=G$$

由该式可得表达式

$$C'(h)=\frac{2}{m}G\mathrm{e}^{\frac{2f}{m}h}$$

对该式左右两边积分可得

$$C(h)=\frac{1}{f}G\mathrm{e}^{\frac{2f}{m}h}+c \tag{10-6}$$

将式（10-6）代入式（10-5），可得

$$v(h)=\left(\frac{1}{f}G\mathrm{e}^{\frac{2f}{m}h}+c\right)\mathrm{e}^{\frac{2f}{m}h}$$

即

$$v(h)=\frac{1}{f}\cdot G+c\mathrm{e}^{\frac{2f}{m}h} \tag{10-7}$$

式（10-7）即为沉降速度沿水深变化的表达式。为了求解常系数 c，需考虑该方程的初始条件：抛石块体离开驳船或漏斗时的初速度为 0，即当 $h=0$ 时，$v=0$。

代入式（10-7），可得

$$c=-\frac{1}{f}G \tag{10-8}$$

将上式代入式（10-7）可得

$$v(h)=\frac{G}{f}(1-\mathrm{e}^{\frac{2f}{m}h})$$

即

$$v^2(h)=\frac{G}{f}(1-\mathrm{e}^{\frac{2f}{m}h})$$

即

$$v(h)=\left[\frac{G}{f}(1-\mathrm{e}^{\frac{2f}{m}h})\right]^{\frac{1}{2}} \tag{10-9}$$

（3）抛石块体水平运动方程的推导：假设块石仍为球体，块石水平方向的运动主要受到水流的水平推动力作用。因此，假设块石的质量为 m，则其所受推动力与块石运动速度的关系为

$$F=m\frac{\mathrm{d}u}{\mathrm{d}t} \tag{10-10}$$

式（10-10）中，推动力 F 的表达式可写为

$$F=\eta\rho_\mathrm{w}d^2(u_0-u) \tag{10-11}$$

$$m = \frac{1}{6}\rho_{\mathrm{s}}\pi d^3 \tag{10-12}$$

式中　η——阻力系数;

　ρ_{w} 和 ρ_{s}——水和块石的密度;

　u——块石运动速度;

　u_0——水流流速。

将式（10-11）、式（10-12）代入式（10-10），可得

$$\frac{\mathrm{d}u}{\mathrm{d}t} = \frac{6\eta\rho_{\mathrm{w}}}{\pi\rho_{\mathrm{s}}d}(u_0 - u)^2$$

将上式进行积分，可得

$$u = u_0 - \frac{1}{at+b} \tag{10-13}$$

式中，b 为积分常数

$$a = \frac{6\eta\rho_{\mathrm{w}}}{\pi\rho_{\mathrm{s}}d}$$

由于块石在脱离漏斗的瞬间水平速度为 0，即 $t=0$ 时，$u=0$。根据上述初始条件可得 $b=1/u_0$，并代入式（10-13）得

$$u = \frac{au_0^2 t}{au_0 t + 1} \tag{10-14}$$

上式即为块石水平运动速度方程，式中 t 由漏斗底高与块石沉降速度共同决定，阻力系数 η 取值为 0.65 计算。

（4）散抛块石的冲击速度与入射角度。

散抛块石在不同流速（0.5、1.0、1.5、2.0m/s）和漏斗底高度（2、5m）条件下的冲击速度和入射角度（与水平面夹角）分别如图 10-24～图 10-31 所示。典型条件下块石的冲击速度，分别如表 10-14～表 10-17 所示。

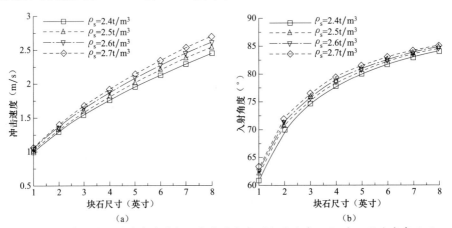

图 10-24　散抛块石的冲击速度与入射水平夹角（水平流速 0.5m/s，漏斗底高 2m）

（a）冲击速度；（b）入射水平夹角

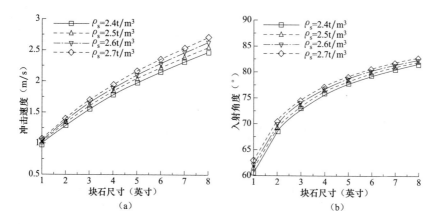

图 10-25　散抛块石的冲击速度与入射水平夹角（水平流速 0.5m/s，漏斗底高 5m）
（a）冲击速度；（b）入射水平夹角

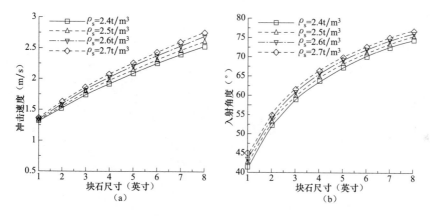

图 10-26　散抛块石的冲击速度与入射水平夹角（水平流速 1.0m/s，漏斗底高 2m）
（a）冲击速度；（b）入射水平夹角

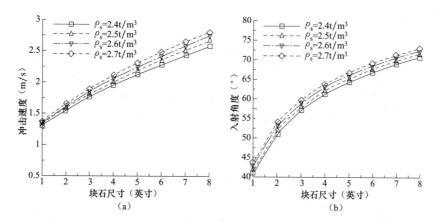

图 10-27　散抛块石的冲击速度与入射水平夹角（水平流速 1.0m/s，漏斗底高 5m）
（a）冲击速度；（b）入射水平夹角

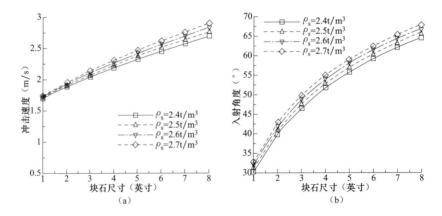

图 10-28　散抛块石的冲击速度与入射水平夹角（水平流速 1.5m/s，漏斗底高 2m）

（a）冲击速度；（b）入射水平夹角

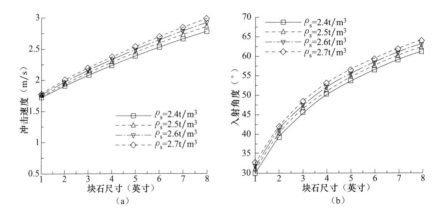

图 10-29　散抛块石的冲击速度与入射水平夹角（水平流速 1.5m/s，漏斗底高 5m）

（a）冲击速度；（b）入射水平夹角

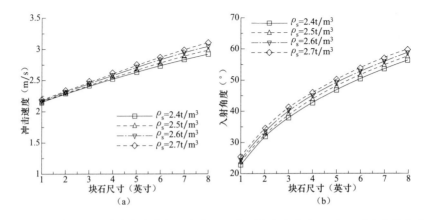

图 10-30　散抛块石的冲击速度与入射水平夹角（水平流速 2.0m/s，漏斗底高 2m）

（a）冲击速度；（b）入射水平夹角

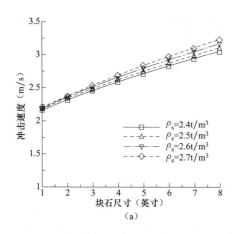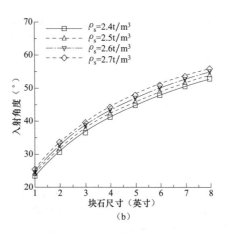

图 10-31　散抛块石的冲击速度与入射水平夹角（水平流速 2.0m/s，漏斗底高 5m）

(a) 冲击速度；(b) 入射水平夹角

表 10-14	典型条件下的冲击速度（水平流速 0.5m/s）						单位：m/s	
密度（t/m³） 块石尺寸（英寸）	漏斗底高度（2m）				漏斗底高度（5m）			
	2.4	2.5	2.6	2.7	2.4	2.5	2.6	2.7
1	0.99	1.01	1.04	1.06	0.99	1.02	1.05	1.07
2	1.30	1.34	1.38	1.41	1.31	1.35	1.39	1.43
8	2.45	2.54	2.62	2.70	2.47	2.55	2.63	2.71

表 10-15	典型条件下的冲击速度（水平流速 1.0m/s）						单位：m/s	
密度（t/m³） 块石尺寸（英寸）	漏斗底高度（2m）				漏斗底高度（5m）			
	2.4	2.5	2.6	2.7	2.4	2.5	2.6	2.7
1	1.30	1.32	1.34	1.36	1.31	1.33	1.35	1.37
2	1.54	1.57	1.61	1.64	1.56	1.60	1.63	1.66
8	2.53	2.61	2.69	2.76	2.58	2.66	2.74	2.81

表 10-16	典型条件下的冲击速度（水平流速 1.5m/s）						单位：m/s	
密度（t/m³） 块石尺寸（英寸）	漏斗底高度（2m）				漏斗底高度（5m）			
	2.4	2.5	2.6	2.7	2.4	2.5	2.6	2.7
1	1.71	1.73	1.74	1.75	1.72	1.74	1.75	1.77
2	1.89	1.91	1.94	1.96	1.91	1.94	1.97	1.99
8	2.69	2.76	2.83	2.90	2.78	2.85	2.92	2.99

表 10-17 典型条件下的冲击速度（水平流速 2.0m/s） 单位：m/s

块石尺寸（英寸）＼密度（t/m³）	漏斗底高度（2m）				漏斗底高度（5m）			
	2.4	2.5	2.6	2.7	2.4	2.5	2.6	2.7
1	2.16	2.17	2.18	2.19	2.17	2.18	2.19	2.21
2	2.29	2.31	2.33	2.35	2.32	2.34	2.37	2.39
8	2.92	2.98	3.04	3.10	3.05	3.11	3.17	3.23

由上述计算结果可知，块石的撞击速度会随着尺寸的增大而增大，主要集中在 1.0～3.0m/s 范围内。随着水流流速的增加，不同块石尺寸的速度差异会减小。散抛块石的入射角度（与水平面夹角）也会随着块石的增大而增大。当流速为 0.5m/s 时，入射角度范围为 60°～90°；当流速为 1.0m/s 时，入射角度范围为 40°～80°；当流速为 1.5m/s 时，入射角度范围为 30°～70°；当流速为 2.0m/s 时，入射角度范围为 20°～60°。主要原因是当块石质量较小时，块石的撞击速度主要取决于水平流速；当块石质量较大时，块石的撞击速度主要取决于的竖向沉降速度。

（三）散抛块石的冲击力

在海底电缆无跨空条件下，块石对海底电缆冲击力可按动量定理考虑，即块石到达电缆时所拥有的动量，全部转换为对海底电缆的冲量。

根据上述假设，计算获得的散抛块石在不同流速（0.5、1.0、1.5、2.0m/s）和漏斗底高度（2、5m）条件下的无跨空冲击力分别如图 10-32～图 10-35 所示。典型尺寸块石冲击力如表 10-18～表 10-21 所示。

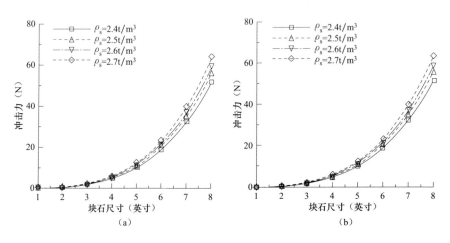

图 10-32 水平流速 0.5m/s 条件下的散抛块石冲击力
(a) 漏斗底高 2m；(b) 漏斗底高 5m

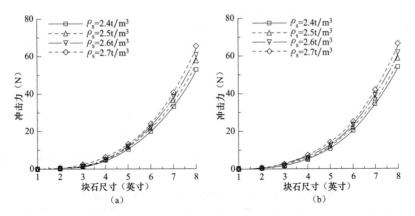

图 10-33　水平流速 1.0m/s 条件下的散抛块石冲击力

(a) 漏斗底高 2m；(b) 漏斗底高 5m

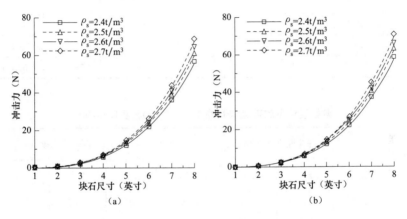

图 10-34　水平流速 1.5m/s 条件下的散抛块石冲击力

(a) 漏斗底高 2m；(b) 漏斗底高 5m

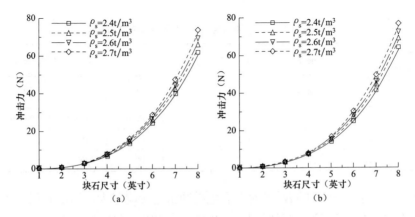

图 10-35　水平流速 2.0m/s 条件下的散抛块石冲击力

(a) 漏斗底高 2m；(b) 漏斗底高 5m

表 10-18　　　　典型条件下的散抛块石冲击力（水平流速 0.5m/s）　　　单位：N

密度 (t/m³) 块石尺寸 (英寸)	漏斗底高度（2m）				漏斗底高度（5m）			
	2.4	2.5	2.6	2.7	2.4	2.5	2.6	2.7
1	0.04	0.04	0.05	0.05	0.04	0.04	0.05	0.05
2	0.43	0.46	0.49	0.52	0.43	0.46	0.50	0.53
8	51.71	55.75	59.87	64.09	51.99	56.03	60.15	64.36

表 10-19　　　　典型条件下的散抛块石冲击力（水平流速 1.0m/s）　　　单位：N

密度 (t/m³) 块石尺寸 (英寸)	漏斗底高度（2m）				漏斗底高度（5m）			
	2.4	2.5	2.6	2.7	2.4	2.5	2.6	2.7
1	0.05	0.06	0.06	0.06	0.05	0.06	0.06	0.06
2	0.51	0.54	0.57	0.61	0.51	0.55	0.58	0.62
8	53.37	57.35	61.41	65.57	54.39	58.40	62.49	66.67

表 10-20　　　　典型条件下的散抛块石冲击力（水平流速 1.5m/s）　　　单位：N

密度 (t/m³) 块石尺寸 (英寸)	漏斗底高度（2m）				漏斗底高度（5m）			
	2.4	2.5	2.6	2.7	2.4	2.5	2.6	2.7
1	0.07	0.07	0.08	0.08	0.07	0.07	0.8	0.8
2	0.62	0.66	0.69	0.73	0.63	0.67	0.70	0.74
8	56.74	60.66	64.66	68.76	58.58	62.59	66.68	70.86

表 10-21　　　　典型条件下的散抛块石冲击力（水平流速 2.0m/s）　　　单位：N

密度 (t/m³) 块石尺寸 (英寸)	漏斗底高度（2m）				漏斗底高度（5m）			
	2.4	2.5	2.6	2.7	2.4	2.5	2.6	2.7
1	0.09	0.09	0.10	0.10	0.09	0.09	0.10	0.10
2	0.76	0.79	0.83	0.87	0.77	0.80	0.84	0.88
8	61.67	65.56	69.53	73.59	64.24	68.29	72.43	76.65

　　由上述计算结果可知，块石质量对海底电缆冲击力影响很大，当块石尺寸不大于 2 英寸时，其冲击力不会大于 1N。当块石尺寸达到 8 英寸时，在各流速条件下，块石对海底电缆的冲击力均大于 50N。因此，在电缆外层进行初步保护是必要的。

在海底电缆敷设过程中，由于地形地质原因，某些位置可能出现电缆跨空的状况。上述电缆可假设为简支梁进行抛石冲击力计算，考虑最不利情况，块石作用于电缆的跨中位置，则根据机械能守恒原理，可得

$$\frac{1}{2}mv^2 + (mg - \rho gv)\Delta_\mathrm{d} = 2\int_0^{L/2} \frac{m^2(x)}{2EI}\mathrm{d}x \qquad (10\text{-}15)$$

上式左边第一项为块石动能，第二项为块石接触海底电缆后减小的势能，等式右边为海底电缆变形产生的应变能。此外，ρ 为水的密度；V 为石子的体积；EI 为电缆截面的抗弯刚度；L 为电缆的跨度。若假设 Δ_d 为电缆受冲击荷载时跨中的挠度，F_d 为冲击荷载的大小，则式（10-15）可改写为：

$$\frac{1}{2}mv^2 + (mg - \rho gV)\Delta_\mathrm{d} = 2\int_0^{L/2} \frac{M^2(x)}{2EI}\mathrm{d}x = \int_0^{L/2} \frac{F_\mathrm{d}^2}{4EI}x^2\mathrm{d}x = \frac{F_\mathrm{d}^2 L^3}{96EI}$$

又已知

$$F_\mathrm{d} = \frac{48EI}{L^3}\Delta_\mathrm{d}$$

整理式（10-15）可得

$$\frac{1}{2}mv^2 + (mg - \rho gV)\Delta_\mathrm{d} = \frac{24EI}{L^3}\Delta_\mathrm{d}^2 \qquad (10\text{-}16)$$

求解式（10-16），即得 Δ_d 的大小。令

$$\Delta_\mathrm{st} = \frac{(mg - \rho gV)L^3}{48EI}$$

即石子在海底电缆上跨中产生的静力挠度，则上式变为

$$\Delta_\mathrm{d}^2 - 2\Delta_\mathrm{st}\Delta_\mathrm{d} - \frac{mv^2 L^3}{48EI} = 0 \qquad (10\text{-}17)$$

考虑到实际工程情况，电缆产生的挠度远小于跨长。因此，式（10-15）中的势能变化项可忽略不计，整理式（10-17）可得

$$\Delta_\mathrm{d} = \sqrt{\frac{mv^2 L^3}{48EI}}$$

再令动力放大系数

$$K_\mathrm{d} = \frac{\Delta_\mathrm{d}}{\Delta_\mathrm{st}}$$

则块石跨空冲击力的大小可表示为

$$F_\mathrm{d} = K_\mathrm{d}(mg - \rho gV)$$

考虑实际工程特点与电缆抗弯刚度等条件，跨空长度分别取 1.0、2.0m 和 5.0m。计算获得的散抛块石在不同流速（0.5、1.0、1.5、2.0m/s）和漏斗底高度（2、5m）条件下的跨空冲击力分别如图 10-36～图 10-43 所示。典型尺寸块石冲击力如表 10-22～表 10-25 所示。

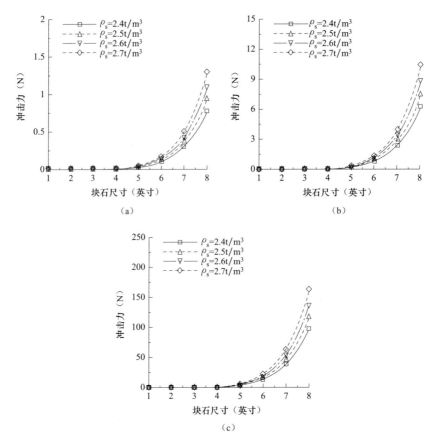

图 10-36　水平流速 0.5m/s 条件下的散抛块石冲击力（漏斗底高 2m）
（a）跨空 1m；（b）跨空 2m；（c）跨空 5m

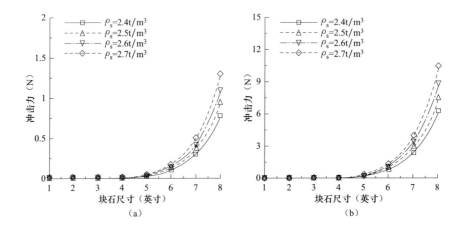

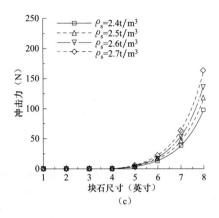

图 10-37　水平流速 0.5m/s 条件下的散抛块石冲击力（漏斗底高 5m）

(a) 跨空 1m；(b) 跨空 2m；(c) 跨空 5m

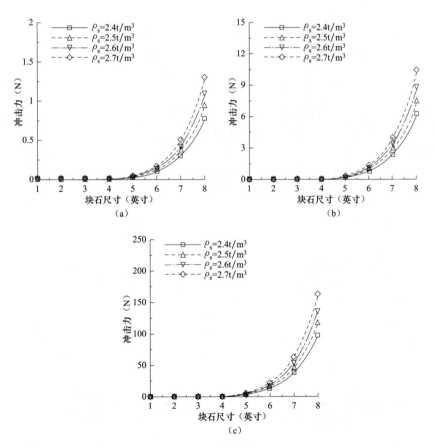

图 10-38　水平流速 1.0m/s 条件下的散抛块石冲击力（漏斗底高 2m）

(a) 跨空 1m；(b) 跨空 2m；(c) 跨空 5m

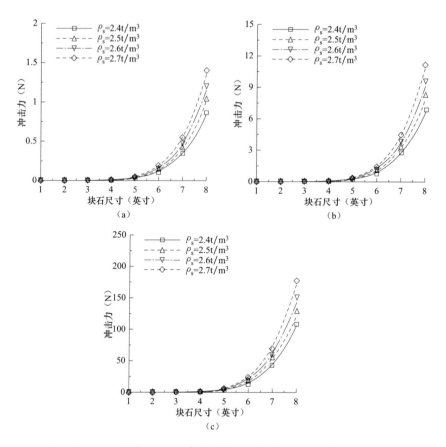

图 10-39　水平流速 1.0m/s 条件下的散抛块石冲击力（漏斗底高 5m）

（a）跨空 1m；（b）跨空 2m；（c）跨空 5m

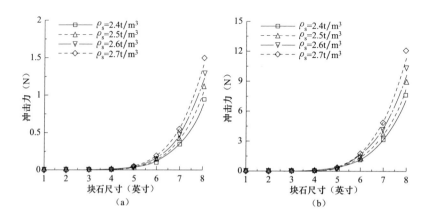

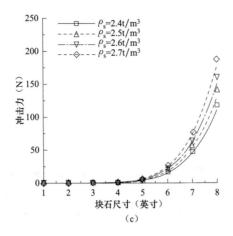

图 10-40　水平流速 1.5m/s 条件下的散抛块石冲击力（漏斗底高 2m）

（a）跨空 1m；（b）跨空 2m；（c）跨空 5m

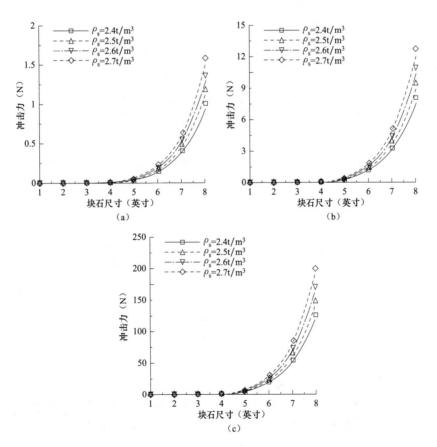

图 10-41　水平流速 1.5m/s 条件下的散抛块石冲击力（漏斗底高 5m）

（a）跨空 1m；（b）跨空 2m；（c）跨空 5m

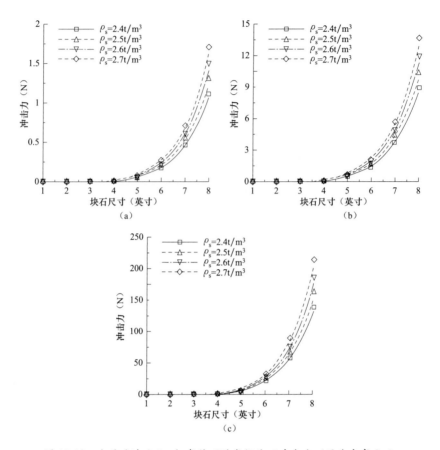

图 10-42 水平流速 2.0m/s 条件下的散抛块石冲击力 (漏斗底高 2m)

(a) 跨空 1m; (b) 跨空 2m; (c) 跨空 5m

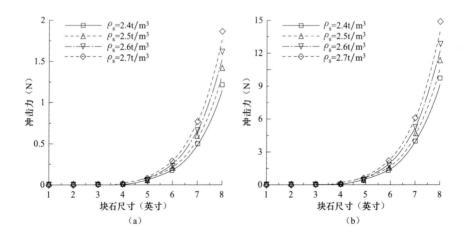

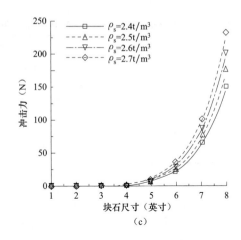

图 10-43　水平流速 2.0m/s 条件下的散抛块石冲击力（漏斗底高 5m）

(a) 跨空 1m；(b) 跨空 2m；(c) 跨空 5m

表 10-22　　　　　　典型条件下的散抛块石跨空冲击力（水平流速 0.5m/s）　　　　单位：N

密度 (t/m³) 块石尺寸 (英寸)	漏斗底高度（2m）						漏斗底高度（5m）					
	跨空 1m		跨空 2m		跨空 5m		跨空 1m		跨空 2m		跨空 5m	
	2.4	2.7	2.4	2.7	2.4	2.7	2.4	2.7	2.4	2.7	2.4	2.7
4	0.01	0.01	0.05	0.08	0.79	1.31	0.01	0.01	0.05	0.08	0.81	1.33
6	0.11	0.18	0.85	1.40	13.21	21.91	0.11	0.18	0.86	1.42	13.40	22.17
8	0.78	1.30	6.27	10.43	97.94	162.9	0.79	1.31	6.34	10.52	99.01	164.3

表 10-23　　　　　　典型条件下的散抛块石跨空冲击力（水平流速 1.0m/s）　　　　单位：N

密度 (t/m³) 块石尺寸 (英寸)	漏斗底高度（2m）						漏斗底高度（5m）					
	跨空 1m		跨空 2m		跨空 5m		跨空 1m		跨空 2m		跨空 5m	
	2.4	2.7	2.4	2.7	2.4	2.7	2.4	2.7	2.4	2.7	2.4	2.7
4	0.01	0.01	0.06	0.10	0.94	1.50	0.01	0.01	0.06	0.10	0.98	1.56
6	0.12	0.19	0.94	1.51	14.62	23.66	0.12	0.20	0.97	1.57	15.22	24.57
8	0.83	1.36	6.68	10.91	104.3	170.5	0.87	1.41	6.93	11.28	108.4	176.3

表 10-24　　　　　　典型条件下的散抛块石跨空冲击力（水平流速 1.5m/s）　　　　单位：N

密度 (t/m³) 块石尺寸 (英寸)	漏斗底高度（2m）						漏斗底高度（5m）					
	跨空 1m		跨空 2m		跨空 5m		跨空 1m		跨空 2m		跨空 5m	
	2.4	2.7	2.4	2.7	2.4	2.7	2.4	2.7	2.4	2.7	2.4	2.7
4	0.01	0.01	0.08	0.12	1.22	1.87	0.01	0.02	0.08	0.13	1.28	1.97
6	0.14	0.22	1.11	1.74	17.41	27.24	0.15	0.23	1.18	1.85	18.49	28.94
8	0.94	1.50	7.55	12.00	117.9	187.5	1.01	1.59	8.04	12.75	125.7	199.2

表 10-25　　　　　　　典型条件下的散抛块石跨空冲击力（水平流速 2.0m/s）　　　　单位：N

块石尺寸 （英寸）	密度 （t/m³）	漏斗底高度（2m）						漏斗底高度（5m）					
		跨空 1m		跨空 2m		跨空 5m		跨空 1m		跨空 2m		跨空 5m	
		2.4	2.7	2.4	2.7	2.4	2.7	2.4	2.7	2.4	2.7	2.4	2.7
4		0.01	0.02	0.10	0.15	1.62	2.41	0.01	0.02	0.11	0.16	1.71	2.55
6		0.17	0.26	1.38	2.10	21.62	32.75	0.19	0.28	1.49	2.26	23.21	35.28
8		1.11	1.72	8.91	13.75	139.3	214.8	1.21	1.86	9.67	14.92	151.1	233.1

八、结论与建议

（1）通过物理模型试验与计算分析研究，得出如下结论：

在设计断面条件（梯形、斜坡比为 1∶2）下，在流速不大于 1.4m/s 时，各尺寸石料均未出现掀动和滚落，断面整体基本稳定。极限海流条件（2m/s）下，火山岩与玄武岩在尺寸小于 6 英寸时，可见明显块石滚落，堤身变形明显；当尺寸大于 6 英寸时，两类石料仅见个别掀动，断面基本无变形。因此，在当前环境动力条件下，6～8 英寸以上尺寸块石稳定，4～6 英寸块石处于临界稳定状态。在内层抛石为 1～2 英寸、外层抛石为 2～8 英寸情况下，火山岩与玄武岩抛石堤坝在极限海流条件下整体断面基本稳定，未见明显破坏及堤心石与海底电缆外露。在较大的水深条件下，火山岩与玄武岩断面整体在水流作用下块石会进一步压实，产生不均匀下降现象。典型水深条件（10m）下，抛石堤坝在极限海流与极限波高共同作用条件下，火山岩与玄武岩均失稳，堤坝顶面均见明显块石滚落，断面整体也会产生不均匀下降。内层抛石断面在不大于 1.6m/s 海流条件下基本稳定，在大于 1.6m/s 海流条件下，断面失稳；当海流流速达到 2.0m/s 时，火山岩断面完全破坏，海底电缆外露；当海流流速达到 2.0m/s 时，玄武岩断面虽然海底电缆未外露，但抛石断面结构已完全破坏。内层抛石为 1～2 英寸、外层抛石为 2～8 英寸情况下，不同堤间距试验条件下堤脚均有不同程度冲刷，在极限流速条件（2.0m/s）下，斜坡坡面块石有滚落，4m 间距冲刷程度最大，但整体形状基本稳定。内层抛石为 1～2 英寸、外层抛石为 2～8 英寸情况下，抛石堤坝在梯形断面斜坡比为 1∶3 与抛石自然散布形状下，整体稳定，在极限流速条件下个别块石掀动，未见明显块石滚落现象；在梯形断面斜坡比 1∶1.5 条件下，整体基本稳定，但在极限海流条件下，可见块石由迎流面翻滚至坡顶面。各级配条件下抛石堤坝断面整体基本稳定。在级配比为 1∶1∶2 时，流速为 2m/s 时可见块石少量滚落；其他级配在上述流速条件下发现个别块石发生掀动。不同块石在各施工条件下，均有明显偏移量。其中 1～2 英寸块石偏移量较大，除流速 0.5m/s、漏斗底高 2m 条件下之外，其他条件下，该尺寸块石偏移量均超过 2m。块石尺寸和跨空长度对块石冲击力影响较大。当块石尺寸为 1～2 英寸时，块石的无跨空与跨空冲击力均满足海底电缆的工程安全要求。

（2）根据试验与计算结论，建议如下：

建议块石比重 2.7，外层抛石块石尺寸选择范围在 2～8 英寸。综合考虑施工工艺等条件，外层抛石 2～4 英寸、4～6 英寸、6～8 英寸块石级配比例建议选取 1：1：1。内层抛石选择 1～2 英寸，鉴于小尺寸块石散抛偏移量相对较大，且 4 英寸块石散抛最大冲击力（电缆跨空状态）小于 10N，可考虑内层抛石选择 1～4 英寸。根据《防波堤设计与施工规范》要求，堤坝底护面块石的尺寸不应小于 14 英寸。石料在水中浸透后的强度不应小于 30MPa，且不成片状、无严重风化及裂纹。建议本工程施工应选取无风化的高强度的新鲜石料，且在施工条件允许的情况下，堤身表层块石尺寸尽量大一些。建议在堤顶面宽度 1m、堤身高度为 1m 条件下，梯形断面坡度不大于 1：3 为佳；或堤底宽度为 5m 时，应采用抛石自然形成形状，坡度不宜小于 1：2。建议抛石不分段，堤头段坡度适当放缓，与海底地形平顺过渡，尽量不形成束流状况。堤坝坡脚处护底块石增大尺寸 20%～30% 以抵抗海流冲刷。建议堤心石抛填应选择海流流速不大于 1.4m/s 的时间段施工，并尽量缩短堤心石抛填与外层护面块石的施工时间间隔，保证海底电缆工程安全。建议在海底电缆跨空的工程位置以 1～2 英寸块石填空，并适当增加 1～2 英寸块石抛石量，保证电缆之上的保护高度不小于 0.5m，再进行外层抛石。试验显示，当水深小于 15m 时，风暴潮波浪影响明显，在波浪与极限海流共同作用条件下，抛石保护设计方案不能满足工程安全要求。随着水深加大，波浪影响逐步减小。当水深大于 20m 时，波浪作用影响明显小于海流作用影响。因此本工程设计方案在 40m 以上水深条件下实施，可不考虑波浪的影响，满足工程安全要求。

第五节　海底电缆埋设保护 *BPI* 指数应用研究

500kV 海底电缆埋设保护工程，主要解决海底电缆长期在海底环境运行的稳固，并具备抵御外力冲击破坏，防止在海流的作用下长期疲劳运动，造成海底电缆机械性损伤。《电力工程电缆设计规范》中要求：水下电缆不得悬空于水中，浅水区埋深不宜小于 0.5m，深水航道区埋深不宜小于 2m。联网工程设计中遵循了规范要求；海底电缆保护埋深设计值 1.5～2m。然而，规范和设计中均未涉及海床地质条件。在工程实践中，海床软质层即使埋深大于 2m，仍不能抵御一般船用锚具破坏。而海床硬质层如达到设计埋深值，则会造成工程造价大幅提高，且难以进行工程施工，也会造成海底电缆修复困难。

针对上述问题，将联网工程海底电缆路由地质资料和海底电缆路由海域航运资料委托 DNV（挪威船级社）的研究机构，以期获得海底电缆埋设深度的依据。2008 年 8 月，DNV 完成了课题计算，并提供了相应的技术研究报告。

在 DNV 的研究报告中，将海底电缆路由不同海床地质土壤的不排水抗剪强度对应 *BPI* 指数，确认为以不同重量锚具的锚链最小抗断强度乘以安全系数 1.5，并以此来确认不同的 *BPI* 掩埋指数，使得海底电缆掩埋指数 *BPI*＝1.5 的基本概念首次应用于联网工程海底电缆埋设建设中。

一、DNV 研究成果的主要范围

DNV（挪威船级社）是国际海洋工程审定、验证的独立第三方认证组织。DNV 研究机构早在 20 世纪 70 年代便开展了海洋工程管线、海底电缆埋设的研究课题。针对海底电缆埋设保护研究的主要范围包括锚具贯入不同海床土壤的深度；拖网及拖锚时锚链最小断开张力强度；不同重量、型式锚具贯入不同土壤敏感系数；不同水深海床土壤的梯度值等。

DNV 研究机构曾经做了几十组实体模拟试验，并将结果输入 DIGIN 计算机进行编程，借以提供委托方项目研究时，利用试验结果进行计算，而后获取有针对性的研究报告。对于锚具、拖锚、拖网等，对海底电缆埋深不同的 BPI 指数计算值，则是通过多元函数值建立数学模型求证。

（一）DNV 联网工程研究报告的主要内容及讨论

DNV 对联网工程研究报告，在给定的设计勘察资料和海底电缆路由海域航运资料的基础上，提供了锚具贯入海床不同土壤深度计算结果、100～2100kg 锚具的锚尖在不同土壤中贯入的路径图表；锚尖切入点深度与锚链最小抗断强度张力表，同时推荐了拖网穿入海床土壤和锚具贯入海床冲击能量的计算证明式。

1. 拖网承板穿入海床土壤深度计算

海底电缆埋设路由拖网承板穿入土壤深度计算证明式

$$Q_{u} = U_{r}\left\{F\left[514S_{uo} + \frac{RB}{4}(1 + S_{ua}) + P'\right]\right\} \qquad (10\text{-}18)$$

式中 U_r——在土壤强度上的速率效应，一般取常数 1.3；

B——与海床土壤接触面的宽度；

S_{uo}——形状系数（海床及以下的 BPI 指数变化比率的函数值）；

R——海床土壤不排水抗剪强度随深度变化的增长率；

P'——海床接触面的反作用力导数值。

由式（10-18）可看出，计算证明式的基础是海床土壤不排水抗剪强度值的变化，计算求出拖网承板破坏海底电缆保护的最小埋深值，为理论证明和满足设计要求提供了依据。

2. 锚具贯入海床土壤冲击能量计算

对锚具贯入海床土壤时冲击能量的计算式

$$E = \frac{1}{2}mv^2 + mg\Delta Z \qquad (10\text{-}19)$$

式中 m——锚具质量；

v——在海床上有效着地速率；

g——在海洋中的物体降落加速度；

ΔZ——在海床土壤中锚具贯入深度（DNV 实体模拟试验数据）。

计算中得出的冲击力与锚具贯入海床深度成正比，即冲击能量等于土壤不排水抗剪强度吸收能量。从 DIGIN 程序计算结果中得出锚链的最小张力等于锚链的断裂强度。锚链的抗断强度乘以安全系数 1.5，由此获得海底电缆保护 $BPI=1.5$ 指数埋深值。

对于联网工程，DNV 研究报告中给出了不同海床土壤不排水抗剪强度值、海底电缆路由航道常用锚具质量。对不同质量锚具贯入不同的不排水抗剪强度海床土壤的最大深度值，锚具最大深度的计算分别基于锚链最小抗断强度和乘以 1.5 倍的计算结果，对应 BPI 指数海底电缆埋深值确认，详见表 10-26。

表 10-26 　　　　　　　　　　　　**海床土壤不排水抗剪强度对应 BPI 指数埋深**

最小抗断强度					最小抗断强度（安全系数 1.5）				
不排水抗剪强度（kPa）	锚具型号				不排水抗剪强度（kPa）	锚具型号			
	100	500	1000	2100		100	500	1000	2100
5	1.60	1.86	2.60	3.35	5	2.55	2.75	3.80	4.70
10	1.20	1.48	2.20	2.90	10	2.08	2.36	3.20	4.20
20	0.60	0.96	1.50	2.10	20	1.15	1.47	2.40	3.30
30	0.37	0.68	1.15	1.65	30	0.65	1.00	1.70	2.60
40	0.28	0.54	0.85	1.20	40	0.42	0.78	1.30	1.90
50	0.22	0.40	0.70	1.05	50	0.35	0.60	1.08	1.55
80	0.15	0.28	0.43	0.70	80	0.22	0.42	0.65	1.05
100	0.14	0.23	0.40	0.60	100	0.21	0.34	0.57	0.85
150	0.08	0.16	0.30	0.40	150	0.12	0.24	0.42	0.55
200	0.07	0.12	0.25	0.30	200	0.10	0.18	0.35	0.40
350	0.05	0.07	0.13	0.15	350	0.07	0.10	0.20	0.22
500	0.04	0.05	0.09	0.10	500	0.06	0.07	0.15	0.16

（二）DNV 研究报告的补充内容与修正

2009 年 11 月，DNV 研究机构根据联网工程施工承包方要求，在施工承包方提供的修正资料基础上，补充与修正了 DNV 研究报告文件。修正参数确认见表 10-27。

表 10-27 　　　　　　　　　　　　**DNV/Nexans 修正参数确认**

序号	名称	单位	修正参数	确认方
1	锚质量	kg	500～1000	NEXANS
2	锚链径	mm	28	DNV
3	锚链断裂负荷	kN	449	DNV
4	黏土 BPI	kPa	100～200	NEXANS
5	敏感度		2	DNV
6	BPI 加大值	kPa/m	10	DNV

DNV 研究报告（补充）文件中，对联网工程海底电缆 BPI 指数埋深值确认，并提出讨论建议：

(1) $BPI=1$ 时，海底电缆埋入深度；仅能确保电缆不受普通的渔船锚具的影响。

(2) $BPI=2$ 时，海底电缆埋入深度；能确保电缆不受 2000kg 锚具的影响。

(3) $BPI=3$ 时，海底电缆埋入深度；能保护电缆不受大部分大型船只锚具影响。

(三) 不同土壤海底电缆埋深保护的 BPI 指数图

在 DNV 研究报告（补充）文件中，DNV 研究机构对联网工程海底电缆路由不同土壤海底电缆埋深保护的 BPI 指数参考了多项研究成果，推荐了不同土壤海底电缆埋深保护的 BPI 指数，如图 10-44 所示。

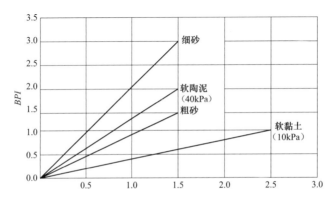

图 10-44　不同土壤海底电缆埋深保护的 BPI 指数

(四) 工程实践中应用 DNV 研究报告的讨论分析

DNV 研究报告为联网工程海底电缆埋设施工提供了严谨、科学的海底电缆埋深理论依据，丰富了设计规范和工程设计参考标准，从而使得联网工程海底电缆埋设施工建设具有了数据量化的概念，同时也为工程控制提供了可信的依据。

但是在实际工程施工中，几乎无法获取海底电缆路由每米精确的土壤不排水抗剪强度值。这是由于海底电缆路由勘察设计所确认的海床土壤不排水抗剪强度仅仅是钻探点的数据，而实际海床地质情况可能在每米的范围内发生变化。当不能确认每米海床土壤不排水抗剪强度时，便不能确认钻探点以外区间的海底电缆埋深达标值。在海底电缆埋设整体工程质量分析评价时，仍感到数据获取的不足。

为此，在联网工程海底电缆埋设施工中，仍需依据 DNV 研究报告进行实际工程应用研究，以满足、适用工程特点的实用方法，获得评价工程质量及施工效率的分析依据。

二、联网工程海底电缆路由不排水抗剪强度确认的实用方法

海底电缆埋设施工具有明确的特性，施工过程、质检、消缺、整改、验收，在对应每个作业点施工过程中必须一次性完成。施工设备的作业状态稍纵即逝，当施工作业结束后，则难以再精确定位。

（一）埋设机设备作业状态分析

埋设机设备作业时，利用高压水泵工作压力作用于冲埋臂喷射海床，使海床地质土壤切割成槽，同时导入海底电缆入槽。而埋设机在海底以水力喷射力和推进器自动推进，操作人员控制冲埋臂升降，从而完成作业过程。

当埋设机冲埋臂喷射进入海床后，水泵压力由喷射海床初始压力值逐渐加大，直至水泵最大压力值 25bar。冲埋臂喷射切割海床未达到设定值时，埋设机无法推进。因而，在冲埋作业过程中，埋设机前进的速度、喷射时间与海床土壤不排水抗剪强度存在线性函数关系，即地质层坚硬冲埋速度慢，耗时长。而喷射水泵压力与海床土壤不排水抗剪强度也存在线性函数关系，即地质层坚硬，水泵压力大，反之则减小。基于上述讨论，则可采用作图法进一步分析。

（二）作图分析法与应用

埋设机推进速度决定于冲埋缆槽形态，设埋设机推进 1m 时，按 DNV 研究报告给定的海底电缆埋深 $BPI=1.5$ 达标值（不考虑海床地形影响）。在埋设施工试冲埋时，选择两个或多个点已确认土壤不排水抗剪强度值，由高值作业点和低值作业点，分别记录达标深度值冲埋作业时间、水泵压力参数。以两点之间在数轴上连成一条直线 L_1，如图 10-45 所示。

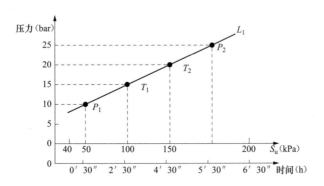

图 10-45　设备压力和作业时间对应不排水抗剪强度值

从图 10-45 可知，当冲埋作业时，可根据水泵压力值推算作业点每米的土壤不排水抗剪强度。对不同土壤不排水抗剪强度作业时间相加，则表示设备出力和效率有效时长。作业时长与水泵压力、土壤不排水抗剪强度之间并不是直线常数关系，因此判断作业时长和效率有效时间时，可采用区间平均法。例如图 10-46 中，$P_1 \sim T_1$ 点区间表示 50～100kPa 范围内平均采信校验值，T_2、P_2 点类推。图 10-46 中所示仅仅是作图法示例，在工程实践中会出现多种情况的类似关系图，以进行分析和判定各种不同因素影响工程质量和施工效率的情况。

（三）统计分析法与应用

海底电缆埋设作业中通常采用统计分析法来判定施工质量、施工效率。统计分析法是海底电缆施工过程中事中控制的措施之一，作业中发现问题可及时反馈操作人员纠正、预防非正常状态，同时还可对不合格作业点进行即时消缺、整改。海底电缆埋设施工过程中有多种常用的统计表格，针对土壤的不排水抗剪强度值判定的表格如表 10-28 所示。

表 10-28　　　　　　　　海床土壤不排水抗剪强度判定

施工统计值					评价判定值			
序号	公里桩	作业时间(h)	压力(bar)	实际埋深(m)	不排水抗剪强度（kPa）	BPI 达标值(m)	合格/不合格	判定建议
C1-1	18.463	5h40min	25	0.35	>150	0.32	合格	达标
C1-2	19.117	2h40min	15	0.35	<100	0.52	不合格	复埋
C1-3	20.933	3h50min	20	0.43	<150	0.42	合格	达标
C1-4	22.197	4h40min	25	0.38	>150	0.42	合格	达标
C1-5	22.241	5h10min	25	0.32	200	0.35	不合格	复埋
C1-6	22.568	2h20min	18	0.42	<100	0.52	不合格	抛石
C1-7	23.895	5h10min	25	0.25	>200	0.35	不合格	有石块/抛石
C1-8	23.897	5h20min	25	0	>200	0.35	不合格	悬空/抛石
C1-9	24.017	40min	10	0.9	>50	1.08	不合格	复埋
C1-10	25.352	2h15min	15	0.42	<100	0.52	不合格	复埋

三、相关讨论

由于海底电缆埋设施工中存在特性影响，施工作业过程中，采用喷射臂水泵压力和作业时长进行判定；海底电缆路由每米土壤不排水抗剪强度值的实用方法经工程实践和施工承包方后期检测证实，其正确率为80％以上。

（1）基于 500kV 海底电缆埋设保护工程中的实践，确认 DNV 研究报告；补充完善了工程设计中的设计依据。

（2）采用实用作图分析法和统计分析法，在海底电缆埋设施工中可借鉴、可操作。

第十一章
工程验收与评价

　　海底电缆建设工程验收与评价，是指工程建设达标投产验收结束后，对工程建设的总体验收和评价，其工程评价部分也是工程建设后评价的主要依据。按国家工程建设验收规范要求，工程验收分主要为三部分：工程主体验评、工程建设文件验收、工程竣工验收报告。竣工验收一般是工程建设移交运行后，经一段时间的运行考验，由建设单位编制《海底电缆工程竣工验收办法（规程）》。经项目法人单位组织评审，确定验收依据、执行标准、验收办法等。由于海底电缆工程建设是涉外工程项目建设，因此应进一步参考相关海底电缆工程建设的国际公约和国际标准。工程验收与评价对海底电缆工程建设的目的、执行过程、效益、作用和影响，进行初步系统地分析，总结正反两方面的经验教训，以提高项目的决策水平和建设管理水平，尤其对未来建设同类海底电缆工程项目有着直接的指导作用，有利于海底电缆工程项目整体建设水平的提高。

　　海底电缆建设工程验收与评价，以工程建设的工程中间验收、单位工程验收、分部工程验收、达标投产验收，工程建设专项验收结论为基础。专项验收是工程建设主管机构实施的监督措施，一般在工程达标验收之前完成，主要包括工程档案验收、水土保持设施竣工验收、环保竣工验收、工程消防验收、工程质量监督检查评价等项。

　　备查资料主要包括工程合法性依据资料、项目建议书及可研报告文件（环境影响报告及审查文件、工程概算及批复文件、项目核准及开工报批文件、项目规划许可文件、土地使用证、招投标资质文件、工程质量监督文件、移交生产签证书、工程各项专项验收资料等），以及各参建单位三标体系认证证书等（工程建设相关计划、工程基建计划、工程执行计划、工程供图计划、工程劳资证明文件等）。备查资料中，应涵盖各子项所要求的内容，资料应反映工程开工至完建及试验运行管理的全过程管理，资料应涵盖业主、监理、设计、施工、第三方等各单位相关资料。各相关检查资料应完整、闭合，即包括检查、问题整改、反馈、复查等一系列闭合资料。

第一节　海底电缆工程竣工验收办法

一、各分布工程申请竣工验收应具备的条件

　　（1）海底电缆工程交验部分已完工，并通过施工单位自检合格。

　　（2）有关工程资料（包括施工技术资料和质量体系资料）整理齐备，各项签字齐全，并有资料清单。

　　（3）分布工程验收前，经监理工程师复查符合验收条件且签字齐全。

　　（4）施工场地清理干净，现场施工环境符合文明施工要求。

（5）验收前 10 天，施工单位向项目管理部提交《海底电缆工程验收报验单》，经项目管理部审查合格后，由启委会验收组统一安排具体验收时间。

二、验评依据

《中华人民共和国建筑法》

《中华人民共和国招标投标法》

《中华人民共和国合同法》

《中华人民共和国安全生产法》

《联合国海洋法公约》

《国家海洋事业发展刚要》

《建筑工程安全生产管理条例》

《建筑工程质量管理条例》

GB 6722—2003《爆破安全规程》

《电力工程达标投产管理办法》（2006 年版）

GB 50233—2005《110～500kV 架空电力线路施工及验收规范》

DL/T 5168—2002《110～500kV 架空电力线路工程施工质量及评定规程》

Q/CSG 10017.1—2007《110～500kV 送变电工程质量检验及评定标准 第一部分：送电工程》

《输变电工程达标投产考核评定标准》（2006 版）

与工程质量有关的其他现行国家标准或部颁标准

经批准的工程设计文件、变更通知单

工程施工合同及变更文件资料

南方电网公司《工程建设管理办法》、《质量检查验收范围划分表》

500kV 海底电缆工程技术规范书：引用标准部分

三、国际法律相关依据

International Convention of March 14，1884 for the Protection of Submarine Cables《海底电缆国际保护公约》

Geneva Convention on the High Seas（1958）《日内瓦公海公约》

Convention on the Territorial Sea（1958）《日内瓦领海和毗连区公约》

Convention on the Continental Shelf（1958）《大陆架公约》

United Nations Convention on the Law of the Sea《联合国海洋法公约》

UNCLOS 1982：Submarine Cables and Pipelines《联合国海洋法公约：海底电缆以及海管》

Legal Regimes Chart《法律制度图》

四、国际海底电缆方面相关设计、安装规范（标准）

ISO 13628-5，Petroleum and natural gas industries Design and operation of subsea production systems Part 5：Subsea umbilicals

DNV RP E305，On-bottom stability design of submarine pipelines

IEC 60502，Power cables with extruded insulation and their accessories for rated voltages from 1kV (U_m＝1，2kV) up to 30kV (U_m＝36kV) -Part 2：Cables for rated voltages from 6kV (U_m＝7，2kV) and up to 30kV (U_m＝36kV)

CIGRE Electra No. 68 Recommendations for mechanical tests on submarine cables

IEEE STD 1120，IEEE guide for the planning，design，installation and repair of submarine power cable systems

ICPC recommendation no 6 recommended actions for effective cable protection（post installation)

IEEE 1120—2004，Guide for the planning，design，installation，and repair of submarine power cable systems

IEC 60228，Conductors of insulated Cable 1983

IEC 60502，Power cables with extruded insulation and their accessories for rated voltages from 1kV to 30kV，1997

IEC 60840，Power cables with extruded insulation and their accessories for rated voltages from 1kV to above 30kV，1997

IEC 60287，Electrical cables-calculation of the current rating，1982

IEC 60529，Classification of degrees of protection provided by exclosure

API SPEC 17E-2003，Specification for subsea umbilical

五、验评范围及项目

（一）验评范围

从送端海底电缆终端站构支架海底电缆接头开始，到受端海底电缆终端站构支架海底电缆接头为止，高压海底电缆及光缆、柴油机、海底电缆终端头、避雷器、海底电缆油泵、海底电缆油压循环系统设备及附属设施的工程安装施工。

（二）验评项目（包括资料和工程实体两部分）

资料验评目录见表 11-1。

表 11-1 资料验评目录

序号	检查内容	标准	检查结果
1. 质量体系及实施检查			
1.1	质量保证体系及质量目标	体系建立并有效运行，质量符合合同要求	
1.2	施工单位组织机构设置及人员配备	组织机构健全，人员配备到位，相关人员持证上岗	
1.3	质量管理制度及实施		
1.3.1	质量责任制	制度齐全，内容全面，审批手续完善	
1.3.2	验评标准的实施和验评范围的划分		
1.3.3	施工质量检查验收制度，隐蔽工程验收签证制度		
1.3.4	质量事故报告及赤露制度		
1.3.5	治理质量事故及问题措施		
1.3.6	质量活动记录		
1.4	技术管理制度及实施		
1.4.1	技术责任书	制度齐全，内容全面，审批手续完善	
1.4.2	施工组织设计		
1.4.3	施工作业指导书及特殊工艺措施		
1.4.4	施工图会审制度		
1.4.5	技术交底制度		
1.4.6	设计变更及材料代用管理制度		
1.4.7	技术检验制度		
1.4.8	档案管理制度		
1.5	物资管理制度及实施		
1.5.1	原材料、成品、半成品、器材采购发放管理制度	制度齐全，内容全面，审批手续完善	
1.5.2	水泥钢材跟踪管理		
1.6	计量管理		
1.6.1	测量仪器及工具的校验及管理	有相应管理制度、台账；计量器具在有效期内	
1.6.2	混凝土拌合设备的管理		
1.6.3	施工工器具的管理和规定		
1.7	资质证书及人员上岗证的核查		
1.7.1	工程实验室资质等级证书	计量二级以上资质	
1.7.2	特殊工种上岗证书	有特种作业人员清单并符合相关文件	
1.7.3	质检员、安全员资质证书		

续表

	2. 技术资料的检查		
2.1	开工资料审查	开工资料齐全并经监理、业主审查同意实施	
2.2	整改通知单执行情况	已经整改，并有整改回复单和符合要求的报验单	
2.3	分部工程竣工报验单		
2.4	设计文件		
2.4.1	工程施工图	有完整的施工图	
2.4.2	设计变更通知及来往文件	变更和来往文件齐全	
2.5	材质证明及试验报告	有齐全的材质证明及试验报告	
2.5.1	沙石钢材的材质分析报告	有齐全的沙石钢材的材质分析报告	
2.5.2	混凝土配比报告	有符合合同要求的混凝土配比报告	
2.5.3	混凝土试块试验报告	有符合规程规范要求的混凝土试块试验报告	
2.6	施工现场记录		
2.6.1	海底电缆施工张力记录	张力在设计要求范围内	
2.6.2	海底电缆入水角记录	入水角符合设计技术要求	
2.6.3	海底电缆展放速度记录	展放速度适宜	
2.6.4	海底电缆着床姿态记录	海底电缆着床姿态正确	
2.6.5	扫海清障记录	海床路由畅通	
2.6.6	自检、复检记录	记录齐全	
2.6.7	工程遗留问题记录	工程遗留问题记录有据，真实	
2.7	工程管理文件		
2.7.1	质量安全活动记录	活动正常记载	
2.7.2	埋设有关记录	符合设计技术要求	
2.7.3	工程总结	工程总结全面	

（三）工程实体检查评级记录

（1）低潮线至终端站工程质量评级记录（见表11-2）。

（2）高潮线挖掘回填工程质量评级记录（见表11-3）。

（3）登陆敷设质量等级评级记录（见表11-4）。

（4）海底电缆埋设质量等级评级记录（见表11-5）。

（5）低潮线至终端站海底电缆埋设加固质量检查记录（见表11-6）。

（6）海底电缆登陆段加固质量检查记录（见表11-7）。

（7）登陆、敷设质量检查记录（见表11-8）。

（8）海底电缆敷设质量检查记录表（见表11-9）。

（9）海底电缆埋设位置及放出长度随工记录。

（10）海底电缆埋设施工量化信息记录。

表 11-2　　　　　　　　　　　　　　**低潮线至终端站工程质量评级记录**

登陆段名称					施工日期	
					检查日期	
序号	性质	检查项目	评级标准		检查结果	评级
			合格	优良		
1	关键	沟槽走向测量标记	符合合同要求			
2	关键	沟槽深度（mm）	符合合同要求			
3	关键	沟槽宽度（mm）	符合合同要求			
4	关键	砖浆槽深度（mm）	符合合同要求			
5	关键	砖浆槽宽度（mm）	符合合同要求			
6	关键	海底电缆槽内运行	顺畅、不影响安全	顺畅		
7	关键	海底电缆置放	不影响海底电缆保护	平整顺直		
8	关键	沙回填厚度（mm）	200mm 以上	砂土颗粒均匀		
9	关键	盖板长度（mm）	符合合同要求	整齐、美观		
10	关键	盖板宽度（mm）	符合合同要求	整齐、美观		
11	关键	盖板厚度（mm）	符合合同要求	光滑平整		
12	关键	原土回填	符合合同要求	平整坚实		
13	关键	标石高度（mm）	符合合同要求	整齐、美观		
14	关键	标石宽度（mm）	符合合同要求	整齐、美观		
15	关键	标石埋深（mm）	符合合同要求	整齐、美观		
16	关键	水线标示高度	10000mm	坚实、美观		
17	关键	水线标示深度	1900mm	坚实、美观		
18	关键	水线标示边长	3000mm	坚实、美观		
19	关键	水线标示安装	符合合同要求	细致、美观		
检查结果						

检查人：　　　　　　　　　　　　　审核人：

表 11-3　　　　　　　　　　　　　　**高潮线挖掘回填工程质量评级记录**

检查地点位置					施工日期	
					检查日期	
序号	性质	检查项目	评级标准		检查结果	评级
			合格	优良		
1	关键	沟槽宽度（mm）	符合合同要求			
2	关键	沟槽深度（mm）	符合合同要求			
3	关键	沟槽长度（mm）	符合合同要求			
4	关键	碎石清理	符合合同要求			
5	关键	海底电缆置放	符合合同要求	平整、顺直		
6	关键	水泥砂浆袋数量、配比 5：1	符合合同要求	充盈、坚实		
7	关键	砂浆袋投放保护质量	符合合同要求	堆砌整齐、紧促、牢固		
8	关键	砂浆袋覆盖海底电缆深度（mm）	符合合同要求	大于设计要求		
9	关键	砂浆袋覆盖海底电缆长度（mm）	符合合同要求	符合合同要求		
检查结果						

检查人：　　　　　　　　　　　　　审核人：

表 11-4 登陆敷设质量等级评级记录

检查地点位置					施工日期	
					检查日期	
序号	性质	检查项目	评级标准		检查结果	评级
			合格	优良		
1	关键	海底电缆及船只运行状态	符合作业指导书要求			
2	关键	海底电缆盘装状况	符合作业指导书要求			
3	关键	施工前海底电缆绝缘值（MΩ）	与技术指标相符			
4	关键	施工前光缆衰减值（db）	与技术指标相符			
5	关键	施工前光缆绝缘值（MΩ）	与技术指标相符			
6	关键	海底电缆油压（kPa）	与技术指标相符			
7	关键	海底电缆平行、转向通道及出舱高度	符合施工要求	通道光滑，滑轮转动灵活		
8	关键	施工船只就为位置（m）	符合施工要求	偏差前后小于10m		
9	关键	登陆海底电缆长度（m）	符合合同要求	整齐、美观		
10	关键	登陆海底电缆端头固定质量	符合作业指导书要求			
11	关键	退扭器灵活度	符合海底电缆退扭要求			
12	关键	登陆牵引	符合作业指导书要求			
13	关键	浮球栓系	符合要求	间距均匀		
14	关键	牵引张力	小于海底电缆工作拉力			
15	关键	入水角度	符合作业指导书要求			
16	关键	海底电缆走向位置	符合合同要求			
17	关键	海底电缆传送状态	符合作业指导书要求			
18	关键	海底电缆沉放状态	符合作业指导书要求			
19	关键	海底电缆着床位置	允许偏差3m			
20	关键	敷设走向位置	符合合同要求	偏差小于10m		
21	关键	敷设张力	符合作业指导书要求			
22	关键	施工后海底电缆绝缘值（MΩ）	与技术指标相符			
23	关键	施工后光缆衰减值（db）	与技术指标相符			
24	关键	施工后光缆绝缘值（MΩ）	与技术指标相符			
25	关键	施工后海底电缆油压（kPa）	与技术指标相符			
检查结果						

检查人： 审核人：

表 11-5   海底电缆埋设质量等级评级记录

检查地点位置					施工日期	
					检查日期	
序号	性质	检查项目	评级标准		检查结果	评级
			合格	优良		
1	关键	埋设设备运行状态	符合合同要求			
2	关键	埋设机投放	投放顺序准确	配合默契		
3	关键	埋设机置放、运行状态	状态正常，符合施工要求			
4	关键	粉质黏土埋设深度（m）	符合合同要求			
5	关键	含黏性土粉砂土埋设深度（m）	符合合同要求			
6	关键	粉细沙砾底质埋设深度（m）	符合合同要求			
7	关键	砾沙底质埋设深度（m）	符合合同要求			
8	关键	登陆点至低潮线冲埋深度（m）	符合合同要求			
9	关键	岩石带加固质量	符合合同要求			
10	关键	礁盘带加固质量	符合合同要求			
11	关键	岩石带加固长度（m）	符合合同要求			
12	关键	礁盘带加固（m）	符合合同要求			
13	关键	急坡带加固质量	符合合同要求			
14	关键	深凹带加固质量	符合合同要求			
15	关键	急坡带加固长度（m）	符合合同要求			
16	关键	深凹带加固长度（m）	符合合同要求			
17	关键	悬空段加固质量、长度（m）	符合合同要求			
18	关键	压块投放数量	符合合同要求	压放整齐		
检查结果						

检查人：   审核人：

表 11-6

低潮线至终端站海底电缆埋设加固质量检查记录

检查区段或部位：

序号	检查项目	检查内容	合格标准	检查记录	检查人	检查日期
1	施工准备检查	施工设备、器材、工程用料到位	符合施工要求			
2	路由标识	路由标画准确	符合合同要求			
3	沟槽挖掘垒砌盖板制作	沟槽截面尺寸	设计值：mm²；允许偏差：mm²			
		沟槽深度	设计值：mm；允许偏差：mm			
		沟槽长度	设计值：mm；允许偏差：mm			
		沟槽锤厚	设计值：mm；允许偏差：mm			
		砖浆槽养护	符合要求			
		砖浆槽规格	设计值：mm；允许偏差：mm			
		盖板规格尺寸	设计值：mm；允许偏差：mm			
		砖浆槽垒砌质量	符合合同要求			
4	海缆通过及置放	通过状态、置放质量	通畅、符合要求			
5	沟槽回填标示石安装	盖板加固质量	符合合同要求			
		盖板数量	符合合同要求			
		盖板总长度	设计值：mm；允许偏差：mm			
		瓦型盖板加栓钉质量	符合合同要求			
		瓦型盖板数量	设计值：mm；允许偏差：mm			
		砂土回填厚度	设计值：mm；允许偏差：mm			
		砂土回填质量	符合合同要求			
		原土回填质量	符合合同要求			
		标示石安装质量	符合合同要求			
		标示石安装数量	设计值：mm；允许偏差：mm			
6	警示牌	制作安装的规格尺寸	设计值：mm；允许偏差：mm			
		安装数量	符合合同要求			
		安装质量	符合合同要求			

检查结果

检查人：　　　　　　　　　　　　　　审核人：

表11-7 海底电缆登陆段加固质量检查记录

检查区段或部位：

序号	检查项目	检查内容	合格标准	检查记录	检查人	检查日期
1	岩石带、沟槽	爆破深度	设置值：mm，允许偏差：mm			
		爆破宽度	设置值：mm，允许偏差：mm			
		爆破长度	设置值：mm，允许偏差：mm			
		矿石清理后沟槽质量	设置值：mm，允许偏差：mm			
		海底电缆置放质量	符合合同要求			
2	海缆置放埋设加固	砂浆质量	符合合同要求			
		砂浆袋压固质量	符合合同要求			
		砂浆袋压固数量	符合合同要求			
		砂浆袋压固长度	设计值：mm；允许偏差：mm			

检查结果

检查人：

审核人：

表 11-8

登陆、敷设质量检查记录

检查区段或部位：

序号	检查项目	检查内容	合格标准	检查记录	检查人	检查日期
1	施工准备	审查敷设登陆施工方案	符合施工要求			
		审查施工人员有关证件	符合施工要求			
		审查布设设备及施工船状态	符合施工要求			
		护航船只备便状态	符合施工要求			
		登陆人员设备、场地等备便状态	符合施工要求			
2	海底电缆登陆	施工船就位位置	符合施工要求			
		拟登陆海缆长度	设计值：mm；允许偏差：mm			
		海底电缆端头牵引捆绑质量	符合施工要求			
		浮球间隔	设计值：mm；允许偏差：mm			
		海底电缆入水角度	符合施工要求			
		输送、牵引状态	符合施工要求			
		牵引张力	设计值：N；允许偏差：N			
		退扭装置可靠性	符合合同要求			
		海底电缆沉放状态	符合施工要求			
		海底电缆沉放路由质量	符合施工要求			
		二次登陆倒缆或海上漂浮质量	符合施工要求			
3	海底电缆敷设	施工船路由走向位置偏差	设计值：mm；允许偏差：mm			
		敷设余量	设计值：mm；允许偏差：mm			
		敷设张力	设计值：mm；允许偏差：mm			
		敷设长度	设计值：mm；允许偏差：mm			

检查结果

检查人：　　　　　　　　　　　　　　　审核人：

表 11-9

海底电缆埋设质量检查记录表

检查区段或部位：

序号	检查项目	检查内容	合格标准	检查记录	检查人	检查日期
1	施工准备阶段	审查埋设陆施工方案	符合施工要求			
		审查施工人员相关证件	符合施工要求			
		审查埋设船只备便状态	符合施工要求			
		埋设机投放位置	符合合同要求			
		埋设机投放回收点的地貌、水深	符合合同要求			
2	海底电缆埋设	埋设机着床及运行姿态	设计值：mm；允许偏差：mm			
		粉质黏土埋设深度	设计值：mm；允许偏差：mm			
		粉质黏土埋设长度	设计值：mm；允许偏差：mm			
		含黏性土粉砂土埋设深度	设计值：mm；允许偏差：mm			
		含黏性土粉砂土埋设长度	设计值：mm；允许偏差：mm			
		粉细沙砾底质埋设深度	设计值：mm；允许偏差：mm			
		粉细沙砾底质埋设长度	设计值：mm；允许偏差：mm			
		砾沙底质质埋设深度	设计值：mm；允许偏差：mm			
		砾沙底质质埋设长度	设计值：mm；允许偏差：mm			
		第一登陆点至低潮海缆埋设长度	设计值：mm；允许偏差：mm			
		第一登陆点至低潮线段海缆埋设加固质量	符合合同要求			
		第二登陆点至低潮线段海缆埋设深度	设计值：mm；允许偏差：mm			
		第二登陆点至低潮线段海缆埋设加固质量	符合合同要求			
		登陆点至低潮线段海缆埋设长度	设计值：mm；允许偏差：mm			
		登陆点至低潮线段海缆埋设深度	设计值：mm；允许偏差：mm			
3	特许地带建设埋设加固保护	岩石带加固质量	设计值：mm；允许偏差：mm			
		岩石带加固深度	设计值：mm；允许偏差：mm			
		岩石带加固长度	设计值：mm；允许偏差：mm			
		礁盘带加固质量	设计值：mm；允许偏差：mm			
		礁盘带加固深度	设计值：mm；允许偏差：mm			
		礁盘带加固长度	设计值：mm；允许偏差：mm			
		急坡、深凹等特殊带加固质量	设计值：mm；允许偏差：mm			
		急坡、深凹等特殊带加固深度	设计值：mm；允许偏差：mm			
		急坡、深凹等特殊带加固长度	设计值：mm；允许偏差：mm			
		压块投放数量	设计值：mm；允许偏差：			
		敷设后悬空段	符合合同要求			

检查结果：

检查人：

审核人：

第二节　海南联网工程竣工验收与评价

一、验收范围

变电站工程：福山 500kV 变电站工程，徐闻 500kV 高压电抗站工程，港城 500kV 变电站扩建工程。

海底电缆工程：广东至海南海底电缆工程、南岭海底电缆终端站工程、林师岛海底电缆终端站工程。

线路工程：港城至南岭 500kV 输电线路工程、林师岛至福山 500kV 输电线路工程。

辅助安稳系统工程：海底电缆路由标识、海底电缆路由监视、海底电缆本体检测、海底电缆在线监测等辅助安稳系统工程。

二、工程建设规模

陆地工程部分：500kV 福山变电站，建设 1 组 750MVA 主变压器，500kV 出线一回及 2 组 180Mvar 高压并联电抗器；徐闻 500kV 高抗站，建设 500kV 出线 2 回，高压并联电抗器 2×180Mvar；500kV 港城变电站间隔扩建工程，在原有围墙内扩建 500kV 出线 1 回，1 组 90Mvar 并联电抗器；架空线路全长 138.9km，其中港城站至南岭海底电缆终端站单回路 125.5km，林诗岛海底电缆终端站至福山站 13.5km。

海底工程部分：包括海底电缆敷设与保护，琼州海峡新建 3×31.0km 单相海底电缆 3 根。海底电缆由挪威 Nexans 公司负责生产和敷设，海底电缆直径约 14cm，海底电缆路由水深处 97m。海底电缆保护采用冲埋、挖沟水泥砂浆袋、铸铁套管、抛石保护等方式。广东侧南岭海缆终端站和海南侧林诗岛海底电缆终端站，均建设 500kV 出线 1 回，分别 3 个独立电缆终端和海底电缆油压设备等。海底电缆保护工程施工，包括海底电缆登陆段挖沟水泥砂浆袋保护 2700m，铸铁套管保护 3053m，冲埋保护共计 68978m（一次冲埋和部分二次冲埋合计）。冲埋保护深度未达标或无法冲埋、悬空点的海底电缆采用抛石保护，共 271 段，22625m，抛石总量 26t。

三、工程施工单位

通过公开招标，确定国内 7 家施工单位。国外由挪威 Nexans 公司负责海底电缆及其附属设备的生产、安装及海底电缆的敷设与保护作业，抛石专业分包商为荷兰 Tideway 公司。

四、主要设备供应厂家

通过公开招标和竞争性谈判，500kV 海底充油电缆总长度 104.1km，由挪威 Nexans 公司和日本 VISCAS 公司设在日本东京湾的 NVC 合资工厂制造。

五、验收评价

依据国家有关法律、法规、规章，国家和电力行业现行有关规程、规范、技术标准，国家和电力行业对工程建设、验收、质量评定的有关规程、规范、标准；国家及有关部委批复的工程相关文件（工程核准文件、环评、水保、土地批复等），工程设计文件、系统调试方案等批准文件，工程有关合同和技术规范书，南方电网公司有关《中国南方电网有限责任公司基建项目验收投产及移交管理办法》等规定，对海南联网工程作出验收评价。

（一）工程建设管理评价

建设单位按照核准的工程规模进行建设，工程建设符合基建程序，参建单位资质符合要求。

海底电缆工程的建设受地域建设条件、海洋工程条件、施工设备等限制。工程建设有技术领域广泛、投资不确定因素多、施工技术复杂、技术风险与经济风险并存等特性。结合工程建设的特性，建设单位加强工程的组织领导，精心策划、规范化管理，坚持以科研为导向，以安全可靠为原则，创新发展，组织优秀的技术团队，攻克了海底电缆工程在设计、设备制造、安装施工、试验调试等各方面的诸多难题，取得了结合工程实践应用的创新成果，为工程建设目标的实现奠定了基础。

建设单位建立"工程处—项目管理部—现场管理部"三级工程建设管理体系，制定了工程建设管理大纲、工程创优策划等管理文件，工程建设目标明确，工作规范，严格按"五制"（项目法人负责制、招投标制、资本金制、工程监理制、合同管理制）执行，实现了管理创新、科技进步、设计优化，优质完成了工程建设管理任务。

建设单位在海南联网 500kV 海底电缆工程建设中，坚持科技是第一生产力的政策导向，提升了工程建设开展科技研究的水平。通过工程建设实践验证，完成一系列技术创新成果。仅工程管理、监理人员的技术创新成果，在工程建设中发挥了重要作用，为国内海底电缆工程建设、运行维护提供了理论依据与实践的验证。

（二）工程建设主要技术创新

（1）为解决海底电缆充电无功电流大，采用了高压并联电抗器进行无功补偿，便于高抗的管理，运行与维护，节省了建设、运行成本。

（2）采用钢结构的海洋大气腐蚀及其防护措施，确定了采用复合外绝缘的技术路线，为使大多数导线悬垂串为单联组合，对复合绝缘子选用 180kN 级，解决了重盐雾密集地区外绝缘技术难题。

（3）海底电缆终端站、海底电缆高抗站及福山变电站，防盐污绝缘配合研究。引入结构可靠度概念，通过综合分析比较国内外荷载标准，采用科学的数理统计方法，可靠度达到了Ⅰ级建筑物设计标准。

（4）海底电缆陆地监视系统专题研究，建立了海底电缆 AIS 系统、VTS 系统、CCTV 视频监控系统等。建立了海底电缆运行联动机制和定期应急演练机制。2011 年 5 月 31 日，推动海南省将海底电缆保护列入《海南省电力建设与保护条例》，是我国电力立法创新举措，标志着海底电缆保护有了法律保障，为海底电缆长期安全稳定运行奠定了综合保护的示范。

（5）线路采用高跨设计，减少树木砍伐。线路施工采用飞艇放线，大大提高了放线效率。全方位高低腿铁塔 220 基，加高基础 137 基，全方位实现环境保护、水土保持及绿色施工。

（6）重视塔基周围的环境保护，在平地有地下水的区段，积极采用多种新型基础型式。采用新型等截面斜柱板式浅埋基础，使工程基础及塔基周围的设计达到了安全、技术先进、经济合理、对环境影响小，社会效益好的绿色工程目标。

（7）500kV 海南联网工程关键技术研究及应用填补国内相关领域的空白。

（8）国内首条 500kV 海底电缆建设工程规范化管理技术研究填补国内相关领域的空白。

（9）海底电缆抛石保护数值模拟研究对堆石体设计参数在各种海况条件下抛石作业模拟试验，石料堆积体稳固性试验为海底电缆运行可能造成的危害研究作出科学的评价。

（10）海南联网海底电缆护套绝缘监测方法研究在海底电缆监测与护套接地方式、故障点测量方面充实了实用计算依据。

（11）海南联网工程海底电缆的选择研究在海底电缆制造和海底电缆结构设计过程中得以转化和应用。

（12）500kV 海底电缆埋设保护工程 BPI 指数应用研究对海底电缆路由海床地质不同的不排水抗剪强度，应用 BPI 掩埋指数确认海底电缆保护的埋深值，获得理论依据，丰富了国家标准规范。

（13）海底电缆抛石保护工程建设综述研究对海底电缆抛石保护工程建设前期进行的海底电缆现状调查、设计论证、试验研究，对施工石料的制备、工程控制等进行理论分析，后续同类工程均可借鉴。

（14）海底电缆在线应力检测装置研究针对海底电缆运行维护具有参考意义。

（三）工程质量评价

根据国家、行业质量规范标准及南方电网基建质量管理相关制度的要求，超高压输电公司和各参建单位建立了完整的质量管理制度，实施施工三级检验、监理全过程控制、质量监督检查、生产运行单位复检。工程质量监督检查严谨，工程质量检查记录完整、齐全、规范，工程质量管理工作规范、制度完善。

（四）陆地工程评价

变电站及终端站土建单位工程共计 9 个，分部工程 18 个。电气安装单位工程共计 7 个，分部工程 20 个。监理进行了竣工检查，质量检查结果的记录和报告完整规范，工程合格率 100%，单位工程优良率 100%。遗留问题和缺陷已处理完毕并检查闭环。

福港 500kV 输电线路工程全线分 2 施工标段、2 个单位工程、5 个分部工程。监理进行了竣工验收检查。质量检查结果的记录和报告完整规范，分部分项工程的合格率达到 100%，单位工程优良率 100%。遗留问题和缺陷已处理完毕，工程质量总体优良。

（五）海底电缆工程评价

海底电缆工程共计有 3 个单位工程，9 个分部工程。监理进行了竣工检查，质量检查结果的记录和报告完整规范，工程的合格率达到 100%，单位工程优良率 100%。遗留问题和缺陷已处理闭环。

（六）工程调试评价

500kV 海底电缆工程设备一次、二次调试均按标准进行。其中二次保护部分有保护装置调试、整组传动试验、正式定值单检验、TV 二次回路检查、TA 二次回路检查、带负荷测试等。高压试验部分有变压器试验、互感器试验、开关试验、避雷器试验。海底电缆部分有直流耐压试验等。调试验收达到规程要求，合格率 100%。

海南联网工程调试施工无遗留问题，整体投运合格率 100%，一、二次设备运行情况良好。

综上所述，500kV 海南联网工程调试施工达到了国内领先水平，工程总体质量达到优良级标准。

（七）验收评价

工程自投入运行以来，系统运行正常，设备性能指标满足规范要求，验证了海南联网工程的技术可行和环境友好性。海南联网一期工程设计输电电压 500kV、额定功率 600MW。工程自投运以来设备运行情况良好，全面达到了设计的要求。

（八）专项验收评价

（1）达标投产验收评价。500kV 海底电缆工程建设符合 DL5279—2012《输变电工程达标投产验收规程》，同意通过达标投产初验。

（2）环境保护竣工验收评价。环境保护部验收结论为：海南联网工程环境保护手续齐全，落实了环境影响报告书及批复文件提出的生态保护和污染防治措施，工程竣工环境保护验收合格。通过终验调查，终验专家组认为本工程环保工作符合程序，已通过环境保护部的专项验收。

（3）水土保持设施竣工验收评价。建设单位依法编报了水土保持方案，组织开展了水土保持专项设计，优化了施工工艺；实施了水土保持方案确定的各项防治措施，完成了水利部批复的防治任务；建成的水土保持设施质量总体合格，水土流失防治指标达到了水土保持方案确定的目标值，较好地控制和减少了工程建设中的水土流失；建设期间开展了水土保持监理工作，运行期间开展了水土保持效果监测工作；运行期间的管理维护责任落实，符合水土保持设施竣工验收的条件，该工程水土保持设施通过竣工验收。

（4）工程档案专项验收评价。海南联网工程档案工作目标和职责明确，项目档案管理制度健全，控制文件归档、确保档案完整、准确、系统的措施有效。建设管理单位提供验收的工程档案 1363 卷、电子文件 12 386 件、照片档案 25 册、光盘 50 张，工程档案收集齐全，整理规范，记录和反映了项目建设实际，满足项目建设和生产运营管理的需要，符合项目档案管理的要求。

（九）工程整体验收评价

（1）海南联网工程的建设规模符合核准文件要求，建设管理规范，工程质量优良，投资控制有效，工期安排科学合理。

（2）重视环境保护、水土保持、工程档案管理。工程已分别通过环境保护部、水利部和南方电网公司的验收。

（3）通过工程建设，结合工程实际需要开展工程设计、工程监理、施工建设、试验调试、生产运行的创新实用方法和技术。培育了一批优秀的海底电缆工程建设、运行维护技术人员，推动了我国海洋输电工程建设和施工技术的发展。

（4）工程建设以国家建设法规为基础，针对海底电缆工程建设特性，建立了程序化管理、格式化管理、信息采集沟通机制。实现了工程控制管理与国际工程管理模式接轨，促进了我国海洋工程科研成果的转化和工程管理模式的创新。通过工程建设得到了实践验证和成果转化，工程建设管理具有国内首创先进水平。

（5）海洋电缆施工技术、智能冲埋机械技术、落石管技术、ROV 检测技术的应用具有目前世界海洋电缆施工先进水平，对今后我国海底电缆工程的发展具有指导、借鉴意义。

（6）结合工程建设和运行维护，开展实用技术研究创新，取得了一系列创新成果，在工程建设和运行维护中发挥了重要作用，为国内海底电缆工程建设、运行维护提供了实践经验。

（7）海南联网工程通过四年多运行、维护实践，建立了一套海底电缆安全运行综合保障体系，培育了海底电缆运维技术人员。所形成的企业规范、标准，为国内海底电缆运行维护积累了经验，为海南联网长期安全、稳定运行奠定基础。

综上所述，南方主网与海南电网联网工程的成功建设和运行实践，实现了我国第一个 500kV 超高压、大容量的跨海域联网工程建设的突破，实现了区域电网互联、能源优化配置，减少了海南电网电源备用容量，优化了生态环境影响。

工程建设管理、监理控制模式、工程施工技术、智能冲埋机械技术、抛石落石管技术、ROV 检测等技术的应用，实现了国内海底电缆输电工程建设的技术创新和零的突破。建立了一套海底电缆安全运行综合保障体系，为国内海底电缆运行维护积累了经验。工程建设推动了我国海底电缆工程技术、跨海域输电技术、海底电缆制造技术、海底电缆工程设备、装备研制的发展，促进了我国海洋输电工程科学研究的进步，对我国海洋输电产业技术发展具有极其重要的意义，为后续海底电缆工程的建设起到了重要的示范作用。

500kV
SUBMARINE
POWER CABLE
PROJECT
CONSTRUCTION
& MANAGEMENT

500kV
海底电缆工程
建设与管理

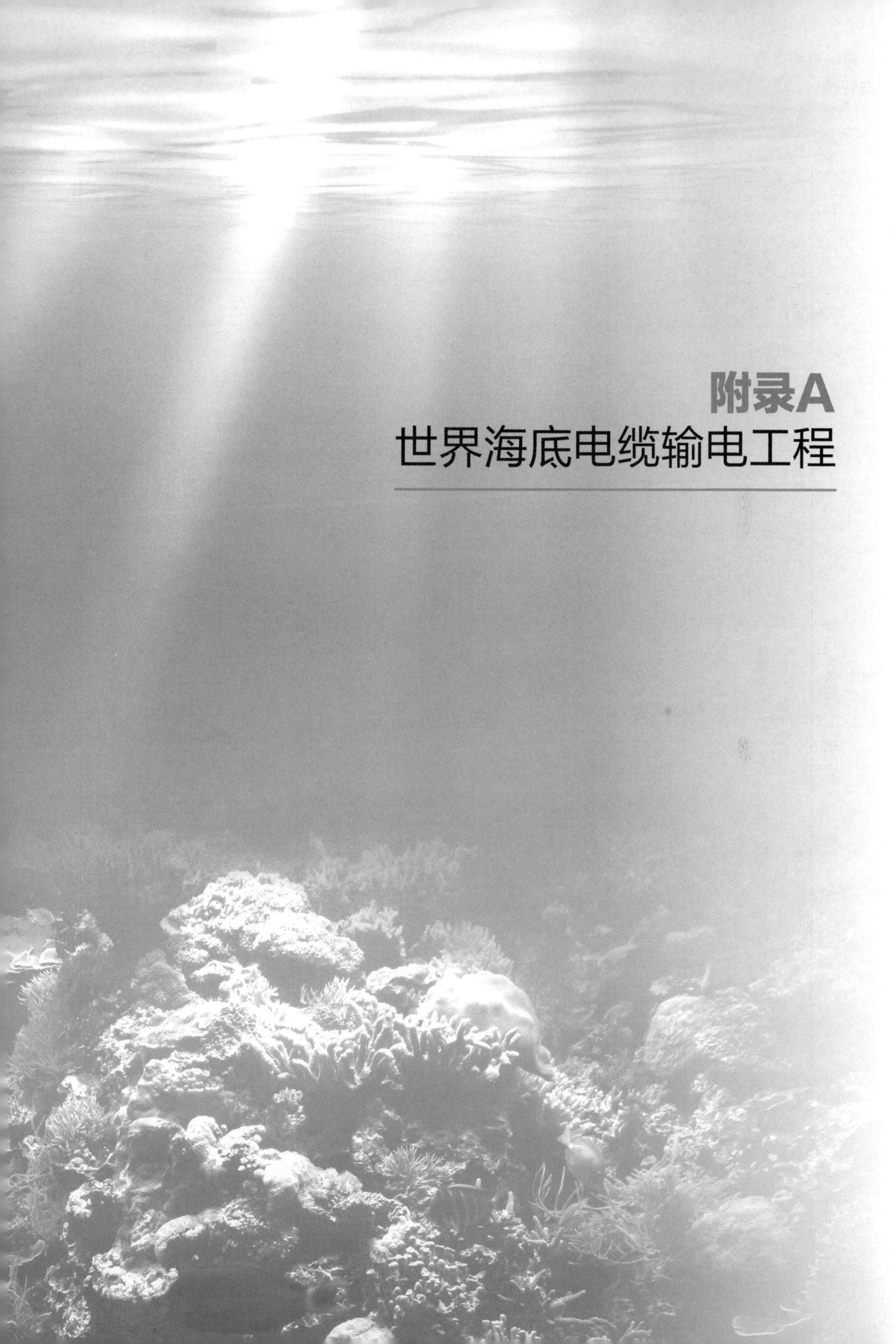

附录A
世界海底电缆输电工程

表 A.1　　北欧海底电缆输电工程

序号	工程	工程基本概况				海峡/海域名称及路由			海底电缆参数		
		投运年份	输送容量（MW）	电压等级	始终点	海峡/海域名称	最大水深（m）	海缆长度（km）	回数（回）	截面积（mm²）	质量（kg/m）
1	瑞典本土—哥特兰岛1期	1954	20	±100kV直流	瑞典本土 Västervik 哥特兰岛 Ygne	波罗的海		100	1		
2	瑞典本土—哥特兰岛2期	1983	130	瑞典本土：130kV交流 哥特兰岛：70kV交流 ±150kV直流	瑞典本土 Västervik 哥特兰岛 Ygne	波罗的海		92.9	1		
3	瑞典本土—哥特兰岛3期	1987	130	瑞典本土：130kV交流 哥特兰岛：70kV交流 ±150kV直流	瑞典本土 Västervik 哥特兰岛 Ygne	波罗的海		98	1		
4	挪威—丹麦	1977	500	挪威：300kV交流 丹麦：150kV交流、±250kV直流	挪威的 Kristiansand—丹麦 Tjele	斯卡格拉克海峡		127	2		
5	挪威—丹麦	1993	440	挪威：300kV交流 丹麦：400kV交流、±350kV直流	挪威的 Kristiansand—丹麦 Tjele	斯卡格拉克海峡		127	1		
6	挪威—丹麦	2014	700	挪威：400kV交流 丹麦：400kV交流、±500kV直流	挪威的 Kristiansand—丹麦 Tjele	斯卡格拉克海峡	530	140	1		
7	丹麦—瑞典（注：目前已被卸载）	1965	250	130~150kV交流 ±250kV直流	丹麦的 Vester Hassing—瑞典 Lindome	卡特加特海峡		87	1		
8	丹麦—瑞典	1988	300	300kV直流 400kV交流	丹麦的 Vester Hassing—瑞典的林多母（Lindome）	卡特加特海峡（Kattegatt）		88	1		
9	丹麦—德国	1995	600	400kV交流 400kV直流	丹麦的西兰岛（Zealand）—德国的 Bjaeverskov	波罗的海		52	1	800	

续表

序号	工程	工程基本概况			海峡/海域名称及路由				海底电缆参数		
		投运年份	输送容量(MW)	电压等级	始终点	海峡/海域名称	最大水深(m)	海缆长度(km)	回数(回)	截面积(mm²)	质量(kg/m)
10	芬兰—瑞典 I	1989	500	400kV交流 400kV直流	芬兰的佬马（Ranma）—瑞典的Dannebo	波的尼亚湾（Bothnia）		200	1		
11	芬兰—瑞典 II	2011	800	400kV交流 500kV直流	芬兰的佬马（Ranma）—瑞典的Finnböle	波的尼亚湾（Bothnia）	117	200	2	1200	54
12	瑞典—波兰	2000	600	400kV交流 450kV直流	瑞典的卡尔斯港市（Karlshamn）至波兰的斯武普斯克（Slupsk）	波罗的海	90	250	1	2100	67
13	挪威—荷兰	2008	700	挪威：300kV交流 荷兰：400kV交流，±450直流	挪威的费达至荷兰的伊姆谢芬	北海	410	580		790	37.5单芯 85双芯

波罗的海沿岸国家海底电缆输电工程

序号	工程	工程基本概况			海峡/海域名称及路由				海底电缆参数		
		投运年份	输送容量(MW)	电压等级	始终点	海峡/海域名称	最大水深(m)	海缆长度(km)	回数(回)	截面积(mm²)	质量(kg/m)
14	波罗的海（瑞典—德国）	1994	600	400kV交流 450kV直流	瑞典的特雷勒堡（Trelleborg），至德国的吕贝克 Lübeck	波罗的海	45	250	1	1600	56
15	芬兰—爱沙尼亚 I	2006	350	芬兰：400kV交流 爱沙尼亚：330kV直流 ±150直流	芬兰的 Espoo—爱沙尼亚的 Harku	芬兰湾 Gulf of Finland	100	105	2		
16	芬兰—爱沙尼亚 II	2014	650	爱沙尼亚 330kV交流 芬兰 400kV交流 ±450kV直流	芬兰的 Anttila—爱沙尼亚 Pussi	芬兰湾	100	145	1		
17	大贝尔特海峡（丹麦）	2010	600	±400kV直流	丹麦的 Funen 岛—西兰岛 Zealand	大贝尔特海峡		58	1		

续表

欧洲大陆与北欧海底电缆输电工程

序号	工程基本概况					海峡/海域名称及路由		海底电缆参数			
	工程	投运年份	输送容量(MW)	电压等级	始终点	海峡/海域名称	最大水深(m)	海缆长度(km)	回数(回)	截面积(mm²)	质量(kg/m)
18	瑞典—立陶宛	2015	700	瑞典400kV交流 立陶瓦330交流，±300kV直流	瑞典的 Nybro—立陶宛的 Klaipeda	波罗的海		400	2		
19	跨英吉利海峡（英国）1期（注：已被卸载）	1961	160	±100kV直流	英国利德 Lydd—法国滨海布洛涅 Boulogne-sur-Mer	英吉利海峡		64	1		
20	跨英吉利海峡（英国）2期	1986	2000	400kV交流 ±270kV直流	英国 Sellindge—法国 Bonningues-lès-Calais	英吉利海峡		46	8		
21	英国—荷兰	2011	1000	±450kV直流	英国肯特郡的合岛—荷兰鹿特丹港 Maasvlakte	北海	50	260	2	1430	44
22	东西联网（爱尔兰—英国）	2012	500	400kV交流 ±450kV直流	英国北威尔斯 Pentur—爱尔兰威克洛郡 Arklow	爱尔兰海		186	1		
23	挪威—德国	2017年投运	1400	HVDC	挪威 oksendal—德国斯比特尔 Brunsbüttel	北海		600	2		
24	挪威—德国	2015	1400	±450~500kV直流	挪威的 Tonstad—德国的下萨克森（lower Saxony）	北海	410	600	2		42

续表

欧洲大陆电网沿地中海的海底电缆输电工程

序号	工程	投运年份	输送容量 (MW)	电压等级	始终点	海峡/海域名称	最大水深 (m)	海缆长度 (km)	回数 (回)	截面积 (mm²)	质量 (kg/m)
25	意大利本土—法国科西嘉—撒丁岛	1967	200	±200kV直流	意大利本土—法国科西嘉—撒丁岛	伊特鲁里亚海		意大利本土—科西嘉岛105km，科西嘉—撒丁岛16km	2		
26	意大利—希腊	2001	500	400kV交流 ±400kV直流	意大利加拉蒂娜 Galatina—希腊 Arachthos	亚得里亚海	1000	160	1	1250	
27	意大利本土与撒丁岛	2011	1000	400kV交流 ±500kV直流	意大利撒丁岛 Fiume Santo—意大利本土拉蒂纳	伊特鲁里亚海	1600	420	2	53	
28	西班牙本土与马略卡岛	2011	400	230kV交流 ±250kV直流	西班牙本土 Morvedre—马略卡岛圣庞沙	巴利阿里海	1410	240	2	750	

欧洲与北非电网工程互联海底电缆输电工程

序号	工程	投运年份	输送容量 (MW)	电压等级	始终点	海峡/海域名称	最大水深 (m)	海缆长度 (km)	回数 (回)	截面积 (mm²)	质量 (kg/m)
29	摩洛哥—西班牙 I	1997	700	400kV交流	摩洛哥—西班牙	直布罗陀海峡	615	28	2	800	
30	摩洛哥—西班牙 II	2006	700	400kV交流	摩洛哥与西班牙	直布罗陀海峡	620	31.3	2		42
31	埃及—约旦 I	1998	300	400kV交流	约旦—埃及	阿卡巴湾（红海）		13	1		
32	阿尔及利亚—西班牙		2000	±400kV直流	阿尔及利亚 Terga—西班牙 Litoral De Almeria		1500~1900	230~250	4		

续表

欧洲与北非电网工程互联海底电缆输电工程

序号	工程	投运年份	输送容量(MW)	工程基本概况		海峡/海域名称及路由			海底电缆参数		
				电压等级	始终点	海峡/海域名称	最大水深(m)	海缆长度(km)	回数(回)	截面积(mm²)	质量(kg/m)
33	意大利—阿尔及利亚		500~1000	±400kV直流	阿尔及利亚 El Had-jar—意大利 Latina	地中海	2000	330	2		
34	意大利—突尼斯	2011	500~600	400~500kV交流	意大利—突尼斯	地中海	670	200	1		

海湾阿拉伯国家电网互联海底电缆工程

序号	工程	投运年份	输送容量(MW)	工程基本概况		海峡/海域名称及路由			海底电缆参数		
				电压等级	始终点	海峡/海域名称	最大水深(m)	海缆长度(km)	回数(回)	截面积(mm²)	质量(kg/m)
35	沙特阿拉伯—埃及	预计2015年投运	1500	±500kV直流	沙特阿拉伯—埃及	红海					

亚洲地区海底电缆输电工程

序号	工程	投运年份	输送容量(MW)	工程基本概况		海峡/海域名称及路由			海底电缆参数		
				电压等级	始终点	海峡/海域名称	最大水深(m)	海缆长度(km)	回数(回)	截面积(mm²)	质量(kg/m)
36	日本北海道—本州	1979	300	±250kV直流	日本北海道—本州	津轻海峡	290	42	2	600	
37	南韩本土—济州岛	1996	300	±180kV直流	韩国海南郡—济州岛 Jeju	济州海峡	160	96	2	800	
38	莱特岛—吕宋岛(菲律宾)	1998	440	230kV交流 ±350kV直流	莱特岛—吕宋岛(菲律宾)	圣贝纳迪诺海峡	70	21	1		
39	日本纪伊海峡I	2000	2800	±500kV直流	本州—四国	日本纪伊海峡	70	50	4	3000	100

续表

亚洲地区海底电缆输电工程

序号	工程基本概况				海峡/海域名称及路由				海底电缆参数		
	工程	投运年份	输送容量(MW)	电压等级	始终点	海峡/海域名称	最大水深(m)	海缆长度(km)	回数(回)	截面积(mm²)	质量(kg/m)
40	中国海南联网工程I	2009	600	500kV交流	海南林诗岛—广东南岭	琼州海峡	97	31	1	800	48
41	中国台湾—澎湖列岛	2014	200	161kV交流	中国台湾本岛—澎湖列岛	台湾海峡		58.9	1		

北美联合电网海底电缆输电工程

序号	工程基本概况				海峡/海域名称及路由				海底电缆参数		
	工程	投运年份	输送容量(MW)	电压等级	始终点	海峡/海域名称	最大水深(m)	海缆长度(km)	回数(回)	截面积(mm²)	质量(kg/m)
42	加拿大本土—温哥华岛	1968（1977年延伸）	312（1968年）370（1977年）	±260kV（1968年）±280kV（1977年）直流	加拿大不列颠哥伦比亚省 North Cowichan—温哥华岛	胡安德富卡海峡		33	2		
43	加拿大本土—温哥华岛	1984	1200	525kV交流	加拿大本土—温哥华岛	胡安德富卡海峡	400	30＋9	2	1600	
44	美国跨长岛海峡	2003	330	纽黑文：45kV交流 长岛：138kV交流 ±150kV直流	康涅狄格州纽黑文市，—长岛 Shoreham	长岛海峡		40	2	1300	
45	美国海王星	2007	600	345kV交流 230kV交流 ±500kV直流	新泽西州塞尔威尔—长岛莱维顿	大西洋	2600	80(500kV) 105(345kV) 0.8(230kV)	1		

续表

北美联合电网海底电缆输电工程

序号	工程基本概况					海峡/海域名称及路由			海底电缆参数		
	工程	投运年份	输送容量(MW)	电压等级	始终点	海峡/海域名称	最大水深(m)	海缆长度(km)	回数(回)	截面积(mm²)	质量(kg/m)
46	美国跨弗朗西斯圣科湾	2010	400	±230kV直流	圣弗朗西斯科市—匹兹堡市	圣佛朗西斯科湾		85	1		
47	胡安德富迹海峡(美国—加拿大温哥华岛)	2012	550	±150kV直流	加拿大温哥华岛的维多利亚—美国安吉利斯港	胡安德富卡海峡		50	2		
48	张伯伦迹河(加拿大—美国)	2015	1000~2000	320kV交流	加拿大蒙特利尔市—美国纽约	张伯伦湖与哈德迅河		335	4		

澳洲国家海底电缆输电工程

序号	工程基本概况					海峡/海域名称及路由			海底电缆参数		
	工程	投运年份	输送容量(MW)	电压等级	始终点	海峡/海域名称	最大水深(m)	海缆长度(km)	回数(回)	截面积(mm²)	质量(kg/m)
49	新西兰南北岛 I (注:1级回路正在卸载中)	1965	600	±250kV直流	北岛黑瓦兹变电站—南岛班摩尔发电站	库客海峡		40	2		
50	新西兰南北岛2期(库克海峡)	1993	500	±350kV直流	北岛黑瓦兹变电站—南岛班摩尔发电站	库客海峡	300	40	2	1400	
51	澳大利亚本土—塔斯马尼亚岛(巴斯海峡)	2005	500	±400kV直流	澳大利亚本土—塔斯马尼亚岛	巴斯海峡	75	290	1	1500	60

附录B
典型海底电缆输电工程概况

海底电缆输电工程受地域条件、海洋工程条件和工程设备条件的限制，工程建设是一项复杂、涉及技术领域广泛的工程项目。例如，欧洲电网虽然所覆盖的国家国土面积普遍较小，但工业高度发达，负荷密度大，电网结构密集。欧洲各国迫切需要进行电能结构的资源优化配置，以实现电源构成的互补性，因此，欧洲电网的海底电缆输电工程建设是目前世界上发展最快、最多的区域。据不完全统计，截至2010年底，欧洲电网各区域跨海域互联海底电缆输电工程已有60余项工程投入运行。欧洲各国的跨海域电网互联的成功经验带动了世界各区域跨海电网互联的建设，同时也促进了海底电缆制造技术、海底电缆工程技术的进步。

一、世界主要区域电网海底电缆工程输电工程基本参数

（一）世界主要区域海底电缆工程指标（见表 B.1）。

表 B.1 世界主要区域海底电缆工程指标

编号	区域名称	设计容量（MW）	回路（回）	电压型式			海底电缆长度（km）
				HVDC	DC	AC	
1	欧洲	22430	60	10	41	9	10173
1.1	北欧	5670	15		15		2140
1.2	波罗的海沿岸	2900	7		7		958
1.3	欧洲大陆	6146	16	10	6		3538
1.4	地中海沿岸	2100	7		7		1482
1.5	欧洲与北非	5300	15		6	9	2065
2	海湾阿拉伯	1500	3		3		约600
3	亚洲	4640	11		7	4	587
4	北美	5762	14	1	11	2	1718
5	澳洲	1600	7	2			530

（二）典型工程海底电缆保护方式

海底电缆敷设于海床后，为抵御锚害、拖网等外力的冲击破坏，同时为了防止在海流的作业下长期疲劳运动，造成海底电缆机构性损，必须对海底电缆进行稳固保护工程。在海底电缆工程建设中对海底电缆进行保护是重要的工程建设项目之一。

目前，世界各区域电网互联海底电缆保护最常见的措施近岸段浅水区采用水泥砂浆袋保护；渔业活动频繁浅水区，水深20m以内采用铁套管保护；水深20m以上，采用水力机构冲埋保护；电缆悬空段采用抛石保护。

各区域典型海底电缆工程保护方式见表 B.2。

表 B. 2 各区域典型海底电缆工程保护方式

工程名称	海底电缆保护方式	备注
瑞典—波兰	冲埋 1~1.5m	河床土壤不排水抗剪强度：50~80kPa
挪威—荷兰	浅水区冲埋 3m，其他区段冲埋 1m，无法冲埋点抛石	
瑞典—德国	浅滩 300m 套管，其他区段埋深 5~7m	
英法联线	冲埋大于 1.5m	
英国—荷兰	冲埋大于 1.0m	
意大利—希腊	冲埋 0.6~1.0m	
摩洛哥—西班牙Ⅱ期	近岸段水深大于 80m 冲埋 1.0m，小于 80m 冲埋 3m，海底电缆中间接头部分铁套管保护	
日本纪伊海峡	平均冲埋 3.0m	
海南联网琼州海峡	浅滩铸铁套管 1000m，平均冲埋 1.0~1.5m，抛石 20km	河床土壤不排水抗剪强度：50~180kPa
美国跨长岛海峡	冲埋不大于 2m	河床土壤不排水抗剪强度：20~100kPa
美国海王星工程	近岸段 1000m 套管保护，大于 200m 水深冲埋 0.6m，小于 200m 水深埋深 1.0m	河床土壤不排水抗剪强度：50~80kPa
澳大利亚巴斯海峡	近岸段 500m 套管保护，流砂段埋深 1.0m，硬质海床埋深 0.5m	

二、典型海底电缆工程输电方式选择的倾向性

（一）互联电网海底电缆输电工程发展趋势

据不完全统计，互联电网海底电缆输电工程中，交流超高压跨海域海底电缆输电方式有 15 个项目，其中 500kV 超高压海底电缆输电工程 5 项；直流跨海域海底电缆输电方式有 41 个项目，其中直流电压 ±500kV 及以上超高压海底电缆输电工程 10 项，高压直流（HVDC）技术 13 个项目。

在海底电缆输电工程项目中，挪威—荷兰海底电缆输电工程，创造了世界上目前跨海域输电距离最长的纪录，跨海域海底电缆长度为 580km。正在建设中的挪威—德国斯比特尔海底电缆输电工程、挪威—德国下萨克森海底电缆输电工程将在 2015 投入商业运行，其跨海域海底电缆长度为 600km。

美国新泽西州塞尔威尔—长岛莱维顿海底电缆输电工程创造了海底电缆敷设于水深 2600m 处的记录。

这些海底电缆输电工程世界之最的项目均采用直流输电方式，显示了海底电缆直流输电工程发展的倾向性。

（二）海底电缆直流输电工程的优势与缺陷

近 10 年来，随着直流输电工程技术上的突破，以直流输电方式实现大区域电网互联已逐渐被认同。海底电缆直流输电工程应用于跨海域区域电网互联具有明显的优越和固有的缺陷。其主要优势如下：

（1）与相同输送功率的交流海底电缆工程比，减少一根海底电缆，有色金属节省 1/3，而且海底电缆路由占用空间小。以海水做接地极回路、节省了接地及投资。

（2）输送容量大，造价低，损耗小，海水散热快，海底电缆不易老化，寿命长，海底输送距离不受限制。

（3）区域电网互联，无同步稳定性问题，交换容量大。

（4）可实现隔离海峡两岸端电网系统故障，有利于避免大面积停电。

（5）减少海底电缆工程施工难度，减少海底电缆埋设保护、修复难度。

海底电缆直流输电工程固有缺陷如下：

（1）海底电缆登陆换流站设备多、结构复杂、造价高、损耗较大。

（2）换流站两端需进行 $40\% \sim 60\%$ 无功补偿。

（3）换流设备在交、直侧都产生谐波电流，对海底通信系统产生影响。

（4）单极运行以海水做回路时，对海底设备产生电磁腐蚀。

（三）海底电缆柔性直流输电工程的优势

随着电力电子器件的控制技术的突破，换流站采用 IGBI、IGCT 等元件构成电压源型换流站。这种直流输电技术主要采用可判断型器件构成电压源型换流器、可控关断器件和脉宽调制 PWM，实现了有功和无功的独立置换控制。海底电缆柔性直流输电克服了传统直接输电固有的缺陷，使得在海底电缆输电工程中具备了应用空间和优选性。

基于海底电缆输电工程一般跨海域电网互联相对距离较短，从我国跨海域输电工程地域条件上考虑，中、短期不会出现大规模跨国联网海底电缆工程建设，但是从可再生能源并网、分布式发电并网、海南联网二期、向孤岛供电、异步交流电网互联、对石油钻探平台供电等项目发展上，海底电缆柔性直流输电工程将会得到进一步的发展。

2002 年 7 月，美国纽约长岛—新英格兰海底电缆工程实现了本土区域电网非同步互联。该项目采用 ABB 公司海底电缆柔性直流输电技术，其海底电缆长度为 $2 \times 42km$，设计输送容量 330MW，直流电压 $\pm150kV$。该工程的商业化运行，使得在海底电缆柔性直流输电技术上具有了突破性的意义。

在世界各区域实现电网互联建设中，海底电缆输电工程跨海域联网建设的实施使得各国在电网互联中获得能源优化配置、提高供电可靠性、减少备用容量等方面的经济效益。以直流输电技术实现跨海域电网互联，已成为世界各国海底电缆输电工程建设的主流。

随着柔性直流输电技术的发展，在进一步克服了传统直流输电所固有的缺陷同时，得以应用于海底电缆输电工程建设，在海洋可生能源开发利用及发展智能电网技术，实现资源大范围优势互补上具备了更为广泛的空间和优势条件。

三、海底电缆运行事故分析及保护情况

（一）文昌油田海底电缆击穿破坏案例分析

2009 年由湖北永鼎红旗电气有限公司生产的 ZS-YJQF41-26/35，3×120＋2×12B1 海底光电复合缆在文昌 19-1A 平台至文昌 15-1A 平台运行中发生电缆击穿事故。为了准确的判断事故的发生的原因，对事故海底电缆段进行了相关试验分析，主要进行了故障段海底电缆的绝缘老化前抗张强度试验、绝缘老化前断裂伸长率试验、绝缘热延伸试验、绝缘热收缩试验、绝缘屏蔽电阻率试验、导体屏蔽电阻率试验、护套老化前抗张强度试验、护套老化前断裂伸长率试验；同时增加进行击穿点附近绝缘的浸硅油检查，以确定该事故海底电缆击穿点附近的绝缘是否存在杂质。事故海底电缆相关参数见表 B.3。

表 B.3   事故海底电缆相关参数

序号	名称	单位	制造商参数	实测结果
1	导体紧压直径	mm	13.0	12％
2	导体单线根数	根		19
3	导体屏蔽平均厚度	mm	0.8	0.85
4	导体屏蔽最薄处厚度	mm		0.80
5	导体屏蔽外径	mm	14.6	14.66
6	绝缘平均厚度	mm	10.5	10.65
7	绝缘最薄处厚度	mm		10.40
8	绝缘最厚处厚度	mm		10.90
9	绝缘外径	mm	35.6	35.96
10	绝缘屏蔽平均厚度	mm	1.0	0.86
11	绝缘屏蔽最薄处厚度	mm		0.68
12	绝缘屏蔽外径	mm	37.6	37.68
13	半导电阻水带厚度	mm	1.0	0.2
14	半导电阻水带层数×直径	mm	1×38.8	1×40
15	铅套平均厚度	mm	1.7	1.76
16	铅套外径	mm	42.2	42.33
17	绕包带尺寸一层数×宽度×厚度	mm		1×40×0.2
18	PE 护套平均厚度	mm	1.5	1.7
19	PE 护套最薄处厚度	mm		1.54
20	成缆外径	mm	97.4	96.18
21	橡胶布带层数×厚度×宽度	mm	2×0.2	1×0.2×40

续表

序号	名称	单位	制造商参数	实测结果
22	橡胶布带直径	mm	98.6	97.80
23	(PP绳)＋沥青厚度	mm	2.0	2.0
24	(PP绳)＋沥青直径	mm	1016	101.91
25	铠装钢丝根数×直径	mm	5.5	60×5.67
26	铠装层外径	mm	1126	109.87
27	外被层厚度	mm	4.0	4.0
28	电缆外径	mm	1206	118.90

通过对事故海底电缆的各项试验和外观分析（见图 B.1～图 B.3），得到如下事故分析结果：

（1）解剖观察到故障段海底电缆样段有弯曲现象，海底电缆的铠装钢丝有明显变形，部分钢丝已压扁变形，海底电缆曾受过较大的机械外力作用的可能性较大。

（2）三芯电缆分开后，观察到距海底电缆弯曲位置约 24cm 处，有一击穿洞，贯穿导体和铅套，本次故障为单相电缆本体击穿。

（3）在击穿点附近的 PE 护套有两处的凹陷，凹坑下的铅护套无损伤迹象，铅护套下绝缘屏蔽及绝缘表面未发现受损情况。

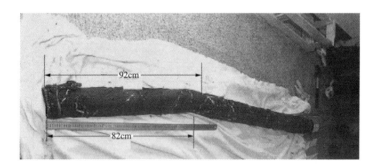

图 B.1 事故海底电缆段外观

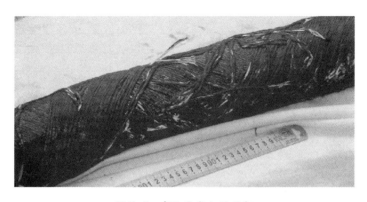

图 B.2 事故海底电缆局部

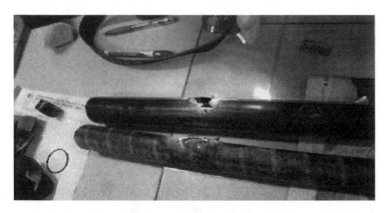

图 B.3　海底电缆击穿点

（4）故障段海底电缆的检测数据表面，其结构参数满足制造方提供的技术规范要求，取自电缆的材料性能满足制造方提供的技术规范要求，也满足相应的 IEC 标准要求，击穿点附近 10mm 范围内绝缘层未见杂质，因此无充分证据反映电缆本体质量会导致电缆发生击穿。

（二）各国海底电缆保护情况

英法海峡直流联网工程、新西兰南北岛库克海峡直流联网工程、菲律宾 Leyte-Luzon 高压直流联网工程等海底电缆工程均采用了浅海区埋设保护，深海区不保护的海底电缆保护方案。

库克海峡的海底电缆连接了南岛的 Benmore 和北岛的 Hutt Valley，有多条高压电缆和通信光缆。该电缆对新西兰来说至关重要，它每年为北岛提供约 15％的电能。为了保护电缆，在敷设电缆的区域设立了电缆保护区，并制定了严格的法律，在电缆保护区禁渔和禁抛锚。新西兰输电公司在电缆保护区有巡逻队伍，如果发现有人不遵守法律，将被重罚甚至没收船只。该线路只在 1990 年和 1998 年分别发生过锚损伤电缆事故。

菲律宾海底电缆工程的 4 条海底电缆在尚未保护的施工期间被另一条光缆埋设船全部拉断。

作为多岛国家，日本主要各岛之间均设置了公共路由，使用铁链布置在公共路由土质特别坚硬的地段两边。具体做法是在电缆路由两侧与电缆平行的 100～200m 范围内，敷设钢索和锚用钢链，在钢链上每隔 150m 设置一个锚桩或沉垫，防止锚害对管道电缆的影响。根据日本的实际运用情况，铁链寿命为 5 年左右，每次维修铁链时均发现有断锚挂在铁链上，说明铁链确实起到了保护电缆的作用。

国内舟山群岛敷设有较多海底电缆线路，采用的保护方式基本为浅海区埋设保护，深海区（大于 40m 海深）不专门设置保护。

长岛 138kV 海底电缆工程是海底电缆中事故较多的工程，连接了长岛的 Northport 终端和科涅狄格州（Connecticut）的 Norwalk 终端，电压 138kV，总长 19km，300MVA，充油电缆，1969 年敷设并投入使用，选择了 7 条电缆，其中两回三相电路，一条备用，这样可以保证如果单条电缆受到损害时不影响供电。

该工程电缆埋深 1m，在水深不足 11m 时埋设地更深一些。没有埋设的部分通过声纳扫描检查以确保没有悬空。在施工前对水深小于 11m 的区域的埋设方法进行了探讨，提出了三种方法：

方法一：在敷设过程中进行冲埋，但这可能会导致铠装电缆的铅套承受过大的机械应力，因此不能使用该方法。

方法二：在敷设后再进行冲埋，但这需要提前把电缆周围的石头清理掉而且会浪费大量时间，因此也不被采纳。

方法三：即预挖沟回填。该工程最终采用本方法，并因在设计时没有考虑海洋灾害对电缆的影响，由于机械损伤及腐蚀作用，工程从运行开始到 1979 年 2 月共发生过 12 次事故，造成三次重大的停电事故，有 500 多天处于半运营状态。

该工程维修电缆的费用非常高，已经超过了该电缆工程最初的劳动成本（有通货膨胀和其他成本增加的影响）。通过对这条电缆的经验总结，发现有数次事故发生在未被埋设的区域，因此埋设保护对海底电缆非常重要。

长岛 345kV 海底电缆工程由纽约电力局施工，连接了 Nassau 和 Westchester，电压 345kV，输电能力 750MVA，约 43km 长，其中 12.7km 跨越长岛海峡埋于海底，另外 30.1km 在岸上进行地下掩埋。该工程于 1989 年 5 月施工，1991 年 5 月完成，耗费 3.2 亿美元。

该工程电缆岸上部分埋设电缆的壕沟为 1.22m 宽、1.52m 深。海底电缆部分包括四根电缆、两根光缆，电缆轴向间距为 150m，全程埋设保护，埋深 3m。在设计路线之前，对水文、岩土地质和地球物理情况进行了全面调查。在设计路线时，尽量缩小路由长度，避开障碍物和岩层，减少软土层向硬质土层的过渡，并且尽量考虑降低成本。此外对在该区域内抛锚对电缆影响的概率进行了调查，研究发现在沙土或者其他硬地质情况下，锚的贯穿深度不足 3m，并且在两根电缆间距为 150m 时一次抛锚同时损害两根电缆的概率非常小，因此最终确定埋深 3m，电缆轴向间距 150m。

该工程降低了纽约州北部和加拿大输送电力到纽约市区和长岛的成本。该工程完成后，由于输电能力增长了将近一倍，提高了长岛电力供公司系统的可靠性，同时降低了长岛对于昂贵的火电的依赖性。

（三）ABB 海底电缆工程及研究简介

据 ABB 官网公资料显示，ABB 的研究和开发工作创造的世界纪录如下：

1952 年，世界第一个 400kV 低压充油电缆输电系统 LPFF。

1954 年，世界第一个高压直流不滴流电缆输电系统 MIND。

1973 年，世界第一个高压交联聚乙烯挤压绝缘海底电缆 XLPE。

1973 年，世界第一个 400kV 低压充油海底电缆输电系统 LPFF。

1989 年，世界第一个 400kV 高压直流不滴流海底电缆输电系统 MIND。

1994 年，世界第一个 450kV 高压直流不滴流海底电缆输电系统 MIND。

1996 年，欧洲第一个 420kV 交联聚乙烯电缆 XLPE。

1998 年，世界第一个高压直流挤压绝缘地下电缆输电系统（轻型高压直流输电）。

2002 年，世界最长地下输电系统（轻型高压直流输电）。

2002 年，世界第一个挤压绝缘型高压直流海底电缆输电系统（轻型高压直流输电）。

500kV
SUBMARINE
POWER CABLE
PROJECT
CONSTRUCTION
& MANAGEMENT

500kV
海底电缆工程
建设与管理

附录C
海底电缆技术参数

表 C.1 　　　　　　　　　　　　海底电缆技术参数

序号	内　容	单位	参数
	载流量和温度梯度		
1	在 100% 负荷因子和电压为 525kV 时的持续热载流量	A	815
2	在额定持续载流量和规定环境时的导体温度	℃	90
3	在 100% 负荷因子和 U_0 时的额定载流量	A	815
4	在额定电压满负荷状态下导体最高温度	℃	90（815A）
5	不明显缩短寿命时最大允许导体温度	℃	90
6	在 U_0 满负荷状态下导体达到最大温度的时间		＞1 周
7	在额定载流量时整个绝缘层的温度梯度	℃	18.5（815A）
8	在额定载流量时导体与周围环境之间的温度梯度	℃	60（815A）
9	极限载流量系数		陆地部分
10	载流量梯度的数据是否基于表格中所述环境和提供的条件	是/否	是
	电压额定值		
11	额定电压 U_0	kV	303
12	最大持续运行电压 U_m	kV	550
13	1s 动态过电压	kV	550
14	电缆雷电冲击耐受电压	kV	1550
15	电缆操作冲击耐受电压	kV	1175
16	电缆自动重合闸冲击/波形序列		
	电场强度		
17	在 U_m 时导体屏蔽层的最大场强	MV/m	17.2
18	在 U_m 时外屏蔽层的最大场强	MV/m	7.7
19	在雷电冲击电压时导体屏蔽层的最大场强	MV/m	83.8
20	在雷电冲击电压时外屏蔽层的最大场强	MV/m	37.3
21	在操作冲击电压时导体屏蔽层的最大场强	MV/m	63.6
22	在操作冲击电压时外屏蔽层的最大场强	MV/m	28.3
	电缆全长上的试验电压		
23	在每一整个工厂电缆制造长度上的直流试验电压	kV/min	1030/15
24	试验后电缆放电方式和时间		水放电装置，约 1h
25	在进口港船上的直流试验电压	kV/min	
26	试验后电缆放电方式和时间		
27	在安装后的直流试验电压	kV/min	775/15
28	试验后电缆放电方式和时间		水放电装置，约 1h
	设计寿命，寿命试验和型式试验		
29	在额定设计电压和载流量下的最短设计寿命	年	30
30	对类似电缆、终端和接头是否作过鉴定型式试验	是/否	是（1979～1981 年，Halden）
31	对类似电缆、终端和接头是否作过全尺寸寿命试验	是/否	是（1979～1981 年，Halden）
32	对类似电缆、终端和接头是否作过全尺寸海上试敷设试验	是/否	是（1979～1981 年，Halden）

续表

项目	内　　容	单位	参数
	短路额定值		
33	最大不对称短路电流耐受值	kA	50
34	持续时间	s	0.5
35	最大对称短路电流耐受值	kA	50
36	短路电流持续时间	s	0.5
	电缆详细说明		
37	电缆型号		自容式充油电缆
38	导体截面积	mm^2	800
39	导体设计型式		中心孔道，自撑式
40	油道材料		
41	限流装置，型式/直径		铝限流器/30
42	油道标称内径	mm	30
43	导体内径	mm	30
44	导体外径	mm	44.7
45	导体屏蔽材料		炭黑纸
46	导体屏蔽标称厚度	mm	0.5
47	绝缘纸型式		牛皮纸
48	复合纸的说明（如果提供）		
49	复合纸各分层的标称厚度	mm	
50	复合纸膨胀的控制方法		
51	纵向渗水的控制方法		
52	绝缘层的标称径向厚度	mm	28.65
53	绝缘层的最小径向厚度	mm	28.5
54	线芯屏蔽材料		炭黑纸，金属化纸，铜丝棉布编织带
55	线芯标称厚度	mm	0.5
56	浸渍剂－制造商和型式		PC6F2-5
57	每米电缆油体积	1/m	4.25
58	浸渍剂标称比重@15℃		0.86
59	浸渍剂标称比重@85℃		0.81
60	铅合金护套制造商型式		1/2C＋Te
61	铅合金护套成分		0.06%～0.09%Cd，18%～0.22%Sn，44×10^{-6}Te
62	铅合金护套标称厚度	mm	4.4
63	铅合金护套最小径向厚度	mm	4.08
64	加强带下衬垫材料		铜丝棉布编织带
65	加强带下沉淀标称厚度	mm	0.25
66	加强带材料		青铜

续表

项目	内　容	单位	参数
67	加强带层数	层	4
68	加强带最大工作应力	N/mm²	65
69	加强带标称厚度	mm	0.15
70	加强带标称宽度	mm	40
71	加强带绕包节距	mm	45
72	回流导体下衬垫材料		
73	回流导体下衬垫标称厚度	mm	
74	回流导体材料		
75	回流导体带层数		
76	回流导体带尺寸	mm×mm	
77	回流导体标称径向厚度	mm	
78	回流导体标称横截面积	mm²	
79	回流导体总外径	mm	
80	防腐套材料		聚乙烯
81	防腐套平均厚度	mm	4.4
82	防蛀带材料		铜
83	防蛀带层数	层	2
84	防蛀带标称厚度	mm	2×0.1
85	防蛀带总外径	mm	125.4
86	内层铠装衬垫材料		半导体尼龙带
87	内层铠装型式		铜线
88	每个内层扁铠装丝尺寸或圆钢线直径	mm	7.4×2.53
89	内层铠装丝根数	根	52
90	内层铠装的节距	mm	2570
91	外层铠装衬垫材料（如果使用）		
92	外层铠装型式（如果使用）		
93	每个外层扁铠装丝尺寸或圆钢线直径	mm	
94	外层铠装丝的根数（如果使用）		
95	外层铠装节距（如果使用）	mm	
96	在铠装层是否设计成扭矩平衡	是/否	否
97	给出101项详细资料（附件）		
98	外护层材料		聚丙烯纱和沥青
99	外护层标称厚度	mm	4
100	电缆总外径	mm	约139
101	电缆在空气中质量	kg/m	约48
102	电缆在海水中质量	kg/m	约32
103	21℃海水平均相对密度		1.026
104	控制铅护套与铠装之间电压的方法		短路连接
105	在额定载流量时铅护套与铠装之间电压	V	490

续表

项目	内　容	单位	参数
106	铅护套与铠装之间的最大峰值电压	V	19 200
107	在电缆路由上铅护套与铠装之间是否互联	是/否	是
108	在什么位置互联		每 8km
109	铅护套与铠装之间的互联方法		短路连接
电缆运输和敷设			
110	最小允许弯曲半径（安装时）	m	6
111	最小允许弯曲半径（敷设时）	m	10
112	在敷设时最大允许静态拉力	kN	87.5
113	在敷设时最大允许动态拉力	kN	5.9
114	在敷设时电缆最大静态拉力计算值	kN	60.8
115	在敷设时电缆最大动态拉力计算值	kN	5.9
116	在敷设时最大允许侧压力	kN/m	17.5
117	在敷设时最大侧压力计算值	kN/m	12
118	假定海浪高（根据海洋勘察数据）	m	4
119	海浪周期（根据海洋勘测数据）	s	8
120	在铺设时电缆拉力分布（导体）	%	45
121	在敷设时电缆拉力分布（回流导体）	%	
122	在敷设时电缆拉力分布（第一铠装层）	%	55
123	在敷设时电缆拉力分布（第二铠装层）	%	
124	在最大允许拉力时的延伸百分比（导体）	%	<1
125	在最大允许拉力时的延伸百分比（铅护套）	%	<1
126	绝缘内的剪应力	%	<1
电缆电阻			
127	20℃导体最大直流电阻	Ω/km	0.0221
128	在最大运行温度90℃时的导体最大直流电阻	Ω/km	0.0282
129	在最大运行温度90℃时的导体交流/直流电阻比		1.014
130	在最大运行温度90℃时的导体最大交流电阻	Ω/km	0.0286
131	在运行温度72℃时的铅护套最大交流电阻	Ω/km	0.172
132	在60℃时加强带交流电阻	Ω/km	0.250
133	在50℃时回流导体交流电阻	Ω/km	N. A.
134	在50℃时铠装交流电阻	Ω/km	0.021
电缆电容和充电电流			
135	导体对缆芯屏蔽层的标称电容	μF/km	0.24
136	在 525kV 时 50Hz 交流额定充电电流	A/km	22.8
电缆损耗			
137	在 U_0，室内温度及 1.5bar 运行压力时最大介质损失角		0.0028
138	在 $1.67U_0$，室内温度及 1.5bar 运行压力时最大介质损失角		0.0034
139	最大损失角增量		0.0007

续表

项目	内　　容	单位	参数
140	额定载流量时的导体损耗	W/m	18.1（815A）
141	525kV 时的介质损耗	W/m	16.6
142	额定载流量时的铅护套损耗	W/m	1.1（815A）
143	额定载流量时的加强带损耗	W/m	0.7（815A）
144	额定载流量时的其他带损耗	W/m	0.3（815A）
145	额定载流量时的铠装损耗	W/m	8.5（815A）
146	在 525kV 时 31km 单根电缆的末端充电电流损耗（以每米为基准）	W/m	充电电流沿路径变化
147	在 525kV 及额定载流量时的总损耗	W/m	45.3（815A）
	线路总损耗（以 31km 为基准）		
148	电缆总损耗（3 根电缆）	kW	3600
149	油泵站平均负载	kW	8
150	额定载流量时的冷却器负载	kW	
	电缆阻抗		
151	导体对铅护套的电感	mH/km	0.17
152	在 20℃时的正序 R	Ω/km	0.037
153	在 20℃时的正序 X	Ω/km	0.081
154	在 20℃时的零序 R	Ω/km	0.037
155	在 20℃时的零序 X	Ω/km	0.081
156	波阻抗	Ω	27
	电缆的长度及安装		
157	陆地部分电缆回填土种类		
158	陆地部分电缆回填土（干）热阻系数	K·m/W	1.0
159	当地土壤热阻系数假定值	K·m/W	1.2
160	土壤（陆地）温度假定值	℃	30
161	海床土壤热阻系数假定值	K·m/W	0.8
162	海水温度（潮流区）假定值	℃	30
163	假定的海水温度（＜10m）	℃	28
164	假定的海水温度（＞10m）	℃	28
165	不带接头的海底电缆制造和运输的最大长度	km	约 100
166	敷设 3 根电缆的周期数		1
167	敷设 1 根海底电缆的时间	h	约 100
168	电缆 1 的供货总长度	km	31
169	工厂接头数量		0（计划的）
170	电缆 2 的供货总长度	km	31
171	工厂接头数量		0（计划的）
172	电缆 3 的供货总长度	km	31
173	工厂接头数量		0（计划的）
174	备用检修电缆的供货总长度	km	93＋1.8

续表

项目	内　容	单位	参数
175	工厂接头数量		0（计划的）
176	陆地上电缆的间距	m	≥7
177	0～10m 海深电缆的间距	m	>10
178	深海电缆的间距	m	>10
179	电缆长度的不平衡度百分比（最长-最短）/最长		0.5
备用检修电缆的储存设备			
180	备用检修电缆储存设备的面积	m×m	10×10
181	除去备用检修电缆后储存设备的质量	t	15
182	备用检修电缆存储设备的总质量	t	105
设备功耗			
183	备用检修电缆的存储设备所需的电源	kW	50
184	每个站点油压系统所需的电源	kW	8
185	每个站点电缆冷却设备所需的电源	kW	

参考文献

[1] The Gotland HVDC link，http://www. abb. com/industries/ap/db0003db004333/8e63373c2cdc1cd ac125774a0032c5ed. aspx.

[2] HVDC Gotland，http://en. wikipedia. org/wiki/HVDC _ Gotland.

[3] Skagerrak HVDC Interconnections，http://www. abb. de/industries/ap/db0003db004333/448a5eca 0d6e15d3c12578310031e3a7. aspx.

[4] Skagerrak 1-3 HVDC Interconnections，http://www. abb. de/industries/ap/db0003db004333/e9c8 90cb41ffa3d5c125774a0044be37. aspx.

[5] Nexans wins contract for Skagerrak 4 subsea HVDC power cable，http://www. subseaworld. com/ contracts/nexans-wins-contract-for-skagerrak-4-subsea-hvdc-power-cable-03849. html.

[6] Konti-Skan，http://en. wikipedia. org/wiki/Konti%E2%80%93Skan.

[7] Konti-Skan，http://www. abb. com/industries/ap/db0003db004333/1f5e1ea1b9111d9dc125774a004 11eb8. aspx.

[8] Konti-Skan 1 HVDC Renovation Project，PDF file，http://www. google. com. hk/search? hl= zh-CN&newwindow=1&safe=strict&client=aff-cs-worldbrowser&hs=nya&q=++Konti-Skan+ 1+HVDC+Renovation+Project&oq.

[9] Kontek，http://en. wikipedia. org/wiki/Kontek.

[10] Kontek HVDC Interconnection，http://www. abb. com/industries/ap/db0003db004333/f0562b09 9a2e4cedc125774a0035816c. aspx.

[11] Fenno-Skan，http://www. abb. com/industries/ap/db0003db004333/3acfe6c11d602c2bc125774a00 30b2b4. aspx.

[12] Fenno-Skan 2-extension of the HVDC link between Finland and Sweden，http://www. fingrid. fi/ portal/in _ english/transmission _ lines _ and _ maintenance/international _ projects/fenno _ skan _ 2/.

[13] EXTENSION OF Fenno-Skan HVDC LINK，Pdf file，http://www. google. com. hk/search? hl=zh-CN&newwindow=1&safe=strict&client=aff-cs-worldbrowser&hs=Hkw&q=EXTEN-SION+OF+Fenno-Skan+HVDC+LINK+TO+REINFORCE&oq.

[14] ABB wins $170-million contract for Baltic Sea power link，http://blog. gkong. com/more. asp? name=dreamslzy&id=44327.

[15] ABB receives major order for HVDC power link between Sweden and Poland，http://www. abb. d e/cawp/seitp202/c1256c290031524bc12567310024e1c1. aspx.

[16] The Swepol Link HVDC Connection Sweden/Poland，Pdf file，pp1-2，http://www. google. com. hk/search? hl=zh-CN&newwindow=1&safe=strict&client=aff-cs-worldbrowser&hs=y8b&q=+ The+Swepol+Link+HVDC+Connection+Sweden%2F+Poland&oq.

[17] SwePol Link Power Transmission，Pdf file，pp 2-3，http://www. google. com. hk/search? hl= zh-CN&newwindow=1&safe=strict&client=aff-cs-worldbrowser&hs=iVw&q=+SwePol+Link+ Power+Transmission&oq.

［18］ Bernt Abrahamsson，Leif Soderberg，Krzysztof Lozinski，Swepol HVDC Link，pdf file，pp 1-2，http：//www. google. com. hk/search? hl＝zh-CN&newwindow＝1&safe＝strict&client＝aff-cs-worldbrowser&hs＝9vw&q＝＋Swepol＋HVDC＋Link&oq.

［19］ Projects：Power Cables：Sweden Poland Link（SwePol），http：//www. fiveoceansservices. com/content/projects/powerCables/SwedenPolandLink/index. html.

［20］ Leif Soderberg，Bernt Abrahamsson，SwePol，http：//www. google. com. hk/search? client＝aff-cs-worldbrowser&forid＝1&ie＝utf-8&oe＝UTF-8&hl＝zh-CN&q＝＋SwePol＋％E8％BE％93％E7％94％B5％E7％BA％.

［21］ NorNed-Europe's link for the future ＿ tcm43-18745，Pdf file，August 2008，pp3-5，http：//www. google. com. hk/search? hl＝zh-CN&newwindow＝1&safe＝strict&client＝aff-cs-worldbrowser&hs＝kUx&q＝＋NorNed＋-＋Europe％27s＋link＋for＋the＋future&oq.

［22］ Submarine Cable Link，The NorNed HVDC Connection，Norway-Netherlands，Pdf file pp1-2，ht-tp：//www. google. com. hk/search? hl＝zh-CN&newwindow＝1&safe＝strict&client＝aff-cs-worldbrowser&hs＝p2c&q＝＋The＋NorNed＋HVDC＋Connection&oq.

［23］ The NorNed HVDC transmission link-the longest underwater high-voltage cable in the world，ht-tp：//www. google. com. hk/search? hl＝zh-CN&newwindow＝1&safe＝strict&client＝aff-cs-worldbrowser&hs＝UJI&q＝＋The＋NorNed＋HVDC＋transmission＋link&oq.

［24］ Baltic Cable HVDC project，http：//www. abb. co. in/industries/ap/db0003db004333/cb2faa9b0c1ce6c5c125774a00235526. aspx.

［25］ Baltic Cable，http：//en. wikipedia. org/wiki/Baltic ＿ Cable.

［26］ Welcome to Baltic Cable，http：//www. balticcable. com/aboutindex. html.

［27］ The Baltic Cable HVDC Connection Sweden/Germany，Pdf file，pp 1-2，http：//www. google. com. hk/search? hl＝zh-CN&newwindow＝1&safe＝strict&client＝aff-cs-worldbrowser&hs＝z3x&q＝＋The＋Baltic＋Cable＋HVDC＋Connection＋Sweden＋&oq.

［28］ CABLE，Pdf file，pp 1-2，http：//www. google. com. hk/search? hl＝zh-CN&newwindow＝1&safe＝strict&client＝aff-cs-worldbrowser&hs＝GlI&q＝baltic＋cable＋＋the＋cable＋is＋the＋componet＋which＋limites&oq.

［29］ Estlink，Apr. 26，2011，http：//en. wikipedia. org/wiki/Estlink.

［30］ Offshore Estlink HVDC Light Transmission system，350MW±150kv，including 105 km cables，http：//www. google. com. hk/search? hl＝zh-CN&newwindow＝1&safe＝strict&client＝aff-cs-worldbrowser&hs＝8mI&q＝＋3. ＋Offshore＋Estlink＋HVDC＋Light＋Transmission＋system％2C.

［31］ Great Belt Power Link，http：//en. wikipedia. org/wiki/Great ＿ Belt ＿ Power ＿ Link.

［32］ Baltrel List of considered interconnection links in the Baltic Sea Region update May 2004，http：//www. google. com. hk/search? hl＝zh-CN&newwindow＝1&safe＝strict&client＝aff-cs-worldbrowser&hs＝60a&q＝＋4. ＋Baltrel＋List＋of＋considered＋interconnection＋links＋in＋the＋Baltic＋Sea＋Region.

［33］ NordBalt，http：//en. wikipedia. org/wiki/NordBalt.

［34］ HVDC Cross-Channel，http：//en. wikipedia. org/wiki/HVDC ＿ Cross-Channel.

［35］ ABB wins record ＄350 million cable order to connect U. K. and Netherlands，http：//blog. cechina.

cn/xilinxue/228396/message. aspx.

[36] BritNed power cable boosts hopes for European supergrid, Apr. 11, 2011, http://www. guardian. co. uk/environment/2011/apr/11/uk-netherlands-power-cable-britned.

[37] BridNed. http://en. wikipedia. org/wiki/BritNed.

[38] Arnhem (The Netherlands), 23 July 2010, https://www. britned. com/news/Pages/BritNedmarinecablelaycompleted. aspx.

[39] BritNed Interconnector, -BAM Nuttall, Pdf file, pp 1-2, http://www. google. com. hk/search? hl=zh-CN&newwindow=1&safe=strict&client=aff-cs-worldbrowser&hs=BYb&q=bam+nuttalll+BritNed+Interconnector+&oq.

[40] Interconnecting the Netherlands and U. K. Power grids BritNed HVDC submarine cable link, http://www. google. com. hk/search? hl=zh-CN&newwindow=1&safe=strict&client=aff-cs-worldbrowser&hs=rEw&q=+Interconnecting+the+Netherlands+and+U. K. +Power+grids+BritNed+HVDC+submarine+cable+link+&oq.

[41] East West Interconnector Project Pdf file, pp 3-4, Oct. 3, 2007, http://www. google. com. hk/search? client=aff-cs-worldbrowser&forid=1&ie=utf-8&oe=UTF-8&hl=zh-CN&q=East+West+Interconnector+Project+.

[42] East-West Interconnector, http://en. wikipedia. org/wiki/East_West_Interconnector.

[43] NORD. LINK, http://en. wikipedia. org/wiki/NORD. LINK.

[44] Statnett submits licence application for new interconnector to Germany, Apr. 6, 2010, http://www. statnett. no/en/News/News-archive-Temp/News-archive-2010/Statnett-submits-licence-application-for-new-interconnector-to-Germany/.

[45] Norger, http://en. wikipedia. org/wiki/NorGer.

[46] German Energy Blog, Federal Network Agency Issues Exemption for HVDC NorGer Power Line Connecting Germany and Norway, 2010 Nov. 26, http://www. germanenergyblog. de/? p=4664.

[47] Statnett enters into the NorGer project, Jun. 23, 2010, http://www. statnett. no/en/News/News-archive-Temp/News-archive-2010/Statnett-enters-into-the-NorGer-project-/.

[48] NorGer KS-Seabed Survey, Jul, 15, 2010, http://www. doffin. no/search/show/search_view. aspx? ID=JUL149728.

[49] HVDC Italy-Corsica-Sardinia. http://en. wikipedia. org/wiki/HVDC_Italy%E2%80%93Corsica%E2%80%93Sardinia.

[50] Italy-Greece HVDC link. http://www. abb. fr/industries/ap/db0003db004333/7b1c9d2d146f3224c125774a0035132e. aspx.

[51] Power-Gen, Deep Links, Oct. 1, 2001, http://www. powergenworldwide. com/index/display/articledisplay/158753/articles/power-engineering-international/volume-10/issue-10/features/deep-links. htm.

[52] SAPEI HVDC link, The largest HVDC link in the Mediterranean Sea, http://www. abb. com/industries/ap/db0003db004333/1835edd885389f04c125774a0044432d. aspx.

[53] Cometa (HVDC), http://en. wikipedia. org/wiki/Cometa_(HVDC).

[54] Nexans wins 146 million euros order for high voltage submarine link between Spanish mainland and

Balearic Islands，Sep. 2007，Paris，http：//www. nexans. co. za/eservice/SouthEastAfrica-pt _ AO/navigatepub _ 159147 _ -12311/Nexans _ wins _ 146 _ million _ euros _ order _ for _ high _ volta. html.

[55] Roman，GRANADINO，Juan PRIETO，Gregorio DENCHE，Fatima MANSOURI，Knut STENS ETH，Roberto COMELLINI/Challenges of the second submarine interconnection between Spain and Morocco，Pdf file，pp 1-3，http：//www. nexans. co. za/eservice/SouthEastAfrica-pt _ AO/navigatepub _ 159147 _ -12311/Nexans _ wins _ 146 _ million _ euros _ order _ for _ high _ volta. html.

[56] Red Sea Cable Links Jordan and Egypt The 400-kV，2000-MW submarine cable interconnector links-the transmission systems of Egypt and Jordan. ，http：//login. tdworld. com/wall. aspx？ ERI-GHTS _ TARGET＝http%3A%2F%2Ftdworld. com%2Fmag%2Fpower _ red _ sea _ cable%2F.

[57] Seven Countries Interconnection Project，PPT file，pp 17，18，19；23，27，http：//www. google. com. hk/search？ client＝aff-cs-worldbrowser&forid＝1&ie＝utf-8&oe＝UTF-8&hl＝zh-CN&q＝2%2E＋Seven＋Countries＋Interconnection＋Project.

[58] MedRing：Building an interconnected system across three continents/MedRing：Planned Projects，Mar. 2，2009，http：//www. globaltransmission. info/archive. php？ id＝1433.

[59] RTDSNEWS _ 2008 _ summer. pdf pp1，http：//www. google. com. hk/search？ hl＝zh-CN&ne wwindow＝1&safe＝strict&client＝aff-cs-worldbrowser&hs＝Zkx&q＝＋RTDS＋news＋summer＋2008&oq＝＋RTDS＋news＋summer＋2008&aq.

[60] HVDC Hokkaido-Honshu，http：//en. wikipedia. org/wiki/HVDC _ Hokkaido%E2%80%93Honshu.

[61] HVDC Haenam-Cheju，http：//en. wikipedia. org/wiki/HVDC _ Haenam%E2%80%93Cheju.

[62] Byeong-Mo Yang，Chan-Ki Kim，Gil-Jo Jung and Young Hyun Moon/Verification of Hybrid Real Time HVDC Simulator in Cheju-Haenam HVDC System，Pdf file，2006 pp1. http：//www. google. com. hk/search？ client＝aff-cs-worldbrowser&forid＝1&ie＝utf-8&oe＝UTF-8&hl＝zh-CN&q＝＋04%5FA%2D049.

[63] Caribbean Reginal Electricity Generation，Interconnection，and Fuels Supply Strategy，http：//www. google. com. hk/search？ client＝aff-cs-worldbrowser&forid＝1&ie＝utf-8&oe＝UTF-8&hl＝zh-CN&q＝＋Caribbean＋Reginal＋Electricity＋Generation%2C＋Interconnection%2C＋and＋Fuels＋Suppl.

[64] Leyte-zLuzon HVDC Power Transmission Project，http：//www. abb. de/industries/ap/db0003db 004333/785284d1e837a614c1257749003dcc1e. aspx.

[65] HVDC Leyte-Luzon，http：//en. wikipedia. org/wiki/HVDC _ Leyte%E2%80%93Luzon.

[66] Hiroyuki Nakao，Masahiro Hirose，Takehisa Sakai，Naoki Kawamura，Hiroaki Miyata Makoto Kadowaki，Takahiro Oomori，Akihiko Watanabe/The 1，400-MW Kii-Channel HVDC System，http：//www. google. com. hk/search？ hl＝zh-CN&newwindow＝1&safe＝strict&client＝aff-cs-worldbrowser&hs＝cTy&q＝＋1. ＋The＋1%2C400-MW＋Kii-Channel＋HVDC＋System&oq.

[67] T. Shimato，T. Hashimoto，M. Sampei/The Kii Channel HVDC Link in Japan，Pdf file，ht-tp：//www. google. com. hk/search？ hl＝zh-CN&newwindow＝1&safe＝strict&client＝aff-cs-worldbrowser&hs＝Bxd&q＝＋3. ＋The＋Kii＋Channel＋HVDC＋Link＋in＋Japan&oq.

[68] Yutaka Nakanishi，Koichiro Fujii，Takuya Miyazaki，Miyafumi Midorikawa，Mitsumasa Shimada，Makoto Suizu/HITACHI CABLE REVIVIEW，August 2000/Installation of 500-kv DC Submarine

Cable Line in Japan，Pdf file，pp 2-3，http://www. google. com. hk/search? hl＝zh-CN&newwindow＝1&safe＝strict&client＝aff-cs-worldbrowser&hs＝M0d&q＝＋Installation＋of＋500-kv＋DC＋Submarine＋Cable＋Line＋in＋Japan&oq.

［69］ Jun Ueda，Toshihiko Ishida，Tatsunori Yoshizumi，Development of the 500-kv DC Converter System，Pdf file，pp 1-3，http://www. google. com. hk/search? hl＝zh-CN&newwindow＝1&safe＝strict&client＝aff-cs-worldbrowser&hs＝YOJ&q＝＋4.＋Development＋of＋the＋500-kv＋DC＋Converter＋System&oq.

［70］ Runtu，Taipower plans to construct submarine cable between the island of Taiwan and the Penghu，http://www. wire-and-cable. cn/industry-news/2010-02-22/taipower-plans-to-construct-submarine-cable-between-the-island-of-taiwan-and-the-penghu. html.

［71］ Ping-Heng Ho and Chi-Jui Wu，Transient Analysis of the 161-kV Taiwan-Peng Hu Submarine Power Cable System，Pdf file，pp 1-2，http://www. google. com. hk/search? client＝aff-cs-worldbrowser&forid＝1&ie＝utf-8&oe＝UTF-8&hl＝zh-CN&q＝Transient＋Analysis＋of＋the＋161%2DkV＋Taiwan＋%E2%80%93＋Peng＋Hu＋Submarine＋Power＋Cable＋Sys.

［72］ 加拿大本土至温哥华岛 500kV 交流海底电缆工程，2005 9 月 16 日（中国高压电器网），http://www. chinahva. com/news _ detailed. php? cat _ id＝87&id＝4692.

［73］ HVDC Vancouver Island，http://en. wikipedia. org/wiki/HVDC _ Vancouver _ Island.

［74］ Powerlines connecting Vancouver Island with Canadian Mainland，http://en. wikipedia. org/wiki/Powerlines _ connecting _ Vancouver _ Island _ with _ Canadian _ Mainland.

［75］ Cross Sound Cable Company. LLC，http://www. crosssoundcable. com/CableInfonew. html.

［76］ Cross Sound Cable，http://en. wikipedia. org/wiki/Cross _ Sound _ Cable.

［77］ Neptune，http://neptunerts. com/the-project/neptune-cables/.

［78］ Valerie Shore，Dec. 2007，NEPTUNE cable-laying completed，http://ring. uvic. ca/07dec06/neptune. html.

［79］ Neptune Cable，http://en. wikipedia. org/wiki/Neptune _ Cable.

［80］ Mattew Wald，Mar. Underwater Cable an Alternative to Electrical Towers，16，2010，http://www. nytimes. com/2010/03/17/business/energy-environment/17power. html.

［81］ Trans Bay Cable，http://en. wikipedia. org/wiki/Trans _ Bay _ Cable.

［82］ Babcock &. Brown. Trans Bay Cable Project/ Presentation to California Energy Commission Transmission Work Shop，Aug. 23，2004，Pdf file，pp 7，http://www. google. com. hk/search? hl＝zh-CN&newwindow＝1&safe＝strict&client＝aff-cs-worldbrowser&hs＝faf&q＝＋Trans＋Bay＋Cable＋Project%2F＋Presentation＋to＋California＋Energy＋Commission＋&oq.

［83］ Juan de Fuca Cable Project，http://www. jdfcable. com/project. shtml.

［84］ Mike Kozakowski，Victoria-Port Angeles undersea cable project clears regulatory hurdles；applies for loan，January 28，2010，http://vibrantvictoria. ca/local-news/victoria-port-angeles-undersea-cable-project-clears-regulatory-hurdles-applies-for-loan/.

［85］ Sea Breeze Pacific Juan de Fuca Cable，LP August 10，2009 Members of the JDF WECC Phase 2 Review Group，Pdf fiel，pp 1，http://www. google. com. hk/search? client＝aff-cs-worldbrowser&forid＝1&ie＝utf-8&oe＝UTF-8&hl＝zh-CN&q＝re＋juan＋de＋fuca＋cable＋wecc＋project.

[86] Nexans Norway AS，Nexans Champlain Hudson Power Express/Cable System Study Report http：//www. google. com. hk/search? hl＝zh-CN&newwindow＝1&safe＝strict&client＝aff-cs-worldbrowser&hs＝3iY&q＝＋＋Nexans＋Champlain＋Hudson＋Power＋Express％2F＋Cable＋System＋Study＋Report&oq.

[87] Champlain Hudson Power Express Project Exhibit 2 Location of Facilities，Pdf file pp3-5 http：//www. google. com. hk/search? client＝aff-cs-worldbrowser&forid＝1&ie＝utf-8&oe＝UTF-8&hl＝zh-CN&q＝nexans＋CHPEI＋.

[88] HVDC Inter-Island，http：//en. wikipedia. org/wiki/HVDC _ Inter-Island.

[89] Peter Griffiths Mohamed Zavahir，Planning for New Zealand's Inter-Island HVDC Pole 1 Replacement，2007，Pdf file，pp 3-5，http：//www. google. com. hk/search? hl＝zh-CN&newwindow＝1&safe＝strict&client＝aff-cs-worldbrowser&hs＝rBu&q＝＋1. ＋Planning＋for＋New＋Zealand％27s＋Inter-Island＋HVDC＋Pole＋1＋Replacement&oq.

[90] ABB，Cables for Offshore Wind Farms，Pdf file，pp 2-3，http：//www. google. com/♯sclient＝psy&hl＝en&newwindow＝1&site＝&source＝hp&q＝Cables＋For＋Offshore＋Farm&aq＝f&aqi＝&aql＝&oq＝&pbx＝1&bav＝on. 2，or. r _ gc. r _ pw. &fp＝cf5fe7836e331b33&biw＝751&bih＝611.

[91] Transpower Grid Newzealand，Welcome to the Grid New Zealand，http：//www. gridnewzealand. co. nz/.

[92] Dr. M. Davies，A. Kolz，M. Kuhn，D. Monkhouse，J. Strauss，Latest Control and Protection Innovations Applied to the Basslink HVDC Interconnector Pdf file，pp，http：//www. google. com. hk/search? client＝aff-cs-worldbrowser&forid＝1&ie＝utf-8&oe＝UTF-8&hl＝zh-CN&q＝＋1％2E＋Bass＋Link＋Interconnector＋％2D＋System＋Design＋Considerations.

[93] Basslink，http：//en. wikipedia. org/wiki/Basslink.

[94] Steve Mortimer，David Friend，Tony Field，Mike Green，Power Technology，Newsletter Issue，http：//www. google. com. hk/search? hl＝zh-CN&newwindow＝1&safe＝strict&client＝aff-cs-worldbrowser&hs＝Jot&q＝power＋technology＋october＋2004＋steve＋mortimer&oq.

[95] Th. Westerweller，J. J. Price，Basslink HVDC Interconnector-System Design Consideration，http：//www. google. com. hk/search? client＝aff-cs-worldbrowser&forid＝1&ie＝utf-8&oe＝UTF-8&hl＝zh-CN&q＝1％2E＋Bass＋Link＋Interconnector＋％2D＋System＋Design＋Considerations.

[96] Cross-channel capacity up for auction，05 Mar. 2001，http：//www. petroleum-economist. com/Article/2826025/Cross-channel-capacity-up-for-auction. htm.

[97] The record-breaking Italy-Greece HVDC link，05，Oct.，2002，http：//www. modernpowersystems. com/story. asp? storyCode＝2017040，

[98] SHOJI MASHIO，ICC Spring Meeting 2010，J-POWER SYSTEMS，Field Experience of Water Jet Plow Cable Installation and Recent Development of DC Cable，PDF file，Page 5，http：//www. google. com. hk/search? hl＝zh-CN&newwindow＝1&safe＝strict&client＝aff-cs-worldbrowser&hs＝eBU&q＝Kii＋Channel＋cable＋burial＋deopth&oq.

[99] Bo Normark，POWER-GEN，Cross sound goes underground，Dec 1，2002，http：//www. power-genworldwide. com/index/display/articledisplay/164613/articles/power-engineering-international/

volume-10/issue-12/features/cross-sound-goes-underground. html.

[100] COMMENTS ON NEPTUNE CABLES AND CABLE PROTECTION，Doc file，page 2-3，http：//www. google. com. hk/search？hl＝zh-CN&newwindow＝1&safe＝strict&client＝aff-cs-worldbrowser&hs＝gkk&q＝neptune＋cable＋burial＋protection&oq＝neptune＋cable＋burial＋protection&aq＝f&aqi＝&aql＝&gs _ sm＝e&gs _ upl＝010111010101010101010110.

[101] Underwater engineering Contractors，Basslink HVDC Cable Landings，Protection and Burial，http：//www. divingco. com. au/Basslink. html.

[102] The Evolution of Power Cable Systems，http：//www. abb. de/cawp/gad02181/5e383576bfb3f06cc1256f470039254e. aspx.

[103] 摩洛哥—西班牙电力联网工程简介，http：//ma. mofcom. gov. cn/aarticle/ztdy/200402/20040200180016. html.

[104] 世界上最长的水下电力电缆，http：//www2. nynas. com/start/article. cfm？Art _ ID＝2766&Sec _ ID＝110.

[105] 加拿大本土至温哥华岛 500kV 交流海底电缆工程，2005-09-16，http：//125. 76. 230. 106/news _ detailed. php？cat _ id＝87&id＝4692.

[106] 芬诺—斯堪海底电缆高压直流输电工程简介，http：//wenku. baidu. com/view/9e0bcd3a376baf1ffc4fadcc. html.

[107] Leif Soderberg，Bernt Abrahamsson，Swepol 输电线路为高压直流输电树立了新的环境标准 http：//www. google. com. hk/♯ hl＝zh-CN&source＝hp&q＝swepol＋％E8％BE％93％E7％94％B5％E7％BA％BF％E8％B7％AF％E4％B8％BA％E9％AB％98％E5％8E％8B.

[108] 宋卫东. 世界跨国互联电网现状及发展趋势 [J]. 电力技术经济，2009，21 (5).

[109] NORDEL. Nordel Annual Report 2007 [R]. Oslo，2008.

[110] Nexans. NorNed：Nexans Signs a 51 Millon Euros Project with Statnett [N]，2005.

[111] VCTE. Vcte Annual Report 2007 [R]. Oslo，2007.

[112] Tideway. Rock placement operations for BP-skarv project [R]. the Netherlands：Tideway. ，2008.

[113] 张东辉，冯晓东，等. 柔性直流输电应用于南方电网的研究 [J]. 南方电网技术，2011，5 (2).

[114] 王裕霜. 500kV 海底电缆浅滩套管保护工程实践与思考 [J]. 南方电网技术 2011，5 (2).

[115] 陈凌去，朱熙樵，等. 海南联网海底电缆的选择 [J]. 高电压技术，2006，(7) 3.

[116] 王星，尚涛，黄贤球，等. 海南联网海底电缆护套绝缘监测方法研究 [J]. 南方电网技术，2009，7 (3)

[117] 上海交通大学校刊. 海底电缆埋设系统 [J]. 2006 年新型材料·技术.

[118] 引自：中山快志 海缆埋设专题报告 [R]. 株式会社ジエイ・パワーシステムズ，2009.

[119] 刘渝根，刘伟，陈光禄. 500kV 变电站雷电入波研究 [J]. 重庆大学学报，2000，23 (3)：17-19.

[120] 解广润. 电力系统过电压 [M]. 北京：水利电力出版社，1993.

[121] 吕懿. 浅谈海南电网无功优化 [J]. 沿海企业与科技，2010，5 (8).

[122] 王裕霜. 海南联网 500kV 海底电缆建设工程规范化管理经验 [J]. 电力建设，2012，33 (7).

[123] 王裕霜. 500kV 海底电缆工程管理模式实践 [J]. 中国电力教育，2012，(3).

[124] 王裕霜. 国内外海底电缆输电工程综述 [J]. 南方电网技术，2012，(2).

[125] 王裕霜. 500kV 海底电缆后续抛石保护工程建设. [J]. 电力建设，2012，33 (8).

［126］ 王裕霜. 海底电缆抛石保护工程建设综述 ［J］. 中国电力教育，2012，(3).

［127］ 陈凌云，朱熙樵. 加拿大本土至温哥华岛 500kV 交流海底电缆工程 ［J］. 国际电力，2005，9 (1).